普通高等教育"十一五"国家级规划教材

（高职高专教材）

获中国石油和化学工业优秀教材奖

工业分析

第三版

● 张小康　张正兢　主编

U0201528

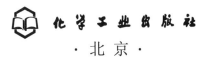

化学工业出版社

·北京·

本书第二版自 2008 年出版以来，得到全国广大化工类职业技术学院的普遍使用，曾多次重印。此次修订在保持第二版的基本结构和编写特色基础上，按照最新的标准和最新的分析技术和分析方法，对部分内容进行了补充和更新。

全书共分十章，介绍了样品的采取和制备、水质分析、煤和焦炭分析、硅酸盐分析、钢铁分析、肥料分析、气体分析、化工产品质量检验、农药分析、物理常数和物理性能的测定等内容。每章的开始都有知识目标和能力目标，明确各章节的学习重点和目标；在各章节之后都有相应的习题，以便测试学习的效果及掌握情况。对本书的实验内容（能力模块）均采用最新的国家及行业标准，并作了详细的介绍，方便读者的学习和应用。

本书在内容上力求体现现代分析测试技术水平，在符合国家及行业标准的前提下，介绍了相关的具有现代化水平的仪器设备，以便读者了解现代工业分析技术的发展。

本教材可作为高职高专工业分析专业的教材，也可作为分析检验技术人员的参考书。

图书在版编目（CIP）数据

工业分析/张小康，张正兢主编. —3 版. —北京：
化学工业出版社，2017.8（2023.3 重印）
ISBN 978-7-122-29688-7

Ⅰ.①工… Ⅱ.①张…②张… Ⅲ.①工业分析-高等学校-教材 Ⅳ.①TB4

中国版本图书馆 CIP 数据核字（2017）第 103367 号

责任编辑：蔡洪伟 陈有华　　　　　　文字编辑：李　瑾
责任校对：吴　静　　　　　　　　　　装帧设计：王晓宇

出版发行：化学工业出版社（北京市东城区青年湖南街 13 号　邮政编码 100011）
印　　刷：北京云浩印刷有限责任公司
装　　订：三河市振勇印装有限公司
787mm×1092mm　1/16　印张 21　字数 570 千字　　2023 年 3 月北京第 3 版第 7 次印刷

购书咨询：010-64518888（传真：010-64519686）　　售后服务：010-64518899
网　　址：http://www.cip.com.cn
凡购买本书，如有缺损质量问题，本社销售中心负责调换。

定　　价：45.00 元

前　言

工业分析课程是工业分析专业的一门重要主干课程，是在学习了分析化学和仪器分析以后开设的具有应用性特点的专业课程，是分析化学和仪器分析理论在工业生产中对产品、原材料及中间产品的质量进行分析测定的具体应用。工业分析课程涉及工业的各个领域，主要内容涉及水质、钢铁、煤炭、石油、化工、硅酸盐、农药等多个方面。本教材可以作为高职高专工业分析专业的通用教材，也可以作为分析检验技术人员的参考书。

《工业分析》第二版自 2008 年出版以来，深受广大读者的喜爱，已多次重印，并被评为普通高等教育"十一五"国家级规划教材。此次修订，保持了第二版教材的特点和整体结构，更新了本书所用的全部国家标准代号及内容，并对部分知识点进行了完善。通过修订，使教材内容更加符合教学需求，注重与工业分析技能大赛衔接，突出了对学生学习能力、知识应用能力及综合素质的培养。教材中带"＊"的内容可供教学中根据需要选用。

本次修订由徐州工业职业技术学院张小康负责。由于编者水平有限，编写时间较紧，难免有疏漏和不当之处，敬请读者批评指正。

编　者

2016 年 12 月

第二版前言

工业分析课程是工业分析专业的一门重要主干课程,是在学习了分析化学和仪器分析以后开设的具有应用型特点的专业课程,是分析化学和仪器分析理论在工业生产中对产品、原材料及中间产品的质量进行分析测定的具体应用。工业分析课程涉及工业的各个领域,主要内容涉及水质、钢铁、煤炭、石油、化工、硅酸盐、农药等多个方面。本教材可以作为高职高专工业分析专业的通用教材,也可以作为工矿企业分析工作者的参考书。

《工业分析》第一版自2004年出版以来,深受广大读者的喜爱,已多次重印,并被评为普通高等教育"十一五"国家级规划教材。工业分析是一门实践性很强、和现代工业企业紧密联系的专业课。修订后的教材其特色是:更突出反映现代分析技术的发展,体现其创新性、实用性、综合性和先进性;完全与生产实际相符合,更能体现高职高专模块化的教学特色。

在原教材突出高职高专以能力为本位的职业教育特色,内容适度、简明,以够用为前提,同时兼顾学生创新能力的培养的基础上,修订后的教材在内容上更系统、更全面、更能体现教材的实用性。在分析仪器和设备方面又做了新的补充,各项内容所涉及的分析技术装备完全体现了国内现代分析的实际水平。教材中带"*"的内容可供教学中根据需要选用。

本次修订,在第四章硅酸盐分析中对试样的分解处理方法进行了部分调整并作了重新分类;在第五章钢铁分析中增加了快速引燃炉碳硫分析法,锰、磷、硅快速分光光度法;在第九章农药分析中对部分内容进行了调整,并增加对所选项目进行全分析的内容,从内容上讲更具有代表性,从分析技术和手段上引入了现代化分析仪器和设备,以便于读者对农药分析有更全面的认识和理解。其他章节也进行了部分修改。

本次修订由徐州工业职业技术学院张小康负责。由于编者水平有限,编写时间较紧,难免有疏漏和不当之处,敬请读者批评指正。

编　者
2008 年 10 月

第一版前言

工业分析课程是工业分析专业的一门重要主干课程，是在学习了分析化学和仪器分析以后开设的具有应用型特点的专业课程，是分析化学和仪器分析理论在工业生产中对产品的质量、原材料及中间产品进行分析测定的具体应用。工业分析课程涉及工业的各个领域，本教材主要涉及水质、钢铁、煤炭、石油、化工、硅酸盐、农药等行业。本教材可作为高职高专工业分析专业的通用教材，也可作为工矿企业分析工作者的参考书。

全书在编写过程中，突出高职高专以能力为本位的职业教育特色，在内容中做到适度、简明，以够用为前提，同时兼顾到学生创新能力的培养，增加了分析方法的介绍，拓宽学生的知识面和灵活应用知识和技能的能力。在分析仪器和设备方面从普通到现代均做了介绍，以满足不同地区和不同行业在分析技术方面的需求。

本教材由徐州工业职业技术学院张小康主编（编写绪论、第五章、第七章、第十章），南京化工职业技术学院张正兢为第二主编（编写第二章、第三章、第六章），四川化工职业技术学院杨迅参编（编写第四章、第九章），沧州职业技术学院王如全参编（编写第一章、第八章）。全书由张小康统稿。吉林工业职业技术学院张振宇任主审，并提出许多宝贵意见。本书的编写和出版得到了化学工业出版社的大力支持。在此一并致以衷心的感谢！

由于编者水平有限，编写时间较紧，难免有疏漏和不当之处，敬请读者批评指正。

编　者

2004 年 4 月

目　　录

本书常用符号的意义及单位

符　　号	意　　　义	单　　　位
n	选取的单元数	个
N	总体物料的单元数	个
T	采样的质量间隔	t
Q	批量	t
w	质量分数	%
c	标准溶液的物质的量浓度	mol/L
V_i	滴定试样消耗标准溶液的体积	mL
V_0	空白试验消耗标准溶液的体积	mL
m_B	物质 B 的质量	g
M_B	物质 B 的摩尔质量	g/mol
f	相对校正因子	
A	气相色谱峰面积	
λ_{max}	最大吸收波长	nm
ε_{max}	摩尔吸收系数	L/(mol·cm)
T	每毫升标准滴定溶液相当于样品的质量	mg/mL
$V_缩$	可燃性气体完全燃烧后体积的缩减	mL
$V_{耗氧}$	可燃性气体完全燃烧后消耗氧气的体积	mL
$V_生(CO_2)$	可燃性含碳气体完全燃烧后生成的二氧化碳的体积	mL
D	试样的粒度分布	%
t	温度	℃
ρ_T	密度	g/cm³ 或 g/mL
p	大气压力	Pa(帕)、hPa(百帕)、kPa(千帕)
α	旋光度	(°)
l	旋光管的长度	dm
η_t	动力黏度(绝对黏度)	Pa·s
ν	运动黏度	m²/s
τ	时间	s

绪　　论

一、工业分析的任务

工业分析是一门实践性很强的专业课，是分析化学在工业生产中的应用。它涉及工业的各个领域（包括化工、轻工、煤炭、冶金、石油、食品、医药、农药和环保等），是研究各种物料（原料、材料、中间体、成品、副产品和"三废"等）组成的分析方法和有关理论的一门学科。工业分析的结果可用来评定原料和产品的质量，其分析的过程是对工业产品进行质量过程控制，检查工艺流程是否正常，环境是否受到污染，从而做到合理组织生产，合理使用原料、燃料，及时发现问题，减少废品，提高企业产品质量，保证工艺过程顺利进行和提高企业经济效益等。因此，工业分析有指导和促进生产的作用，是国民经济各部门中不可缺少的一种专门技术，被誉为工业生产的"眼睛"，在工业生产中起着"把关"的作用。

工业生产的发展和科学技术的进步，给工业分析提出了越来越多的课题，要求分析手段必须越来越灵敏、准确、快速、简便和自动化，主要表现在以下几个方面。①在分析速度方面：化工生产中，要求随时了解化学反应过程进行的情况，故需在几分钟内检验出反应中生成的物质情况和组分变化情况，因此要求有极其快速的分析方法。炼钢工业的迅速发展要求测试手段更加快速，纯氧顶吹钢每炉只要二三十分钟时间，钢中添加成分的炉前分析测定时间只能以秒计，因此要求提供更加快速的测试方法。随着工业生产自动化程度的不断提高，对分析方法的自动化要求也越来越高。②在准确度方面：半导体中砷镓比的测定，要求达到的精度为 10^{-6}，而且要快速自动。半导体技术级的原子级加工，要求测出单个原子的数目。③在灵敏度方面：环境保护工作和半导体材料分析均要求痕量杂质成分测定，灵敏度需达到 10^{-9} 甚至更低，而且要求快速自动。④在微区分析方面：半导体材料表面微小区域内极微量杂质成分的非破坏性检查，要求测定方法具有很高的选择性与灵敏度。工业生产过程中各种参数的连续自动测定，大气和水中超微量有害物质的监测等，都促进了工业分析的不断发展。由于使用了特效试剂、掩蔽剂等，所以提高了分析测定的选择性和灵敏度，也加快了分析测试的速度。随着电子工业和真空技术的发展，许多物理检测方法逐渐应用到工业分析中来，产生了许多新的检测手段，它们以灵敏和快速为特点。特别是激光、电子计算机等新技术应用于工业分析中，使分析过程自动化，大大提高了分析工作的效率。

二、工业分析的特点

工业分析的对象多种多样，分析对象不同，对分析的要求也就不同。一般来说，在符合生产和科研所需准确度的前提下，分析快速、测定简便及易于重复是对工业分析的普遍要求。

工业生产和工业产品的性质决定了工业分析的特点。

1. 分析对象的物料量大

工业分析所涉及的物料往往以千百吨计，而且组成不均匀，要从其中取出足以代表全部物料的平均组成的少量分析试样是工业分析的重要环节。科学合理地采取具有代表性的分析试样是工业分析中的一项重要工作和技术。所谓科学合理，是要既取得能代表整个物料的少量分析试样，又要求用最少的人工劳动和耗费最低的经济成本。

2. 分析对象的组成复杂

工业物料不是纯净的，大多含有多种杂质，在分析测定某组分时，常常受到共存组分的干扰和影响，因此，在选择分析方法时，必须考虑到杂质对测定的干扰。另外，测定同一种组分，可选择的分析方法有多种，究竟哪一种方法更适合，也是一个分析工作者需要认真考虑的问题。

3. 分析任务广

工业分析结果的准确度，因分析对象不同而异。对中控分析来说，为满足生产要求，分析方法应快速、简便，对分析结果的准确度要求可以稍低些。但对产品质量检验和仲裁分析则应有较高的准确度，分析速度则是次要的。

4. 分析试样的处理复杂

分析中的反应一般在溶液中进行，但有些物料却不易溶解。因此，在工业分析中如何制备试液是一个比较复杂的问题。所以试样的分解是工业分析的重要环节，对整个分析过程和结果都具有重要意义。而试样分解方法的选择与测定物质的组成、被测元素和测定方法有密切关系，对提高分析速度也具有决定意义。

大量的科学研究及生产实践说明，工业分析有时需要把化学的、物理的、物理化学的分析检验方法取长补短、配合使用，才能得到准确的分析结果。所以要求分析工作者应具有较为广泛的科学理论知识。

综上所述，在工业分析中应注意以下四个方面：

① 正确采样和制样，即所采取和制备的分析试样能够代表全部被分析物料的平均组成。

② 选择适当的分解试样的方法，以利于分析测定。

③ 选择能满足准确度要求的分析方法，并应考虑被分析物料所含杂质的影响。

④ 在保证一定准确度的前提下，尽可能地快速化。

三、工业分析方法的分类

工业分析中所用的分析方法，按分析原理分类可分为：化学分析法、物理分析法和物理化学分析法。

工业分析中所用的分析方法，按其在工业生产上所起的作用以及完成分析测定的时间不同，可分为标准分析法（标类法）和快速分析法（快速法）两大类。快速分析法的特点是分析速度快，分析误差往往比较大，因生产要求迅速得出分析数据，准确度仅只需满足生产要求。快速分析法用于车间控制分析（俗称中控分析），主要是控制生产工艺过程中的关键部位。标准分析法的结果是进行工艺计算、财务核算及评定产品质量的依据，因此，要求有较高的准确度。此种分析方法主要用于测定原料、产品的化学组成，也常用于校核和仲裁分析。此项分析工作通常在中心化验室进行。但随着现代分析技术的发展，标准分析法也向快速化发展，而快速分析法也向较高的准确度发展。这两类方法的差别已逐渐变小且越来越不明显。有些分析方法既能保证准确度，操作又非常迅速；既可作为标准分析法，又可作为快速分析法。

验证分析是以专为验证某项分析结果为目的，所用方法往往是在原用标准分析法中增添一些补充操作而使其准确度提高。仲裁分析是当甲、乙两方对分析结果有分歧时，以解决争议为目的的分析，所用分析方法通常是采用原用的方法，但由技术更高级别的分析人员进行，必要时可用标准分析法或经典分析方法。

四、工业分析方法的标准化

1. 标准

所谓标准，是为在一定的范围内获得最佳秩序，对活动或其结果规定共同的和重复使用的规则、导则或特性的文件。该文件经协商一致制定并经一个公认机构的批准。标准应以科学、技术和经验的综合成果为基础，以促进最佳社会效益为目的。

一个试样中，某组分的测定可以用不同的方法进行，但各种方法的准确度是不同的，因此当用不同的方法测定时，所得结果难免有出入。即使使用同样的试剂、采用同一种方法，如用不同精密度的仪器，分析结果也不尽相同。为使同一试样中的同一组分，不论是由何单位或何人员来分析，所得结果都应在允许误差范围以内，必须统一分析方法。这就要求规定一个相当准确、可靠的方法作为标准分析方法，同时对进行分析的各种条件也应作出严格的规定。

标准分析法都注明允差（或公差）。允差是某分析方法所允许的平行测定间的绝对偏差，允差的数值是将多次分析数据经过数理统计处理而确定的，在生产实践中是用以判断分析结果合格与否的根据。两次平行测定的数值之差在规定允许误差的绝对值的两倍以内均应认为有效，否则必须重新测定。

例如，用氟硅酸钾滴定法测定黏土中二氧化硅的含量，两次测得结果分别为 28.60%、29.20%。两次结果之差为：

$$29.20\% - 28.60\% = 0.60\%$$

当二氧化硅含量在 20%～30%时其允差为 ±0.35%。因为 0.60%小于允差±0.35%的绝对值的两倍（即 0.70%），所以，可用两次分析结果的算术平均值作为分析结果。

2. 标准化

在一定的范围内获得最佳秩序，对实际的或潜在的问题制定共同的和重复使用的规则的活动，称为标准化。它包括制定、发布及实施标准的过程。标准化的重要意义是改进产品、过程和服务的适用性，防止贸易壁垒，促进技术合作。标准化的实质是："通过制定、发布和实施标准，达到统一是标准化的实质。"标准化的目的是"获得最佳秩序和社会效益"。

3. 标准化的对象和基本特性

在国民经济的各个领域中，凡具有多次重复使用和需要制定标准的具体产品，以及各种定额、规划、要求、方法、概念等，都可称为标准化对象。

标准化对象一般可分为两大类：一类是标准化的具体对象，即需要制定标准的具体事物；另一类是标准化总体对象，即各种具体对象的总和所构成的整体，通过它可以研究各种具体对象的共同属性、本质和普遍规律。

标准化的基本特性主要包括以下几个方面：①抽象性；②技术性；③经济性；④连续性，亦称继承性；⑤约束性；⑥政策性。

4. 标准化的基本原理

标准化的基本原理通常是指统一原理、简化原理、协调原理和最优化原理。下面分别加以介绍。

① 统一原理就是为了保证事物发展所必需的秩序和效率，对事物的形成、功能或其他特性，确定适合于一定时期和一定条件的一致规范，并使这种一致规范与被取代的对象在功能上达到等效。统一原理包含以下要点：

a. 统一是为了确定一组对象的一致规范，其目的是保证事物所必需的秩序和效率。

b. 统一的原则是功能等效，从一组对象中选择确定一致规范，应能包含被取代对象所具备的必要功能。

c. 统一是相对的、确定的一致规范，只适用于一定时期和一定条件，随着时间的推移和条件的改变，旧的统一就要由新的统一所代替。

② 简化原理就是为了经济有效地满足需要，对标准化对象的结构、形式、规格或其他性能进行筛选提炼，剔除其中多余的、低效能的、可替换的环节，精炼并确定出满足全面需要所必要的高效能的环节，保持整体构成精简合理，使之功能效率最高。简化原理包含以下几个要点：

a. 简化的目的是为了经济，使之更有效地满足需要。

b. 简化的原则是从全面满足需要出发，保持整体构成精简合理，使之功能效率最高。

所谓功能效率，系指功能满足全面需要的能力。

c. 简化的基本方法是对处于自然状态的对象进行科学的筛选提炼，剔除其中多余的、低效能的、可替换的环节，精炼出高效能的、能满足全面需要所必要的环节。

d. 简化的实质不是简单化而是精炼化，其结果不是以少替多，而是以少胜多。

③ 协调原理就是为了使标准的整体功能达到最佳并产生实际效果，必须通过有效的方式协调好系统内外相关因素之间的关系，确定为建立和保持相互一致，适应或平衡关系所必须具备的条件。协调原理包含以下要点：

a. 协调的目的在于使标准系统的整体功能达到最佳并产生实际效果。

b. 协调对象是系统内相关因素的关系以及系统与外部相关因素的关系。

c. 相关因素之间需要建立相互一致关系（连接尺寸）、相互适应关系（供需交换条件）、相互平衡关系（技术经济招标平衡、有关各方利益矛盾的平衡），为此必须确立条件。

d. 协调的有效方式有有关各方面的协商一致、多因素的综合效果最优化、多因素矛盾的综合平衡等。

④ 最优化原理是按照特定的目标，在一定的限制条件下，对标准系统的构成因素及其关系进行选择、设计或调整，使之达到最理想的效果。

5. 标准化的主要作用

标准化的主要作用表现在以下 10 个方面。

① 标准化为科学管理奠定了基础。所谓科学管理，就是依据生产技术的发展规律和客观经济规律对企业进行管理，而各种科学管理制度的形式，都以标准化为基础。

② 促进经济全面发展，提高经济效益。标准化应用于科学研究，可以避免在研究上的重复劳动；应用于产品设计，可以缩短设计周期；应用于生产，可使生产在科学的和有秩序的基础上进行；应用于管理，可促进统一、协调、高效率等。

③ 标准化是科研、生产、使用三者之间的桥梁。一项科研成果，一旦纳入相应标准，就能迅速得到推广和应用。因此，标准化可使新技术和新科研成果得到推广应用，从而促进技术进步。

④ 随着科学技术的发展，生产的社会化程度越来越高，生产规模越来越大，技术要求越来越复杂，分工越来越细，生产协作越来越广泛，这就必须通过制定和使用标准，来保证各生产部门的活动，在技术上保持高度的统一和协调，以使生产正常进行。所以说标准化为组织现代化生产创造了前提条件。

⑤ 促进对自然资源的合理利用，保持生态平衡，维护人类社会当前和长远的利益。

⑥ 合理发展产品品种，提高企业应变能力，以更好地满足社会需求。

⑦ 保证产品质量，维护消费者利益。

⑧ 在社会生产组成部分之间进行协调，确立共同遵循的准则，建立稳定的秩序。

⑨ 在消除贸易障碍、促进国际技术交流和贸易发展、提高产品在国际市场上的竞争能力方面具有重大作用。

⑩ 保障身体健康和生命安全。大量的环保标准、卫生标准和安全标准制定发布后，用法律形式强制执行，对保障人民的身体健康和生命财产安全具有重大作用。

6. 我国标准分级

《中华人民共和国标准化法》将我国标准分为国家标准、行业标准、地方标准、企业标准四级。

世界各国的标准方法都是由国家选定和批准并加以公布的。我国的国家标准由国务院标准化行政主管部门制定；行业标准由国务院有关行政主管部门制定；地方标准由省、自治区和直辖市标准化行政主管部门制定；企业标准由企业自己制定。标准经制定后作为"法律"公布施行。国家标准代号为 GB；行业（部颁）标准，如化工行业标准（代号为 HG）、冶金行业标准（代号为 YB）。此外也允许有地方标准或企业标准（代号 QB），但是只能在一定范围内施行。标准的前载用字母代号，后载用数字编号和年份号，如产品用类别，也应在标准中标示出来。

我国标准分强制性标准和推荐性标准。所谓强制性标准，是指具有法律属性，在一定范围内通过法律、行政法规等手段强制执行的标准；其他标准是推荐性标准，在标准名称后加"/T"。如 GB/T 223.5—2008 是合金化学分析方法中还原型硅钼酸盐光度法测定酸溶性硅含量的方法，是推荐性标准。

根据《国家标准管理办法》和《行业标准管理办法》，下列标准属于强制性标准：

① 药品、食品卫生、兽药、农药及劳动卫生标准；

② 产品生产、贮运和使用中的安全及劳动安全标准；

③ 工程建设的质量、安全、卫生等标准；

④ 环境保护和环境质量方面的标准；

⑤ 有关国计民生方面的重要产品标准等。

推荐性标准又称非强制性标准或自愿性标准，是指生产、交换、使用等方面，通过经济手段或市场调节而自愿采用的一类标准。这类标准不具有强制性，任何单位均有权决定是否采用，违反这类标准，不构成经济或法律方面的责任。应当指出的是，推荐性标准一经接受并采用，或各方商定同意纳入经济合同中，就成为各方必须共同遵守的技术依据，具有法律上的约束性。

7. 标准的有效期

标准分析法不是固定不变的，随着科学技术的发展，旧的方法不断被新的方法代替，新标准颁布后，旧的标准即应作废。

自标准实施之日起，至标准复审重新确认、修订或废止的时间，称为标准的有效期，又称标龄。由于各国情况不同，标准有效期也不同。例如，ISO 标准每 5 年复审一次，平均标龄为 4.92 年。我国在国家标准管理办法中规定国家标准实施 5 年内要进行复审，即国家标准有效期一般为 5 年。

8. 企业在什么情况应制定企业标准

已有国家标准、行业标准和地方标准的产品，原则上企业不必再制定企业标准，一般只要贯彻上级标准即可。在下列情况下，应制定企业标准：上级标准适用面广（指通用技术条件等，不是属于单个产品标准或技术条件），企业应针对具体产品制定企业标准名称、引言、适用范围、技术内容（包括名词术语、符号、代号、品种、规格、技术要求、试验方法、检验规则、标志、包装、运输、贮存等）、补充部分（包括附录等）等。

9. 国际标准和地区性标准

国际标准的代号为"ISO"。国际标准是由非政府性的国际标准化组织制定颁布的。

随着国际贸易的迅猛发展和经济全球化的进程，国际标准在国际贸易与交流中的作用显得更加重要了。为了扩大我国的对外贸易和减少贸易中的技术壁垒，以国际标准作为基础制定我国的标准势在必行。

在采用国际标准的原则与方法上遵循国际上的统一尺度，其结果才能被国际承认。为此，原国家质量技术监督局委托中国标准研究中心依据 ISO/IEC 指南 21：1999《采用国际标准为区域或国家标准》的要求，制定了 GB/T 20000.2—2009《标准化工作指南　第 2 部分：采用国际标准》。该项标准于 2009 年 6 月 17 日批准、发布，于 2010 年 1 月 1 日实施。

GB/T 20000.2—2009 的实施规范了采用国际标准的我国标准的编写，使采用国际标准的我国标准符合最新的国际准则，并获得世界各国的认可，从而促进贸易与交流。

只限于在世界上一个指定地区的某些国家组成的标准化组织，称为地区性标准组织。例如，亚洲标准咨询委员会（ASAC）、欧洲标准化协作委员会（CEN）等。这些组织有的是政府性的，有的是非政府性的。其主要职能是制定、发布和协调该地区的标准。地区性标准又称为区域性标准，泛指世界某一区域标准化团体所通过的标准。通常提到的地区性标准，主要是指原经互会标准化组织、欧洲标准化委员会、非洲地区标准化组织等地区组织所制定和使用的标准。

10. 技术标准

对标准化领域中需要协调统一的技术事项所制定的标准，称为技术标准。它是从事生产、建设及商品流通的一种共同遵守的技术标准和技术依据。技术标准的分类方法很多，按其标准化对象特征和作用，可分为基础标准、产品标准、方法标准、安全卫生与环境保护标准等；按其标准化对象在生产流程中的作用，可分为零部件标准、原材料与毛坯标准、工装标准、设备维修保养标准及检查标准等；按标准的强制程度，可分为强制性标准与推荐性标准；按标准在企业中的适用范围，又可分为公司标准、公用标准和科室标准等。

五、标准物质

在工业分析中常常使用标准物质。在分析化学中使用的基准物质是纯度极高的单质或化合物。有关行业使用的标准试样是已经准确知道化学组成的天然试样或工业产品（如矿石、金属、合金、炉渣等）以及用人工方法配制的人造物质。标准物质必须是组成均匀、稳定，化学成分已准确测定的物质。在标准物质的保证单中，除了指出主要成分含量外，为了说明标准物质的化学组成，还注明各辅助元素的含量。在使用时必须注意区别这两种数据，不能把辅助元素的含量当作十分准确的数据在分析中作为标准。

所谓标准物质，是指具有一种或多种足够均匀和很好确定了的特性值，用以校准设备、评价测量方法或给材料赋值的材料或物质。

标准物质是一种计量标准，都附有标准物质证书，规定了对某一种或多种特性值可溯源的确定程序，对每一个标准值都有确定的置信水平的不确定度。工业分析中使用标准物质的目的是检查分析结果是否正确与标定各种标准溶液的浓度（基准试剂也可以直接配制各种浓度的标准溶液），借以检查和改进分析方法。

标准物质可以是纯的或混合的气体、液体或固体。如校准黏度计用的纯水、量热法中用作热容校准物质的蓝宝石、化学分析校准用的基准试剂和标准溶液、钢铁分析中使用的标准钢样、药品分析中使用的药物对照品等。

在工业分析中由于试样组成的广泛性和复杂性，且分析方法不同程度地存在系统误差，依据基准试剂确定的标准溶液的浓度不能准确反映被测样品的组分含量，必须使用标准试样来标定标准溶液的浓度。对于不同类型的物质，应选用同类型的标准试样，并要求选用标准试样时应使其组成、结构等与被测试样相近。例如，冶金行业中的标准钢铁样品有普碳钢标准试样、合金钢标准试样、纯铁标准试样、铸铁标准试样等，并根据其中组分的含量不同分成一组多品种的标准试样，如在测定普碳钢样品中某组分时，不能使用合金钢标准试样作对照。另外，在选择同类型的标准试样时，也应注意该组分的含量范围，所测样品中某组分的含量应与标准试样中该组分的含量相近，这样分析结果将不因组成和结构等因素而产生误差。

我国将标准物质分为以下两个级别。

一级标准（GBW）：是指采用绝对测量方法或其他准确可靠的方法测量其特性值，测量准确度达到国内最高水平的有证标准物质，主要用于研究与评价标准方法及对二级标准物质的定值。

二级标准［GBW(E)］：是指采用准确可靠的方法，或直接与一级标准物质相比较的方法定值的标准物质，也称为工作标准物质。主要用于评价分析方法，以及同一实验室或不同实验室间的质量保证。

标准物质的种类很多，涉及面很广，按行业特征分类见表 0-1。

表 0-1　标准物质分类

标准物质名称	级别	示　例
钢铁成分分析	一 二	生铁、铸铁、碳素钢、低合金钢、工具钢、不锈钢等 中、低合金钢
有色金属及金属中气体分析	一	铁黄铜、铝黄、锌白铜、精铝、合金中气体
建材成分分析	一 二	黏土、石灰岩、石膏、硅质砂岩、钠硅玻璃 高岭土、长石
核材料分析与放射性测量	一 二	铀矿石、产铀岩石、八氧化三铀、六氟化铀、放射源 氢同位素水样
化工产品成分分析	一 二	基准化学试剂、苯、DDT 农药、纯化学试剂、空气中气体成分
地质矿产成分分析	一 二	岩石、磷矿石、铜矿石、矿石中金和银、土壤 水系沉积物、土壤成分、金银成分、矿石中金
环境化学分析	一 二	气体、河流沉积物、污染农田土壤、水、面粉成分 茶树叶成分、水、水中各种离子标准溶液
临床化学及药品成分分析	一 二	人发、冻干人尿、牛尿、血清、化妆品 胆红素、氰化铁(Ⅲ)血红蛋白溶液、牛血清
煤炭、石油成分分析和物理性质	一	煤物理性质和化学成分、冶金焦炭
物理和物理化学特性	一 二	pH 基准试剂、KCl 电导率、苯甲酸量热、滤光片、黏度液、渗透率、硅单晶电阻率、pH、GC 检定
工程技术特性测量	二	微粒、玻璃粒度

标准物质按其鉴定特性基本上可分为三类：①化学成分标准物质；②物理和物理化学特性标准物质；③工程技术特性标准物质。

分析测试中常用的标准物质见表 0-2，其中（一）为一级标准物质，（二）为二级标准物质。

表 0-2　常用部分标准物质

鉴定特性	类　型	名　称
化学成分	高纯试剂纯度标准物质	（一）碳酸钠、EDTA、氯化钠、苯 （二）重铬酸钾、苯、邻苯二甲酸氢钾、氯化钾、草酸钠、三氧化二砷、碳酸钠、EDTA、氯化钠
	高纯农药标准物质	（二）敌百虫、速灭威、甲胺膦、氰戊菊酯
	高纯气体标准物质	（一）一氧化碳 （二）氢、氮、氧、二氧化碳、甲烷、丙烷、纯一氧化碳、纯一氧化氮、纯硫化氢
	成分分析标准物质	表 0-1 中各类标准物质中多属此种，一、二级都有
	成分气体标准物质	空气中甲烷、氮中乙烯、乙烷、各种混合气体
	环境水质标准物质	水中各种金属离子及阴离子等成分分析标准物质
	元素分析标准物质	（二）间氯苯甲酸、茴香酸、苯甲酸、脲
物理特性	氯化钾电导率标准物质	四种浓度
	熔点标准物质	对硝基苯甲酸、苯甲酸、萘、1,6-己二酸、对甲氧基苯甲酸、对硝基甲苯、蒽、蒽醌
	pH 标准物质	四草酸氢钾、酒石酸氢钾、邻苯二甲酸氢钾、混合磷酸盐、硼砂

六、工业分析工作者的基本素质

工业分析技术本身并没有具体的产品，也不能创造直接效益。如果说它有产品的话，那就是分析结果。没有这些数字和结果，生产和科研就是盲目的。如果报出的结果发生错误，将会造成重大经济损失和严重生产后果，乃至使生产与科研走向歧途，可见分析工作是何等重要。同时，分析工作又是一种十分精细，知识性、技术性都十分强的工作。因此，工业分析工作者必须具备良好的素质，才能胜任这一工作，满足生产与科研提出的各种要求。工业分析工作者需具备如下基本素质。

（1）高度的责任感和"质量第一"的理念　责任感是工业分析工作者第一重要的素质。充分认识到分析检验工作的重要作用，以对人民和社会及企业高度负责的精神做好本职工作。

（2）严谨的工作作风和实事求是的科学态度　工业分析工作者是与量和数据打交道的，稍有疏忽就会出现差错。因点错小数点而酿成重大质量事故的事例足以说明问题。随意更改数据、谎报结果更是一种严重犯罪行为。分析工作是一种十分仔细的工作，这就要求心细、眼灵，对每一步操作必须谨慎从事，来不得半点马虎和草率，必须严格遵守各项操作规程。

（3）掌握扎实的基础理论知识与熟练的操作技能　当今的工业分析内容十分丰富，涉及的知识领域十分广泛。分析方法不断更新，新工艺、新技术、新设备不断涌现，如果没有一定的基础知识是不能适应的。即使是一些常规分析方法亦包含较深的理论原理，如果没有一定的理论基础去理解它、掌握它，只能是知其然而不知其所以然，很难完成组分多变的、复杂的试样分析，更难独立解决和处理分析中出现的各种复杂情况。那种把化验工作看作只会摇瓶子、照方抓药的"熟练工"是与时代不相符的陈旧观念。当然，掌握熟练的操作技能和过硬的操作基本功是工业分析工作者的起码要求。那种说起来头头是道而干起来却一塌糊涂的"理论家"也是不可取的。

（4）要有不断创新的开拓精神　科学在发展，时代在前进，工业分析更是日新月异。作为一个工业分析工作者必须在掌握基础知识的条件下，不断地去学习新知识，更新旧观念，研究新问题，及时掌握本学科、本行业的发展动向，从实际工作需要出发开展新技术、新方法的研究与探索，以促进分析技术的不断进步，满足生产、科研不断提出的新要求。作为一名化验员，也应对分析的新技术有所了解，尽可能多地掌握各种分析技术和多种分析方法，争当"多面手"和"技术尖子"，在本岗位上结合工作实际积极开展技术革新和研究试验。国内已有不少化验工人成为分析行家甚至成为有特长的技术人才。

习　题

1. 工业分析的任务及发展方向是什么？
2. 工业分析的方法按其在生产上所起的作用应如何分类？各分析方法的特点是什么？
3. 我国现行的标准主要有哪几种？它们都是由哪些部门制定和颁布的？
4. 为什么要制定国家标准？它们在工业生产中的作用是什么？
5. 用艾士卡法测定煤中总硫含量，当硫含量为 $1\%\sim4\%$ 时，允许误差为 $\pm0.1\%$。实验测得的数据，第一组为 2.56% 及 2.80%；第二组为 2.56% 及 2.74%。请用允差来判断哪一组为有效数据？
6. 标准试剂和标准试样的用途是什么？如何选用？保管时应注意哪些事项？

第一章　样品的采取和制备

学习指南

知识目标：

1. 熟悉采样的专业术语，理解采样的目的和意义。

2. 掌握采样方案的制订原则。

3. 了解固、液、气三种形态物料的采样特点，理解采样安全知识和试样的管理方法。

4. 掌握固态、液态、气态样品的采取方法。

能力目标：

1. 能正确选择和使用常用的采样工具。

2. 能根据固体物料的存在状态确定采样方案，选择正确的采样方法，采取和制备固体样品。

3. 能够从贮存器、输送管道中采取普通、高黏度和易挥发的液体样品。

4. 能采取常压下、正压下和负压下的气体样品。

第一节　概　　述

从待测的原始物料中取得分析试样的过程叫采样。采样的目的是采取能代表原始物料平均组成（即有代表性）的分析试样。若分析试样不能代表原始物料的平均组成，即使后面的分析操作很准确也是徒劳，其分析结果依然是不准确的。因此，用科学的方法采取供分析测试的分析试样（即样品）是分析工作者的一项十分重要的工作。一定要十分重视样品的采取与制备，不仅要做到所采取的样品能充分代表原物料，而且在操作和处理过程中还要防止样品变化和污染。

一、采样的基本术语

（1）采样单元　具有界限的一定数量物料。其界限可能是有形的，如一个容器；也可能是无形的，如物料流的某一时间或时间间隔。

（2）份样（子样）　用采样器从一个采样单元中一次取得的一定量物料。

（3）样品　从数量较大的采样单元中取得的一个或几个采样单元，或从一个采样单元中取得的一份或几个份样。

（4）原始平均试样　合并所有采取的份样（子样）称为原始平均试样。

（5）分析化验单位　应采取一个原始平均试样的物料的总量称为分析化验单位。分析化验单位可大可小，主要取决于分析的目的。可以是一件，可以是企业的日产量或其他的一批物料。但对于大量的物料而言，分析化验单位不能过大。例如，对商品煤而言，一般不超过 1000t。

（6）实验室样品　为送往实验室供检验或测试而制备的样品。

（7）备考样品　与实验室样品同时同样制备的样品，在有争议时，它可为有关方面接受用作实验室样品。

（8）部位样品　从物料的特定部位或在物料流的特定部位和时间取得的一定数量或大小的样品，如上部样品、中部样品或下部样品等。部位样品是代表瞬时或局部环境的一种样品。

（9）表面样品　在物料表面取得的样品，以获得关于此物料表面的资料。

二、采样的目的

采样的具体目的可分为下列几个方面。

1．技术方面

① 确定原材料、半成品及成品的质量。

② 控制生产工艺过程。

③ 鉴定未知物。

④ 确定污染的性质、程度和来源。

⑤ 验证物料的特性或特性值。

⑥ 测定物料随时间、环境的变化。

⑦ 鉴定物料的来源等。

2．商业方面

① 确定销售价格。

② 验证是否符合合同的规定。

③ 保证产品销售质量，满足用户的要求等。

3．法律方面

① 为了检查物料是否符合法令要求。

② 为了检查生产过程中泄露的有害物质是否超过允许极限。

③ 为了法庭调查，确定法律责任，进行仲裁等。

4．安全方面

① 确定物料是否安全及其危险程度。

② 分析发生事故的原因。

③ 按危险性进行物料的分类等。

三、工业物料的分类

工业物料按其特性值的变异性类型可以分为两类，即均匀物料和不均匀物料，不均匀物料又可再细分，如下所示：

（1）均匀物料　是指如果物料各部分的特性平均值在测定该特性的测量误差范围内，此物料就该特性而言是均匀物料。

（2）不均匀物料　是指如果物料各部分的特性平均值不在测定该特性的测量误差范围内，此物料就该特性而言是不均匀物料。

（3）随机不均匀物料　是指总体物料中任一部分的特性平均值与相邻部分的特性平均值无关的物料。

（4）定向非随机不均匀物料　是指总体物料的特性值沿一定方向改变的物料。

（5）周期非随机不均匀物料　是指在连续的物料流中物料的特性值呈现出周期性变化，其变化周期有一定的频率和幅度。

（6）混合非随机不均匀物料　是指由两种以上特性值变异性类型或两种以上特性平均值

组成的混合物料，如由几批生产合并的物料。

四、采样技术

1. 采样原则

均匀物料的采样原则上可以在物料的任意部位进行，但要注意在采样过程中不应带进杂质，且尽量避免引起物料的变化（如吸水、氧化等）。

对于不均匀物料，一般采取随机采样。对所得样品分别进行测定，再汇总所有样品的检测结果，可以得到总体物料的特性平均值和变异性的估计量。

随机不均匀物料可以随机采样，也可非随机采样。

定向非随机不均匀物料要用分层采样，并尽可能在不同特性值的各层中采出能代表该层物料的样品。

周期非随机不均匀物料最好在物料流动线上采样，采样的频率应高于物料特性值的变化频率，切忌两者同步。

混合非随机不均匀物料的采样，首先尽可能使各组成部分分开，然后按照上述各种物料类型的采样方法进行采样。

2. 确定样品数和样品量

在满足需要的前提下，样品数和样品量越少越好。任何不必要的样品数和样品量的增加都会导致采样费用的增加和物料的损失。能给出所需信息的最少样品数和最少样品量称为最佳样品数和最佳样品量。

（1）样品数（又称子样数） 对一般产品，都可用多单元物料来处理。其单元界限可能是有形的，如容器；也可能是设想的，如流动物料的一个特定时间间隔、物料堆中某一部位等。

对多单元的被采物料，采样操作可分为两步：第一步，选取一定数量的采样单元；第二步，对每个单元按物料特性值的变异性类型进行采样。

（2）样品量 样品量应至少满足以下要求：①至少满足三次重复检测的需要；②当需要留存备考样品时，必须满足备考样品的需要；③对采得的样品如需要作制样处理时，必须满足加工处理的需要。

3. 采样误差

在采样的过程中，采得的样品可能包含采样的偶然误差和系统误差。其中偶然误差是由一些无法控制的偶然因素所引起的，这虽无法避免，但可以通过增加采样的重复次数来缩小这个误差。而系统误差是由于采样方案不完善、采样设备有缺陷、操作者不按规定进行操作以及环境等的影响而产生的，其偏差是定向的，必须尽力避免。

五、采样记录和采样安全

1. 采样记录和采样报告

采样时应记录被采物料的状况和采样操作，如物料的名称、来源、编号、数量、包装情况、存放环境、采样部位、所采样品数和样品量、采样日期、采样人等。必要时可填写详细的采样报告。

2. 采样安全

在有些情况下采样时，采样者有受到人身伤害的危险，也可能造成危及他人安全的危险条件。为确保采样操作的安全进行，采样时应按以下规定执行：

① 采样地点要有出入安全的通道、照明和通风条件。

② 贮罐或槽车顶部采样时要防止掉下来，还要防止堆垛容器的倒塌。

③ 如果所采物料本身有危险，采样前必须了解各种危险物质的基本规定和处理办法，采样时，需有防止阀门失灵、物料溢出的应急措施和心理准备。

④ 采样时必须有陪伴者，且需对陪伴者进行事先培训。

第二节　固体试样的采取和制备

固体物料种类繁多，形状各异，其均匀性很差。采样前，首先应根据物料的类型、采样的目的和采样原则，确定采样单元、样品数、样品量、采样工具及盛装样品的容器等。然后按照规定的采样方案进行操作，以获得具有代表性的样品。根据固体物料在生产中的使用情况，常选择在包装线上、运输工具中或成品堆中进行采样，以适应不同的物料存在形式。

一、采样工具

采取固体试样常用的采样工具有采样铲（见图 1-1）、采样探子（见图 1-2）、气动采样探子（见图 1-3）、采样钻（见图 1-4）和真空探针等。

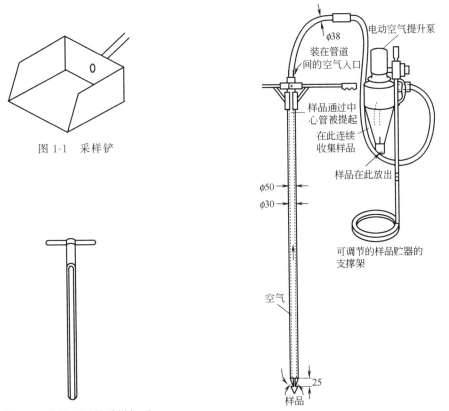

图 1-1　采样铲

图 1-2　末端开口的采样探子

图 1-3　典型的气动采样探子（单位：mm）

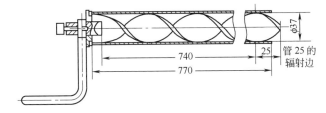

图 1-4　窗板关闭式采样钻（单位：mm）

采样探子适用于粉末、小颗粒、小晶体等固体化工产品采样。进行采样时，应按一定角度插入物料，插入时，应槽口向下，把探子转动两三次，小心地把探子抽回，并注意抽回时应保持槽口向上,再将探子内的物料倒入样品容器中。

采样钻适用于较坚硬的固体采样。关闭式采样钻是由一个金属圆桶和一个装在内部的旋转钻头组成的。采样时,牢牢地握住外管,旋转中心棒,使管子稳固地进入物料,必要时可稍加压力,以保持均等的穿透速度。到达指定部位后,停止转动,提起钻头,反转中心棒,将所取样品移进样品容器中。

气动和真空探针适用于粉末和细小颗粒等松散物料的采样。气动探针由一个真空吸尘器和一个由两个同心圆组成的探子构成。开启空气提升泵,使空气沿着两管之间的环形通路流至探头,并在探头产生气动而带起样品,同时使探针不断插入物料。

二、采样程序(方案的制订)

1. 确定采取的样品数

(1)单元物料 当总体物料的单元数小于 500 时,可按照表 1-1 的规定确定;当总体物料的单元数大于 500 时,可按总体单元数立方根的三倍数确定,即

$$n = 3\sqrt[3]{N} \tag{1-1}$$

式中,n 为选取的单元数;N 为总体物料的单元数。

表 1-1 选取采样单元数的规定

总体物料的单元	选取的最少单元	总体物料的单元	选取的最少单元
1~10	全部单元	182~216	18
11~49	11	217~254	19
50~64	12	255~296	20
65~81	13	297~343	21
82~101	14	344~394	22
102~125	15	395~450	23
126~151	16	451~512	24
152~181	17		

(2)散装物料

① 当批量少于 2.5t 时,采样为 7 个单元(或点);

② 当批量为 2.5~80t 时,采样为 $\sqrt{批量(t) \times 20}$ 个单元,计算到整数;

③ 当批量大于 80t 时,采样为 40 个单元。

2. 确定采取的样品量

样品量应满足第一节所述的采样技术中的规定。

3. 确定采取样品的方法

(1)从物料流中采样 用自动采样器、勺子或其他适当的工具从皮带运输机或物料的落流中随机或按照一定的时间或质量间隔采取试样。若采用相同的时间间隔采取,则

$$T \leqslant \frac{Q}{n} \tag{1-2}$$

式中,T 为采样的质量间隔;Q 为批量,t;n 为采样的单元数。

注:第一个试样不能从第一个时间间隔的起始点采取。

(2)从运输工具中采样 从运输工具中采样,应根据运输工具的不同,选择不同的布点方法,常用的布点方法有斜线三点法(见图 1-5)、斜线五点法(见图 1-6)。布点时应将子样分布在车皮的一条对角线上,首、末个子样点至少距车角 1m,其余子样点等距离分布在首、末两子样点之间。另外还有 18 点采样法(见图 1-7)。

(3)从物料堆中采样 根据物料堆的形状和子样的数目,将子样分布在堆的顶、腰和底部(距地面 0.5m),采样时应先除去 0.2m 的表面层后再用采样铲挖取即可。

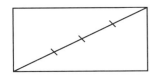

图1-5　斜线三点采样法示意

图1-6　斜线五点采样法示意

1	4	7	10	13	16
2	5	8	11	14	17
3	6	9	12	15	18

图1-7　18点采样法示意

三、样品的制备与保存

样品制备的目的是从较大量的原始样品中获取最佳量的、能满足检验要求的、待测性能能代表总体物料特性的样品。从采样点采得的样品，经过制样后，贮存在合适的容器中，留待实验测定时使用。

1. 制样的基本操作

（1）破碎　可用研钵或锤子等手工工具粉碎样品，也可用适当的装置和研磨机械（见图1-8）粉碎样品。

（2）筛分　选择目数合适的筛子，手工振动筛子，使所有的试样都通过筛子。如不能通过该筛子，则需重新进行破碎，直至全部试样都能通过。

（3）混匀

① 手工方法。根据试样量的大小，选用适当的手工工具（如手铲等），采用堆锥法混合样品。

图1-8　密闭卧式
锥形研磨机

堆锥法的基本做法为：利用手铲将破碎、筛分后的试样从锥底铲起后堆成圆锥体，再交互地从试样堆两边对角贴底逐铲铲起堆成另一个圆锥，每铲铲起的试样不宜过多，并分两三次撒落在新堆的锥顶，使之均匀地落在锥体四周。如此反复进行三次，即可认为该试样已被混匀。

② 机械方法。用合适的机械混合装置混合样品。

（4）缩分　缩分是将在采样点采得的样品按规定把一部分留下来，其余部分丢弃，以减少试样数量的过程。常用的方法有手工方法和机械方法。

图1-9　四分法缩分操作

① 手工方法。常用的方法为堆锥四分法。其基本做法为：将利用三次堆锥法混匀后的试样锥用薄板压成厚度均匀的饼状，然后用十字形分样板将饼状试样等分成四份，取其对面的两份，其他两份丢弃；再将所取试样堆成锥形压成饼状，取其对面的两份，其他两份丢弃（见图1-9）。如此反复多次，直至得到所需的试样量。

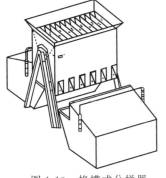

注：最终样品的量应满足检测及备考的需要，把样品一般等量分成两份，一份供检测用，一份留作备考。每份样品的量至少应为检验需要量的三倍。

② 机械方法。用合适的机械分样器缩分样品，如格槽式分样器，如图1-10所示。

图1-10　格槽式分样器

注：在制样过程中，这四个步骤是可能交叉进行的，并不能保证每一个步骤一次完成。

2. 试样的保存

样品应保存在对样品呈惰性的包装材质中（如塑料瓶、玻璃瓶等），贴上标签，写明物料的名称、来源、编号、数量、包装情况、存放环境、采样部位、所采样品数和样品量、采样日期、采样人等，见表1-2。

样品保存时间一般为6个月，根据实际需要和物料的特性，可以适当地延长和缩短。

表1-2　采样记录

样品登记号		样品名称	
采样地点		采样数量	
采样时间		采样部位	
采样日期		包装情况	
采样人		接收人	

四、固体采样实例——商品煤样的采取方法

本方法适用于从煤流中、火车上、汽车上、船上和煤堆上采取商品煤样。

（一）采样工具

（1）采样铲　用以从煤流中和静止煤中采样。铲的长和宽均应不小于被采样煤的最大粒度的2.5～3倍，对最大粒度大于150mm的煤可用长×宽约为300mm×250mm的铲。

（2）接斗　用以在落流处截取子样。斗的开口尺寸至少应为被采样煤的最大粒度的2.5～3倍。接斗的容量应能容纳输送机最大运量时煤流全部断面的全部煤量。

（二）子样数和子样质量

1. 子样数

① 1000t原煤、筛选煤、精煤及其他洗煤（包括中煤）和粒度大于100mm的块煤应采取的最少子样数见表1-3。

表1-3　煤量1000t时的最少子样数

品　　种	干基灰分/%	煤流	火车	汽车	船舶	煤堆
原煤、筛选煤	＞20	60	60	60	60	60
	≤20	30	60	60	60	60
精煤		15	20	20	20	20
其他洗煤（包括中煤）和粒度大于100mm的块煤		20	20	20	20	20

② 煤量超过1000t的子样数，按下式计算：

$$N = n\sqrt{\frac{m}{1000}} \tag{1-3}$$

式中，N 为实际应采子样数，个；n 为表1-3规定的子样数，个；m 为实际被采样煤量，t。

③ 煤量少于1000t时，子样数根据表1-4规定数目按比例递减，但最少不能少于该表规定的数目。

表1-4　煤量少于1000t的最少子样数

品　　种	干基灰分/%	煤流	火车	汽车	船舶	煤堆
原煤、筛选煤	＞20		18	18		
	≤20	表1-3规定数目的1/3	18	18	表1-3规定数目的1/2	表1-3规定数目的1/2
精煤			6	6		
其他洗煤（包括中煤）和粒度大于100mm的块煤			6	6		

2. 子样质量

按表 1-5 所示确定子样质量。

表 1-5　子样质量

最大粒度/mm	<25	<50	<100	>100
采样质量/kg	1	2	4	5

（三）采样方法

1. 物料流中煤样的采取

物料流是指输送带上传送的物料。移动煤流中采样按时间或质量进行，时间间隔可按下式计算：

$$T \leqslant \frac{60Q}{Gn} \tag{1-4}$$

式中，T 为采样的时间间隔，min；Q 为采样单元，t；G 为煤流量，t/h；n 为子样数，个。

于移动煤流下落点采样时，可根据煤的流量和皮带宽度，以一次或分多次用接斗横截煤流的全断面采取一个子样。

2. 运输工具中采样

（1）火车车皮中采样　子样数和子样质量按表 1-3、表 1-4 和表 1-5 规定确定，但原煤和筛选煤每车不论车皮容量大小至少采取 3 个子样；精煤、其他洗煤和粒度大于 100mm 的块煤每车至少取 1 个子样。

① 子样点的分布方法。子样分布在车皮对角线上，但首、末个子样点应距车角 1m，其余子样点等距离分布在首、末两子样点之间，按等距离分布。采样点按对角线三点法或对角线五点法的规律循环设置。

a. 原煤和筛选煤按图 1-5 所示，每车采取 3 个子样点；精煤、其他洗煤和粒度大于 100mm 的块煤按图 1-6 所示，按 5 点循环方式每车采取 1 个子样。

b. 当以不足 6 节车皮为一采样单元时，依据"均匀分布，使每一部分煤都有机会被采出"的原则分布子样点。如一节车皮的子样数超过 3 个（对原煤或筛选煤）或 5 个（对精煤、其他洗煤），多出的子样可分布在交叉的对角线上。

c. 当原煤和筛选煤以一节车皮为一个采样单元时，18 个子样点既可分布在两条交叉的对角线上，又可分布在如图 1-7 所示的 18 个点上。

d. 原煤中粒度大于 150mm 的煤块含量若超过 5%，则大于 150mm 的煤块不再取入。

② 样品的采取。在矿山采样时应在装车后立即采取；在采样点位置挖开表面 0.4m 的表层后，采取一定数量的样品，采样前应将滚落在坑底的煤块清除干净。

（2）汽车中采样　无论原煤、筛选煤、精煤、其他洗煤或粒度大于 150mm 的煤块，均沿车厢对角线方向，按 3 点（首、尾两点各距车角 0.5m）循环方式采取子样。当一辆车上需要采取 1 个以上子样时，与火车顶部采样方法相同，将子样分布在对角线或整个车厢表面。

其余要求，如采样时间、挖坑深度等与火车顶部采样相同。

（3）船舶采样　直接在船上采样，一般以一舱煤为一个采样单元，也可将一舱煤分成多个采样单元。将船舱分成 2～3 层（每 3～4m 为一层），将子样均匀分布在各层表面上，在装货或卸货时采取。

3. 煤堆采样

根据煤堆的形状和子样数，将子样按地点分布在煤堆的顶、腰、底部（距地面 0.5m），对于不规则形状的煤堆，可按不同区域实际存放量的多少按比例布设采样点。采样时应先除去 0.2m 表面层后再挖取。

（四）试样的保存

煤样采取后，应装入密封容器或袋中，立即送至制样室。同时应注明煤样质量、煤种、采样地点和采样时间，还应登记车号和煤的发运吨数。

第三节　液体试样的采集和制备

液态物料具有流动性，组成比较均匀，易采得均匀样品。液体产品一般是在容器中贮存和运输，所以采样前应根据容器情况和物料的种类来选择采样工具和确定采样方法。同时采样前还必须进行预检，即了解被采物料的容器大小、类型、数量、结构和附属设备情况；检查包装容器是否受损、腐蚀、渗漏，并核对标志；观察容器内物料的颜色、黏度是否正常；表面或底部是否有杂质、分层、沉淀或结块等现象；判断物料的类型和均匀性。为采取样品收集充足的信息。

一、采样工具

液体样品的采样工具常用的有采样勺（见图 1-11）、采样瓶、采样罐、采样管（见图 1-12）和自动管线采样器等。

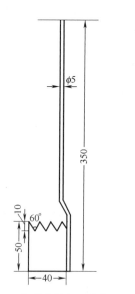

图 1-11　表面采样勺（单位：mm）

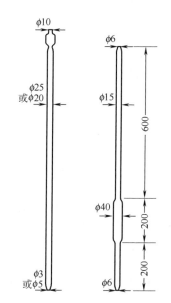

图 1-12　玻璃采样管（单位：mm）

二、一般液体样品的采集

液体样品在常温下通常为流动态的单相均匀液体。为了保证所采得的样品具有代表性，必须采取一些具体措施，而这些措施取决于被采物料的种类、包装、贮运工具及运用的采样工具。

1. 从小贮存器中采样

（1）小瓶装产品　按采样方案随机采得若干瓶样品，各瓶摇匀后分别倒出等量液体混合均匀作为样品。

（2）大瓶装产品（25～500mL）或小桶装产品（约为 19L）　被采样的瓶或桶经人工搅拌或摇匀后，用适当的采样管采得混合样品。

（3）大桶装产品（200L 以上）　在静止情况下用开口采样管采全液位样品或采部位样品

后混合成混合样品；在滚动或搅拌均匀后，用适当的采样管采得混合样品。

2. 从大贮存器中采样

（1）立式圆形贮罐采样 立式圆形贮罐主要用于暂时贮存原料、成品等液体物料。可按以下两种方法采样。

① 从固定采样口采样。在立式贮罐的侧壁上安装有上、中、下采样口并配有阀门。当贮罐装满物料时，从各采样口分别采得部位样品。由于截面一样，所以按等体积混合三个部位样品。

如罐内液面高度达不到上部或中部采样口，则建议按下列方法采得样品：如果上部采样口比中部采样口更接近液面，从中部采样口采 2/3 样品，而从下部采样口采 1/3 样品；如果中部采样口比上部采样口更接近液面，从中部采样口采 1/2 样品，从下部采样口采 1/2 样品；如果液面低于中部采样口，则从下部采样口采全部样品。具体情况见表 1-6。

表 1-6 立式圆形贮罐的采样部位与比例

采样时液面的情况	混合样品时相应的比例		
	上	中	下
满罐时	1/3	1/3	1/3
液面未达到上采样口,但更接近上采样口	0	2/3	1/3
液面未达到上采样口,但更接近中采样口	0	1/2	1/2
液面低于中部采样口	0	0	1

如贮罐无采样口而只有一个排料口，则先把物料混匀，再从排料口采样。

② 从顶部进口采样。把采样瓶从顶部进口放入，降到所需位置，分别采上、中、下部位样品，等体积混合成平均样品或采全液位样品。

（2）卧式圆柱形贮罐采样

① 从固定采样口采样。在卧式贮罐一端安装有上、中、下采样管，外口配有阀门。采样管伸进罐内一定深度，管壁上钻有直径 2～3mm 的均匀小孔。当贮罐装满物料时，从各采样口采上、中、下部位样品并按一定比例混合成平均样品。当罐内液面低于满罐时的液面时，建议根据表 1-7 所示的液体深度将采样瓶等从顶部进口放入，降到表中规定的采样液面位置，采得上、中、下部位样品，并按表中所示比例混合为平均样品。

表 1-7 卧式圆柱形贮罐的采样部位与比例

液体深度(直径百分比)	采样液位(离底直径百分比)			混合样品时相应的比例		
	上	中	下	上	中	下
100	80	50	20	3	4	3
90	75	50	20	3	4	3
80	70	50	20	2	5	3
70		50	20		6	4
60		50	20		5	5
50		40	20		4	6
40			20			10
30			15			10
20			10			10
10			5			10

② 从顶部进口采样。当贮罐没有安装上、中、下采样管时，也可以从顶部进口采得全液位样品。

（3）槽车（火车或汽车槽车）采样 槽车是汽车或火车经常使用的用于进行液体物料运输的容器，而船只运输也非常常见。因此，应掌握它们的采样方法。

① 从排料口采样。在顶部无法采样而物料又较为均匀时,可用采样瓶在槽车的排料口采样。

② 从顶部进口采样。用采样瓶或金属采样管从顶部进口放入槽车内,放到所需位置采上、中、下部位样品并按一定比例混合成平均样品。由于槽车罐是卧式圆柱形或椭圆形,所以采样位置和混合比例按表1-7进行。也可采全液位样品。

在同一槽车上将上述①、②中所采得的样品混合成平均样品,作为一列车的代表性样品。

(4)船舱采样

① 把采样瓶放入船舱内降到所需位置采上、中、下部位样品,以等体积混合成平均样品。

② 对装载相同产品的整船货物采样时,可把每个舱采得的样品混匀成平均样品。

③ 当舱内物料比较均匀时,可采一个混合样或全液位样品作为该舱的代表性样品。

3. 从输送管道采样

(1)从管道出口端采样　周期性地在管道出口放置一个样品容器,容器上放只漏斗以防外溢。采样时间间隔和流速成反比,混合体积和流速成正比。

(2)探头采样　如管道直径较大,可在管内装一个合适的采样探头。探头应尽量减少分层效应和被采液体中较重组分的下沉。

(3)自动管线采样器采样　当管线内流速变化大,难以用人工调整探头流速接近管内线速度时,可采用自动管线采样器采样。

三、特殊性质的液体样品的采集

有些液体产品由于自身性质的不同,应该采用不同的采样方法。如黏稠液体、液化气体等。

1. 黏稠液体的采样

黏稠液体是有流动性但又不易流动的液体。其流动性能达到使它们从容器中完全流出的程度。由于这类产品在容器中采样难以混匀,所以最好在生产厂交货灌装过程中采样,也可在交货容器中采样。

(1)在制造厂的最终容器中采样　如果产品外观上均匀,则用采样管、勺或其他适宜的采样器从容器的各个部位采样。具体采样方法按贮罐采样方法进行。

(2)在制造厂的产品装桶时采样　在产品分装到交货容器的过程中,以有规律的时间间隔从放料口采得相同数量的样品混合成平均样品。

(3)在交货容器中采样　这类产品通常是以大口容器交货。采样前先检查所有容器的状况,然后根据提供货物数量确定并随机选取适当数量的容器供采样用。打开每个选定的容器,除去保护性包装后检查产品的均一性及相分离的情况。如果产品呈均匀状态或通过搅拌能达到均匀状态,则用金属采样管或其他合适的采样管从容器内不同部位采得样品,混合成平均样品。

2. 液化气体

液化气体是指气体产品通过加压或降温加压转化为液体后,再经精馏分离而制得可作为液体一样贮运和处理的各种液化气体产品。加压状态的液化气体样品根据贮运条件的不同,可分别从成品贮罐、装车管线和卸车管线上采取。在成品贮罐、装车管线和卸车管线上选定采样点部位的首要因素是必须能在此采样点采得代表性的液体样品。由于各种液化气体成品贮罐结构不同,当遇到有的成品贮罐难以使内装的液化气体产品达到完全均匀时,可按供需双方达成协议的采样方法和采样点采取样品。

3. 稍加热即成为流动态的化工产品

这是一种在常温下为固体,当受热时就易变成流动的液体而不改变其化学性质的产品。

对于这类产品从交货容器中采样是很困难的，最好在生产厂的交货容器灌装后立即采取液体样品。当必须从交货容器中采样时，可把容器放入热熔室中使产品全部熔化后采液体样品或劈开包装采固体样品。

（1）在生产厂采样　在生产厂的交货容器灌装后立即用采样勺采样，倒入不锈钢盘或不与物料起反应的器皿中，冷却后敲碎装入样品瓶中；也可把采得的液体趁热装入样品瓶中。

（2）在件装交货容器中采样　把件装交货容器放入热熔室内，待容器内的物料全部液化后，将开口采样管插入搅拌，然后采混合样或用采样管采全液位样品。

四、试样的制备

根据所采物料的试样类型对试样进行相应的处理。此时，样品量往往大于实验室样品量，因而必须把原样品缩分成 2～3 份小样。一份送实验室检测，一份保留，必要时可封送一份给买方。

样品装入容器后必须贴上标签，填写采样报告。根据试样的性质进行适当的处理和保存。

五、采样注意事项

① 样品容器必须洁净、干燥、严密。

② 采样设备必须清洁、干燥，不能用与被采取物料起化学作用的材料制造。

③ 采样过程中防止被采物料受到环境污染和变质。

④ 采样者必须熟悉被采产品的特性、安全操作的有关知识及处理方法。

六、液体样品采样实例——工业过氧化氢采样

（1）确定批量　工业过氧化氢每批产品的质量不超过 60t，用槽车装时，以一槽车为一批。

（2）样品数　工业过氧化氢用桶装时，总的包装桶数小于 500 时，取样桶数按表 1-1 规定选取；大于 500 桶时，按 $3\sqrt[3]{N}$（N 为总的包装桶数）的规定选取。用槽车装时，从每辆槽车中选取。

（3）样品量　样品量不得少于 500mL。

（4）采样方法　工业过氧化氢用桶装时，用取样器从上、中、下三层按 1∶3∶1 取样。用槽车装时，用取样器从槽车的顶部进口按上、中、下部位 1∶3∶1 比例取样；在顶部无法取样而物料又较为均匀时，可在槽车的排料口取样。取样器应由玻璃或聚乙烯塑料制成。

（5）试样的保存　所取试样混匀后，装在经处理的清洁、干燥的硬质玻璃瓶或聚乙烯瓶中。瓶上粘贴标签，并注明生产厂名称、产品名称、规格、等级、批号和取样日期。

第四节　气体样品的采集和制备

由于许多气体产品的分析是在仪器上进行的，因此常常把采样步骤与分析的第一步相结合，但有时也需要在一单独容器中采取个别样品。气体容易通过扩散和湍流而混合均匀，成分上的不均匀性一般都是暂时的；气体往往具有压力、易于渗透、易被污染和难以贮存。

一、采样设备

气体采样设备主要包括采样器、导管、样品容器、预处理装置、调节压力和流量的装置、吸气器和抽气泵等。

1. 采样器

目前广泛使用的采样器有价廉、使用温度不超过 450℃ 的硅硼玻璃采样器；有可在

900℃以下长期使用的石英采样器；不锈钢和铬铁采样器可在950℃使用，而镍合金采样器于1150℃使用。选择何种材料的采样器取决于气样的种类。

用水冷却金属采样器，可减少采样时发生化学反应的可能性。采取可燃性气体，如含有可燃成分的烟道气就特别需要这一措施。

2. 导管

采取高纯气体，应该选用钢管或铜管作导管，管间用硬焊或活动连接，必须确保不漏气。要求不高时，可采用塑料管、乳胶管、橡胶管或聚乙烯管。

3. 样品容器

（1）采样管　带三通的注射器、真空采样瓶和两端带活塞的采样管，如图1-13和图1-14所示。

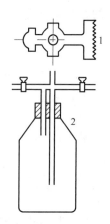

图1-13　样品容器

1—带金属三通的玻璃注射器；2—真空采样瓶

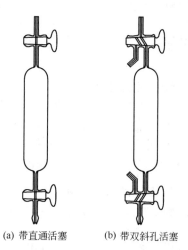

(a) 带直通活塞　　(b) 带双斜孔活塞

图1-14　玻璃采样管

（2）金属钢瓶　有不锈钢瓶、碳钢钢瓶和铝合金钢瓶等。钢瓶必须定期做强度试验和气密性试验，钢瓶要专瓶专用。

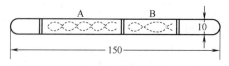

图1-15　活性炭采样管（单位：mm）

A—内装100mg活性炭；

B—内装50mg活性炭

（3）吸附剂采样管　有活性炭采样管和硅胶采样管。活性炭采样管通常用来吸收浓缩有机气体和蒸气，如图1-15所示。

（4）球胆　球胆采样的缺点是吸附烃类气体、小分子气体如氢气等易渗透，故放置后这些气体的成分会发生变化。因其价廉、使用方便，故在要求不高时可使用，但必须先用样品气吹洗干净，置换三次以上，采样后立即分析。要固定球胆专取某种气体。

用于盛装气体样品的容器还有塑料袋和复合膜气袋等。

4. 预处理装置（如过滤器等）

5. 调节压力和流量的装置

高压采样，一般安装减压器；中压采样，可在导管和采样器之间安装一个三通活塞，将三通的一端连接放空装置或安全装置。采用补偿式流量计或液封式稳压管可提供稳压的气流。

6. 吸气器和抽气泵

常压采样器常用橡胶制的双联球或玻璃吸气瓶（见图1-16）。水流泵可方便地产生中度真空；机械真空泵可产生较高的真空。

二、采样类型

（1）部位样品　略高于大气压的气体的采样是将干燥的采样器连到采样管路中去，打开采样阀，用采样气体进行清洗置换多次，然后关上出口阀和进口阀，移去采样器。采取高压气体或低压气体应相应地使用减压装置或抽气泵等。

（2）连续样品　在整个采样过程中保持同样速度往样品容器里充气。

（3）间断样品　控制适当的时间间隔实现自动采样。

（4）混合样品　可采用分取混合采样法。

三、采样方法

在实际工作中，通常采取钢瓶中压缩的或液化的气体、钢瓶中的气体和管道内流动的气体。最小采样量要根据分析方法、被测物组分含量范围和重复分析测定的需要量来确定。

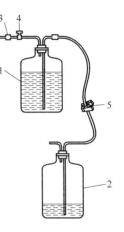

图 1-16　吸气瓶
1—气样瓶；2—封闭溶液；
3—橡皮管；4—旋塞；
5—弹簧夹

1. 从工业设备中采样

（1）常压下采样　常压下采样常用橡胶制的双联球或玻璃吸气瓶。

（2）正压下采样　略高于大气压的气体的采样可将干燥的采样器连到采样管路上，打开采样阀，用相当于采样管路和容器体积至少 10 倍以上的气体（高纯气体应该用 15 倍以上气体）清洗装置，然后关上出口阀，再关上进口阀，移去采样器。

采取高压气体时一般需安装减压阀，即在采样导管和采样器之间安装一个合适的安全或放空装置，将气体的压力降至略高于大气压后，再连接采样器，采取一定体积的气体。

采取中压气体，可在导管和采样器之间安装一个三通活塞，将三通的一端连接放空装置或安全装置。也可用球胆直接连接采样口，利用设备管路中的压力将气体压入球胆。经多次置换后，采取一定体积的气样。

（3）负压下采样　将采样管的一端连到采样导管，另一端连到一个吸气器或抽气泵。抽入足量气体彻底清洗采样导管和采样器，先关采样器出口，再关采样器进口阀，移出采样器。

若采样器装有双斜孔旋塞，可在连到采样器前用一个泵将采样器抽空，清洗采样器后，将旋塞的开口端转到抽空管，然后在移去采样器之前再转回到连接开口端。

2. 从贮气瓶中采样

贮气瓶一般装有高压气体或液化气体。液化气体可按照从槽车中采取液体试样的方法进行；高压气体可按照高压气体的采样方法进行。如果贮气瓶上带有减压阀，则可直接利用导管将减压阀和采样管连接起来，否则需安装减压阀后再进行采样。

习　　题

1. 简述采样的目的有哪些？
2. 采样时应注意哪些安全方面的问题？
3. 固体试样的采样程序包括哪三个方面？
4. 如何确定固体试样的采样数和采样量？
5. 如何制备固体试样？
6. 以商品煤的采取为例，具体说明固体试样的采取和制备方法。
7. 采取液体样品时，如何在贮罐和槽车中采样？
8. 如何采取液化气体？

9. 如何采取黏稠的液体？

10. 常用的气体采样设备有哪些？

11. 如何从工业设备中采取正压、负压及常压气体试样？

12. 如何从贮气瓶中采样？

第二章　水　质　分　析

学习指南

知识目标：

1. 掌握工业用水分析项目及各项目的测定原理。

2. 了解水的分类及其所含杂质、水质指标和水质标准、水试样的采取方法。

能力目标：

1. 能选择适当容器和方法采集水样。

2. 能选择合适的方法准确测定水中 pH、碱度、酸度、硬度、总铁、氯离子、硫酸盐含量。

3. 能采用碘量法测定水中的溶解氧含量。

第一节　概　　述

一、水的分类及其所含杂质

水是分布最广的自然资源，也是人类环境的重要组成部分，它以气、液、固三种聚集状态存在，遍布于海洋、地面、地下和大气中。水在整个自然界和人类社会中发挥着不可估量的作用。

自然界的水分为地下水、地面水和大气水等，地面水又可分为江河水、湖水、海水和冰山水等。从应用角度出发，有生活用水、农业用水（灌溉用水、渔业用水等）、工业用水（原料水、锅炉用水、冷却水等）和各种废水（即污染水）等。

水在自然的或人工的循环过程中，在与环境的接触过程中不仅自身的状态可能发生变化，而且作为溶剂还可能溶解或载带各种无机的、有机的甚至是生命的物质，使其表观特性和应用受到影响。因此，分析测定水中存在的各种组分时，作为研究、考察、评价和开发水资源的信息显得十分重要。水质分析主要是对水中的杂质进行测定。

水的来源不同，所含杂质也不相同。如雨水中主要含有氧、氮、二氧化碳、尘埃、微生物以及其他成分；地面水中主要含有少量可溶性盐类（海水除外）、悬浮物、腐殖质、微生物等；地下水主要含有可溶性盐类，包括钙、镁、钾、钠的碳酸盐、氯化物、硫酸盐、硝酸盐和硅酸盐等。

二、水质标准

1. 水质指标

不同来源的水（包括天然水和废水）都不是化学上的纯水，它们不同程度地含有无机的和有机的杂质。并且，水和其中的杂质常常不是简单的混合，而是存在着相互作用和影响。由于杂质进入水体，使水的物理性质和化学性质与纯水有所差异。这些由水与其中杂质共同表现出来的综合特性即水质，用以衡量水的各种特性的尺度称为水质指标。水质指标可具体地表征水的物理、化学特性，说明水中组分的种类、数量、存在状态及其相互作用的程度。根据水质分析结果，确定各种水质指标，以此来评价水质和达到对所调查水的研究、治理和利用的目的。

水质指标按其性质可分为三类，即物理指标、化学指标和微生物学指标。

水的物理性质及其指标主要有温度、颜色、臭与味、浑浊度与透明度、固体含量与导电性等；化学指标包括水中所含的各种无机物和有机物的含量以及由它们共同表现出来的一些综合特性，如 pH、φ_h、酸度、碱度、硬度和矿化度等；微生物学指标主要有细菌总数、大肠菌群和游离性余氯。其中化学指标是一类内容十分丰富的指标，是决定水的性质与应用的基础。

从水的利用出发，各种用水都有一定的要求，这种要求体现在对各种水质指标的限制上。长期以来，人们在总结实践经验基础上，根据需要与可能，提出了一系列水质标准。

2. 水质标准

水质标准是表示生活饮用水、工农业用水等各种用途的水中污染物质的最高容许浓度或限量阈值的具体限制和要求。因此，水质标准实际是水的物理、化学和生物学的质量标准。

不同用途对水质有不同的要求。对饮用水主要考虑对人体健康的影响，其水质标准中除有物理、化学指标外，还有微生物指标；对工业用水则考虑是否影响产品质量或易于损害容器及管道，其水质标准中多数无微生物限制。工业用水也还因行业特点或用途的不同，对水的要求不同。例如，锅炉用水要求悬浮物、氧气、二氧化碳含量要少，硬度要低；纺织工业上要求水的硬度要低，铁离子、锰离子含量要极少；化学工业中氯乙烯的聚合反应要在不含任何杂质的水中进行。

为了保护环境和利用水为人类服务，国内外有各种各类水质标准。如地面水环境质量标准、灌溉用水水质标准、渔业用水水质标准、工业锅炉水质标准、饮用水水质标准及各种废水排放标准等。

表 2-1 为国家标准 GB/T 1576—2008《工业锅炉水质》中有关"给水、锅水"所规定的水质标准。

表 2-1　采用锅外水处理的自然循环蒸汽锅炉和汽水两用锅炉水质

项目	额定蒸汽压力/MPa	$p \leqslant 1.0$		$1.0 < p \leqslant 1.6$		$1.6 < p \leqslant 2.5$		$2.5 < p \leqslant 3.8$	
	补给水类型	软化水	除盐水	软化水	除盐水	软化水	除盐水	软化水	除盐水
给水	浊度/FTU	$\leqslant 5.0$	$\leqslant 2.0$	$\leqslant 5.0$	$\leqslant 2.0$	$\leqslant 5.0$	$\leqslant 2.0$	$\leqslant 5.0$	$\leqslant 2.0$
	碱度/(mmol/L)	$\leqslant 0.030$	$\leqslant 0.030$	$\leqslant 0.030$	$\leqslant 0.030$	$\leqslant 0.030$	$\leqslant 0.030$	$\leqslant 5.0 \times 10^{-3}$	$\leqslant 5.0 \times 10^{-3}$
	pH 值(25℃)	7.0~9.0	8.0~9.5	7.0~9.0	8.0~9.5	7.0~9.0	8.0~9.5	7.0~9.0	8.0~9.5
	溶解氧[①]/(mg/L)	$\leqslant 0.10$	$\leqslant 0.10$	$\leqslant 0.10$	$\leqslant 0.050$	$\leqslant 0.050$	$\leqslant 0.050$	$\leqslant 0.050$	$\leqslant 0.050$
	油/(mg/L)	$\leqslant 2.0$	$\leqslant 2.0$	$\leqslant 2.0$	$\leqslant 2.0$	$\leqslant 2.0$	$\leqslant 2.0$	$\leqslant 2.0$	$\leqslant 2.0$
	全铁/(mg/L)	$\leqslant 0.30$	$\leqslant 0.30$	$\leqslant 0.30$	$\leqslant 0.30$	$\leqslant 0.30$	$\leqslant 0.10$	$\leqslant 0.10$	$\leqslant 0.10$
	电导率(25℃)/(μS/cm)	—	—	$\leqslant 5.5 \times 10^2$	$\leqslant 1.1 \times 10^2$	$\leqslant 5.5 \times 10^2$	$\leqslant 1.0 \times 10^2$	$\leqslant 3.5 \times 10^2$	$\leqslant 80.0$
锅水	全碱度[②]/(mmol/L) 无过热器	6.0~26.0	$\leqslant 10.0$	6.0~24.0	$\leqslant 10.0$	6.0~16.0	$\leqslant 8.0$	$\leqslant 12.0$	$\leqslant 4.0$
	全碱度[②]/(mmol/L) 有过热器	—	—	$\leqslant 14.0$	$\leqslant 10.0$	$\leqslant 12.0$	$\leqslant 8.0$	$\leqslant 12.0$	$\leqslant 4.0$
	酚酞碱度/(mmol/L) 无过热器	4.0~18.0	$\leqslant 6.0$	4.0~16.0	$\leqslant 6.0$	4.0~12.0	$\leqslant 5.0$	$\leqslant 10.0$	$\leqslant 3.0$
	酚酞碱度/(mmol/L) 有过热器	—	—	$\leqslant 10.0$	$\leqslant 6.0$	$\leqslant 8.0$	$\leqslant 5.0$	$\leqslant 10.0$	$\leqslant 3.0$
	pH 值(25℃)	10.0~12.0	10.0~12.0	10.0~12.0	10.0~12.0	10.0~12.0	10.0~12.0	9.0~12.0	9.0~11.0
	溶解固形物/(mg/L) 无过热器	$\leqslant 4.0 \times 10^3$	$\leqslant 4.0 \times 10^3$	$\leqslant 3.5 \times 10^3$	$\leqslant 3.5 \times 10^3$	$\leqslant 3.0 \times 10^3$	$\leqslant 3.0 \times 10^3$	$\leqslant 2.5 \times 10^3$	$\leqslant 2.5 \times 10^3$
	溶解固形物/(mg/L) 有过热器	—	—	$\leqslant 3.0 \times 10^3$	$\leqslant 3.0 \times 10^3$	$\leqslant 2.5 \times 10^3$	$\leqslant 2.5 \times 10^3$	$\leqslant 2.0 \times 10^3$	$\leqslant 2.0 \times 10^3$

续表

项目	额定蒸汽压力/MPa	$p \leqslant 1.0$		$1.0 < p \leqslant 1.6$		$1.6 < p \leqslant 2.5$		$2.5 < p \leqslant 3.8$	
	补给水类型	软化水	除盐水	软化水	除盐水	软化水	除盐水	软化水	除盐水
锅水	磷酸根[③]/(mg/L)	—	—	10.0~30.0	10.0~30.0	10.0~30.0	10.0~30.0	5.0~20.0	5.0~20.0
	亚硫酸根[④]/(mg/L)	—	—	10.0~30.0	10.0~30.0	10.0~30.0	10.0~30.0	5.0~10.0	5.0~10.0
	相对碱度[⑤]	<0.20	<0.20	<0.20	<0.20	<0.20	<0.20	<0.20	<0.20

① 溶解氧控制值适用于经过除氧装置处理后的给水。额定蒸发量大于或等于10t/h的锅炉，给水应除氧。额定蒸发量小于10t/h的锅炉如果发现局部氧腐蚀，也应采取除氧措施。对于供汽轮机用汽的锅炉给水含氧量应小于或等于0.050mg/L。

② 对蒸汽质量要求不高，并且无过热器的锅炉，锅水全碱度上限值可适当放宽，但放宽后锅水的pH值（25℃）不应超过上限。

③ 适用于锅内加磷酸盐阻垢剂。采用其他阻垢剂时，阻垢剂残余量应符合药剂生产厂规定的指标。

④ 适用于给水加亚硫酸盐除氧剂。采用其他除氧剂时，除氧剂残余量应符合药剂生产厂规定的指标。

⑤ 全焊接结构锅炉，可不控制相对碱度。

注：1. 对于供汽轮机用汽的锅炉，蒸汽质量应执行GB/T 12145规定的额定蒸汽压力3.8~5.8MPa汽包炉标准。

2. 硬度、碱度的计量单位为一价基本单元物质的量的浓度。

3. 停（备）用锅炉启动时，锅水的浓缩倍率达到正常后，锅炉的水质应达到本标准的要求。

3. 水质分析项目和分析方法

化验室根据水的来源与用途，选择相应的水质标准作为依据，按标准规定的项目进行分析。

锅炉用水和冷却水的分析项目有硬度、碱度、浊度、pH、氯化物、硫酸盐、硝酸盐和亚硝酸盐、磷酸盐、固体物质、全硅、全铝、硫化氢、溶解氧、铁、钠、钾、铜和油等。

水中溶解气体含量及pH易于变化，应最先分析，最好在现场进行。水试样浑浊应静置澄清，吸取上层清液进行测定，但全固、悬浮物等项目除外。

水中的各种组分，既有无机物，又有有机物。随它们含量不同，又可区分为主要组分、次要组分和痕量组分，测定它们时需运用分析化学（包括仪器分析）中的各种分析方法。表2-2列出了水质分析中需要测定的部分项目及其常用的分析方法。

表2-2　水质分析测定项目及其常用测定方法

分析方法	项目
重量法	悬浮物、总固体、溶解性固体、灼烧失量、SO_4^{2-}、有机碳、油
滴定法	酸度、碱度、硬度、游离二氧化碳、侵蚀性二氧化碳、COD、DO、BOD、Ca^{2+}、Mg^{2+}、Cl^-、CN^-、F^-、硫化物、有机酸、挥发酚、总铬
吸光光度法	SiO_2、Fe^{3+}、Fe^{2+}、Al^{3+}、Mn^{2+}、Cu^{2+}、Pb^{2+}、Zn^{2+}、$Cr(Ⅲ, Ⅵ)$、Hg^{2+}、Cd^{2+}、Ca^{2+}、Mg^{2+}、U、Th^{4+}、BO_2^-、As、Se、F^-、Cl^-、SO_4^{2-}、CN^-、NH_4^+、NO_3^-、NO_2^-、可溶性磷、总磷、有机磷、有机氮、酚类、硫化物、余氯、木质素、ABS色度、阴离子表面活性剂、油
比浊法	SO_4^{2-}、浊度、透明度
火焰光度法	Na^+、K^+、Li^+
发射光谱法	Ag、Si、Mg、Fe、Al、Ni、Ca、Cu 等数十种
原子吸收光谱法	As、Ag、Bi、Ca、Cd、Co、Cu、Fe、Hg、K、Mg、Mn、Mo、Na、Ni、Pb、Sn、Zn 等
电位法	pH、DO、酸度、碱度
极谱法	As、Cd、Co、Cu、Ni、Pb、V、Se、Mo、Zn、DO 等
离子选择性电极法	K^+、Li^+、Na^+、F^-、Cl^-、Br^-、I^-、CN^-、S^{2-}、NO_3^-、NH_4^+、DO 等
液相色谱法	有机汞、Co、Cu、Ni、有机物
离子色谱法	Li^+、Na^+、K^+、F^-、Cl^-、Br^-、I^-、NO_3^-、SO_4^{2-} 等
气相色谱法	Al、Be、Cr、Se、气体物质、有机物质
其他	温度、外观、臭、味、电导率

由表 2-2 可以看出，水质分析中所应用的方法以吸光光度法、滴定法最为常用。这是因为这两类方法操作简便快速，不需特殊设备，适合于批量分析。同时滴定法对主要组分测定的准确度高，吸光光度法对痕量组分测定的灵敏度较高，也是它们各自的突出优点。重量分析法不适合低含量组分的分析，且操作烦琐费时；比浊法可分析的项目少，操作条件不易控制，准确度较差。因而，目前除个别项目尚无更好的分析方法外，重量分析法和比浊法已很少使用。

仪器分析方法由于灵敏度较高，操作简便，易实现自动分析，所以在水质分析中的应用日见增加。其中，原子吸收光谱法对痕量金属元素分析运用较多、较成熟。火焰光度法对碱金属元素的分析也属于经典的简便方法。电位法测定溶解氧，离子选择性电极法测定 F^-、CN^-、Br^-、I^- 等均有其简便快速的优点。气相色谱法测定气体成分和有机物质有其独到之处。液相色谱法、荧光光度法、红外光谱法可用于有机物的分析。

三、水试样的采集

水质分析的一般过程包括采集水样、预处理、依次分析、结果计算与整理、分析结果的质量审查。显然，水样的采集与保存直接关系到水质分析结果的可靠性。为此，应根据水质的特性、水质检测的目的与检测项目的不同而采用不同的取样方法和保管措施。

1. 水样的采集

供分析用的水样应该能够充分地代表该水的全面性，并必须不受任何意外的污染。首先必须做好现场调查和资料收集，包括气象条件、水文地质、水位水深、河道流量、用水量、污水废水排放量、废水类型和排污去向等。水样的采集方法、次数、深度位置、时间等都是由采样分析目的来决定的。水样采集时，应注意以下几点。

（1）采样容器　为了进行分析（或试验）而采取的水称为水样。用来存放水样的容器称为水样容器（水样瓶）。常用的水样容器有无色硬质玻璃磨口瓶和具塞的聚乙烯瓶两种。

① 硬质玻璃磨口瓶。由于玻璃无色透明、有较好的耐腐蚀性、易洗涤干净等优点，硬质玻璃磨口瓶是常用的水样容器之一。但是硬质玻璃容器存放纯水、高纯水样时，由于玻璃容器有溶解现象，使玻璃成分如硅、钠、钾、硼等溶解进入水样之中。因此玻璃容器不适宜用来存放测定这些微量元素成分的水样。

② 聚乙烯瓶。由于聚乙烯有很高的耐腐蚀性能，不含重金属和无机成分，而且具有质量轻、抗冲击等优点，是使用最多的水样容器。但是，聚乙烯瓶有吸附重金属、磷酸盐和有机物等的倾向。长期存放水样时，细菌、藻类容易繁殖。另外，聚乙烯易受有机溶剂侵蚀，使用时要多加注意。

③ 特定水样容器。锅炉用水分析中有些特定成分测定，需要使用特定的水样容器，应遵守有关标准的规定。如溶解氧、含油量等的测定，需要使用特定的水样容器。

（2）取样器　用来采集水样的装置称为取样器。采集水样时，应根据试验目的、水样性质、周围条件选用最适宜的取样器。

① 采集天然水的取样器。采集天然水样时，应根据试验目的，选用表面取样器、不同深度取样器以及泵式取样器进行取样。表面取样器和不同深度取样器的例子如图 2-1 所示；泵式取样器的例子如图 2-2 所示。

② 采集管道或工业设备中水样的取样器具。锅炉用水分析的水样，多数是从管道或工业设备中采取的。在此情况下，取样器都安装在管道或装置中，如图 2-3 和图 2-4 所示。但是，为了获得有充分代表性的水样，取样器的设计、制造、安装以及取样点的布置还应遵循如下规定。

a. 应根据工业装置、锅炉类型、参数以及化学监督要求或试验目的，设计、制造、安装和布置水样取样器。

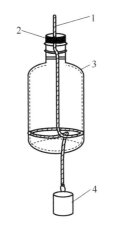

图 2-1 表面或不同深度取样器
1—绳子；2—采样瓶塞；
3—采样瓶；4—重物

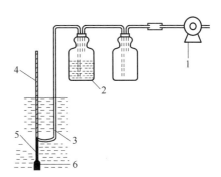

图 2-2 泵式取样器
1—真空泵；2—采样瓶；3—采样用氯化尼龙管；
4—绳子；5—取样口（玻璃或软质
尼龙制造）；6—重物

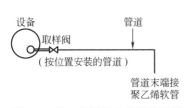

图 2-3 从工业设备中采样的取样器

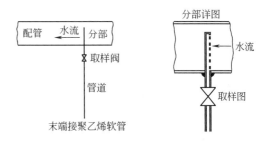

图 2-4 从管道中采样的取样器

b. 取样器（包括取样管和阀门）的材质应使用耐腐蚀的金属材料制造。除低压锅炉外，除氧水、给水的取样器应使用不锈钢制造。

c. 从高温、高压的管道或装置中采集水样时，必须安装减压装置和冷却器。取样冷却器应有足够冷却面积和冷却水源，使得水样流量约为 700mL/min 时，水样温度仍低于 40℃。

（3）水样的采集方法　采集不同的水样，需要采用不同的方法，并做好采样的准备工作。应将采样瓶彻底清洗干净，采样时再用水样冲洗三次以上（采样另有规定者除外）之后才能采集水样。

① 天然水的取样方法

a. 采集江、河、湖和泉水等地表水样或普通井水水样时，应将取样瓶浸入水下面 50cm处取样，并在不同地点采样混合成供分析用的水样。

b. 根据试验要求，需要采集不同深度的水样时，应使用不同深度取样器，对不同部位的水样分别采集。

c. 在管道或流动部位采集生水水样时，应充分地冲洗采样管道后再采样。

d. 江、河、湖和泉水等地表水样，受季节、气候条件影响较大，采集水样时应注明这些条件。

② 从管道或水处理装置中采集处理水水样的方法。从管道或水处理装置中取样时，应选择有代表性的取样部位，安装取样器，需要时在取样管末端接一根聚乙烯软管或橡胶管。采样时，打开取样阀门，进行适当的冲洗并将水样流速调至约 700mL/min 进行取样。

③ 从高温、高压装置或管道中取样的方法。从高温、高压装置或管道中取样时，必须加装减压装置和良好的冷却器，水样温度不得高于40℃，再按上述②的方法取样。

④ 测定不稳定成分的水样采集方法。测定水样中不稳定成分，通常应在现场取样，随取随测。否则，采样后立即采取预处理措施，将不稳定成分转化为稳定状态，然后再送到试验室测定。

⑤ 取样量。采集水样的数量应满足试验和复核需要。供全分析用的水样不得少于5L，若水样浑浊时应装两瓶。供单项分析用的水样不得少于0.3L。

⑥ 采集水样时的记载事项。采集供全分析用的水样，应粘贴标签，注明水样名称、取样方法、取样地点、取样人姓名、时间、温度以及其他注意事项。若采集供现场控制试验的水样，可不粘贴标签，但应使用固定的取样瓶。

(4) 水样的存放与运送 水样在放置过程中，由于各种原因，其中某些成分可能发生变化。原则上说，采集水样后应及时分析，尽量缩短存放与运送时间。

① 水样存放的时间。水样存放时间受其性质、温度、保存条件以及试验要求等因素影响，有很大的差异，根据一般经验，表2-3所列时间可作参考。

表 2-3　水样可以存放的时间

水 样 种 类	可以存放时间/h
未受污染的水	72
受污染的水	12~24

② 存放与运送水样的注意事项

a. 水样存放与运送时，应注意检查水样是否封闭严密，水样瓶应在阴凉处存放。

b. 冬季应防止水样冰冻，夏季应防止水样受阳光暴晒。

c. 分析经过存放或运送的水样，应在报告中注明存放的时间或温度等条件。

2. 水样的预处理

对水样进行分析时，常根据分析目的、水质状况和有无干扰等不同情况进行预处理。

(1) 过滤 水样浊度较高或带有明显的颜色时，会影响分析结果，可采用澄清、离心或过滤等措施来分离不可滤残渣，尤其用适当孔径的过滤器可有效地除去细菌和藻类。一般采用$0.45\mu m$滤膜过滤，通过$0.45\mu m$滤膜部分为可过滤态水样，通不过的称为不可过滤态水样。用滤膜、离心、滤纸或砂芯漏斗等方式处理样品，它们阻留不可过滤残渣的能力大小顺序是：滤膜＞离心＞滤纸＞砂芯漏斗。

(2) 浓缩 如水样中被分析组分含量较低，可通过蒸发、溶剂萃取或离子交换等措施浓缩后再进行分析。例如，饮用水中氯仿的测定，采用正己烷/乙醚溶剂萃取浓缩后用气相色谱法测定。

(3) 蒸馏排除干扰杂质 当测定水中的酚类化合物、氟化物、氰化物时，在适当条件下可通过蒸馏将酚类化合物、氟化物、氰化物蒸出后测定，共存干扰物质残留在蒸馏液中，而消除干扰。

(4) 消解 分酸性消解、干式消解和改变价态消解。

① 酸性消解。如水样中同时存在无机结合态和有机结合态金属，可加酸（如H_2SO_4-HNO_3 或 HCl、HNO_3-$HClO_4$ 等），经过强烈的化学消解作用，破坏有机物，使金属离子释放出来，再进行测定。

② 干式消解。通过高温灼烧去除有机物后，将灼烧后残渣（灰分）用适量2%HNO_3（或 HCl）溶解，并过滤于容量瓶中，进行金属离子或无机物测定。在高温下易挥发损失的As、Hg、Cd、Se、Sn等元素，不宜用此法消解。

③ 改变价态消解。如测定水样中总汞时，加强酸（H_2SO_4-HNO_3）和加热条件下，

用 $KMnO_4$ 和过硫酸钾（$K_2S_2O_8$）将水样消解，使所含汞全部转化为二价汞后，进行测定。

总之，水样采集后，最好立即分析，不能立即分析的项目将采取一些保存措施和预处理措施，以确保分析结果的可靠性。但是分析结果的可靠性在很大程度上取决于分析工作者或水处理工程技术人员的丰富实践经验和良好的判断力。

第二节 工业用水分析

一、pH 的测定

pH 是溶液中氢离子有效浓度的负对数，即
$$pH = -lg[H^+]$$
天然水的 pH 一般在 6～9 范围内，由于某些特殊原因，可能高至 10 或低至 5。

测定 pH 有比色法和电位法，目前多采用电位法。此法使用范围广，水的浊度、胶体物质、氧化剂、还原剂及较高含盐量均不干扰测定，准确度较高。

二、碱度的测定

水中碱度是指水中含有能接受质子（H^+）的物质的含量。

水中能接受质子的物质很多，例如，氢氧根离子、碳酸盐、碳酸氢盐、磷酸盐、磷酸氢盐、硅酸盐、硅酸氢盐、亚硫酸盐、亚硫酸氢盐和氨等都是水中常见的能接受质子的物质。

通常碱度（JD）可分为理论碱度 $(JD)_理$ 和操作碱度 $(JD)_操$。操作碱度又分为酚酞碱度 $(JD)_酚$ 和全碱度 $(JD)_全$。理论碱度定义为：
$$(JD)_理 = [HCO_3^-] + 2[CO_3^-] + [OH^-] - [H^+]$$
碱度的测定有指示剂滴定法和 pH 电位滴定法，常用的是指示剂滴定法。酚酞碱度是以酚酞作指示剂测得的碱度，全碱度是以甲基橙（或甲基红-亚甲基蓝）作指示剂测得的碱度。

1. 酚酞碱度

酚酞碱度是以酚酞为指示剂，用酸标准滴定溶液滴定后计算所得的含量。滴定反应终点（酚酞变色点），pH＝8.3。滴定中发生下列反应。

（1）OH^- 的反应
$$OH^- + H^+ \longrightarrow H_2O$$
酚酞变色时，OH^- 与 H^+ 完全反应。

（2）CO_3^{2-} 的反应
$$CO_3^{2-} + H^+ \longrightarrow HCO_3^-$$
酚酞变色时，CO_3^{2-} 几乎全部生成 HCO_3^-。

（3）PO_4^{3-} 的反应
$$PO_4^{3-} + H^+ \longrightarrow HPO_4^{2-}$$

酚酞碱度的测定步骤如下：取 100mL 透明水样置于锥形瓶中，加入 2～3 滴 1% 酚酞指示液。用含 0.05000mol/L 或 0.1000mol/L 氢离子的硫酸标准滴定溶液滴定至恰好无色。记下硫酸消耗的体积 a。

$$(JD)_酚酞 = \frac{c(H^+) a \times 1000}{V} \tag{2-1}$$

式中，$(JD)_酚酞$ 为酚酞碱度，mmol/L；$c(H^+)$ 为硫酸标准滴定溶液的氢离子浓度，mol/L；a 为硫酸标准滴定溶液消耗的体积，mL；V 为所取水样的体积，mL。

2. 全碱度

全碱度是以甲基橙为指示剂，用酸标准滴定溶液滴定后计算所得的含量。滴定反应终点（甲基橙变色点），pH＝4.2。滴定中发生下列反应。

（1）OH^- 的反应

$$OH^- + H^+ \longrightarrow H_2O$$

甲基橙变色时，OH^- 与 H^+ 完全反应。

（2）CO_3^{2-} 的反应

$$CO_3^{2-} + 2H^+ \longrightarrow H_2CO_3$$

甲基橙变色时，CO_3^{2-} 全部反应完毕。

（3）PO_4^{3-} 的反应

$$PO_4^{3-} + 2H^+ \longrightarrow H_2PO_4^-$$

总碱度测定步骤如下：取 100mL 透明水样置于锥形瓶中，加入 2 滴甲基橙指示剂。用含 0.05000mol/L 或 0.1000mol/L 氢离子的硫酸标准滴定溶液滴定至橙黄色。记下硫酸消耗的体积 b。

$$(JD)_{总} = \frac{c(H^+)b \times 1000}{V} \tag{2-2}$$

式中，$(JD)_{总}$ 为总碱度，mmol/L；$c(H^+)$ 为硫酸标准滴定溶液的氢离子浓度，mol/L；b 为硫酸标准滴定溶液消耗的体积，mL；V 为所取水样的体积，mL。

必须指出的是，有些资料将酚酞碱度称为甲基橙碱度，这时总碱度为酚酞碱度与甲基橙碱度之和。

三、酸度的测定

水的酸度是指水中那些能放出质子的物质的含量。

水中能放出质子的物质主要有游离二氧化碳（在水中以 H_2CO_3 形式存在）、HCO_3^-、HPO_4^{2-} 和有机酸等。

水的酸度的测定方法，即选用酚酞指示剂，用强碱标准滴定溶液来进行滴定。根据强碱标准滴定溶液所消耗的量即可计算出水中能放出质子的物质的含量。

四、硬度的测定

1. 硬水及硬度

天然水中含有的金属化合物，除碱金属化合物外，还有钙、镁金属的化合物，它们主要以酸式碳酸盐、碳酸盐、硫酸盐、硝酸盐及氯化物形式存在。含有这些金属化合物的水，无论用于生活或工业生产都是害多利少。如果用于洗涤，由于这些金属盐和肥皂发生反应，生成难溶的硬脂酸盐沉淀而失去泡沫、浪费肥皂。若作为锅炉用水，加热时就会在炉壁上形成水垢，水垢不仅会降低锅炉热效率，增大燃料消耗，更为严重的是会使炉壁局部过热、软化、破裂，甚至引起爆炸。因此工业上对锅炉用水的钙、镁含量指标的要求是十分严格的。

含有较多钙、镁金属化合物的水称为硬水，水中这些金属化合物的含量则称为硬度。水的硬度有两种分类方法，根据不同物质产生的硬度性质不同，分为碳酸盐硬度和非碳酸盐硬度：碳酸盐硬度，主要是 $Ca(HCO_3)_2$、$Mg(HCO_3)_2$ 的含量，也可能含少量碳酸盐，这类化合物因为受热时分解生成沉淀，所以又称为暂时硬度；非碳酸盐硬度，主要是钙、镁的硫酸盐、硝酸盐、氯化物的含量，这类化合物一般不因为受热而分解，水在常压下沸腾，如果体积不改变，非碳酸盐硬度不生成沉淀，所以又称为永久硬度。

根据测定对象不同，水的硬度又分为总硬度、钙硬度和镁硬度：碳酸盐硬度与非碳酸盐硬度之和称为总硬度；水中钙化合物的含量称为钙硬度；水中镁化合物的含量称为镁硬度。

2. 水的总硬度（水中钙、镁离子总含量）的测定

方法提要：在 pH＝10 的弱碱性环境中，以铬黑 T 为指示剂，用 EDTA 标准滴定溶液滴定水中的钙、镁离子。对于干扰离子铜、锌，可通过加入硫化钠生成沉淀来掩蔽；微量锰加入盐酸羟胺后可使之还原为低价锰；铁、铝可加入三乙醇胺来消除其干扰。

滴定反应如下：

$$Ca^{2+} + H_2Y^{2-} \longrightarrow CaY^{2-} + 2H^+$$
$$Mg^{2+} + H_2Y^{2-} \longrightarrow MgY^{2-} + 2H^+$$

测定步骤：取 100mL 水样，注入 250mL 锥形瓶中。如果水样浑浊，取样前应过滤。加 5mL 氨-氯化铵缓冲溶液，加 2～3 滴铬黑 T 指示液。在不断摇动下，用 EDTA 标准滴定溶液进行滴定，接近终点时应缓慢滴定，溶液由酒红色转为蓝色即为终点，记下终点读数 a。

另取 100mL Ⅱ级试剂水，按上述操作测定空白试验的 b 值。

结果计算：

$$c(Ca^{2+} + Mg^{2+}) = \frac{(a-b)T}{V} \tag{2-3}$$

式中，$c(Ca^{2+} + Mg^{2+})$ 为水样硬度，即水中钙、镁总含量，mmol/L；a 为滴定水样消耗 EDTA 标准滴定溶液的体积，mL；b 为空白试验消耗 EDTA 标准滴定溶液的体积，mL；T 为 EDTA 标准滴定溶液对钙硬度的滴定度，mmol/mL；V 为水样体积，mL。

3. 水中钙硬度和镁硬度的测定

水中钙硬度和镁硬度的测定即水中钙含量和镁含量的测定。通常有两种方法，一种是配位滴定法；另一种是原子吸收分光光度法。

（1）配位滴定法　钙离子的测定是在 pH 为 12～13 时，以钙-羧酸为指示剂，用 EDTA 标准滴定溶液测定水样中的钙离子含量。滴定时 EDTA 仅应与溶液中游离的钙离子形成配合物，溶液颜色由紫红色变为亮蓝色时即为终点。

镁离子的测定是在 pH＝10 时，以铬黑 T 为指示剂，用 EDTA 标准滴定溶液测定钙、镁离子总量，溶液颜色由紫红色变为纯蓝色时即为终点，由钙、镁总量减去钙离子含量即为镁离子含量。

（2）原子吸收分光光度法　钙含量测定时，取水样品，经雾化喷入火焰，钙离子被热解为基态原子，以钙共振线 422.7nm 为分析线，以空气-乙炔火焰测定钙原子的吸光度。用标准曲线法进行定量。

镁含量测定时，取水样品，经雾化喷入火焰，镁离子被热解为基态原子，以镁的共振线 285.2nm 为分析线，以空气-乙炔火焰测定镁原子的吸光度。用标准曲线法进行定量。

加入氯化锶或氧化镧可抑制水中各种共存元素及水处理药剂的干扰。

五、总铁含量的测定

天然水（除雨水外）中都含有铁盐，地下水中含亚铁盐，地面水因被空气氧化，Fe 主要以三价离子状态存在。天然水中含铁量一般较低，不致影响人体健康，但是如果超过 0.3mg/L，则有特殊气味而不适于食用。工业上则视不同用途有不同要求，例如，纺织、染色和造纸等工业，要求水中含铁量不得超过 0.2mg/L。

工业用水总铁含量的测定使用分光光度法。常用的显色剂有 1,10-邻菲啰啉和 4,7-二苯基-1,10-邻菲啰啉。下面介绍 1,10-邻菲啰啉分光光度法测定水中铁含量的方法。

方法提要：用抗坏血酸将试样中的三价铁离子还原成二价铁离子，在 pH 为 2.5～9 时，Fe^{2+} 可与邻菲啰啉生成橙红色配合物，在最大吸收波长（510nm）处，用分光光度计测其吸光度。

反应式为：

其分析步骤如下。

1. 工作曲线的绘制

分别取 0（空白）、1.00mL、2.00mL、4.00mL、6.00mL、8.00mL、10.00mL 铁标准溶液（1mL 铁标准溶液含 0.010mg Fe）于 7 个 100mL 容量瓶中，加水至约 40mL，加 0.50mL 硫酸调 pH 接近 2，加 3.0mL 抗坏血酸溶液、10.0mL 缓冲溶液、5.0mL 邻菲啰啉。用水稀释至刻度，摇匀。室温下放置 15min，用分光光度计于 510nm 处以试剂空白调零测吸光度。以测得的吸光度为纵坐标，相对应的 Fe^{2+} 含量（μg）为横坐标绘制工作曲线。

2. 测定

（1）总铁的测定　试样的分解：取 5.0～50.0mL 试样溶液于 100mL 锥形瓶中（体积不足 50mL 的要补水至 50mL），加 1.0mL 硫酸溶液、5.0mL 过硫酸钾溶液，置于电炉上，缓慢煮沸 15min，保持体积不低于 20mL，取下冷却至室温，用氨水或硫酸调 pH 接近 2，备用。

吸光度的测定：将上述备用液全部转移到 100mL 容量瓶中，加 3.0mL 抗坏血酸溶液、10.0mL 缓冲溶液、5.0mL 邻菲啰啉溶液，用水稀释至刻度。于室温下放置 15min，用分光光度计于 510nm 处以试剂空白调零测吸光度。

（2）可溶性铁的测定　取 5.0～50.0mL 经中速滤纸过滤后的试样溶液于 100mL 锥形瓶中，以下步骤同总铁的测定步骤。

大量的磷酸盐存在对测定产生干扰，可加柠檬酸盐和对苯二酚加以消除。用溶剂萃取法可消除所有金属离子或可能与铁配合的阴离子所造成的干扰。

六、氯含量的测定

氯含量测定的方法较多，有莫尔法、汞盐滴定法、电位滴定法和共沉淀富集分光光度法。

1. 莫尔法

氯化物的测定常用莫尔法，即在 pH＝7 左右的中性溶液中，以铬酸钾为指示剂，用硝酸银标准溶液进行滴定。硝酸银与氯离子作用生成白色氯化银沉淀，过量的硝酸根与铬酸钾作用生成红色铬酸银沉淀，使溶液显橙色即为滴定终点。

本法适用于氯离子含量在 5～100mg/L 范围内的测定。

2. 汞盐滴定法

在 pH 为 2.3～2.8 的水溶液中，氯离子与汞离子（Hg^{2+}）反应，生成微解离的氯化汞，过量的汞离子与二苯卡巴腙（二苯偶氮碳酰肼）形成紫色配合物指示终点。可用汞盐滴定水样中的氯化物求其含量。指示剂中加溴酚蓝、二甲苯蓝-FF 混合液作背景色，可提高指示剂的灵敏度。

铁（Ⅲ）、铬酸根、亚硫酸根、联氨等对测定有一定干扰，可加适量的对苯二酚或过氧化氢消除干扰。

本法适用于氯离子含量在 1～100mg/L 范围内的测定。超过 100mg/L 时，可适当地减少取样体积，稀释至 100mL 后测定。

　　3. 电位滴定法

　　以双液型饱和甘汞电极为参比电极，以银电极为指示电极，水样用硝酸银标准滴定液滴定至氯离子浓度与银离子浓度相等（即理论终点时），两电极的电位差可作为终点电位，滴定至该电位时即停止滴定。从硝酸银标准溶液消耗体积可算出氯离子含量。溴、碘、硫等离子存在有干扰。

　　本法适用于氯离子含量在 $5 \sim 100 mg/L$ 范围内的测定。

　　4. 共沉淀富集分光光度法

　　本方法基于磷酸铅沉淀作载体，共沉淀富集痕量氯化物，经高速离心机分离后，以硝酸铁-高氯酸溶液完全溶解沉淀，加硫氰酸汞-甲醇溶液显色，用分光光度法间接测定水中痕量氯化物。

　　本法适用于氯含量在 $10 \sim 100 \mu g/L$ 的痕量氯化物的测定。

七、硫酸盐的测定

　　硫酸盐的测定有重量法、铬酸钡光度法和电位滴定法。重量法即为硫酸钡沉淀重量法。铬酸钡光度法为一间接法，其原理是用过量的铬酸钡酸性悬浊液与水样中硫酸根离子作用生成硫酸钡沉淀，过滤后用分光光度法测定由硫酸根定量置换出的黄色铬酸根离子，从而间接求出硫酸根离子的含量。电位滴定法是以铅电极为指示电极，在 $pH = 4$ 条件下，以高氯酸铅标准滴定溶液电位滴定 75% 乙醇体系中的硫酸根离子，此时能定量地生成硫酸铅沉淀，过量的铅离子使电位产生突跃，从而求出滴定终点。水样中的重金属、钙、镁等离子可事先用氢型强酸性阳离子交换树脂除去，磷酸盐和聚磷酸盐的干扰可用稀释法或二氧化锰共沉淀法来消除。

八、水中溶解氧的测定

　　溶解于水中的氧称为"溶解氧"。当地面水与大气接触以及某些含叶绿素的水生植物在其中进行生化作用时，水中就有了溶解氧的存在。水中溶解氧的含量随水的深度的增加而减少，也与大气压力、空气中氧的分压及水的温度有关，常温常压下，水中含溶解氧一般应为 $8 \sim 10 mg/L$。

　　当水中存在较多水生植物并进行光合作用时，有可能使水中含有过饱和的溶解氧。当水被还原性物质污染时，由于污染物被氧化而耗氧，水中溶解氧就会减少，甚至接近于零。如果含量低于 $4 mg/L$，则水生动物可能因窒息而死亡。而在工业上却由于溶解氧能使金属氧化而腐蚀加速。因此对水中溶解氧的测定是极其重要的。

　　溶解氧的测定方法有膜电极法、比色法和碘量法。清洁水可直接采用碘量法测定。

　　1. 方法简介

　　水样中加入硫酸锰和碱性碘化钾，水中溶解氧在碱性条件下定量氧化 Mn^{2+} 为 $Mn(III)$ 和 $Mn(IV)$，而 $Mn(III)$ 和 $Mn(IV)$ 又定量氧化 I^- 为 I_2，用硫代硫酸钠滴定所生成的 I_2，即可求出水中溶解氧的含量。

　　2. 测定原理

　　① 在碱性条件下，二价锰生成白色的氢氧化亚锰沉淀。

$$Mn^{2+} + 2OH^- \longrightarrow Mn(OH)_2 \downarrow$$

　　② 水中溶解氧与 $Mn(OH)_2$ 作用生成 $Mn(III)$ 和 $Mn(IV)$。

$$2Mn(OH)_2 + O_2 \longrightarrow 2H_2MnO_3 \downarrow$$

$$4Mn(OH)_2 + O_2 + 2H_2O \longrightarrow 4Mn(OH)_3 \downarrow$$

　　③ 在酸性条件下，$Mn(III)$ 和 $Mn(IV)$ 氧化 I^- 为 I_2。

$$H_2MnO_3 + 4H^+ + 2I^- \longrightarrow Mn^{2+} + I_2 + 3H_2O$$

$$2Mn(OH)_3 + 6H^+ + 2I^- \longrightarrow I_2 + 6H_2O + 2Mn^{2+}$$

④ 用硫代硫酸钠标准滴定溶液滴定定量生成的碘。

$$I_2 + 2S_2O_3^{2-} \longrightarrow 2I^- + S_4O_6^{2-}$$

3. 试剂和仪器

分析方法中，除特殊规定外，应使用分析试剂和符合 GB/T 6682 中三级水的规格。

分析中所需标准溶液，在没有注明其他要求时，均按 GB/T 602 的规定制备。

① 硫酸溶液（1+1）。

② 硫酸溶液（1+17）。

③ 硫酸锰溶液：340g/L。称取 34g 硫酸锰，加 1mL 硫酸溶液，溶解后，用水稀释至 100mL，若溶液不清，则需过滤。

④ 碱性碘化钾混合液：称取 30g 氢氧化钠、20g 碘化钾溶于 100mL 水，摇匀。

⑤ 淀粉溶液：10g/L，新鲜配制。

⑥ 碘酸钾标准溶液：$c\left(\dfrac{1}{6}KIO_3\right) = 0.01000 mol/L$。称取于 180℃ 下干燥的碘酸钾 3.567g，准确至 0.002g，并溶于水中。转移至 1000mL 容量瓶中，稀释至刻度，摇匀。吸取 100.0mL 至 1000mL 容量瓶中，用水稀释至刻度，摇匀。

⑦ 硫代硫酸钠标准滴定溶液：$c(Na_2S_2O_3) = 0.01 mol/L$。溶解 2.50g 硫代硫酸钠于新煮沸且冷却的水中，加入 0.4g 氢氧化钠，用水稀释至 1000mL。贮于棕色玻璃瓶，放置 15～20d 后标定。

标定：移取 25.00mL 稀释的碘酸钾溶液于锥形瓶中，加入 100mL 左右的水、0.5g 碘化钾、5mL 硫酸溶液。用硫代硫酸钠标准滴定溶液滴定，当出现淡黄色时加入淀粉指示剂，滴定至蓝色完全消失。计算硫代硫酸钠标准滴定溶液的浓度。

⑧ 高锰酸钾溶液：$c\left(\dfrac{1}{5}KMnO_4\right) = 0.01 mol/L$。

⑨ 硫酸钾铝溶液：100g/L。

⑩ 取样瓶：两只具塞玻璃瓶，测出具塞时所装水的体积。一瓶称之为 A，另一瓶为 B。体积要求为 200～500mL。

4. 测定步骤

（1）取样　将洗净的取样瓶 A、B，同时置于洗净的取样桶中，取样桶至少要比取样瓶高 15cm 以上。两根洗净的聚乙烯塑料管或惰性材质管分别插到 A、B 取样瓶底，用虹吸或其他方法同时将水样通过导管引入 A、B 取样瓶，流速最好为 700mL/min 左右。并使水自然从 A、B 两瓶中溢出至桶内，直至取样桶中的水平面高出 A、B 取样瓶口 15cm 以上为止。

（2）水样的预处理　若水样中有能固定氧或消耗氧的悬浮物质，可用硫酸钾铝溶液絮凝：用待测水样充满 1000mL 带塞瓶中并使水溢出。移入 20mL 的硫酸钾铝溶液和 4mL 氨水（GB 631）于待测水样中。加塞、混匀、静置沉淀。将上层清液吸至细口瓶中，再按测定步骤进行分析。

（3）固定氧和酸化　用一根细长的玻璃管吸 1mL 左右的硫酸锰溶液。将玻璃管插入 A 瓶的中部，放入硫酸锰溶液。然后再用同样的方法加入 5mL 碱性碘化钾混合液、2.00mL 高锰酸钾标准溶液，将 A 瓶置于取样桶水层下，待 A 瓶中沉淀后，于水下打开瓶塞，再在 A 瓶中加入 5mL 硫酸溶液，盖紧瓶塞，取出摇匀。在 B 瓶中首先加入 5mL 硫酸溶液，然后在加入硫酸的同一位置再加入 1mL 左右的硫酸锰溶液、5mL 碱性碘化钾混合液、2.00mL 高锰酸钾标准溶液。不得有沉淀产生，否则，应重新测试。盖紧瓶塞，取出，摇匀，将 B 瓶置于取样桶水层下。

（4）测定　将 A、B 瓶中溶液分别倒入 2 只 600mL 或 1000mL 烧杯中，用硫代硫酸钠标准滴定溶液滴至淡黄色，加入 1mL 淀粉溶液继续滴定，溶液由蓝色变无色，用被滴定溶液冲洗原 A、B 瓶，继续滴至无色为终点。

5. 结果计算

以 mg/L 表示的水样中溶解氧的含量（以 O_2 计）x_1 按下式计算：

$$x_1 = \left(\frac{0.008 V_1 c}{V_A - V_A'} - \frac{0.008 V_2 c}{V_B - V_B'} \right) \times 10^6 \qquad (2\text{-}4)$$

式中，c 为硫代硫酸钠标准滴定溶液的浓度，mol/L；V_1 为滴定 A 瓶水样消耗的硫代硫酸钠标准滴定溶液的体积，mL；V_A 为 A 瓶的容积，mL；V_A' 为 A 瓶中所加硫酸锰溶液、碱性碘化钾混合液、硫酸以及高锰酸钾溶液的体积之和，mL；V_2 为滴定 B 瓶水样消耗的硫代硫酸钠标准滴定溶液的体积，mL；V_B 为 B 瓶的容积，mL；V_B' 为 B 瓶中所加硫酸锰溶液、碱性碘化钾混合液、硫酸以及高锰酸钾溶液的体积之和，mL；0.008 为与 1.00mL 硫代硫酸钠标准滴定溶液 $[c(Na_2S_2O_3) = 1.000 mol/L]$ 相当的，以 g 表示的氧的质量。

若水样进行了预处理，则以 mg/L 表示的水样中溶解氧的含量（以 O_2 计）x_2 按下式计算：

$$x_2 = \left(\frac{V}{V - V'} \right) x_1 \qquad (2\text{-}5)$$

式中，V 为 1000mL 具塞瓶的真实容积，mL；V' 为硫酸钾铝溶液和氨水的体积，mL；x_1 为由式(2-4) 计算所得的值，mg/L。

6. 方法讨论

① 如果水样呈强酸性或强碱性，可用氢氧化钠或硫酸溶液调至中性后测定。

② 由于加入试剂，样品会由细口瓶中溢出，但影响很小，可以忽略不计。

③ 测定溶解氧，取样时要注意勿使水中含氧量有变化。在取样操作中要按规程进行。

a. 取地表水样。水样应充满水样瓶至溢流，小心以避免溶解氧浓度改变。

b. 从配水系统管路中取样。将一惰性材料管的入口与管道边接，将管子出口插入取样瓶底部，用溢流冲洗的方式充入大约 10 倍取样瓶体积的水，最后注满瓶子，瓶壁上不得留有气泡。

c. 不同深度取样。用一种特别的取样器，内盛取样瓶，瓶上装有橡胶入口管并插入到取样瓶的底部，当溶液充满取样瓶时，将瓶中空气排出。

取出水样后，最好在现场加入硫酸锰和碱性碘化钾溶液，使溶解氧固定在水中，再送至化验室进行测定。

 **水质分析仪**

1. WQ-1 型水质分析仪

WQ-1 型水质分析仪（见图 2-5）运用多种分析方法，可现场快速一次测定水的温度、pH、溶解氧、电导、浊度五项参数，其结果通过表头直接读取，无需换算，是保护水源、检查水质是否符合标准的理想工具。

WQ-1 型水质分析仪的特点是：直观方便、操作简便、质量轻、体积小，特别适合于现场测试。该仪器广泛应用于环保、水文、化工、水产养殖、自来水厂、污水处理和实验室等部门。其技术指标见表 2-4。

图 2-5　WQ-1 型水质分析仪

表 2-4　WQ-1 型水质分析仪的技术指标

参　数	测量范围和精度	标定方式	响应时间/min	最小分度
T	$(0\sim35)℃\pm1℃$	出厂已标定	$<30s$	0.5℃
pH	$(2\sim12)\pm0.1$	二点标定	<2	0.1
DO	$(0\sim20)mg/L\pm0.3mg/L$	空气标定	<3	0.2mg/L
COND	$(0\sim10^4)\mu S/cm\pm1\%F.S$	定期标定	<1	$1\mu S/cm$
TURB	$(0\sim400)mg/L\pm10\%F.S$	定期标定	<1	3mg/L

2. WQ-2 型水质五参数分析仪

WQ-2 型水质五参数分析仪（见图 2-6）运用多种分析方法，可现场快速一次测定水的温度、pH、溶解氧、电导、氧化还原电位五项参数，其结果无需换算，4 位 LED 直接显示，是保护水源、检查水质是否符合标准的理想工具。

图 2-6　WQ-2 型水质五参数分析仪

WQ-2 型水质五参数分析仪的特点是：直观方便、操作简便、质量轻、体积小，特别适合于现场测试。该仪器广泛应用于环保、水文、化工、水产养殖、自来水厂、污水处理和实验室等部门。其技术指标见表 2-5。

表 2-5　WQ-2 型水质五参数分析仪的技术指标

参　数	测量范围和精度	标定方式	响应时间/min	最小分度
T	$(0\sim35)℃\pm1℃$	出厂已标定	$<30s$	0.5℃
pH	$(0\sim14)\pm0.2$	二点标定	<2	0.1
DO	$(0\sim20)mg/L\pm0.3mg/L$	空气标定	<3	0.2mg/L
COND	$(0\sim10^4)\mu S/cm\pm1\%F.S$	定期标定	<1	$1\mu S/cm$
ORP	$\pm1000mV\pm1\%F.S$	定期标定	<1	1mV

习　题

1. 水可以分成几类？水中所含杂质有哪些？

2. 水质指标是指什么？有哪些水质指标？水质标准是指什么？

3. 怎样采取水试样？采取水试样时要注意些什么？

4. 水质分析项目有哪些？

5. 为什么应先分析水样中的溶解氧和 pH 两项？

6. 水的碱度有哪几种？由哪些物质组成？

7. 溶解氧的测定原理是什么？测定中的干扰因素有哪些？如何消除，并需注意哪些问题才能得到可靠的结果？

8. 取井水 1000mL，用 0.0900mol/L $AgNO_3$ 溶液滴定，耗去 2.00mL，计算每升井水中含 Cl^- 多少克？

第三章　煤和焦炭分析

学习指南

知识目标：

1. 了解煤的组成及各组分的重要性质。
2. 了解煤分析方法的类型。
3. 掌握煤中水分、灰分、挥发分的测定原理和固定碳的计算方法。
4. 掌握各种基准含量的换算关系。
5. 了解煤中总硫和发热量的测定原理和相关计算。

能力目标：

1. 能按煤样的制备程序进行制备。
2. 能采用通氮干燥法、甲苯蒸馏法、空气干燥法测定空气干燥煤样的水分。
3. 能采用缓慢灰化法和快速灰化法测定煤中灰分。
4. 能掌握挥发分的测定。
5. 能使用碳氢测定仪测定煤中碳、氢元素的含量。
6. 能采用艾氏卡法或库仑法或高温燃烧中和法测定煤中全硫含量。

第一节　概　　述

一、煤和焦炭的组成及各组分的重要性质

煤是由一定地质年代生长的繁茂植物在适宜的地质环境下，经过漫长岁月的天然煤化作用而形成的生物岩，是一种组成、结构非常复杂而且极不均一的包括许多有机和无机化合物的混合物。根据成煤植物的不同，煤可分为两大类，即腐植煤和腐泥煤。由高等植物形成的煤称为腐植煤，它又可分为陆植煤和残植煤，通常讲的煤就是指腐植煤中的陆植煤。陆植煤分为泥炭、褐煤、烟煤和无烟煤四类。煤炭产品有原煤、精煤和商品煤等。它们主要作为固体燃料，也可作为冶金、化学工业的重要原料。

煤是由有机质、矿物质和水组成的。有机质和部分矿物质是可燃的，水和大部分矿物质是不可燃的。

煤中的有机质主要由碳、氢、氧、氮、硫等元素组成，其中碳和氢占有机质的95%以上。煤燃烧时，主要是有机质中的碳、氢与氧化合而放热，硫在燃烧时也放热，但燃烧产生酸性腐蚀性有害气体——二氧化硫。

矿物质主要是碱金属、碱土金属、铁、铝等的碳酸盐、硅酸盐、硫酸盐、磷酸盐及硫化物。除硫化物外，矿物质不能燃烧，但随着煤的燃烧过程，变为灰分。它的存在使煤的可燃部分比例相应减少，影响煤的发热量。

煤中的水分，主要存在于煤的孔隙结构中。水分的存在会影响燃烧稳定性和热传导，本身不能燃烧放热，还要吸收热量汽化为水蒸气。

煤的各组分如图3-1所示。

煤在隔绝空气的条件下，加热干馏，水及部分有机物裂解生成的气态产物挥发逸出，不

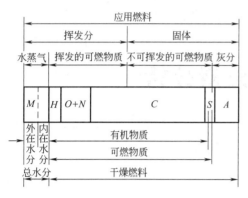

图 3-1　煤的各组分

挥发部分即为焦炭。焦炭的组成和煤相似，只是挥发分的含量较低。

二、煤的分析方法

为了确定煤的性质，评价煤的质量和合理利用煤炭资源，工业上最重要和最普通的分析方法就是煤的工业分析和元素分析。

1. 工业分析（技术分析或实用分析）

煤的工业分析是指包括煤的水分（M）、灰分（A）、挥发分（V）和固定碳（FC）四个分析项目的总称。煤的工业分析是了解煤质特性的主要指标，也是评价煤质的基本依据。根据分析结果，可以大致了解煤中有机质的含量及发热量的高低，从而初步判断煤的种类、加工利用效果及工业用途；根据工业分析数据还可计算煤的发热量和焦化产品的产率等。煤的工业分析主要用于煤的生产或使用部门。

2. 元素分析

煤的元素分析是指煤中碳、氢、氧、氮、硫五个项目煤质分析的总称。元素分析结果是对煤进行科学分类的主要依据之一，在工业上是作为计算发热量、干馏产物的产率、热量平衡的依据。元素分析结果表明了煤的固有成分，更符合煤的客观实际。

第二节　煤试样的制备方法

煤试样是不均匀固体试样，采取和制备均具有一定的代表性。煤试样的采取参见本教材第一章第二节，在此将详细介绍其制备方法。

一、制样总则

1. 制样目的

制样的目的是将采集的煤样经过破碎、混合和缩分等程序制备成能代表原来煤样的分析（试验）用煤样。制样方案的设计，以获得足够小的制样方差和不过大的留样量为准。

2. 精度要求

煤样制备和分析的总精度为 $0.05A^2$，并无系统偏差。A 为采样、制样和分析的总精密度。A 值的规定见表 3-1。

表 3-1　采样、制样和分析的总精密度

原煤、筛选煤		精　煤	其他洗煤（包括中煤）
干基灰分≤20％	干基灰分＞20％		
±(1/10)×灰分,但不小于±1％ （绝对值）	±2％ （绝对值）	±1％ （绝对值）	±1.5％ （绝对值）

在下列情况下需要按表 3-1 的规定检验煤样制备的精密度：①采用新的缩分机和破碎缩分联合机械时；②对煤样制备的精密度发生怀疑时；③其他认为有必要检验煤样制备的精密度时。

二、制样用品

1. 试剂

（1）氯化锌　工业品。

（2）硝酸银溶液（1％水溶液）　称取约 1g 硝酸银，溶于 100mL 水中，并加数滴硝酸，贮存于深色瓶中。

2. 设施、设备和工具

（1）煤样室（包括制样、贮样、干燥、减灰等房间）　煤样室应宽大敞亮，不受风雨及外来灰尘的影响，要有防尘设备。制样室应为水泥地面。堆掺缩分区，还需要在水泥地面上铺以厚度 6mm 以上的钢板。贮存煤样的房间不应有热源，不受强光照射，无任何化学药品。

（2）破碎机　适用制样的破碎机为颚式破碎机、锤式破碎机、对辊破碎机、钢制棒（球）磨机、其他密封式研磨机以及无系统偏差、精密度符合要求的各种缩分机和联合破碎缩分机等。

（3）钢板和钢辊　用于手工磨碎煤样。

（4）不同规格的二分器　二分器的格槽宽度为煤样最大粒度的 2.5～3 倍，但不少于5mm。格槽数目两侧应相等，各格槽的宽度应该相同，格槽等斜面的坡度不小于 60°。

（5）十字分样板、平板铁锹、铁铲、镀锌铁盘或搪瓷盘、毛刷、台秤、托盘天平、增砣磅秤、清扫设备和磁铁。

（6）容器　用于贮存全水分煤样和分析试验煤样的严密容器。

（7）振筛机和筛网　包括方孔筛和圆孔筛。方孔筛的孔径为 25mm、13mm、6mm、3mm、1mm 和 0.2mm 及其他孔径，圆孔筛的孔径为 3mm。

（8）鼓风干燥箱　可控制温度在 45～50℃ 的鼓风干燥箱。

（9）布兜或抽滤机和尼龙滤布　用于减灰。

（10）捞勺　用于捞取煤样。用网孔 0.5mm×0.5mm 的铜丝网或网孔近似的尼龙布制成。捞勺直径要小于减灰桶直径的 1/2。

（11）桶　用于减灰和贮存重液，用镀锌铁板、塑料板或其他防腐蚀材料制成。

（12）液体比重计一套　测量范围为 1.00～2.00，最小分度值为 0.01。

三、煤样的制备

① 收到煤样后，应按来样标签逐项核对，并应将煤种、品种、粒度、采样地点、包装情况、煤样质量、收样和制备时间等项详细登记在煤样记录本上，并进行编号。如系商品煤样，还应登记车号和发运吨数。

② 煤样应按本标准规定的制备程序（见图 3-2）及时制备成空气干燥煤样，或先制成适当粒级的试验室煤样。如果水分过大，影响进一步破碎、缩分时，应事先在低于 50℃ 的温度下适当地进行干燥。

③ 除使用联合破碎缩分机外，煤样应破碎至全部通过相应的筛子，再进行缩分。粒度大于 25mm 的煤样未经破碎不允许缩分。

④ 煤样的制备既可一次完成，也可分几部分处理。若分几部分则每部分都应按同一比例缩分出煤样，再将各部分煤样合起来作为一个煤样。

⑤ 每次破碎、缩分前后，机器和用具都要清扫干净。制样人员在制备煤样的过程中，应穿专用鞋，以免污染煤样。

对不易清扫的密封式破碎机（如锤式破碎机）和联合破碎缩分机，只用于处理单一品种的大量煤样时，处理每个煤样之前，可用采取该煤样的煤通过机器予以"冲洗"，弃去"冲洗"煤后再处理煤样。处理完之后，应反复开、停机器几次，以排净滞留煤样。

⑥ 煤样的缩分。除水分大、无法使用机械缩分者外，应尽可能使用二分器和缩分机械，以减少缩分误差。

⑦ 缩分后留样质量与粒度的对应关系如图 3-2 所示。

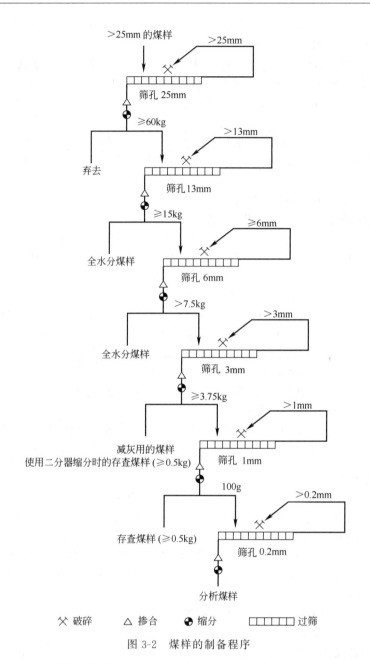

图 3-2　煤样的制备程序

　　粒度小于 3mm 的煤样，缩分至 3.75kg 后，如使之全部通过 3mm 的圆孔筛，则可用二分器直接缩分出不少于 100g 和不少于 500g 分别用于制备分析用煤样和作为存查煤样。

　　粒度要求特殊的试验项目所用的煤样的制备，应按本标准的各项规定，在相应的阶段使用相应设备制取、同时在破碎时应采用逐级破碎的方法。即调节破碎机破碎口，只使大于要求的颗粒被破碎，小于要求粒度的颗粒不再被重复破碎。

　　⑧ 缩分机必须经过检验方可使用。检验缩分机的煤样包括留样和弃样的进一步缩分，必须使用二分器。

　　⑨ 使用二分器缩分煤样，缩分前不需要混合。入料时，簸箕应向一侧倾斜，并要沿着二分器的整个长度往复摆动，以使煤样比较均匀地通过二分器。缩分后任取一边的煤样。

　　⑩ 堆锥四分法缩分煤样，是把已破碎、过筛的煤样用平板铁锹铲起堆成圆锥体，再交

互地从煤样堆两边对角贴底逐锹铲起堆成另一个圆锥。每锹铲起的煤样，不应过多，并分两三次撒落在新锥顶端，使之均匀地落在新锥的四周。如此反复堆掺三次，再由煤样堆顶端，从中心向周围均匀地将煤样摊平（煤样较多时）或压平（煤样较少时）成厚度适当的扁平体。将十字分样板放在扁平体的正中，向下压至底部，煤样被分成四个相等的扇形体。将相对的两个扇形体弃去，留下两个扇形体按图 3-2 程序规定的粒度和质量限度，制备成一般分析煤样或适当粒度的其他煤样。

煤样经过逐步破碎和缩分，粒度与质量逐渐变小，混合煤样用的铁锹，应相应地改小或相应地减少每次铲起的煤样数量。

⑪ 在粉碎成 0.2mm 的煤样之前，应用磁铁将煤样中铁屑吸去，再粉碎到全部通过孔径为 0.2mm 的筛子，并使之达到空气干燥状态，然后装入煤样瓶中（装入煤样的量应不超过煤样瓶容积的 3/4，以便使用时混合），送交化验室化验。空气干燥方法如下：将煤样放入盘中，摊成均匀的薄层，于温度不超过 50℃ 的条件下干燥。如连续干燥 1h 后，煤样的质量变化不超过 0.1%，即达到空气干燥状态。空气干燥也可在煤样破碎到 0.2mm 之前进行。

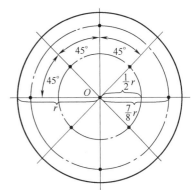

图 3-3 九点法取全水分煤样
布点示意

O—煤样堆的中心；r—煤样堆的半径

⑫ 煤芯煤样可从小于 3mm 的煤样中缩分出 100g，然后按⑪规定制备成分析用煤样。

⑬ 全水分煤样的制备。测定全水分的煤样既可由水分专用煤样制备，也可在制备一般分析煤样过程中分取。除使用一次能缩分出足够数量的全水分煤样的缩分机外，煤样破碎到规定粒度后，稍混合，摊平后立即用九点法（布点见图 3-3）缩取，装入煤样瓶中封严（装样量不得超过煤样瓶容积的 3/4），称出质量，贴好标签，速送化验室测定全水分。全水分煤样的制备要迅速。

⑭ 存查煤样，除必须在容器上贴标签外，还应在容器内放入煤样标签，封好。标签格式可参照表 3-2。

表 3-2 标签

分析煤样编号		送样日期	
来样编号		制样日期	
煤矿名称		分析试验项目	
煤样种类		备注	
送样单位			

a. 一般存查煤样的缩分见图 3-2。如有特殊要求，可根据需要决定存查煤样的粒度和质量。

b. 商品煤存查煤样，从报出结果之日起一般应保存 2 个月，以备复查。

c. 生产检查煤样的保存时间由有关煤质检查部门决定。

d. 其他分析试验煤样，根据需要确定保存时间。

第三节　煤的工业分析

煤的工业分析是指包括煤的水分（M）、灰分（A）、挥发分（V）和固定碳（FC）四个分析项目的总称。

一、煤中水分的测定

(一) 煤中水分的分类

根据水分的结合状态可分为游离水和结晶水两大类。

1. 游离水

游离水是以物理吸附或吸着方式与煤结合的水分。分为外在水分和内在水分两种。

(1) 外在水分（M_f） 又称自由水分或表面水分。它是指附着于煤粒表面的水膜和存在于直径 $>10^{-5}$ cm 的毛细孔中的水分。此类水分是在开采、贮存及洗煤时带入的，覆盖在煤粒表面上，其蒸气压与纯水的蒸气压相同，在空气中（一般规定温度为 20℃，相对湿度为 65%）风干 1～2d 后，即蒸发而失去，所以这类水分又称为风干水分。除去外在水分的煤叫风干煤。

(2) 内在水分（M_{inh}） 指吸附或凝聚在煤粒内部直径 $<10^{-5}$ cm 的毛细孔中的水分，是风干煤中所含的水分。由于毛细孔的吸附作用，这部分水的蒸气压低于纯水的蒸气压，故较难蒸发除去，需要在高于水的正常沸点的温度下才能除尽，故称为烘干水分。除去内在水分的煤叫干燥煤。

当煤粒内部毛细孔吸附的水分在一定条件下达到饱和时，内在水分达到最高值，称为最高内在水分（MHC）。它在煤化过程中的变化有一定的规律性。

煤的外在水分和内在水分的总和称为全水分，用符号"M_t"表示。

2. 结晶水

结晶水又称化合水，是以化合的方式同煤中的矿物质结合的水。比如存在于石膏（$CaSO_4 \cdot 2H_2O$）和高岭土 $[Al_4(Si_4O_{10})(OH)_8]$ 或 $2Al_2O_3 \cdot 4SiO_2 \cdot 4H_2O$ 中的水。在煤的工业分析中不考虑结晶水。

3. 空气干燥煤样的水分

空气干燥煤样（粒度 <0.2mm）在规定条件下测得的水分，用符号"M_{ad}"表示。

(二) 空气干燥煤样水分的测定（GB/T 212—2008）

本标准规定了三种水分的测定方法。其中方法 A 和方法 B 适用于所有煤种；方法 C 仅适用于烟煤和无烟煤。

在仲裁分析中遇到有用空气干燥煤样水分进行基的换算时，应用方法 A 测定空气干燥煤样的水分。

1. 方法 A（通氮干燥法）

(1) 方法提要 称取一定量的空气干燥煤样，置于 105～110℃ 干燥箱中，在干燥氮气流中干燥到质量恒定。然后根据煤样的质量损失计算出水分的百分含量。

(2) 试剂和仪器

① 试剂

a. 氮气：纯度为 99.9%。

b. 无水氯化钙：化学纯，粒状。

c. 变色硅胶：工业用品。

② 仪器和设备

a. 小空间干燥箱：箱体严密，具有较小的自由空间，有气体进、出口，并带有自动控温装置，能保持温度在 105～110℃ 范围内。

b. 玻璃称量瓶：直径 40mm，高 25mm，并带有严密的磨口盖。

c. 干燥器：内装变色硅胶或粒状无水氯化钙。

d. 干燥塔：容量 250mL，内装干燥剂。

e. 流量计：量程为 100～1000mL/min。

f. 分析天平：感量 0.0001g。

（3）测定步骤 用预先干燥和称量过（精确至 0.0002g）的称量瓶称取粒度为 0.2mm 以下的空气干燥煤样（1.0±0.1）g，精确至 0.0002g，平摊在称量瓶中。

打开称量瓶盖，放入预先通入干燥氮气（在称量瓶放入干燥箱前 10min 开始通气，氮气流量以每小时换气 15 次计算）并已加热到 105～110℃ 的干燥箱中。烟煤干燥 1.5h，褐煤和无烟煤干燥 2h。

从干燥箱中取出称量瓶，立即盖上盖，放入干燥器中冷却至室温（约 20min）后，称量。

进行检查性干燥，每次 30min，直到连续两次干燥煤样质量的减少不超过 0.001g 或质量增加时为止。在后一种情况下，要采用质量增加前一次的质量为计算依据。水分在 2% 以下时，不必进行检查性干燥。

（4）结果计算 空气干燥煤样的水分按下式计算：

$$M_{ad} = \frac{m_1}{m} \times 100\% \tag{3-1}$$

式中，M_{ad} 为空气干燥煤样的水分含量，%；m_1 为煤样干燥后失去的质量，g；m 为煤样的质量，g。

2. 方法 B（甲苯蒸馏法）

（1）方法提要 称取一定量的空气干燥煤样于圆底烧瓶中，加入甲苯共同煮沸。分馏出的液体收集在水分测定管中并分层，量出水的体积（mL）。以水的质量占煤样的质量分数作为水分含量。

（2）试剂和仪器

① 试剂

a. 甲苯：化学纯。

b. 无水氯化钙：化学纯，粒状。

② 仪器和设备

a. 分析天平：最大称量为 200g，感量为 0.001g。

b. 电炉：单盘或多联，并能调节温度。

c. 冷凝管：直形，管长 400mm 左右。

d. 水分测定管：量程 0～10mL，分度值 0.1mL（见图 3-4）。水分测定管需经过校正（每毫升校正一点），并绘出校正曲线方能使用。

e. 小玻璃球（或碎玻璃片）：直径 3mm 左右。

f. 微量滴定管：10mL，分度值为 0.05mL。

g. 量筒：100mL。

h. 圆底蒸馏烧瓶：500mL。

i. 蒸馏装置（见图 3-5）：由冷凝管、水分测定管和圆底蒸馏烧瓶构成，各部件连接处应具有磨口接头。

（3）测定步骤 称取 25g、粒度为 0.2mm 以下的空气干燥煤样，精确至 0.001g，移入干燥的圆底烧瓶中，加入约 80mL 甲苯。为防止喷溅，可放适量碎玻璃片或小玻璃球。安装好蒸馏装置。

在冷凝管中通入冷却水。加热蒸馏瓶至内容物达到沸腾状态。控制加热温度使在冷凝管口滴下的液滴数为每秒 2～4 滴。连续加热，直到馏出液清澈并在 5min 内不再有细小水泡出现为止。

取下水分测定管，冷却至室温，读数并记下水的体积（mL），并按校正后的体积由回收曲线上查出煤样中水的实际体积（V）。

（4）回收曲线的绘制 用微量滴定管准确量取 0、1mL、2mL、3mL、…、10mL 蒸馏

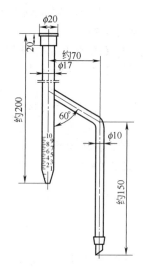

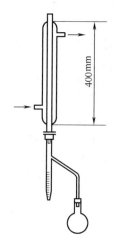

图 3-4　水分测定管（单位：mm）　　　　　图 3-5　蒸馏装置示意

水，分别放入蒸馏烧瓶中。每瓶各加 80mL 甲苯，然后按上述方法进行蒸馏。根据水的加入量和实际蒸出的体积（mL）绘制回收曲线。更换试剂时，需重作回收曲线。

（5）结果计算　空气干燥煤样的水分含量按下式计算：

$$M_{ad} = \frac{Vd}{m} \times 100\%$$ （3-2）

式中，M_{ad} 为空气干燥煤样的水分含量，%；V 为由回收曲线图上查出的水的体积，mL；d 为水的密度，20℃时取 1.00g/mL；m 为煤样的质量，g。

3. 方法 C（空气干燥法）

（1）方法提要　称取一定量的空气干燥煤样，置于 105～110℃ 干燥箱中，在空气流中干燥到质量恒定。然后根据煤样的质量损失计算出水分的含量。

（2）仪器和设备

① 干燥箱：带有自动控温装置，内装有鼓风机，并能保持温度在 105～110℃ 范围内。

② 干燥器：内装变色硅胶或粒状无水氯化钙。

③ 玻璃称量瓶：直径 40mm，高 25mm，并带有严密的磨口盖。

④ 分析天平：感量 0.0001g。

（3）分析步骤　用预先干燥并称量过（精确至 0.0002g）的称量瓶称取粒度为 0.2mm 以下的空气干燥煤样（1.0±0.1）g，精确至 0.0002g，平摊在称量瓶中。

打开称量瓶盖，放入预先鼓风（预先鼓风是为了使温度均匀，将称好装有煤样的称量瓶放入干燥箱前 3～5min 就开始鼓风）并已加热到 105～110℃ 的干燥箱中。在一直鼓风的条件下，烟煤干燥 1h，无烟煤干燥 1～1.5h。

从干燥箱中取出称量瓶，立即盖上盖，放入干燥器中冷却至室温（约 20min）后，称量。

进行干燥性检查，每次 30min，直到连续两次干燥煤样的质量减少不超过 0.001g 或质量增加时为止。在后一种情况下，要采用质量增加前一次的质量为计算依据。水分在 2% 以下时，不必进行干燥性检查。

（4）结果计算　空气干燥煤样的水分按下式计算：

$$M_{ad} = \frac{m_1}{m} \times 100\%$$ （3-3）

式中，M_{ad} 为空气干燥煤样的水分含量，%；m_1 为煤样干燥后失去的质量，g；m 为煤样的质量，g。

二、灰分的测定

煤中灰分的测定采用 GB/T 212—2008，本标准包括两种测定煤中灰分的方法，即缓慢灰化法和快速灰化法。缓慢灰化法为仲裁法；快速灰化法可作为例行分析。

（一）缓慢灰化法

（1）方法提要　称取一定量的空气干燥煤样，放入马弗炉中，以一定的速度加热到 (815 ± 10)℃，灰化并灼烧到质量恒定。以残留物的质量占煤样的质量分数作为灰分产率。

（2）仪器和设备

① 马弗炉：能保持温度为 (815 ± 10)℃。炉膛具有足够的恒温区。炉后壁的上部带有直径为 25～30mm 的烟囱，下部离炉膛底 20～30mm 处，有一个插热电偶的小孔，炉门上有一个直径为 20mm 的通气孔。

② 瓷灰皿：长方形，底面长 45mm，宽 22mm，高 14mm（见图 3-6）。

③ 干燥器：内装变色硅胶或无水氯化钙。

④ 分析天平：感量 0.0001g。

⑤ 耐热瓷板或石棉板：尺寸与炉膛相适应。

图 3-6　灰皿（单位：mm）

（3）测定步骤　用预先灼烧至质量恒定的灰皿，称取粒度为 0.2mm 以下的空气干燥煤样 (1.0 ± 0.1)g，精确至 0.0002g，均匀地摊平在灰皿中，使其每平方厘米的质量不超过 0.15g。

将灰皿送入温度不超过 100℃的马弗炉中，关上炉门并使炉门留有 15mm 左右的缝隙。在不少于 30min 的时间内将炉温缓慢上升至 500℃，并在此温度下保持 30min。继续升到 (815 ± 10)℃，并在此温度下灼烧 1h。

从炉中取出灰皿，放在耐热瓷板或石棉板上，在空气中冷却 5min 左右，移入干燥器中冷却至室温（约 20min）后，称量。

进行检查性灼烧，每次 20min，直到连续两次灼烧的质量变化不超过 0.001g 为止。用最后一次灼烧后的质量为计算依据。灰分低于 15％时，不必进行检查性灼烧。

（二）快速灰化法

本标准包括两种快速灰化法，即方法 A 和方法 B。

1. 方法 A

（1）方法提要　将装有煤样的灰皿放在预先加热的 (815 ± 10)℃的灰分快速测定仪的传送带上，煤样自动送入仪器内完全灰化，然后送出。以残留物的质量占煤样的质量分数作为灰分产率。

（2）仪器　快速灰分测定仪（见图 3-7）。

（3）测定步骤　将灰分快速测定仪预先加热至 (815 ± 10)℃。开动传送带并将其传送速度调节到 17mm/min 左右或其他合适的速度。用预先灼烧至质量恒定的灰皿，称取粒度为 0.2mm 以下的空气干燥煤样 (1.0 ± 0.1)g，精确至 0.0002g，均匀地

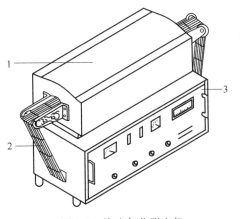

图 3-7　快速灰分测定仪
1—管式电炉；2—传递带；3—控制仪

摊平在灰皿中。将盛有煤样的灰皿放在灰分快速测定仪的传送带上，灰皿即自动送入炉中。当灰皿从炉中送出时，取下，放在耐热瓷板或石棉板上，在空气中冷却 5min 左右，移入干燥器中冷却至室温（约 20min）后，称量。

2. 方法 B

（1）方法提要　将装有煤样的灰皿由炉外逐渐送入预先加热至（815±10）℃的马弗炉中灰化并灼烧至质量恒定。以残留物的质量占煤样的质量分数作为灰分产率。

（2）仪器和设备　马弗炉（见缓慢灰化法）。

（3）测定步骤　用预先灼烧至质量恒定的灰皿，称取粒度为 0.2mm 以下的空气干燥煤样（1.0±0.1）g，精确至 0.0002g，均匀地摊平在灰皿中，使其每平方厘米的质量不超过0.15g。将盛有煤样的灰皿预先分排放在耐热瓷板或石棉板上。将马弗炉加热到850℃，打开炉门，将放有灰皿的耐热瓷板或石棉板缓慢地推入马弗炉中，先使第一排灰皿中的煤样灰化。待 5～10min 后，煤样不再冒烟时，以每分钟不大于 2mm 的速度把二、三、四排灰皿顺序推入炉内炽热部分（若煤样着火发生爆燃，试验作废）。关上炉门，在（815±10）℃的温度下灼烧40min。从炉中取出灰皿，放在空气中冷却5min 左右，移入干燥器中冷却至室温（约 20min）后，称量。

进行检查性灼烧，每次 20min，直到连续两次灼烧的质量变化不超过 0.001g 为止。用最后一次灼烧后的质量作为计算依据。如遇检查灼烧时结果不稳定，应改用缓慢灰化法重新测定。灰分低于15%时，不必进行检查性灼烧。

（4）结果计算　空气干燥煤样的灰分按下式计算：

$$A_{ad} = \frac{m_1}{m} \times 100\% \tag{3-4}$$

式中，A_{ad}为空气干燥煤样的灰分产率，%；m_1 为残留物的质量，g；m 为煤样的质量，g。

三、挥发分的测定

（1）方法提要　称取一定量的空气干燥煤样，放在带盖的瓷坩埚中，在（900±10）℃温度下，隔绝空气加热 7min。以减少的质量占煤样的质量分数，减去该煤样的水分含量（M_{ad}）作为挥发产率。

（2）仪器和设备

① 挥发分坩埚：带有配合严密的盖的瓷坩埚，形状和尺寸如图3-8所示。坩埚总质量为 15～20g。

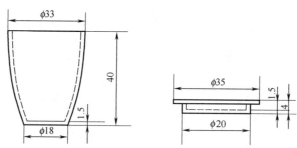

图 3-8　挥发分坩埚（单位：mm）

② 马弗炉：带有高温计和调温装置，能保持温度在（900±10）℃，并有足够的恒温区[（900±5）℃]。炉子的热容量为当起始温度为920℃时，放入室温下的坩埚架和若干坩埚，关闭炉门后，在 3min 内恢复到（900±10）℃。炉后壁有一排气孔和一个插热电偶的小孔。小孔位置应使热电偶插入炉内后其热接点在坩埚底和炉底之间，距炉底 20～30mm 处。

马弗炉的恒温区应在关闭炉门下测定，并至少半年测定一次。高温计（包括毫伏计和热电偶）至少半年校准一次。

③ 坩埚架：用镍铬丝或其他耐热金属丝制成。要求其规格尺寸能使所有的坩埚都在马弗炉恒温区内，并且坩埚底部位于热电偶热接点上方并距炉底 20～30mm（见图3-9）。

④ 坩埚架夹（见图 3-10）。

⑤ 分析天平：感量 0.0001g。

⑥ 压饼机：螺旋式或杠杆式压饼机，能压制直径约 10mm 的煤饼。

⑦ 秒表。

⑧ 干燥器：内装变色硅胶或粒状无水氯化钙。

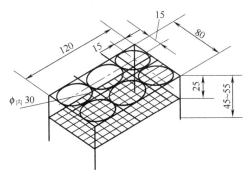

图 3-9　坩埚架（单位：mm）

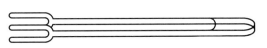

图 3-10　坩埚架夹

（3）测定步骤　用预先在 900℃ 温度下灼烧至质量恒定的带盖瓷坩埚，称取粒度为 0.2mm 以下的空气干燥煤样（1.00±0.01)g，精确至 0.0002g，然后轻轻振动坩埚，使煤样摊平，盖上盖，放在坩埚架上。

褐煤和长焰煤应预先压饼，并切成约 3mm 的小块。

将马弗炉预先加热至 920℃ 左右。打开炉门，迅速将放有坩埚的架子送入恒温区内并关上炉门，准确加热 7min。坩埚及架子刚放入后，炉温会有所下降，但必须在 3min 内使炉温恢复至（900±10）℃，否则此试验作废。加热时间包括温度恢复时间在内。

从炉中取出坩埚，放在空气中冷却 5min 左右，移入干燥器中冷却至室温（约 20min）后，称量。

（4）结果计算　空气干燥煤样的挥发分产率按下式计算：

$$V_{ad} = \frac{m_1}{m} \times 100\% - M_{ad} \qquad (3\text{-}5)$$

当空气干燥煤样中碳酸盐及二氧化碳含量为 2%～12% 时，有

$$V_{ad} = \frac{m_1}{m} \times 100\% - M_{ad} - (CO_2)_{ad}$$

当空气干燥煤样中碳酸盐及二氧化碳含量大于 12% 时，有

$$V_{ad} = \frac{m_1}{m} \times 100\% - M_{ad} - [(CO_2)_{ad} - (CO_2)_{ad}(焦渣)] \qquad (3\text{-}6)$$

式中，V_{ad} 为空气干燥煤样的挥发分产率，%；m_1 为煤样加热后减少的质量，g；m 为煤样的质量，g；M_{ad} 为空气干燥煤样的水分含量，%；$(CO_2)_{ad}$ 为空气干燥煤样中碳酸盐及二氧化碳的含量（按 GB 212 测定），%；$(CO_2)_{ad}$（焦渣）为焦渣中二氧化碳占煤样量的质量分数，%。

四、煤中固定碳含量的计算

煤中固定碳的含量按下式计算：

$$FC_{ad} = 100\% - (M_{ad} + A_{ad} + V_{ad}) \qquad (3\text{-}7)$$

式中，FC_{ad} 为空气干燥煤样的固定碳含量，%；M_{ad} 为空气干燥煤样的水分含量，%；A_{ad} 为空气干燥煤样的灰分含量，%；V_{ad} 为空气干燥煤样的挥发分含量，%。

五、各种基准的换算

1. 煤质分析结果的表示方法

煤质分析结果的表示方法见表3-3。

表3-3 煤质分析结果的表示方法

术语名称	英文术语	定 义	符号	曾称
收到基	as received basis	以收到状态的煤为基准	ar	应用基
空气干燥基	air dried basis	以与空气湿度达到平衡状态的煤为基准	ad	分析基
干燥基	dry basis	以假想无水状态的煤为基准	d	干基
干燥无灰基	dry ash-free basis	以假想无水、无灰状态的煤为基准	daf	可燃基
干燥无矿物质基	dry mineral matter free basis	以假想无水、无矿物质状态的煤为基准	dmmf	有机基
恒湿无灰基	mois ash-free basis	以假想含最高内在水分、无灰状态的煤为基准	maf	
恒湿无矿物质基	mois mineral matter free basis	以假想含最高内在水分、无矿物质状态的煤为基准	m,mmf	

2. 空气干燥基按下列公式换算成其他基

（1）收到基煤样的灰分和挥发分

$$X_{ar} = X_{ad} \times \frac{100\% - M_{ar}}{100\% - M_{ad}} \qquad (3-8)$$

（2）干燥基煤样的灰分和挥发分

$$X_d = X_{ad} \times \frac{100\%}{100\% - M_{ad}} \qquad (3-9)$$

（3）干燥无灰基煤样的挥发分

$$V_{daf} = V_{ad} \times \frac{100\%}{100\% - M_{ad} - A_{ad}} \qquad (3-10)$$

当空气干燥煤样中碳酸盐及二氧化碳含量大于2%时，有

$$V_{daf} = V_{ad} \times \frac{100\%}{100\% - M_{ad} - A_{ad} - (CO_2)_{ad}} \qquad (3-11)$$

式中，X_{ar}为收到基煤样的灰分产率或挥发分产率，%；X_{ad}为空气干燥基煤样的灰分产率或挥发分产率，%；M_{ar}为收到基煤样的水分含量，%；X_d为干燥基煤样的灰分产率或挥发分产率，%；V_{daf}为干燥无灰基煤样的灰分产率或挥发分产率，%。

第四节 煤的元素分析

煤的元素分析是指煤中碳、氢、氧、氮、硫五个项目煤质分析的总称。本节讨论煤中碳、氢、氧、氮四种元素的分析方法，硫的测定方法较多，将在下一节中介绍。

一、碳和氢的测定

1. 方法提要

称取一定量的空气干燥煤样在氧气流中燃烧，生成的水和二氧化碳分别用吸水剂和二氧化碳吸收剂吸收，由吸收剂的增重计算煤中碳和氢的含量。煤样中硫和氯对测定的干扰在三节炉中用铬酸铅和银丝卷消除，在二节炉中用高锰酸银热解产物消除。氮对碳测定的干扰用粒状二氧化锰消除。

2. 试剂和材料

① 碱石棉：化学纯，粒度1～2mm。或碱石灰：化学纯，粒度0.5～2mm。

② 无水氯化钙：分析纯，粒度2～5mm。或无水过氯酸镁：分析纯，粒度1～3mm。

③ 氧化铜：分析纯，粒度1～4mm，或线状（长约5mm）。

④ 铬酸铅：分析纯，粒度1～4mm。

⑤ 银丝卷：丝直径约 0.25mm。

⑥ 铜丝卷：丝直径约 0.5mm。

⑦ 氧气：不含氢。

⑧ 三氧化二铬：化学纯，粉状，或由重铬酸铵、铬酸铵加热分解制成。

制法：取少量铬酸铵放在较大的蒸发皿中，微微加热，铵盐立即分解成墨绿色、疏松状的三氧化二铬。收集后放在马弗炉中，在（600±10）℃下灼烧 40min，放在空气中使呈空气干燥状态，保存在密闭容器中备用。

⑨ 粒状二氧化锰：用化学纯硫酸锰和化学纯高锰酸钾制备。

制法：称取 25g 硫酸锰（MnSO₄·5H₂O），溶于 500mL 蒸馏水中，另称取 16.4g 高锰酸钾，溶于 300mL 蒸馏水中，分别加热到 50～60℃。然后将高锰酸钾溶液慢慢注入硫酸锰溶液中，并加以剧烈搅拌。之后加入 10mL 硫酸（1＋1）（GB/T 625—2007，化学纯），将溶液加热到 70～80℃并继续搅拌 5min，停止加热，静置 2～3h。用热蒸馏水以倾泻法洗至中性，将沉淀移至漏斗过滤，然后放入干燥箱中，在 150℃左右干燥，得到褐色、疏松状的二氧化锰，小心破碎和过筛，取粒度 0.5～2mm 的二氧化锰备用。

⑩ 氧化氮指示胶：在瓷蒸发皿中将粒度小于 2mm 的无色硅胶 40g 和浓盐酸 30mL 搅拌均匀。在沙浴上把多余的盐酸蒸干至看不到明显的蒸气逸出为止。然后把硅胶粒浸入 30mL 10％硫酸氢钾溶液中，搅拌均匀取出干燥。再将它浸入 30mL 0.2％的雷伏奴耳（乳酸-6,9-二氨-2-乙氧基吖啶）溶液中，搅拌均匀，用黑色纸包好干燥，放在深色瓶中，置于暗处保存，备用。

⑪ 高锰酸银热解产物：当使用二节炉时，需制备高锰酸银热解产物。

制法：称取 100g 化学纯高锰酸钾，溶于 2L 沸蒸馏水中，另取 107.5g 化学纯硝酸银先溶于约 50mL 蒸馏水中，在不断搅拌下，倾入沸腾的高锰酸钾溶液中。搅拌均匀，逐渐冷却，静置过夜。将生成的具有光泽的深紫色晶体用蒸馏水洗涤数次，在 60～80℃下干燥 4h。将晶体一点一点地放在瓷皿中，在电炉上缓缓加热至骤然分解，得疏松状银灰色产物，收集在磨口瓶中备用。

未分解的高锰酸钾不宜大量贮存，以免受热分解，不安全。

3. 仪器和设备

(1) 碳氢测定仪　碳氢测定仪包括净化系统、燃烧装置和吸收系统三个主要部分，结构如图 3-11 所示。

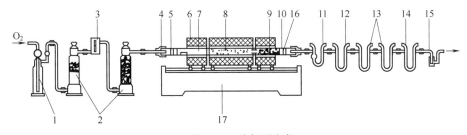

图 3-11　碳氢测定仪

1—鹅头洗气瓶；2—气体干燥塔；3—流量计；4—橡皮帽；5—铜丝卷；6—燃烧舟；
7—燃烧管；8—氧化铜；9—铬酸铅；10—银丝卷；11—吸水 U 形管；12—除氮 U 形管；
13—吸二氧化碳 U 形管；14—保护用 U 形管；15—气泡计；16—保温套管；17—三节电炉

① 净化系统包括以下部件。

a. 鹅头洗气瓶：容量 250～500mL，内装 40％氢氧化钾（或氢氧化钠）溶液。

b. 气体干燥塔：容量 500mL，两个，一个上部（约 2/3）装氯化钙（或过氯酸镁），下部（约 1/3）装碱石棉（或碱石灰）；另一个装氯化钙（或过氯酸镁）。

c. 流量计：量程为 0～150mL/min。

② 燃烧装置由一个三节（或二节）管式炉及其控制系统构成，主要包括以下部件。

a. 电炉：三节炉或二节炉（包括双管炉或单管炉），炉膛直径约 35mm。

三节炉：第一节长约 230mm，可加热到（800±10）℃并可沿水平方向移动；第二节长 330～350mm，可加热到（800±10）℃；第三节长 130～150mm，可加热到（600±10）℃。

二节炉：第一节长约 230mm，可加热到（800±10）℃并可沿水平方向移动；第二节长 130～150mm，可加热到（500±10）℃。

每节炉装有热电偶、测温和控温装置。

b. 燃烧管：瓷、石英、刚玉或不锈钢制成，长 1100～1200mm（使用二节炉时，长约 800mm），内径 20～22mm，壁厚约 2mm。

c. 燃烧舟：瓷或石英制成，长约 80mm。

d. 保温套：铜管或铁管，长约 150mm，内径大于燃烧管，外径小于炉膛直径。

e. 橡皮帽（最好用耐热硅橡胶）或铜接头。

③ 吸收系统包括以下部件。

a. 吸水 U 形管。如图 3-12 所示，装药部分高 100～120mm，直径约 15mm，进口端有一个球形扩大部分，内装无水氯化钙或无水过氯酸镁。

b. 吸收二氧化碳 U 形管。两个，如图 3-13 所示。装药部分高 100～120mm，直径约 15mm，前 2/3 装碱石棉或碱石灰，后 1/3 装无水氯化钙或无水过氯酸镁。

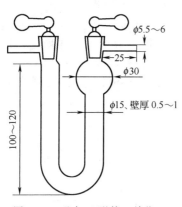

图 3-12　吸水 U 形管（单位：mm）

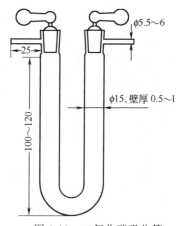

图 3-13　二氧化碳吸收管
（或除氮 U 形管）（单位：mm）

c. 除氮 U 形管。如图 3-13 所示。装药部分高 100～120mm，直径约 15mm，前 2/3 装二氧化锰，后 1/3 装无水氯化钙或无水过氯酸镁。

d. 气泡计容量约 10mL。

（2）分析天平　感量 0.0001g。

（3）贮气筒　容量不少于 10L。

（4）下口瓶　容量约 10L。

（5）带磨口塞的玻璃管或小型干燥器（不装干燥剂）。

4. 试验准备

（1）净化系统各容器的充填和连续　在净化系统各容器中装入相应的净化剂，然后按图 3-11 顺序将容器连接好。

氧气可采用贮气筒和下口瓶或可控制流速的氧气瓶供给。为指示流速，在两个干燥塔之间接入一个流量计。

净化剂经 70～100 次测定后，应进行检查或更换。

（2）吸收系统各容器的充填和连接　在吸收系统各容器中装入相应的吸收剂，然后按图 3-11 顺序将容器连接好。

吸收系统的末端可连接一个空 U 形管（防止硫酸倒吸）和一个装有硫酸的气泡计。

如果作吸水剂用的氯化钙含有碱性物质，应先用二氧化碳饱和，然后除去过剩的二氧化碳。处理方法如下：把无水氯化钙破碎至需要的粒度（如果氯化钙在保存和破碎中已吸水，可放入马弗炉中在约 300℃ 下灼烧 1h），装入干燥塔或其他适当的容器内（每次串联若干个）。缓慢通入干燥的二氧化碳气 3～4h，然后关闭干燥塔，放置过夜。通入不含二氧化碳的干燥空气，将过剩的二氧化碳除尽。处理后的氯化钙贮于密闭的容器中备用。

当出现下列现象时，应更换 U 形管中试剂。

① U 形管中的氯化钙开始溶化并阻碍气体畅通。

② 第二个吸收二氧化碳的 U 形管做一次试验时其质量增加达 50mg 时，应更换第一个 U 形管中的二氧化碳吸收剂。

③ 二氧化锰一般使用 50 次左右应进行检查或更换。

检查方法：将氧化氮指示胶装在玻璃管中，两端堵以棉花，接在除氮管后面。或将指示胶少许放在二氧化碳吸收管进气端棉花处。燃烧煤样，若指示剂由草绿色变成血红色，表示应更换二氧化锰。

上述 U 形管更换试剂后，通入氧气待质量恒定后方能使用。

（3）燃烧管的填充

① 使用三节炉时，按图 3-14 填充。

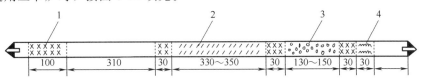

图 3-14　三节炉燃烧管填充示意（单位：mm）

1—铜丝卷；2—氧化铜；3—铬酸铅；4—银丝卷

首先制作三个长约 30mm 和一个长约 100mm 的丝直径约 0.5mm 的铜丝卷，直径稍小于燃烧管的内径，使之既能自由插入管内又与管壁密接。制成的铜丝卷应在马弗炉中于 800℃ 左右灼烧 1h 再用。

燃烧管出气端留 50mm 空间，然后依次充填 30mm 直径约 0.25mm 的银丝卷、30mm 铜丝卷、130～150mm（与第三节电炉长度相等）铬酸铅（使用石英管时，应用铜片把铬酸铅与管隔开）、30mm 铜丝卷、330～350mm（与第二节电炉长度相等）粒状或线状氧化铜、30mm 铜丝卷、310mm 空间（与第一节电炉上燃烧舟的长度相等）和 100mm 铜丝卷。

燃烧管两端装以橡皮帽或铜接头，以便分别同净化系统和吸收系统连接。橡皮帽使用前应预先在 105～110℃ 下干燥 8h 左右。

燃烧管中的填充物（氧化铜、铬酸铅和银丝卷）经 70～100 次测定后应检查或更换。

② 使用二节炉时，按图 3-15 填充。

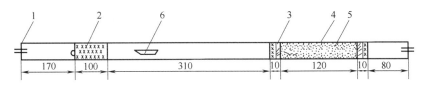

图 3-15　二节炉燃烧管填充示意（单位：mm）

1—橡皮帽；2—铜丝卷；3—铜丝布圆垫；4—保温套管；5—高锰酸银热解产物；6—瓷舟

首先制成两个长约 10mm 和一个长约 100mm 的铜丝卷。再用 3～4 层 100 目铜丝布剪成的圆形垫片与燃烧管密接，用以防止粉状高锰酸银热解产物被氧气流带出，然后按图 3-15 装好。

（4）炉温的校正　将工作热电偶插入三节炉的热电偶孔内，使热端稍进入炉膛，热电偶与高温计连接。将炉温升至规定温度，保温 1h。然后将标准热电偶依次插到空燃烧管中对应于第一、第二、第三节炉的中心处（注意勿使热电偶和燃烧管管壁接触）。调节电压，使标准热电偶达到规定温度并恒温 5min。记下工作热电偶相应的读数，以后即以此为准控制温度。

（5）空白试验　将装置按图 3-11 连接好，检查整个系统的气密性，直到每一部分都不漏气以后，开始通电升温，并接通氧气。在升温过程中，将第一节电炉往返移动几次，并将新装好的吸收系统通气 20min 左右。取下吸收系统，用绒布擦净，在天平旁放置 10min 左右，称量。当第一节和第二节炉达到并保持在（800±10）℃，第三节炉达到并保持在（600±10）℃后开始做空白试验。此时将第一节炉移至紧靠第二节炉，接上已经通气并称量过的吸收系统。在一个燃烧舟上加入氧化铬（数量和煤样分析时相当）。打开橡皮帽，取出铜丝卷，将装有氧化铬的燃烧舟用镍铬丝推至第一节炉入口处，将铜丝卷放在燃烧舟后面，套紧橡皮帽，接通氧气，调节氧气流量为 120mL/min。移动第一节炉，使燃烧舟位于炉子中心。通气 23min，将炉子移回原位。2min 后取下 U 形管，用绒布擦净，在天平旁放置 10min 后称量。吸水 U 形管的质量增加数即为空白值。重复上述试验，直到连续两次所得空白值相差不超过 0.0010g，除氮管、二氧化碳吸收管最后一次质量变化不超过 0.0005g 为止。取两次空白值的平均值作为当天氢的空白值。

在做空白试验前，应先确定保温套管的位置，使出口端温度尽可能高又不会使橡皮帽热分解。如空白值不易达到稳定，则可适当调节保温管的位置。

5. 测定步骤

① 将第一节和第二节炉温控制在（800±10）℃，第三节炉温控制在（600±10）℃，并使第一节炉紧靠第二节炉。

② 在预先灼烧过的燃烧舟中称取粒度小于 0.2mm 的空气干燥煤样 0.2g，精确至 0.0002g，并均匀铺平。在煤样上铺一层三氧化二铬。可把燃烧舟暂存入专用的磨口玻璃管或不加干燥剂的干燥器中。

③ 接上已称量的吸收系统，并以 120mL/min 的流量通入氧气。关闭靠近燃烧管出口端的 U 形管，打开橡皮帽，取出铜丝卷，迅速将燃烧舟放入燃烧管中，使其前端刚好在第一节炉口。再将铜丝卷放在燃烧舟后面，套紧橡皮帽，立即开启 U 形管，通入氧气，并保持 120mL/min 的流量。1min 后向净化系统方向移动第一节炉，使燃烧舟的一半进入炉子。过 2min，使燃烧舟全部进入炉子。再过 2min，使燃烧舟位于炉子中央。保温 18min 后，把第一节炉移回原位。2min 后，停止排水抽气。关闭和拆下吸收系统，用绒布擦净，在天平旁放置 10min 后称量（除氮管不称量）。

④ 也可使用二节炉进行炉碳、氢测定。此时第一节炉控温在（800±10）℃，第二节炉控温在（500±10）℃，并使第一节炉紧靠第二节炉。每次空白试验时间为 20min。燃烧舟位于炉子中心时，保温 13min，其他操作同上。

⑤ 为了检查测定装置是否可靠，可称取 0.2～0.3g 分析纯蔗糖或分析纯苯甲酸，加入 20～30mg 纯"硫华"进行 3 次以上碳、氢测定。测定时，应先将试剂放入第一节炉炉口，再升温，且移炉速度应放慢，以防标准有机试剂爆燃。如实测的碳、氢值与理论计算值的差值，氢不超过 ±0.10%，碳不超过 ±0.30%，并且无系统偏差，表明测定装置可用，否则需查明原因并彻底纠正后才能进行正式测定。如使用二节炉，则在第一节炉移至紧靠第二节炉 5min 以后，待炉口温度降至 100～200℃，再放有机试剂，并慢慢移炉，而不能采用上述降

低炉温的方法。

6. 结果计算

空气干燥煤样的碳、氢含量按下式计算：

$$C_{ad} = \frac{0.2729m_1}{m} \times 100\% \tag{3-12}$$

$$H_{ad} = \frac{0.1119(m_2 - m_3)}{m} \times 100\% - 0.1119M_{ad} \tag{3-13}$$

式中，C_{ad} 为空气干燥煤样的碳含量，%；H_{ad} 为空气干燥煤样的氢含量，%；m_1 为吸收二氧化碳的 U 形管的增重，g；m_2 为吸收水分的 U 形管的增重，g；m_3 为水分空白值，g；m 为煤样的质量，g；0.2729 为将二氧化碳折算成碳的因数；0.1119 为将水折算成氢的因数；M_{ad} 为空气干燥煤样的水分含量，%。

当空气干燥煤样中碳酸盐及二氧化碳含量大于 2% 时，有

$$C_{ad} = \frac{0.2729m_1}{m} \times 100\% - 0.2729(CO_2)_{ad}$$

7. 方法讨论

燃烧管中的填充物有一定的使用寿命。一般经 70～100 次测定后应检查或更换。有些填充剂经处理后可重复使用，如：①氧化铜填充剂可用 1mm 孔径筛子筛去粉末，筛上的氧化铜备用；②铬酸铅填充剂可用热的稀碱液（约 5% 氢氧化钠溶液）浸渍，用水洗净、干燥，并在 500～600℃ 下灼烧 0.5h 以上后使用；③银丝卷用浓氨水浸泡 5min，在蒸馏水中煮沸 5min，用蒸馏水冲洗干净，干燥后再用。

二、氮的测定

1. 方法提要

称取一定量的空气干燥煤样，加入混合催化剂和硫酸，加热分解，氮转化为硫酸氢铵。加入过量的氢氧化钠溶液，把氨蒸出并吸收在硼酸溶液中，用硫酸标准溶液滴定。根据用去的硫酸量，计算煤中氮的含量。

2. 试剂

① 混合催化剂：将分析纯无水硫酸钠 32g、分析纯硫酸汞 5g 和分析纯硒粉 0.5g 研细，混合均匀备用。

② 铬酸酐：分析纯。

③ 硼酸：分析纯，3% 水溶液，配制时加热溶解并滤去不溶物。

④ 混合碱溶液：将分析纯氢氧化钠 37g 和化学纯硫化钠 3g 溶解于蒸馏水中，配制成 100mL 溶液。

⑤ 甲基红和亚甲基蓝混合指示剂：

a. 称取 0.175g 分析纯甲基红，研细，溶于 50mL 95% 乙醇中。

b. 称取 0.083g 亚甲基蓝，溶于 50mL 95% 乙醇中。

将溶液 a 和溶液 b 分别存于棕色瓶中，用时按 1+1 混合。混合指示剂使用期不应超过 1 星期。

⑥ 蔗糖：分析纯。

⑦ 硫酸标准溶液：$c\left(\frac{1}{2}H_2SO_4\right) = 0.025\text{mol/L}$。

3. 仪器和设备

① 凯氏瓶：容量 50mL 和 250mL。

② 直形玻璃冷凝管：长约 300mm。

③ 短颈玻璃漏斗：直径约 30mm。

④ 铝加热体：规格参照图 3-16，使用时四周围以绝热材料，如石棉绳等。

⑤ 凯氏球。

⑥ 圆盘电炉：带有调温装置。

⑦ 锥形瓶：容量 250mL。

⑧ 圆底烧瓶：容量 1000mL。

⑨ 万能电炉。

⑩ 微量滴定管：10mL，分度值为 0.05mL。

4. 测定步骤

① 在薄纸上称取粒度小于 0.2mm 的空气干燥煤样 0.2g，精确至 0.0002g。把煤样包好，放入 50mL 凯氏瓶中，加入混合催化剂 2g 和浓硫酸（相对密度 1.84）5mL。然后将凯氏瓶放入铝加热体的孔中，并用石棉板盖住凯氏瓶的球形部分。在瓶口插入一小漏斗，防止硒粉飞溅。在铝加热体中心的小孔中放温度计。

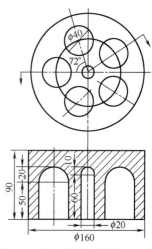

图 3-16　铝加热体（单位：mm）

接通电源，缓缓加热到 350℃ 左右，保持此温度，直到溶液清澈透明，漂浮的黑色颗粒完全消失为止。遇到分解不完全的煤样时，可将 0.2mm 的空气干燥煤样磨细至 0.1mm 以下，再按上述方法消化，但必须加入铬酸酐 0.2～0.5g。分解后如无黑色粒状物且呈草绿色浆状，表示消化完全。

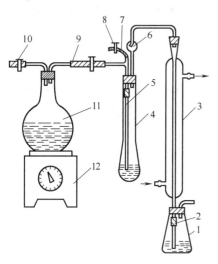

图 3-17　蒸馏装置

1—锥形瓶；2,7—橡皮管；3—直形玻璃冷凝管；
4—凯氏瓶；5—玻璃管；6—凯氏球；
8—夹子；9,10—橡皮管和夹子；
11—圆底烧瓶；12—万能电炉

② 将冷却后的溶液，用少量蒸馏水稀释后，移至 250mL 凯氏瓶中。充分洗净原凯氏瓶中的剩余物，使溶液体积约为 100mL。然后将盛溶液的凯氏瓶放在蒸馏装置上准备蒸馏。蒸馏装置如图 3-17 所示。

③ 把直形玻璃冷凝管的上端连接到凯氏球上，下端用橡皮管连上玻璃管，直接插入一个盛有 20mL 3% 硼酸溶液和 1～2 滴混合指示剂的锥形瓶中。玻璃管浸入溶液并距离底部约 2mm。

④ 在 250mL 凯氏瓶中注入 25mL 混合碱溶液，然后通入蒸汽进行蒸馏，蒸馏至锥形瓶中溶液的总体积达到 80mL 为止，此时硼酸溶液由紫色变成绿色。

⑤ 蒸馏完毕后，拆下凯氏瓶并停止供给蒸汽。插入硼酸溶液中的玻璃管内、外用蒸馏水冲洗。洗液收入锥形瓶中，用硫酸标准溶液滴定到溶液由绿色变成微红色即为终点。由硫酸用量（校正空白）求出煤中氮的含量。

空白试验采用 0.2g 蔗糖代替煤样，试验步骤与煤样分析相同。

5. 结果计算

空气干燥煤样的氮含量按下式计算：

$$N_{ad} = \frac{c(V_1 - V_2) \times 0.014}{m} \times 100\% \qquad (3\text{-}14)$$

式中，N_{ad} 为空气干燥煤样的氮含量，%；c 为硫酸标准溶液的浓度，mol/L；V_1 为硫酸标准溶液的用量，mL；V_2 为空白试验时硫酸标准溶液的用量，mL；0.014 为氮 $\left(\frac{1}{2}N_2\right)$ 的毫摩尔质量，g/mmol；m 为煤样的质量，g。

6. 方法讨论

测定操作中要注意：每日在煤样分析前，冷凝管需用蒸汽进行冲洗，待馏出物体积达 $100\sim200\text{mL}$ 后，再做正式煤样。

三、氧的计算

空气干燥煤样的氧含量按下式计算：

$$O_{ad}=100-C_{ad}-H_{ad}-N_{ad}-S_{t,ad}-M_{ad}-A_{ad} \tag{3-15}$$

当空气干燥煤样中碳酸盐及二氧化碳含量大于 2% 时，有

$$O_{ad}=100-C_{ad}-H_{ad}-N_{ad}-S_{t,ad}-M_{ad}-A_{ad}-(CO_2)_{ad} \tag{3-16}$$

式中，O_{ad} 为空气干燥煤样的氧含量，$\%$；$S_{t,ad}$ 为空气干燥煤样的全硫含量，$\%$；M_{ad} 为空气干燥煤样的水分含量，$\%$；A_{ad} 为空气干燥煤样的灰分产率，$\%$；$(CO_2)_{ad}$ 为空气干燥煤样中碳酸盐及二氧化碳的含量，$\%$。

四、结果换算

按式(3-12)、式(3-13)、式（3-14）和式(3-15)可将空气干燥基的碳、氢、氮、氧含量换算成收到基、干燥基和干燥无灰基的含量。

第五节　煤中全硫的测定

煤中的硫对燃烧、炼焦和气化都是十分有害的杂质。所以硫分的高低是评价煤或焦炭质量的重要指标之一。

煤中的硫通常以无机硫和有机硫两种状态存在。无机硫以硫化物和硫酸盐形式存在。硫化物主要存在于黄铁矿中，在某些特殊矿床中也含有其他金属硫化物（例如 ZnS、PbS 和 CuS 等）。硫酸盐中主要以硫酸钙存在，有时也含有其他硫酸盐。有机硫通常含量较低，但组成却很复杂，主要是以硫醚、硫醇、二硫化物、噻吩类杂环硫化物及硫醌等形式存在。焦炭中的硫则主要以 FeS 状态存在。

煤中总硫是无机硫和有机硫的总和。在一般分析中不要求分别测定无机硫或有机硫，而只测定全硫。全硫的测定方法很多，有艾氏卡法、库仑法和高温燃烧中和法等多种方法。国标 GB/T 214—2007 规定了煤中全硫测定的方法原理和测定步骤。

一、艾氏卡法

1. 方法原理

将煤样与艾氏卡试剂混合灼烧，煤中硫生成硫酸盐，然后使硫酸根离子生成硫酸钡沉淀，根据硫酸钡的质量计算煤中全硫的含量。

2. 试剂和材料

① 艾氏卡试剂：以 2 份质量的化学纯轻质氧化镁与 1 份质量的化学纯无水碳酸钠混匀并研细至粒度小于 0.2mm 后，保存在密闭容器中。

② 盐酸溶液：1+1。

③ 氯化钡溶液：100g/L。

④ 甲基橙溶液：20g/L。

⑤ 硝酸银溶液：10g/L，加入几滴硝酸，贮于深色瓶中。

⑥ 瓷坩埚：容量 30mL 和 10~20mL 两种。

3. 仪器和设备

① 分析天平：感量 0.0001g。

② 马弗炉：附测温和控温仪表，能升温到 900℃，温度可调并可通风。

4. 测定步骤

① 于 30mL 坩埚内称取粒度小于 0.2mm 的空气干燥煤样 1g（称准至 0.0002g）和艾氏卡试剂 2g（称准至 0.1g），仔细混合均匀，再用 1g（称准至 0.1g）艾氏卡试剂覆盖。

② 将装有煤样的坩埚移入通风良好的马弗炉中，在 1～2h 内从室温逐渐加热到 800～850℃，并在该温度下保持 1～2h。

③ 将坩埚从炉中取出，冷却到室温。用玻璃棒将坩埚中的灼烧物仔细搅松捣碎（如发现有未烧尽的煤粒，应在 800～850℃下继续灼烧 0.5h），然后转移到 400mL 烧杯中。用热水冲坩埚内壁，将洗液收入烧杯，再加入 100～150mL 刚煮沸的水，充分搅拌。如果此时尚有黑色煤粒漂浮在液面上，则本次测定作废。

④ 用中速定性滤纸以倾泻法过滤，用热水冲洗 3 次，然后将残渣移入滤纸中，用热水仔细清洗至少 10 次，洗液总体积为 250～300mL。

⑤ 向滤液中滴入 2～3 滴甲基橙指示液，加盐酸中和后再加入 2mL，使溶液呈微酸性。将溶液加热到沸腾，在不断搅拌下滴加氯化钡溶液 10mL，在近沸状况下保持约 2h，最后溶液体积为 200mL 左右。

⑥ 溶液冷却或静置过夜后用致密无灰定量滤纸过滤，并用热水洗至无氯离子为止（用硝酸银溶液检验）。

⑦ 将带沉淀的滤纸移入已知质量的瓷坩埚中，先在低温下灰化滤纸，然后在温度为 800～850℃的马弗炉内灼烧 20～40min，取出坩埚，在空气中稍加冷却后放入干燥器中冷却到室温（约 25～30min），称量。

⑧ 每配制一批艾氏卡试剂或更换其他任一试剂时，应进行 2 个以上空白试验（除不加煤样外，全部操作同样品操作），硫酸钡质量的极差不得大于 0.0010g，取算术平均值作为空白值。

5. 结果计算

测定结果按下式计算：

$$S_{t,ad} = \frac{(m_1 - m_2) \times 0.1374}{m} \times 100\% \tag{3-17}$$

式中，$S_{t,ad}$ 为空气干燥煤样中的全硫含量，%；m_1 为硫酸钡的质量，g；m_2 为空白试验中硫酸钡的质量，g；0.1374 为由硫酸钡换算为硫的系数；m 为煤样质量，g。

二、库仑滴定法

1. 方法原理

煤样在催化剂作用下，于空气流中燃烧分解，煤中的硫生成二氧化硫并被碘化钾溶液吸收，以电解碘化钾溶液所产生的碘进行滴定，根据电解所消耗的电量计算煤中全硫的含量。

2. 试剂和材料

① 三氧化钨。

② 变色硅胶：工业品。

③ 氢氧化钠：化学纯。

④ 电解液：碘化钾、溴化钾各 5g，冰醋酸 10mL 溶于 250～300mL 水中。

⑤ 燃烧舟：长 70～77mm，素瓷或刚玉制品，耐热 1200℃ 以上。

3. 仪器和设备

库仑测硫仪由下列各部分构成。

① 管式高温炉：能加热到 1200℃ 以上并有 90mm 以上长的高温带 [(1150±5)℃]，附有铂铑-铂热电偶测温及控温装置，炉内装有耐温 1300℃ 以上的异径燃烧管。

② 电解池和电磁搅拌器：电解池高 120～180mm，容量不少于 400mL。内有面积约

150mm² 的铂电解电极对和面积约 15mm² 的铂指示电极对。指示电极响应时间应小于 1s，电磁搅拌器转速约 500r/min 且连续可调。

③ 库仑积分器：电解电流 0～350mA 范围内，积分的线性误差应小于 ±0.1％。配有 4～6 位数字显示器和打印机。

④ 送样程序控制器：可按指定的程序前进、后退。

⑤ 空气供应及净化装置：由电磁泵和净化管组成。供气量约 1500mL/min，抽气量约 1000mL/min，净化管内装氢氧化钠及变色硅胶。

4. 测定步骤

（1）试验准备

① 将管式高温炉升温至 1150℃，用另一组铂铑-铂热电偶高温计测定燃烧管中高温带的位置、长度及 500℃ 的位置。

② 调节送样程序控制器，使煤样预分解及高温分解的位置分别处于 500℃ 和 1150℃ 处。

③ 在燃烧管出口处充填洗净、干燥的玻璃纤维棉；在距出口端 80～100mm 处，充填厚度约 3mm 的硅酸铝棉。

④ 将送样程序控制器、管式高温炉、库仑积分器、电解池、电磁搅拌器和空气供应及净化装置组装在一起。燃烧管、活塞及电解池之间连接时应口对口紧接并用硅橡胶管封住。

⑤ 开动抽气泵和供气泵，将抽气流量调节到 1000mL/min，然后关闭电解池与燃烧管间的活塞，如抽气量降到 500mL/min 以下，证明仪器各部件及各接口气密性良好，否则需检查各部件及其接口。

（2）测定顺序

① 将管式高温炉升温并控制在（1150±5）℃。

② 开动供气泵和抽气泵并将抽气流量调节到 1000mL/min。在抽气下，将 250～300mL 电解液加入电解池内，开动电磁搅拌器。

③ 在瓷舟中放入少量非测定用的煤样，按下述方法进行测定（终点电位调整试验）。如试验结束后库仑积分器的显示值为 0，应再次测定直至显示值不为 0。

④ 于瓷舟中称取粒度小于 0.2mm 的空气干燥煤样 0.05g（称准至 0.0002g），在煤样上盖一薄层三氧化钨。将瓷舟置于送样的石英托盘上，开启送样程序控制器，煤样即自动送进炉内，库仑滴定随即开始。试验结束后，库仑积分器显示出硫的质量（mg）或百分含量并由打印机打出。

5. 结果计算

当库仑积分器最终显示数为硫的质量（mg）时，全硫含量按下式计算：

$$S_{t,ad} = \frac{m_1}{m} \times 100\% \tag{3-18}$$

式中，$S_{t,ad}$ 为空气干燥煤样中的全硫含量，％；m_1 为库仑积分器显示值，mg；m 为煤样质量，mg。

三、高温燃烧-酸碱滴定法

1. 方法原理

煤样在催化剂作用下于氧气流中燃烧，煤中硫生成硫的氧化物，并捕集在过氧化氢溶液中形成硫酸，用氢氧化钠标准滴定溶液滴定，根据其消耗量，计算煤中全硫含量。

2. 试剂和仪器

（1）试剂

① 氧气。

② 过氧化氢溶液：每升含 30％（质量分数）的过氧化氢 30mL。取 30mL 30％过氧化

氢加入 970mL 水，加 2 滴混合指示剂，用稀硫酸或稀氢氧化钠溶液中和至溶液呈钢灰色。此溶液当天使用当天中和。

③ 碱石棉：化学纯，粒状。

④ 三氧化钨。

⑤ 混合指示剂：将 0.125g 甲基红溶于 100mL 乙醇中，另将 0.083g 亚甲基蓝溶于 100mL 乙醇中，分别贮存于棕色瓶中，使用前按等体积混合。

⑥ 无水氯化钙：化学纯。

⑦ 邻苯二甲酸氢钾：优级纯。

⑧ 酚酞：1g/L 的 60％的乙醇溶液。

⑨ 氢氧化钠标准溶液：$c(NaOH) = 0.03mol/L$。

⑩ 羟基氰化汞溶液：称取约 6.5g 羟基氰化汞，溶于 500mL 水中，充分搅拌后，放置片刻，过滤。滤液中加入 2～3 滴混合指示液，用稀硫酸溶液中和至中性，贮存于棕色瓶中。此溶液应在一星期内使用。

⑪ 燃烧舟：瓷或刚玉制品，耐温 1300℃ 以上，长约 77mm，上宽约 12mm，高约 8mm。

（2）仪器

① 管式高温炉：能加热到 1250℃ 并有 80～100mm 的高温恒温带 [(1200±5)℃]，附有铂铑-铂热电偶测温和控温装置。

② 异径燃烧管：耐温 1300℃ 以上，管总长约 750mm，一端外径约 22mm，内径约 19mm，长约 690mm，另一端外径约 10mm，内径约 7mm，长约 60mm。

③ 氧气流量计：测量范围 0～600mL/min。

④ 吸收瓶：250mL 或 300mL 锥形瓶。

⑤ 气体过滤器：用 P_{40}～P_{100} 型玻璃熔板制成。

⑥ 干燥塔：容积 250mL，下部三分之二装碱石棉，上部三分之一装无水氯化钙。

⑦ 贮气筒（用氧气钢瓶供气时可不配备贮气筒）：容量 30～50L。

⑧ 酸式滴定管：25mL 和 10mL 两种。

⑨ 碱式滴定管：25mL 和 10mL 两种。

⑩ 镍铬丝钩：用直径约 2mm 的镍铬丝制成，长约 700mm，一端弯成小钩。

⑪ 带 T 形管的橡皮塞（见图 3-18）。

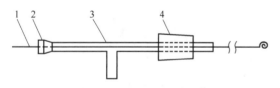

图 3-18 带 T 形管的橡皮塞

1—镍铬丝推棒（直径约 2mm，长约 700mm，一端卷成直径约 10mm 的圆环）；2—翻胶帽；3—T 形玻璃管（外径 7mm，长约 60mm，垂直支管长约 30mm）；4—橡皮塞

3. 测定步骤

（1）试验准备　把燃烧管插入高温炉，使细径管端伸出炉口 100mm，并接上一段长约 30mm 的硅橡胶管。将高温炉加热并稳定在 (1200±5)℃，测定燃烧管内高温恒温带及 500℃ 温度带部位和长度。将干燥塔、氧气流量计、高温炉的燃烧管和吸收瓶连接好，并检查装置的气密性。

（2）测定步骤　将高温炉加热并控制在 (1200±5)℃。用量筒分别量取 100mL 已中和的过氧化氢溶液，倒入 2 个吸收瓶中，塞上带有气体过滤器的瓶塞并连接到燃烧管的细径端，再次检查其气密性。称取 0.2g（称准至 0.0002g）煤样于燃烧舟中，并盖上一薄层三氧化钨。将盛有煤样的燃烧舟放在燃烧管入口端，随即用带 T 形管的橡皮塞塞紧，然后以 350mL/min 的流量通入氧气。用镍铬丝推棒将燃烧舟推到 500℃ 温度区并保持 5min，再将燃烧舟推到高温区，立即撤回推棒，使煤样在该区燃烧 10min。停止通入氧气，先取下靠近燃烧管的吸收瓶，再取下另一个吸收瓶。取下带 T 形管的橡皮塞，用镍铬丝钩取出燃烧舟。取下吸收瓶塞，用水清洗气体过滤器 2～3 次。清洗时，用洗耳球加压，排出洗液。分别向 2 个吸收瓶内加入 3～4 滴混合指示剂，用氢氧化钠标准溶液滴定至溶液由桃红色变为钢灰色，记下氢氧化钠溶液的用量。

（3）空白测定　在燃烧舟内放一薄层三氧化钨（不加煤样），按上述步骤测定空白值。

4. 结果计算

（1）用氢氧化钠标准溶液的浓度计算煤中的全硫含量

$$S_{t,ad} = \frac{(V - V_0)c \times 0.016f}{m} \times 100\% \tag{3-19}$$

式中，$S_{t,ad}$ 为空气干燥煤样中的全硫含量，%；V 为煤样测定时，氢氧化钠标准溶液的用量，mL；V_0 为空白测定时，氢氧化钠标准溶液的用量，mL；c 为氢氧化钠标准溶液的浓度，mmol/mL；0.016 为 $\frac{1}{2}$S 的毫摩尔质量，g/mmol；f 为校正系数，当 $S_{t,ad} < 1\%$ 时，$f = 0.95$；当 $S_{t,ad}$ 为 1%～4% 时，$f = 1.00$；当 $S_{t,ad} > 4\%$ 时，$f = 1.05$；m 为煤样质量，g。

（2）用氢氧化钠标准溶液的滴定度计算煤中的全硫含量

$$S_{t,ad} = \frac{(V - V_0)T}{m} \times 100\% \tag{3-20}$$

式中，$S_{t,ad}$ 为空气干燥煤样中的全硫含量，%；V 为煤样测定时，氢氧化钠标准溶液的用量，mL；V_0 为空白测定时，氢氧化钠标准溶液的用量，mL；T 为氢氧化钠标准溶液的滴定度，g/mL；m 为煤样质量，g。

（3）氯的校正　氯含量高于 0.02% 的煤或用氯化锌减灰的精煤应按以下方法进行氯的校正。

在氢氧化钠标准溶液滴定到终点的试液中加入 10mL 羟基氰化汞溶液，用 $c\left(\frac{1}{2}H_2SO_4\right) = 0.03mol/L$ 的硫酸标准溶液滴定到溶液由绿色变为钢灰色，记下硫酸标准溶液的用量，按下式计算全硫含量：

$$S_{t,ad} = S_{t,ad}^{n} - \frac{cV_2 \times 0.016}{m} \times 100\% \tag{3-21}$$

式中，$S_{t,ad}$ 为空气干燥煤样中的全硫含量，%；$S_{t,ad}^{n}$ 为按式(3-19) 或式(3-20) 计算的全硫含量，%；c 为硫酸标准溶液的浓度，mmol/mL；V_2 为硫酸标准溶液的用量，mL；0.016 为 $\frac{1}{2}$S 的毫摩尔质量，g/mmol；m 为煤样质量，g。

第六节　煤的发热量的测定

一、发热量的表示方法

煤的发热量是指单位质量的煤完全燃烧时所产生的热量，以符号 Q 表示，也称为热值，其结果用"J/g"表示。发热量是供热用煤或焦炭的主要质量指标之一。燃煤或焦炭工艺过程的热平衡、煤或焦炭耗量、热效率等的计算，都以发热量为依据。

发热量可以直接测定，也可以由工业分析的结果粗略地计算。现行企业中测定煤的发热量不属于常规分析项目。发热量的表示方法有以下三种。

（1）弹筒发热量　单位质量的试样在充有过量氧气的氧弹内燃烧，其燃烧产物组成为氧气、氮气、二氧化碳、硝酸和硫酸、液态水以及固态灰时放出的热量称为弹筒发热量。

（2）恒容高位发热量　单位质量的试样在充有过量氧气的氧弹内燃烧，其燃烧产物组成为氧气、氮气、二氧化碳、二氧化硫、液态水以及固态灰时放出的热量称为恒容高位发热量。

高位发热量也即由弹筒发热量减去硝酸和硫酸校正热后得到的发热量。

（3）恒容低位发热量　单位质量的试样在充有过量氧气的氧弹内燃烧，其燃烧产物组成为氧气、氮气、二氧化碳、二氧化硫、气态水以及固态灰时放出的热量称为恒容低位发热量。

低位发热量也即由高位发热量减去水（煤中原有的水和煤中氢燃烧生成的水）的汽化热后得到的发热量。

GB/T 213—2008 中规定了煤的高位发热量的测定方法和发热量的计算方法，适用于泥炭、褐煤、烟煤、无烟煤和碳质页岩以及焦炭的发热量测定。测定方法以经典的氧弹式热量计法为主，简要介绍了自动量热仪。在此，简要介绍该标准中的氧弹式热量计法和发热量的计算法。

二、发热量的测定方法——氧弹式量热计法

1. 方法提要

煤的发热量在氧弹热量计中进行测定，一定量的分析试样在氧弹热量计中，在充有过量氧气的氧弹内燃烧。氧弹热量计的热容量通过在相似条件下燃烧一定量的基准量热物苯甲酸来确定，根据试样点燃前后量热系统产生的温升，并对点火热等附加热进行校正即可求得试样的弹筒发热量。

从弹筒发热量中扣除硝酸形成热和硫酸校正热（硫酸与二氧化硫形成热之差）后即得高位发热量。

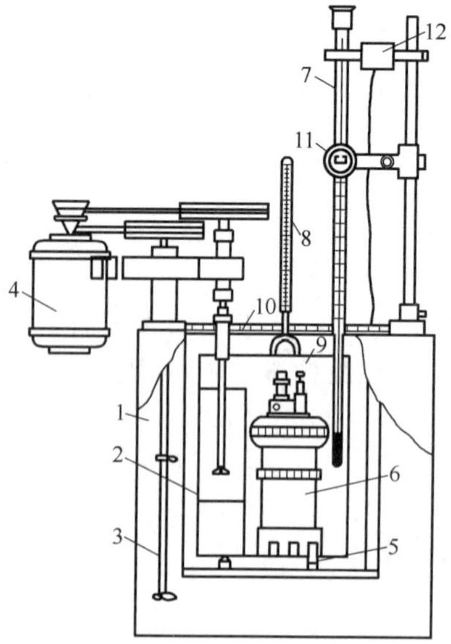

图 3-19　恒温式量热计示意

1—外壳（夹层内装水）；2—量热容器
（即内筒）；3—搅拌器；4—搅拌马达；
5—支柱；6—氧弹；7—贝克曼温度计；
8—普通温度计；9—电极；10—胶木盖；
11—放大镜；12—定时电动振动器

对煤中的水分（煤中原有的水和氢燃烧生成的水）的汽化热进行校正后求得煤的低位发热量。

2. 测定步骤

我国氧弹式量热计法采用的量热计有恒温式和绝热式两种，其测定步骤简介如下。

称取 1～1.1g 分析煤样放在氧弹中，从氧气钢瓶充入氧气至初压为 2.6～3.0MPa，利用电流加热弹筒内的金属丝使煤样着火。后者在过量的氧气中完全燃烧，其产物有 CO_2、H_2O 和灰以及燃烧后被水吸收形成的产物 H_2SO_4 和 HNO_3 等。燃烧产生的热量被内套筒的水所吸收。根据水温的上升，并进行一系列的温度校正后，可计算出单位质量的煤燃烧时所产生的热量，即弹筒发热量 $Q_{b,ad}$。

恒温式和绝热式量热计的基本结构相似，其区别在于热交换的控制方式不同，前者在外筒内装入大量的水，使外筒水温基本保持不变，以减少热交换；后者是让外筒水温追随内筒水温而变化，故在测定过程中内外筒之间可以认为没有热交换。恒温式量热计见图 3-19。

由于弹筒发热量是在恒定体积下测定的，所以它是恒容发热量。

3. 结果计算

（1）弹筒发热量（$Q_{b,ad}$）的计算

① 恒温式量热计

$$Q_{b,ad} = \frac{EH[(t_n + h_n) - (t_0 + h_0) + C] - (q_1 + q_2)}{m} \tag{3-22}$$

式中，$Q_{b,ad}$ 为分析试样的弹筒发热量，J/g；E 为量热计的热容量，J/K；t_n 为主期终点的温度，℃；t_0 为主期起点的温度，℃；h_n 为当温度为 t_n 时温度计读数的校正值，℃；h_0 为当温度为 t_0 时温度计读数的校正值，℃；C 为辐射校正值，℃；q_1 为点火热，J；q_2 为添加物（如包纸等）产生的总热量，J；m 为试样质量，g；H 为贝克曼温度计的平均分度值。

② 绝热式量热计

$$Q_{b,ad} = \frac{EH[(t_n + h_n) - (t_0 + h_0)] - (q_1 + q_2)}{m} \tag{3-23}$$

（2）恒容高位发热量（$Q_{gr,V,ad}$）的计算

$$Q_{gr,V,ad} = Q_{b,ad} - (95S_{b,ad} + \alpha Q_{b,ad}) \tag{3-24}$$

式中，$Q_{gr,V,ad}$ 为分析煤样的高位发热量，J/g；$Q_{b,ad}$ 为分析煤样的弹筒发热量，J/g；$S_{b,ad}$ 为由弹筒洗液测得的硫含量，%，通常用煤的全硫量代替；95 为硫酸生成热校正系数，为 0.01g 硫生成硫酸的化学生成热和溶解热之和，J；α 为硝酸生成热校正系数，当 $Q_{b,ad} \leqslant 16.70$kJ/g 时，$\alpha = 0.001$；当 16.70kJ/g $< Q_{b,ad} \leqslant 25.10$kJ/g 时，$\alpha = 0.0012$；当 $Q_{b,ad} > 25.10$kJ/g 时，$\alpha = 0.0016$。

（3）恒容低位发热量（$Q_{net,V,ad}$）的计算

$$Q_{net,V,ad} = Q_{gr,V,ad} - 25(M_{ad} + 9H_{ad}) \tag{3-25}$$

式中，H_{ad} 为分析煤样中氢的含量，%；M_{ad} 为分析煤样中水分的含量，%；25 为常数，相当于 0.01g 水的蒸发热，J。

三、发热量的计算方法

煤的发热量除直接测定外，还可以利用煤的工业分析和元素分析数据进行计算。现举例介绍计算各种煤的发热量的经验公式，这些经验公式计算结果与实测值之间的偏差一般小于 418J/g，相对误差约 1.5%。

（1）烟煤的 $Q_{net,V,ad}$ 的经验计算公式

$$Q_{net,V,ad} = [100K - (K+6)(M_{ad} + A_{ad}) - 3V_{ad} - 40M_{ad}] \times 4.1868 \tag{3-26}$$

式中，K 为常数，在 72.5～85.5 之间，根据煤样的 V_{daf} 和焦渣特征查表可得。

另外，只有当 $V_{daf} < 35\%$ 和 $M_{ad} > 3\%$ 时才减去 $40M_{ad}$。

（2）褐煤的 $Q_{net,V,ad}$ 的经验计算公式

$$Q_{net,V,ad} = [100K_1 - (K_1 + 6)(M_{ad} + A_{ad}) - V_{dat}] \times 4.1868 \tag{3-27}$$

式中，K_1 为常数，范围 61～69，与煤中的氧含量有关，查表可得。

全自动工业分析仪和微机量热仪

1. MAC-2000 型全自动工业分析仪

MAC-2000 型全自动工业分析仪（见图 3-20）依据经典的热重分析法，在 Windows 中文操作系统下，自动完成去皮、称样等功能，快速检测煤样的水分、挥发分、灰分，可计算出煤的发热量，并可根据用户需要，选择飞灰可燃物等测定功能。产品符合 GB/T 212—

2008、GB/T 474—2008 标准。

（1）技术指标

① 测定时间：＜20min。

图 3-20 MAC-2000 型全自动工业分析仪外观

② 准确度：水分含量＜±0.5%；挥发分含量＜±(0.5%～1.5%)；灰分含量＜±(0.3%～0.7%)；高位发热量＜±(0.5～1.5)MJ/kg；低位发热量＜±(0.5～1.5)MJ/kg。

③ 样品量：10 个。

④ 取样量：0.3～0.5g。

（2）特点 界面友好、功能强大；准确称量、数据可靠；电脑控制、操作简便；结果随调、快速查询。

MAC-2000 型全自动工业分析仪广泛应用于煤矿、电厂、地勘和冶金等部门分析煤样的品质。

2. FRL-2000 型微机量热仪

FRL-2000 型微机量热仪（见图 3-21）采用 Windows 操作系统，实时控制分析全过程，操作简单、结构合理、测量准确，适用于测定煤、石油等可燃物的发热量。产品符合 GB/T 213—2008 标准。

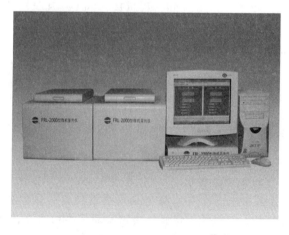

图 3-21 FRL-2000 型微机量热仪外观

（1）技术指标

① 测温范围：5～40℃。

② 分辨率：0.0001K。

③ 精密度：≤0.1%。

④ 样品质量：0.9～1.1g。

⑤ 测量时间：<20min/次。

⑥ 电源：AC 220V±22V，50Hz±0.5Hz。

（2）特点 可同时控制1～2台恒温桶；具有自诊断、短路保护功能；自动换算高、低位发热量；具有数据查询、复算、打印报表等功能。

习 题

1. 煤主要由哪些组分组成？各组分所起的作用如何？

2. 空气干燥煤样和全水分煤样如何制备？

3. 煤的分析有哪两大类分析方法？工业分析包括哪些项目？

4. 煤中水分通常分为哪几类？其测定条件如何？

5. 什么是灰分、挥发分？其测定条件如何？

6. 元素分析包括哪些项目？碳、氢分析方法的原理如何？

7. 艾氏卡法、库仑滴定法和高温燃烧-酸碱滴定法测定煤中总硫的基本原理是什么？各方法的测定误差主要来源于哪些方面？方法中如何减少这些误差的？

8. 什么是弹筒发热量、高位发热量、低位发热量？为什么说工业燃烧设备中所获得的最大理论热值是低位发热量？

9. 称取空气干燥煤样1.000g，测定其空气干燥煤样水分时失去质量为0.0600g，求煤试样的分析水分。

10. 称取分析基煤样1.2000g，测定挥发分时失去质量0.1420g，测定灰分时残渣的质量0.1125g，如已知分析水分为4%，求煤试样中的挥发分、灰分和固定碳的质量分数。

11. 称取分析基煤试样1.2000g，灼烧后残余物的质量是0.1000g，已知外在水分是2.45%，分析煤试样水分为1.5%，求应用基和干燥基的灰分质量分数。

12. 称取空气干燥基煤样1.000g，测定挥发分时，失去质量为0.2842g，已知空气干燥基煤中水分为2.50%，灰分为9.00%，收到基水分为5.40%，求以空气干燥基、干燥基、干燥无灰基、收到基表示的挥发分和固定碳的质量分数。

第四章 硅酸盐分析

学习指南

知识目标:

1. 了解硅酸盐的分类、组成及表示方法。

2. 了解硅酸盐的主要分析项目,水分、烧失量的测定和对分析结果的校正,全分析结果的表示、计算和分析意义。

3. 掌握硅酸盐试样的准备和制备方法,理解并掌握硅酸盐试样的常用酸分解法和熔融、烧结、半熔法的操作原理、技术和要点,熟悉常用溶剂、熔剂和熔融器皿的选择和使用方法。

4. 了解系统分析和分析系统的基本概念,熟悉硅酸盐系统分析的方法类型和全分析方法流程,初步掌握硅酸盐岩石和水泥的经典分析系统(或基准法)和快速分析系统(或代用法)的设计方法、特点和发展趋势,能正确选择常规分析项目的分析方法。

5. 重点掌握硅酸盐中二氧化硅和氧化铝的主要分析方法的测定原理、试剂的作用、测定步骤、结果计算、操作要点和应用,了解氧化铁、二氧化钛、氧化钙和氧化镁等一般分析项目的分析方法、测定原理和应用。

能力目标:

1. 能正确表示硅酸盐的组成,计算和校正全分析结果。

2. 能正确进行硅酸盐试样的准备和制备操作,正确选择不同试样的分解处理方法及有关试剂和器皿。

3. 能按照硅酸盐试样的特点,初步设计全分析流程,并正确选择各主要分析项目的分析方法,以满足科研和生产的要求。

4. 能运用氯化铵重量法或氟硅酸钾容量法测定硅酸盐样品中二氧化硅的含量。

5. 能运用 EDTA 直接滴定法或铜盐返滴定法测定硅酸盐样品中氧化铝的含量。

6. 能运用 EDTA 直接滴定法或原子吸收分光光度法测定硅酸盐样品中氧化铁的含量。

7. 能运用二安替比林甲烷光度法测定硅酸盐样品中二氧化钛的含量。

8. 能运用 EDTA 配位滴定法测定硅酸盐样品中氧化钙的含量。

9. 能运用原子吸收分光光度法或 EDTA 配位滴定差减法测定硅酸盐样品中氧化镁的含量。

第一节 概　　述

硅酸是 SiO_2 的水合物,它有多种组成,如偏硅酸(H_2SiO_3)、正硅酸(H_4SiO_4)、焦硅酸($H_6Si_2O_7$)等,可用 $xSiO_2 \cdot yH_2O$ 表示,习惯上常用简单的偏硅酸代表硅酸。硅酸盐是硅酸中的氢被铁、铝、钙、镁、钾、钠及其他金属离子取代而生成的盐。因为 x、y 的比例不同,将形成元素种类不同、含量也有很大差异的多种硅酸盐。硅酸盐在自然界的分布很广,种类繁多,结构复杂,大多是硅铝酸盐,均难溶于水。硅酸盐分析主要是对其中的二氧化硅和金属氧化物的分析。

一、硅酸盐的种类、组成和分析意义

（一）硅酸盐的种类和组成

硅酸盐可分为天然硅酸盐和人造硅酸盐。天然硅酸盐包括硅酸盐岩石和硅酸盐矿物等，在自然界分布较广，按质量计，占地壳质量的 85% 以上。在工业上，常见的天然硅酸盐有长石、黏土、滑石、云母、石棉和石英等。除此之外，在所有矿石中都含有硅酸盐杂质，例如煤渣及冶炼金属的炉渣等。人造硅酸盐是以天然硅酸盐为原料，经加工而制得的工业产品，例如水泥、玻璃、陶瓷、水玻璃和耐火材料等。

硅酸盐不仅种类繁多，根据其生成条件的不同，其化学成分也各不相同。总体上说，元素周期表中的大部分天然元素几乎都可能存在于硅酸盐岩石中。在硅酸盐中，SiO_2 是其主要组成成分。在地质学上，通常根据 SiO_2 含量的大小，将硅酸盐划分为五种类型，即极酸性岩 $[w(SiO_2)>78\%]$、酸性岩 $[65\%<w(SiO_2)<78\%]$、中性岩 $[55\%<w(SiO_2)<65\%]$、基性岩 $[38\%<w(SiO_2)<55\%]$ 和超基性岩 $[w(SiO_2)<38\%]$。

用分子式表示所有的硅酸盐的组成，非常复杂。因此，通常用硅酸酐和构成硅酸盐的所有金属氧化物的分子式分开写以表示之，例如：

正长石　$K_2O \cdot Al_2O_3 \cdot 6SiO_2$ 或 $K_2Al_2Si_6O_{16}$

白云母　$K_2O \cdot 3Al_2O_3 \cdot 6SiO_2 \cdot 2H_2O$ 或 $H_4K_2Al_6Si_6O_{24}$

石　棉　$CaO \cdot 3MgO \cdot 4SiO_2$ 或 $CaMg_3Si_4O_{12}$

水　泥　$\begin{cases} 2CaO \cdot SiO_2 \\ 3CaO \cdot SiO_2 \\ 3CaO \cdot Al_2O_3 \\ 4CaO \cdot Al_2O_3 \cdot Fe_2O_3 \end{cases}$ 或 $Ca_{12}Al_4Fe_2Si_2O_{25}$

硅酸盐水泥熟料中的 CaO、SiO_2、Al_2O_3 和 Fe_2O_3 等四种主要氧化物占总量的 95% 以上，另外还有其他少量氧化物，如 MgO、SO_3、TiO_2、P_2O_5、Na_2O、K_2O 等。四种主要氧化物的含量一般是：CaO 为 $62\%\sim67\%$，SiO_2 为 $20\%\sim24\%$，Al_2O_3 为 $4\%\sim7\%$，Fe_2O_3 为 $2.5\%\sim6\%$。

（二）硅酸盐的分析意义和分析项目

1. 硅酸盐的分析意义

工业分析工作者对岩石、矿物、矿石中的主要化学成分进行的系统的全面测定，称为全分析。硅酸盐岩石和矿物的全分析在地质样品、工业原料、工业产品的生产和控制分析中就很有代表性，而且在地质学的研究和勘探、工业建设中都具有十分重要的意义。

在地质学方面，根据全分析结果不仅能给矿物命名，而且还可以了解岩石的成分变化、迁移、分散，阐明岩石的成因，指导地质普查勘探工作。

在工业建设方面，首先，许多岩石和矿物本身就是工业、国防上的重要材料和原料，如硅酸盐岩石中的云母、长石、石棉、滑石、石英砂等；其次，有许多元素主要取自硅酸盐岩石，如锂、铍、硼、铷、铯、锆等；第三，工业生产过程中常常需要对原材料、中间产品、成品和废渣等进行与岩石全分析相类似的全分析，以指导、监控生产工艺过程和鉴定产品质量。

2. 硅酸盐的分析项目

在硅酸盐工业中，应根据工业原料和工业产品的组成、生产过程控制等要求来确定分析项目，一般测定项目为水分、烧失量、不溶物、SiO_2、Al_2O_3、Fe_2O_3、TiO_2、CaO、MgO、Na_2O、K_2O 等。依据物料组成的不同，有时还要测定 MnO、F、Cl、SO_3、硫化物、P_2O_5、B_2O_3、FeO 等。下面介绍水分、烧失量的测定和校正，以及硅酸盐全分析结果的表示和计算。

（1）水分的测定和校正　水分一般按其与岩石、矿物的结合状态不同分为吸附水和化合水两类。

① 吸附水。又称附着水、湿存水等，是存在于矿物岩石的表面或孔隙中的很薄的膜，其含量与矿物的吸水性、试样加工的粒度、环境的湿度及存放的时间等有关。其测定方法是：对于一般样品，取风干样品于 $105\sim110℃$ 下烘 $2h$；对于含水分多或易被氧化的样品，宜在真空恒温干燥箱中干燥后称重测定或较低温度（$60\sim80℃$）下烘干测定。

由于吸附水并非矿物内的固定组成部分，因此该水分不参与计算总量。对于易吸湿的试样，则应在同一时间称出各份分析试样，测定吸附水并扣除。

② 化合水。化合水包括结晶水和结构水两部分。结晶水是以 H_2O 分子状态存在于矿物晶格中，如石膏（$CaSO_4 \cdot 2H_2O$）等，通常在较低的温度（低于 $300℃$）下灼烧即可排出，有的甚至在测定吸附水时就可能部分逸出。结构水是以化合状态的氢或氢氧根存在于矿物的晶格中，需加热到 $300\sim1300℃$ 才能分解而放出水分。化合水的测定方法有重量法、气相色谱法、库仑法等。

（2）烧失量的测定和校正　烧失量，又称为灼烧减量，是试样在 $1000℃$ 灼烧后所失去的质量。烧失量主要包括化合水、二氧化碳和少量的硫、氟、氯、有机质等，一般主要指化合水和二氧化碳。在硅酸盐全分析中，当亚铁、二氧化碳、硫、氟、氯、有机质含量很低时，可以用烧失量代替化合水等易挥发组分参加总量计算，使平衡达到 100%。但是，当试样的组成复杂或上述组分中某些组分的含量较高时，高温灼烧过程中的化学反应比较复杂，如有机物、硫化物、低价化合物被氧化，碳酸盐、硫酸盐分解，碱金属化合物挥发，吸附水、化合水、二氧化碳被排除等。有的反应使试样的质量增加，有的反应却使试样的质量减少，因此，严格地说，烧失量是试样中各组分在灼烧时的各种化学反应所引起的质量增加和减少的代数和。在样品较为复杂时，测定烧失量就没有意义了。

在建筑材料、耐火材料、陶瓷配料等物料的全分析中，烧失量的测定结果对工艺过程具有直接的指导意义。若烧失量的取舍不当，将造成分析结果总量的偏高或偏低。例如，对于试样组成比较简单的硅酸盐岩石，可测烧失量，并将烧失量测定结果直接计入总量；对于组成较复杂的试样，应测定 H_2O、CO_2、硫、氟、氯等组分，不测烧失量。

对因烧失量变化而引起的分析结果的变动应进行校正。例如，水泥或熟料试样长期放置后不可避免地会吸收空气中的水和二氧化碳，导致烧失量升高，其他各组分（特别是主要成分）含量下降，分析结果与原始试样不可比。因此，在使用标准样品进行比对分析时，必须用原始的烧失量和现在的烧失量对现在的实测结果进行校正，然后再和标准结果进行比较，判断分析结果是否符合要求。当然，烧失量的测定应按照规定进行，正确控制加热条件，保证测定结果准确。

（3）硅酸盐全分析结果的表示和计算　硅酸盐全分析的分析报告中各组分的测定结果应按该组分在物料中的实际存在状态表示。硅酸盐矿物、岩石可认为是由组成酸根的非金属氧化物和各种金属氧化物构成，故都表示为氧化物的形式。当然，例如铁，按其存在状态不同，应分别表示为全铁［$Fe_2O_3(T)$］、氧化铁（Fe_2O_3）、氧化亚铁（FeO）、金属铁（Fe）等。对于高、中、低含量的分析结果，一般均以质量分数表示。

硅酸盐全分析的结果，要求各项的质量分数总和应在 $100\% \pm 0.5\%$ 范围内（国家储备委员会规定两个级别：Ⅰ级 $99.3\%\sim100.7\%$；Ⅱ级 $98.7\%\sim101.3\%$），一般允差不应超过 $\pm1\%$。如果加和总结果远低于 100%，则表明有某种主要成分未被测定或存在较大偏差因素。反之，若加和总结果远高于 100%，则表明某种成分的测定结果存在较大偏高因素，应从主要成分的含量测定查找原因；也可能是在加和总结果时将某些成分的结果重复相加。例如，CaF_2 的含量已包括在 CaO 和 F 的结果中，不溶物的含量已包括在 SiO_2 和 Al_2O_3 等结果中。同时，硅酸盐试样的分析结果通常以氧化物的质量分数报出，如含有 CaF_2、FeO 等特殊成分，若以高价氧化物的形式报出结果，就人为地多配了氧而使结果偏高。还需注意的是，在测定烧失量时，某些非烧失量的成分发生分解，造成烧失量不稳定且结果偏高，例如铁矿石、萤石等试样。

为了获得全分析的可靠数据，必须严格检查与合理处理分析数据。除内外检查和单项测定的误差控制外，常用计算全分析各组分百分含量总和的方法来检查各组分的分析质量。同时，借此检查是否存在"漏测"组分，检查一些组分的结果表示形式是否符合其在矿物中的实际存在状态。

根据硅酸盐岩石的组成，其全分析的测定项目和总量计算方法为：

$$总量 = w(SiO_2) + w(Al_2O_3) + w(Fe_2O_3) + w(TiO_2) + w(FeO) + w(MnO) +$$
$$w(CaO) + w(MgO) + w(Na_2O) + w(K_2O) + w(P_2O_5) + 烧失量$$

如果需要测定 H_2O、CO_2、有机碳的含量，则不测烧失量，而将此 3 种组分的含量计入总量。

二、硅酸盐试样的准备和分解

（一）硅酸盐试样的处理

1. 磨碎

原材料试样在制备过程中，应研细至全部通过 0.080mm 的方孔筛，并充分混匀。

如果试样取自出磨的物料（如出磨生料、出磨水泥），应检查其细度是否符合要求。一般可用手碾法初试其粒度，如能感觉到有颗粒状物质，则试样太粗。应取一定数量的试样，在玛瑙研钵中研细、过筛，筛余物再研细，直到全部通过 0.080mm 的方孔筛为止，然后混匀。

2. 试样的烘干

试样吸附的水分为无效成分，一般在分析前应将其除去。除去吸附水分的办法通常是在一定温度下将试样烘干一定时间。如黏土、生料、石英砂、矿渣等原材料，在 $105 \sim 110$℃ 下烘干 2h。黏土试样烘干后吸水性很强，冷却后要快速称量。

水泥试样、熟料试样不烘干。

（二）硅酸盐试样的分解

1. 分析试样的制备方法

分析试样的制备一般要经过破碎、过筛、混匀和缩分等四道工序。具体制备时样品的加工方法还需根据样品的种类和用途而定。如果试样是进行筛分分析、测定粒度，则必须保持原来的粒度组成，而不能进行破碎，这时只需将试样混匀与缩分即可。

供化学分析用的试样必须要求颗粒细而均匀，除严格遵守制样条例外，还必须做到以下几点。

① 试样必须全部通过 0.080mm 的方孔筛，并充分混匀，装入带有磨口塞的瓶中。

② 在分析前，试样需在 $105 \sim 110$℃ 的电热烘箱中烘干 2h 左右（水泥、熟料除外），以去掉吸附水分。

③ 采用锰钢磨盘研磨的试样，必须用磁铁将其引入的铁尽量吸掉，以减少沾污。据报道，用锰钢磨盘将试样研磨至 $100 \sim 150$ 筛目，可以引入 0.1% 左右的金属铁，而且，这种沾污的程度还与样品的硬度有关。

④ 样品一定要妥善保管，以备试样结果复验、抽查和发生质量纠纷时进行仲裁。标签要详细清楚。水泥、熟料等易受潮的样品应用封口铁桶和带盖的磨口瓶保存。出厂水泥的保存期为三个月，其他样品一般应保存一周左右。

2. 试样的分解处理方法

（1）酸分解法　硅酸盐的酸分解法操作简单、快速，应优先采用。现将硅酸盐分析中常用的无机酸和它们的性质，以及在分解过程中所起的作用等简述如下。

① 盐酸。在硅酸盐系统分析中，利用盐酸的强酸性、氯离子的配位性，可以分解正硅酸盐矿物、品质较好的水泥和水泥熟料试样。例如，GB/T 176—2008《水泥化学分析方法》中，以氯化铵重量法测定水泥或水泥熟料中的二氧化硅时，若试样中酸不溶物含量小于0.2%，则可用盐酸分解试样。分离除去二氧化硅后所得试样溶液可用来测定铁、铝、钛、钙、镁等成分。

用盐酸分解试样时宜用玻璃、塑料、陶瓷、石英等器皿，不宜使用金、铂、银等器皿。

② 磷酸。磷酸是一个中强酸，在200～300℃（通常在250℃左右）是一种强有力的溶剂，因在该温度下磷酸变成焦磷酸，具有很强的配位能力，能溶解不被盐酸、硫酸分解的硅酸盐、硅铝酸盐、铁矿石等矿物试样。但在系统分析中，溶液中有大量的磷酸存在是不适宜的，因为磷酸与许多金属离子会形成难溶性化合物，会干扰配位滴定法对铁、铝、钙、镁等元素的测定，故磷酸溶样只适用于某些元素的单项测定，如在水泥控制分析中，铁矿石、生料试样中铁的快速测定，萤石中氟的蒸馏法测定，水泥中三氧化硫的还原碘量法测定等。

由于磷酸对许多硅酸盐矿物的作用甚微，所以常加入其他酸或辅助试剂，如与HF联用，可以彻底分解硅酸盐矿物。用磷酸分解试样时，温度不宜太高，时间不宜太长，否则会析出难溶性的焦磷酸盐或多磷酸盐；同时，对玻璃器皿的腐蚀比较严重。

③ 氢氟酸。氢氟酸是弱酸，但却是分解硅酸盐试样唯一最有效的溶剂，因为F^-可与硅酸盐中的主要成分硅、铝、铁等形成稳定的易溶于水的配离子。氢氟酸分解的常用方案有三种。第一，用氢氟酸与硫酸或高氯酸混合，可分解绝大多数硅酸盐矿物。使用氢氟酸和硫酸（或高氯酸）分解试样的目的，通常是为了测定除二氧化硅以外的其他组分，或硅的存在对其他组分测定有干扰时，二氧化硅以四氟化硅形式挥发。加入硫酸的作用是可防止试样中的钛、锆、铌等元素与氟形成挥发性化合物而损失，同时利用硫酸的沸点（338℃）高于氢氟酸沸点（120℃）的特点，加热除去剩余的氢氟酸，以防止铁、铝等形成稳定的氟配合物而无法进行测定。第二，用氢氟酸或氢氟酸加硝酸分解样品，用于测定SiO_2。第三，用氢氟酸于120～130℃温度下增压溶解，所得制备溶液可进行系统分析测定SiO_2、Al_2O_3、Fe_2O_3、TiO_2、MnO、CaO、MgO、Na_2O、K_2O、P_2O_5等。

当用氢氟酸处理试样时，由于HF能与玻璃作用，因此不能在玻璃器皿中进行，也不宜用银、镍器皿，只能用铂器皿或塑料器皿。目前国内广泛采用聚四氟乙烯器皿。

④ 硝酸。硝酸是具有强氧化性的强酸，作为溶剂，它兼有酸的作用和氧化作用，溶解能力强而且快。一般用于单项测定中溶样，如用氟硅酸钾容量法测定水泥熟料中SiO_2时，多用硝酸分解试样。但在系统分析中很少采用硝酸溶样，这是由于硝酸在加热蒸发过程中易形成难溶性碱式盐沉淀而干扰测定。

⑤ 硫酸。浓硫酸具有强氧化性和脱水作用，可用来分解萤石（CaF_2）和破坏试样中的有机物。硫酸的沸点（338℃）比较高，溶样时加热蒸发到冒出SO_3白烟，可除去试样溶液中挥发性的HCl、HNO_3、HF及水。此性质在硅酸盐分析中应用较多。

⑥ 高氯酸。高氯酸是最强的酸，沸点为203℃，用它蒸发赶走低沸点酸后，残渣加水很容易溶解，而用H_2SO_4蒸发后的残渣常常不易溶解。因此，$HClO_4$可用于除去溶样后剩余的氢氟酸。热的浓高氯酸具有强氧化性和脱水性，遇有机物或某些无机还原剂（如次亚磷酸、三价锑等）时会剧烈反应，发生爆炸。高氯酸蒸气与易燃气体混合形成猛烈爆炸的混合物，在操作时应特别小心。高氯酸价格较贵，一般在必要时才使用它。

（2）熔融分解法　熔融分解法属于干法分解，主要是依据在高温条件下，通过对样品晶格的破坏，使难溶晶体（原子晶体）转化成易溶晶体（离子晶体）。根据所使用熔剂性质的不同，又分为碱熔融法和酸熔融法。

① 碱熔融法。使用碱性物质作为熔剂熔融分解试样的方法称为碱熔融法，主要用于酸性氧化物（如二氧化硅）含量相对较高的样品的分解处理。碱性熔剂种类很多，性质不同，用途也不同。

a. 用碳酸钠作熔剂。碳酸钠是分析大多数硅酸盐以及其他矿物最常用的重要熔剂之一。作熔剂用的一般是分析纯或优级纯的无水碳酸钠。用碳酸钠分解试样，不仅操作方便，而且对系统分析中 SiO_2、Fe_2O_3、Al_2O_3、TiO_2、MnO、CaO、MgO 等的测定，不会引起不必要的影响。

碳酸钠是一种碱性熔剂，适用于熔融酸性矿物。当硅酸盐与碳酸钠一起熔融时，硅酸盐便被分解为硅酸钠、铝酸钠、锰酸钠等复杂的混合物。熔融物用酸处理时，则分解为相应的盐类并析出硅酸。例如，正长石的分解反应如下：

$$K_2Al_2Si_6O_{16} + 7Na_2CO_3 \xrightarrow{\triangle} 6Na_2SiO_3 + K_2CO_3 + 2NaAlO_2 + 6CO_2$$

碳酸钠和其他试剂混合作为熔剂，对许多特殊样品的分解有突出的优点，在实际工作中应用较多。例如碳酸钠加过氧化钠、硝酸钾、氯酸钾、高锰酸钾等氧化剂，可以提高氧化能力，使单独用碳酸钠不能分解的复杂硅酸盐试样分解完全。

b. 用碳酸钾作熔剂。碳酸钾也是一种碱性熔剂，熔点为 $891℃$。一般在重量法的系统分析中，很少采用碳酸钾作为熔剂，因其吸湿性较强，同时钾盐被沉淀吸附的倾向比钠盐大，不容易从沉淀中洗净。但用碳酸钾熔融后的熔块却比碳酸钠的熔块易于溶解，所以在某些情况下也用到它。用氟硅酸钾容量法测定铝矾土、铝酸盐水泥等试样中的二氧化硅时，常用碳酸钾熔融法分解试样。

当碳酸钠和碳酸钾混合使用时，可降低熔点，用于测定硅酸盐中氟和氯时试样的分解。

c. 用过氧化钠或过氧化钾作熔剂。过氧化钠和过氧化钾是一类强碱性和强氧化性的熔剂，适用于 Na_2CO_3、KOH 所不能分解的铬铁矿、钛铁矿、钨矿等试样的分解。例如：

$$2FeCr_2O_4 + 7Na_2O_2 \xrightarrow{\triangle} 2NaFeO_2 + 4Na_2CrO_4 + 2Na_2O$$
铬铁矿

熔融时发生剧烈的氧化作用，使样品中低价化合物氧化，如熔融硫化物、砷化物时，硫被氧化成硫酸盐，砷被氧化成砷酸盐。同时，用过氧化钠熔融，可使某些元素互相分离，如熔融后用水提取时，铝、铬、钒、硫等进入溶液，铁、钛、钙、镁等成为不溶性残渣而分离出来。尽管如此，Na_2O_2 分解在全分析中仍很少应用，因为该试剂不易提纯，一般含硅、铝、钙、铜、锡等杂质。

由于过氧化钠和过氧化钾具有强烈的侵蚀作用，所以绝对不允许在高温下于铂坩埚中熔融，而只能在镍、银或铁的坩埚中进行。熔融后将有较多的镍、银或铁等金属被侵蚀下来，因而在系统分析中，必须考虑这些离子的干扰。

d. 用氢氧化钾作熔剂。KOH、$NaOH$ 对样品熔融分解的作用与 Na_2CO_3 类似，只是苛性碱的碱性强，熔点低。用氢氧化钾作熔剂进行熔融时，熔样温度为 $400\sim500℃$，可在小电炉上进行，于镍或银坩埚中熔融。KOH 性质与 $NaOH$ 相似，易吸湿，使用不如 $NaOH$ 普遍。但许多钾盐溶解度较钠盐大，而氟硅酸盐却相反，因此，在水泥及其原材料分析中，以氟硅酸钾容量法单独称样测定 SiO_2 时，或用硫酸钡重量法测定全硫含量时，多以氢氧化钾作熔剂在镍坩埚中熔融试样。

以氢氧化钾作熔剂在银坩埚中熔融时，以盐酸或硝酸酸化后，溶液呈浑浊状态，另外在熔样过程中，提高熔融温度时，由于氢氧化钾易逸出，效果不理想，所以一般不以氢氧化钾作熔剂进行系统分析。

e. 用氢氧化钠作熔剂。$NaOH$ 可以使样品中的硅酸盐和铝、铬、钡、铌、钽等的两性氧化物转变为易溶的钠盐。例如：

$$CaAl_2Si_6O_{16} + 14NaOH \xrightarrow{\text{熔融}} 6Na_2SiO_3 + 2NaAlO_2 + CaO + 7H_2O$$

斜长石

多年来的研究和实践工作证明，使用氢氧化钠作熔剂进行水泥及其原料分析是行之有效的，它适应性强、效果好、价格低廉，配以银坩埚，可以在非常简易的化验室内进行主要成分的测定。目前用氢氧化钠作熔剂，以银坩埚为熔器，采用配位滴定法及氟硅酸钾容量法的测定系统，已成为一套系统的快速分析法，测定程序得到很大简化，速度快，准确度高。现将此熔融法详细介绍如下。

用氢氧化钠作熔剂时，一般采用银坩埚作熔器，整个熔融过程是在带有温度控制器的马弗炉内进行。熔融所需的氢氧化钠量与试样种类、取样多少有关，例如 0.5g 黏土约需 7g。熔融温度一般在 650℃ 左右保持 20～30min。熔块采用沸水在烧杯中浸取，然后采用较高浓度的盐酸分解熔块，这时只要有一定量的盐酸存在，银离子就与过量的氯离子形成 $[AgCl_4]^{3-}$ 配离子，从而防止氯化银析出。浸取时体积不宜过小（一般在 100～150mL），必要时可将烧杯加热。取出坩埚后应立即加酸，缩短酸化前溶液放置时间，这样浸取液虽呈强碱性，但对烧杯并无明显腐蚀现象，所以不需要考虑由此而引入的二氧化硅测定的空白问题。

下面介绍熔融、脱坩和酸化过程的操作要点和注意事项。

（a）熔融。熔融时为防止熔体从坩埚中溢出，可采用如下措施：

• 对用作熔剂的氢氧化钠要注意保存，勿使其长时间暴露在空气中，以免吸水过多，熔融时产生飞溅。

• 银坩埚盖不要盖严，应留有一定缝隙。为此，可将坩埚盖弯成一定弧度后盖上。

• 熔融时要从低温（400℃以下）升起，在 400～500℃ 保温一段时间，使水分逸出。

• 银坩埚应放在炉膛底部的耐火泥板上，而不要直接放在炉膛底板上，尽量位于炉膛中部，不要与炉膛内壁接触或过分靠近，以免熔融温度过高。

（b）脱坩。熔融过程结束以后，取出，使其冷却（为使熔体易于脱出，并使坩埚不易变形，熔融过程结束后，用坩埚钳夹持坩埚并使之旋转几圈，使熔体均匀地附着在坩埚内壁上），然后放入盛有 100mL 沸水的 300mL 烧杯中，盖上表面皿，加热，使熔块完全熔解。注意长时间使用后银坩埚底部会变得凹凸不平，严重变形。使用这样的坩埚熔融试样时，熔体很难脱出，需经过长时间加热。而氢氧化钠的水溶液为强碱性，如长时间加热，会对玻璃烧杯产生严重的侵蚀，使玻璃中的硅进入溶液，导致以氟硅酸钾容量法测定二氧化硅时的结果偏高。

（c）酸化。脱坩时溶液的体积为 100mL 左右（溶液体积不宜太小，否则，用盐酸酸化溶液时，有可能析出硅酸胶体）。为防止碱性溶液对玻璃烧杯的侵蚀，要尽快酸化，不要久置。酸化溶液的关键在于要尽快使溶液从强碱性转化为强酸性，酸化时预先用量杯量取一定体积的强酸（除铁矿石取硝酸外，其余试样一般取 25～30mL 浓盐酸）。在搅拌下一次加入强酸，并充分搅拌溶液，加热至沸腾，即可得到澄清溶液。

加几滴至 1mL 浓硝酸，以便将二价铁离子氧化为三价铁离子，以保证用配位滴定法测定氧化铁时结果的准确度。

冷却后将溶液移入 250mL 容量瓶中，用水稀释至标线，摇匀。放置后如果发现容量瓶底部有灰黑色絮状物质，说明熔融温度过高或时间过长，从银坩埚进入溶液的银或氯化银造成此现象，但对测定结果无影响。如果溶液呈现浑浊或溶液底部有未溶解的颗粒，说明熔融温度或熔融时间不足，应提高熔融温度或延长熔融时间重新熔融（必要时增加氢氧化钠的加入量）。如果有硅酸胶体析出，对铁、铝、钙、镁配位滴定的测定结果没有影响，但如分取此溶液测定二氧化硅，则二氧化硅的测定结果会产生较大误差，必须重新熔样，并注意酸化溶液时的操作要点，防止硅酸析出。

f. 用硼砂作熔剂。硼砂（$Na_2B_4O_7$）也是有效熔剂之一。硼砂熔样的制备溶液不能用于钠和钾的测定。单独使用时由于熔剂的黏度太大，不易使试样在熔剂中均匀地分散；同时熔融后的熔块，用酸分解也非常缓慢，故通常是把硼砂与碳酸钠（钾）混合在一起[(1+1)～(1+3)]应用。它主要用于难分解的矿物，如铬铁矿、高铝样品、尖晶石、锆石、炉渣等的分析中。如果试样中含有易挥发性组分，熔融时可能会损失掉一部分。

熔融用的硼砂应为无水硼砂，否则应预先脱水。为此，将含结晶水的硼砂放在瓷蒸发皿或铂皿中，先低温加热，然后以 700～800℃ 加热至熔化（无水硼砂的熔点为 740℃）。冷却后变成无色玻璃状物质，研碎后应放在磨口瓶中保存。

熔融在铂坩埚中进行，通常在喷灯上熔融 20～40min，即可将样品分解完全。

在用比色法测定二氧化硅或锰时，以碳酸钠-硼砂混合熔剂[(2+1)～(3+1)]进行熔融，可避免胶体硅酸析出。

g. 用偏硼酸锂作熔剂。偏硼酸锂也是一种碱性较强的熔剂，可用于分解多种矿物（包括很多难熔矿物）。由于熔样速度快，大多数试样仅需数分钟即可熔融分解完全，所制得的试样溶液可进行包括钾、钠在内的各项元素的测定。由于这些优点，现已受到普遍的重视。其不足之处是熔融物最后冷却呈球状，较难脱坩和被酸浸取，试剂价格也比较昂贵，因而在实际应用上受到一定的限制。

用碳酸锂和硼酸（或硼酸酐）以 (7+1)～(10+1) 的比例混合，并以 5～10 倍于矿样质量的此混合物（经灼烧后成为 Li_2CO_3-$LiBO_2$ 混合物）于 850℃ 熔融 10min，所得熔块易于被 HCl 浸取。

熔融应在铂坩埚中进行。熔剂的用量一般不宜过多，以免引起铂坩埚的损耗，同时可节省昂贵的试剂。

② 酸熔融法。用酸性物质作为熔剂熔融分解试样的方法称为酸熔融法，主要用于对碱性氧化物含量较多的试样的分解处理，如 Al_2O_3、红宝石等。

酸熔融法中主要使用的熔剂是焦硫酸钾，熔融后变成金属的硫酸盐。这种熔剂对酸性矿物的作用很小，一般的硅酸盐矿物很少用这种熔剂进行熔融。

在硅酸盐分析中，焦硫酸钾主要用来分解在分析过程中所得到的已氧化过的物质或已灼烧过的混合氧化物，来测定其中某些组分。

用焦硫酸钾作熔剂，既可在铂坩埚中熔融，也可在瓷坩埚中熔融。在熔融过程中，除了二价铁易被氧化外，其他如二价锰、三价铬等都不能被氧化。在近 300℃ 时，$K_2S_2O_7$ 开始熔化，达 450℃ 时则开始分解出，分解反应如下：

$$K_2S_2O_7 \xrightarrow{\geqslant 370～420℃} K_2SO_4 + SO_3$$

高温分解生成的 SO_3 可穿越矿物晶格，使矿样中的金属转化成可溶性硫酸盐。所以在熔解时适当调节温度，尽量使 SO_3 少挥发，是非常重要的。因为温度过高，SO_3 尚来不及与被分解的物质起反应就已挥发掉，而焦硫酸钾则变成不起分解作用的 K_2SO_4。另外，在高温下长时间熔融，也会使钛、锆、铬等元素形成难溶性的盐类。

在熔融刚一开始时，应在小火焰上加热，以防熔融物溅出。待气泡停止冒出后，再逐渐将温度升高到 450℃ 左右（这时坩埚底部呈暗红色），直至坩埚内熔融物呈透明状态，分解即趋完全。

在浸取熔融物时，温度最好在 70℃ 左右，温度过高，TiO^{2+} 易水解形成不溶性的偏钛酸（H_2TiO_3）。所以通常使用 70℃ 左右的硫酸溶液来浸取熔融物。

（3）半熔法（烧结法）　在半熔状态下，分解试样的方法称为半熔法，主要是以碳酸钙和氯化铵混合物作为熔剂，多用于测定硅酸盐中钾、钠含量时使用。

半熔法的优点是：①熔剂用量少，带入的干扰离子少；②熔样时间短，操作速度快，烧结块易脱埚便于提取，同时也减轻了对铂坩埚的侵蚀作用。此法多用于较易熔样品的处理，如水泥、石灰石、水泥生料、水泥熟料等，而对一些较难熔的样品则难以分解完全，因此有一定的局限性。

3. 熔融器皿的选择和作用要求

由于熔融是在高温下进行的，而且熔剂又具有极大的化学活性，所以选择熔融器皿的材料至关重要。用熔融法分解试样时，应根据测定要求和实验室条件选用不同材料制成的坩埚，既要保证坩埚不受损失，又要保证分析的准确度。

表 4-1 列出常用熔剂的用量、温度和应选用的坩埚材料，工作时可供参考。

表 4-1　常用熔剂的用量、适用坩埚材料和应用

熔剂名称	用量/倍	熔融(烧结)温度/℃	适用坩埚						
			铂	铁	镍	银	瓷	刚玉	石英
无水碳酸钠	6～8	950～1000	＋	＋	＋	－	－	＋	－
碳酸氢钠	12～14	900～950	＋	＋	＋	－	－	＋	－
1份无水碳酸钠＋1份无水碳酸钾	6～8	900～950	＋	＋	＋	－	－	＋	－
6份无水碳酸钠＋0.5份硝酸钾	8～10	750～800	＋	＋	＋	－	－		
3份无水碳酸钠＋2份硼酸钠(熔融的,研成细粉)	10～12	500～850	＋	－	－	－	＋	＋	＋
2份无水碳酸钠＋1份氧化镁	10～14	750～800	＋	＋	＋		＋	＋	＋
1份无水碳酸钠＋2份氧化镁	4～10	750～850	＋	＋	＋		＋	＋	＋
2份无水碳酸钠＋1份氧化锌①	8～10	750～800	－	－	－		＋	＋	＋
4份碳酸钾钠＋1份酒石酸钾	8～10	850～900	＋	－	－		＋	＋	＋
过氧化钠	6～8	600～700	－	＋	＋		＋	＋	
2份无水碳酸钠＋4份过氧化钠	6～8	650～700	－	＋	＋	＋	＋		
氢氧化钠(钾)	8～10	450～600	－	＋	＋	＋	＋		
6份氢氧化钠(钾)＋0.5份硝酸钠(钾)	4～6	600～700	－	＋	＋	＋			
氯化钾	3～4	500～700					＋	＋	＋
硫酸氢钾	12～14	500～700	＋				＋		
焦硫酸钾	8～12	500～700	＋				＋		
1份氟化氢钾＋10份焦硫酸钾	8～12	600～800	＋						
氧化硼	5～8	600～800	＋						

① 通称艾斯卡试剂，也可用 MnO_2、ZnO 等代替 MgO，属于烧结法（半熔法）。
注："＋"表示可用；"－"表示不宜用。

第二节　硅酸盐系统分析方法类型

一、系统分析和分析系统

在一份称样中测定一两个项目称为单项分析。而系统分析则是在一份称样分解后，通过分离或掩蔽的方法消除干扰离子对测定的影响，再系统地、连贯地进行数个项目的依次测定。

分析系统是在系统分析中从试样分解、组分分离到依次测定的程序安排。在一个样品需要测定其中多个组分时，建立一个科学的分析系统，进行多项目的系统分析，则可以减少试样用量，避免重复工作，加快分析速度，降低成本，提高效率。

在建立或评价一个全分析系统时，既要从系统的基本性质和基本观点出发，考虑系统的整体性、相关性、结构性、层次性、动态性、目的性和环境适应性，还要考虑事物的可能性空间和控制能力，使全分析系统具有科学性、先进性和适用性。

分析系统的优劣不仅影响分析速度和成本，而且影响到分析结果的可靠性。一个好的分析系统必须具备以下条件。

① 称样次数少。一次称样可测定项目较多，完成全分析所需称样次数少，不仅可减少称样、分解试样的操作，节省时间和试剂，还可以减少由于这些操作所引入的误差。

② 尽可能避免分析过程的介质转换和引入分离方法。这样既可以加快分析速度，又可以避免由此引入的误差。

③ 所选测定方法必须有好的精密度和准确度。这是保证分析结果可靠性的基础。同时，方法的选择性尽可能较高，以避免分离手续，操作更快捷。

④ 适用范围广。这包括两方面含义：一方面是分析系统适用的试样类型多；另一方面是在分析系统中各测定项目的含量变化范围大时均可适用。

⑤ 称样、试样分解、分液、测定等操作易与计算机联机，实现自动分析。

二、硅酸盐岩石分析系统

硅酸盐试样的系统分析，已有 100 多年的历史。从 20 世纪 40 年代以来，由于试样分解方法的改进和新的测试方法与测试仪器的应用，至今已有多种分析系统，习惯上可粗略地分为经典分析系统和快速分析系统两大类。下面介绍几个代表性的分析系统。

（一）经典分析系统

硅酸盐经典分析系统基本上是建立在沉淀分离和重量法的基础上，是定性分析化学中元素分组法的定量发展，是有关岩石全分析中出现最早、在一般情况下可获得准确分析结果的多元素分析流程。该系统如图 4-1 所示。

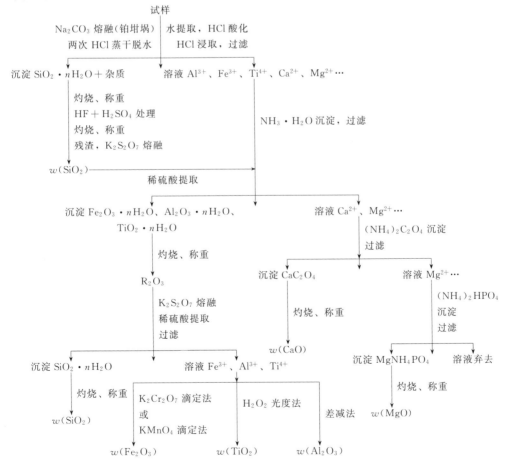

图 4-1　硅酸盐岩石全分析的经典分析系统

在图 4-1 所示的分析系统中，通常准确称样 0.5～1.0g，于铂坩埚中用 Na_2CO_3 在 950～1000℃熔融分解，熔块用水提取，盐酸酸化，蒸干后在 110℃烘约 1h，用 HCl 浸取，滤出沉淀；滤液重复蒸干、熔烘、酸浸、过滤，把两次滤得的沉淀置于铂坩埚中灼烧、称重。用 $HF-H_2SO_4$ 驱硅，灼烧并称量残渣，失重部分即为 SiO_2 质量。

残渣经 $K_2S_2O_7$ 熔融，稀盐酸提取后并入滤出 SiO_2 后的滤液。滤液用氨水两次沉淀铁、铝、钛等的氢氧化物，灼烧、称重，测得氧化物（R_2O_3）含量。再用 $K_2S_2O_7$ 熔融灼烧称重过的 R_2O_3 残渣，稀硫酸提取，溶液分别用重铬酸钾或高锰酸钾滴定法测定 Fe_2O_3 含量，用过氧化氢光度法测定 TiO_2 含量，用差减法计算 Al_2O_3 含量。酸提取时的不溶性白色残渣，滤出，灼烧称重，于 R_2O_3 含量中减去此量并加入 SiO_2 含量中。

在分离氢氧化物沉淀后的滤液中，用草酸铵沉淀钙，并于 950～1000℃灼烧成氧化钙，用重量法测定钙含量；或将草酸钙沉淀溶于硫酸，用高锰酸钾滴定草酸，以求出 CaO 含量。

于分离草酸钙后的滤液中，在有过量氨水存在下加入磷酸氢二铵，使镁以磷酸铵镁形式沉淀，于 1000～1050℃灼烧成 $Mg_2P_2O_7$ 后称量，即可求得 MgO 含量。

在经典分析系统中，一份称样只能测定 SiO_2、Fe_2O_3、Al_2O_3、TiO_2、CaO 和 MgO 等六项，而 K_2O、Na_2O、MnO、P_2O_5 需另取试样测定，故不是一个完善的全分析系统。

试样中含有重金属元素时，它们不仅在用碳酸钠分解试样时会损坏铂坩埚，而且会影响其他组分的测定，故必须分离。一般先用王水处理试样，使重金属元素转入溶液中；酸不溶物再用碳酸钠熔融分解，熔融物用盐酸提取，与主液合并，蒸干，使 SiO_2 脱水。将分离 SiO_2 后的滤液调节酸度，通入硫化氢以除去硫化氢中的重金属元素。加热除去硫化氢，并加溴水氧化，再加热赶去过量的溴，以后按普通硅酸盐分析系统进行测定。

事实上，在目前的例行分析中，经典分析系统已几乎完全被一些快速分析系统代替。但是，由于其分析结果比较准确，适用范围较广泛，目前在标准试样的研制、外检试样分析及仲裁分析中仍有应用。然而，在采用经典分析系统时，除 SiO_2 的分析过程仍保持不变外，其余项目常综合应用配位滴定法、分光光度法和原子吸收光度法进行测定。

（二）快速分析系统

硅酸盐经典分析系统的主要特点是具有显著的连续性。但是，由于测定各个组分时，需要反复沉淀，过滤分离，再结合灼烧、称重等重量法操作，难以满足快速分析的要求。随着近代科学技术的发展，以及大批物料分析和例行分析的需要，从 1947 年开始，陆续出现了一些快速分析系统。这些快速分析系统是伴随着试样分解方法和各主要成分的测定方法的改进而不断变化和发展的。20 世纪 50 年代形成以重量法、滴定法和比色法等纯化学方法为主的完善的快速分析系统。直到 60 年代以后，由于 HF、锂硼酸盐分解试样方法的应用，原子吸收分光光度法、电化学分析方法等仪器分析方法和计算机在分析化学中的应用的迅速发展，出现了很多以仪器分析方法为主的、完成整个分析流程所需时间越来越短的新的快速分析系统。这些快速分析系统以分解试样的手段为特征，可分为碱熔、酸溶、锂硼酸盐熔融分解三类，现分述如下。

1. 碱熔快速分析系统

碱熔快速分析系统的特征是：以 Na_2CO_3、Na_2O_2 或 NaOH（KOH）等碱性熔剂与试样混合，在高温下熔融分解，熔融物以热水提取后用盐酸（或硝酸）酸化，不必经过复杂的分离手续，即可直接分液分别进行硅、铝、锰、铁、钙、镁、磷的测定。钾和钠须另外取样测定。

这类分析系统中，各组分的测定方法在不同单位、不同时期略有不同。20 世纪 50 年代的快速分析系统中，硅是以沉淀重量法测定，动物胶凝聚沉淀硅酸后的滤液用于其他 7 个组分的测定，铁以 $K_2Cr_2O_7$ 滴定法、钛以 H_2O_2 比色法、锰以氧化光度法、钙和镁以 EDTA 滴定法、铝以酸碱滴定法、磷以磷钼黄比色法测定。80 年代后，硅用氟硅酸钾沉淀分离的酸碱滴定法或硅钼蓝光度法，铁、钙、镁、锰等用原子吸收分光光度法，铝、钛、磷用分光光度法测定，钾和钠用火焰光度法或原子吸收分光光度法测定。

图 4-2 为碱熔快速分析系统的一个实例，列出通过两份称样测定 10 项的流程图。但是，在实际工作中往往要测定 13～16 项，因此应注意对测定方法和程序的最优化选择。

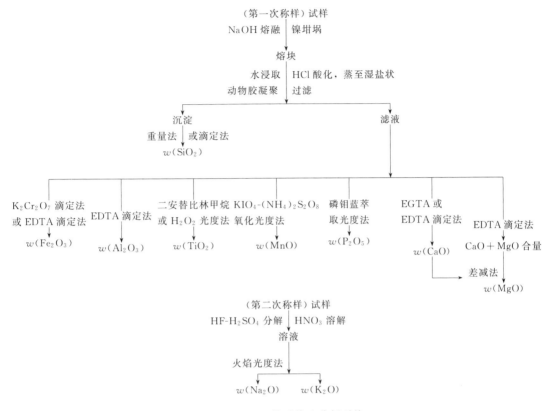

图 4-2　NaOH 熔融快速分析系统

2. 酸溶快速分析系统

酸溶快速分析系统的特点是：试样在铂坩埚或聚四氟乙烯烧杯中用 HF 或 HF-HClO$_4$、HF-H$_2$SO$_4$ 分解，驱除 HF，制成盐酸、硝酸或盐酸-硼酸溶液。溶液整分后，分别测定铁、铝、钙、镁、钛、磷、锰、钾、钠，方法和碱熔快速分析相类似，硅可用无火焰原子吸收光度法、硅钼蓝光度法、氟硅酸钾滴定法测定；铝可用 EDTA 滴定法、无火焰原子吸收光度法、分光光度法测定；铁、钙、镁常用 EDTA 滴定法、原子吸收分光光度法测定；锰多用分光光度法、原子吸收光度法测定；钛和磷多用光度法，钠和钾多用火焰光度法、原子吸收光度法测定。

图 4-3 和图 4-4 是酸溶快速分析系统流程的两个实例，其中图 4-3 流程为 20 世纪 60 年代形成的。

3. 锂盐熔融分解快速分析系统

锂盐熔融分解快速分析系统的特点是：在热解石墨坩埚或用石墨粉作内衬的瓷坩埚中用偏硼酸锂、碳酸锂-硼酸酐（8+1）或四硼酸锂于 850～900℃ 熔融分解试样，熔块经盐酸提取后以 CTMAB 凝聚重量法测定硅。整分滤液，以 EDTA 滴定法测定铝，二安替比林甲烷光度法和磷钼蓝光度法分别测定钛和磷，原子吸收光度法测定钛、锰、钙、镁、钾、钠。也有用盐酸溶解熔块后制成盐酸溶液，整分溶液，以光度法测定硅、钛、磷，原子吸收光度法测定铁、锰、钙、镁、钠。也有用硝酸-酒石酸提取熔块后，用笑气-乙炔火焰原子吸收光度法测定硅、铝、钛，用空气-乙炔火焰原子吸收光度法测定铁、钙、镁、钾、钠。图4-5为四硼酸锂熔融分解快速分析系统的一个实例。

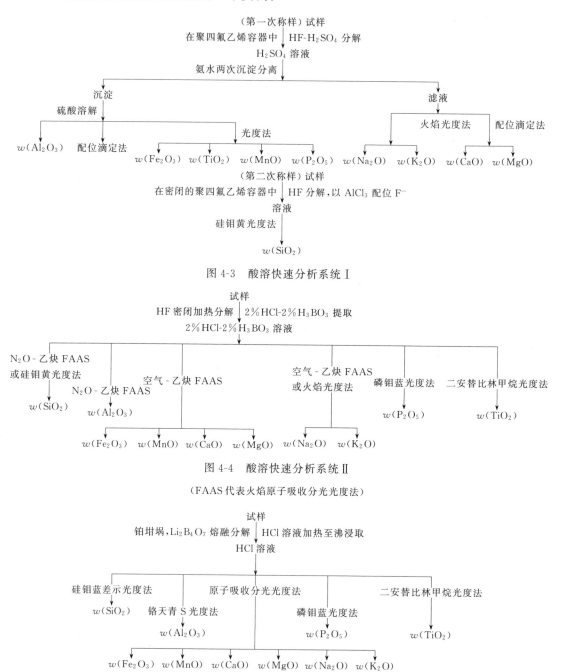

图 4-3　酸溶快速分析系统 I

图 4-4　酸溶快速分析系统 II

（FAAS代表火焰原子吸收分光光度法）

图 4-5　四硼酸锂熔融分解快速分析系统

　　总之，硅酸盐岩石全分析的分析系统及其中各项目的测定方法是在不断改进中得到了迅速的发展。当前，硅酸盐岩石全分析的快速分析系统及各组分的测定方法具有以下特点。

　　（1）选用新的试样分解方法　锂硼酸盐熔融分解法、氢氟酸或氢氟酸与其他无机酸组成的混合酸密闭分解法、微波加热分解法等，是提高分析速度、减少称样次数的有效方法。

（2）分取溶液进行各个组分的测定，已成为快速分析的发展趋势 在硅酸盐试样中的10种主要元素可以在一次或两次称样制成的溶液中，分取溶液进行测定。从而避免了烦琐的分离手续，大大缩短分析流程，加快了分析速度。如果采用自动分液装置，则可进一步提高分析效率。

（3）大量使用原子吸收分光光度法、ICP-AES法等现代仪器分析方法 当然，原子光谱法对某些元素的测定仍有其局限性。因此，原子吸收分光光度法（或ICP-AES法）、分光光度法等多种分析方法联用已成为当前快速系统分析的主流。如果在这些仪器中配置计算机系统，能自动测量、计算和打印分析结果，则进一步提高分析速度。

（4）系统分析取样量逐渐减少 20世纪60年代硅酸盐系统分析一次取样量为0.5～1g。随着分析方法的改进，近年来采用0.1～0.2g试样进行测定的半微量分析系统大量出现，不仅节约了试剂、降低了成本、减轻了劳动强度，而且也加快了分析速度、降低了测定的不确定度。

三、硅酸盐水泥分析系统

硅酸盐水泥的分析方案经过长期的实践与发展，已形成了许多经典的标准分析方案（或称为基准法）和简单实用的快速分析方案（或称为代用法）。基准法以重量法和滴定分析法为主，准确度高，但分析周期较长；而代用法则以分光光度法和原子吸收分光光度法为主，试样称量少，分析速度快，精密度高，测定项目多，自动化程度高。GB/T 176—2008《水泥化学分析方法》规定了水泥化学分析方法的基准法和在一定条件下被认为能给出同等结果的代用法，在有争议时以基准法为准。该标准适用于硅酸盐水泥、普通硅酸盐水泥、矿渣硅酸盐水泥等。基准法分析流程见图4-6，代用法分析流程见图4-7。水泥各主要成分化学分析方法的允许差（绝对误差）参见表4-2。

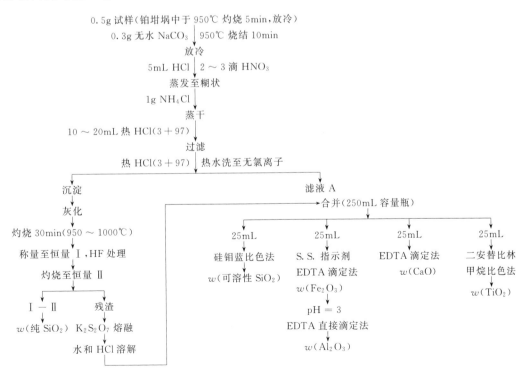

图4-6 硅酸盐水泥基准法分析流程

注：$w(总SiO_2) = w(纯SiO_2) + w(可溶性SiO_2)$

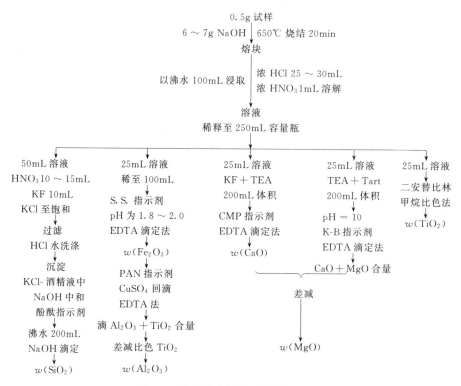

图 4-7　硅酸盐水泥代用法分析流程

表 4-2　水泥化学分析方法允许差（绝对误差）　　　　　　　　单位：％

成　　分		基　准　法		代　用　法	
		同一试验室	不同试验室	同一试验室	不同试验室
烧失量		0.15			
不溶物	<3%含量	0.10	0.10		
	>3%含量	0.15	0.20		
SiO_2		0.15	0.20	0.20	0.35
Fe_2O_3		0.15	0.20	0.15	0.20
Al_2O_3		0.20	0.30	0.20	0.30
CaO		0.25	0.40	0.25	0.40
MgO	<2%含量	0.15	0.25	0.15	0.25
	>2%含量			0.20	0.30
TiO_2		0.05	0.10		

第三节　硅酸盐分析

一、硅酸盐中二氧化硅含量的测定

硅酸盐中二氧化硅的测定方法较多，通常采用重量法（氯化铵法、盐酸蒸干法等）和氟硅酸钾容量法。对硅含量低的试样，可采用硅钼蓝光度法和原子吸收分光光度法。

（一）方法综述

1. 重量法

测定 SiO_2 的重量法主要有氢氟酸挥发重量法和硅酸脱水灼烧重量法两类。氢氟酸挥发重量法是将试样置于铂坩埚中经灼烧至恒重后，加 HF-H$_2$SO$_4$（或 HF-HNO$_3$）处理后，再灼烧至恒重，差减计算 SiO$_2$ 的含量。该法只适用于较纯的石英样品中 SiO$_2$ 的测定，无实用意义。而硅酸脱水灼烧重量法则在经典和快速分析系统中均得到了广泛的应用。其中，两次盐酸蒸干脱水重量法是测定高、中含量 SiO$_2$ 的最精确的、经典的方法；采用动物胶、聚环氧乙烷、十六烷基三甲基溴化铵等凝聚硅酸胶体的快速重量法是长期应用于例行分析的快速分析方法。下面重点介绍两次盐酸蒸干法和动物胶凝聚硅酸的重量法。

（1）硅酸的性质和硅酸胶体的结构　硅酸有多种形式，其中偏硅酸是硅酸中最简单的形式。它是二元弱酸，其电离常数 K_1、K_2 分别为 $10^{-9.3}$ 和 $10^{-12.16}$。在 pH 为 1～3 或大于 13 的低浓度（<1mg/mL）硅酸溶液中，硅酸以单分子形式存在。当 pH 小于 1 或大于 3 时，硅酸则胶体化，且聚合速度迅速加快。在 pH 为 5～6 时，聚合速率最快，并形成水溶性甚小的二聚物。所以，在含有 EDTA、柠檬酸等配位剂配合铁（Ⅲ）、铝、铀（Ⅳ）、钛等金属离子以抑制其沉淀的介质中，滴加氨水至 pH 为 4～8，硅酸几乎可完全沉淀。这是硅与其他元素分离的方法之一。

天然石英和硅酸盐岩石矿物试样与苛性钠、碳酸钠共熔时，试样中的硅酸盐全部转变为偏硅酸钠。熔融物用水提取，盐酸酸化时，偏硅酸钠转变为难离解的偏硅酸，金属离子均成为氯化物。反应式如下：

$$Na_2SiO_3 + 2HCl \longrightarrow H_2SiO_3 + 2NaCl$$
$$KAlO_2 + 4HCl \longrightarrow KCl + AlCl_3 + 2H_2O$$
$$NaFeO_2 + 4HCl \longrightarrow FeCl_3 + NaCl + 2H_2O$$
$$MgO + 2HCl \longrightarrow MgCl_2 + H_2O$$

提取液酸化时形成的硅酸存在三种状态：一部分呈白色片状的水凝聚胶析出；一部分呈水溶胶，以胶体状态留在溶液中；还有一部分以单分子溶解状态存在，能逐渐聚合变成溶胶状态。

硅酸溶胶胶粒带负电荷，这是由于胶粒本身的表面层的电离而产生的。胶核（SiO$_2$）$_m$ 表面的 SiO$_2$ 分子与水分子作用，生成 H$_2$SiO$_3$ 分子，部分的 H$_2$SiO$_3$ 分子离解生成 SiO$_3^{2-}$ 和 H$^+$，这些 SiO$_3^{2-}$ 又吸附在胶粒的表面。胶体的结构如下：

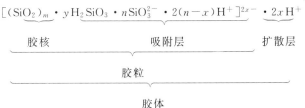

显然，硅酸溶胶胶粒均带有负电荷，同性电荷相互排斥，降低了胶粒互相碰撞而结合成较大颗粒的可能性。同时，硅酸溶胶是亲水性胶体，在胶体微粒周围形成紧密的水化外壳，也阻碍着微粒互相结合成较大的颗粒，因而硅酸可以形成稳定的胶体溶液。若要使硅酸胶体聚沉，必须破坏其水化外壳和加入强电解质或带有相反电荷的胶体，以减少或消除微粒的电荷，使硅酸胶体微粒凝聚为较大的颗粒而聚沉。这就是在硅酸盐系统分析中测定 SiO$_2$ 的各种凝聚重量法的原理。

（2）盐酸蒸干脱水重量法　试样与碳酸钠或苛性钠熔融分解，用水提取，盐酸酸化后，相当量的硅酸以水溶胶状态存在于溶液中。当加入浓盐酸时，一部分水溶胶转变为水凝胶析出。为了使其全部析出，一般将溶液蒸干脱水，并在温度为 105～110℃下烘干 1.5～2h。再将蒸干破坏了胶体水化外壳而脱水的硅酸干渣用浓盐酸润湿，并放置 5～10min，使蒸发过程中形成的铁、铝、钛等的碱式盐和氢氧化物与盐酸反应，转变为可溶性盐类而全部溶解，过滤，将硅酸分离出来。所得硅酸沉淀经洗净后，连同滤纸一起放入铂坩埚内。置于高温炉中，逐步升温，使其干燥并使滤纸炭化、灰化，再升温至 1000℃ 灼烧 1h，取出冷却称重即得 SiO_2 的质量。

硅酸蒸干脱水时，硅酸沉淀完全的程度及其吸附包裹杂质的情况，与介质、酸度、碱金属氯化物浓度、搅拌情况、烘干时间与温度、过滤时的洗涤方法等有关。一般在盐酸介质中并经常搅拌，严格控制烘干时间和温度。蒸干后，用盐酸处理干渣时，过滤前加水稀释，控制盐酸浓度为 $18\%\sim25\%$。

由于硅酸沉淀具有强烈的吸附能力，所以在析出硅酸时，总是或多或少地吸附有 Fe^{3+}、Al^{3+}、Ti^{4+} 等杂质。为此，在过滤时必须采用正确的洗涤方法将杂质除去。首先，用热的 $2\%\sim5\%$ 的盐酸洗去 Fe^{3+} 等杂质，然后再用热水将残留的盐酸和氯化钠洗去。

蒸干脱水时所生成的聚合硅酸的溶解度很小，但在 100mL 稀盐酸溶液中仍可溶解相当于 $5\sim10mg$ SiO_2 的硅酸。因此，若进行一次蒸干脱水，只能回收 $97\%\sim99\%$ 的二氧化硅。为此，在经典的分析系统中进行两次甚至三次蒸干脱水，并从测定两三次氧化物残渣中回收 SiO_2。在现行分析系统中，则只进行一次蒸干脱水，再用光度法测定滤液中的硅。

二次盐酸蒸干脱水所得硅酸，经过滤、洗涤、灰化、灼烧后所得的二氧化硅，即使严格控制操作条件，也难免含有少量杂质。因此，常将灼烧至恒重的残渣再用氢氟酸和硫酸加热处理，使二氧化硅呈四氟化硅挥发逸出后，灼烧称重，以处理前后的质量之差为二氧化硅的净重计算结果。加入硫酸的作用是：第一，防止四氟化硅水解；第二，使钛、锆、铌、钽等转变为硫酸盐，不至于形成沸点较低的氟化物而挥发逸出；第三，使 F^- 结合成 HF 挥发除去。

（3）硅酸凝聚重量法　在硅酸凝聚重量法中，使用最广泛的凝聚剂是动物胶。动物胶是一种富含氨基酸的蛋白质，在水中形成亲水性胶体。由于其中氨基酸的氨基和羧基并存，在不同酸度条件下，它们既可接受质子，又可放出质子，从而显示为两性电解质。当 $pH=4.7$ 时，其放出和接受的质子数相等，动物胶粒子的总电荷为零，即体系处于等电态。在 $pH<4.7$ 时，其中的氨基—NH_2 与 H^+ 结合成—NH_3^+ 而带正电荷；$pH>4.7$ 时，其中的羧基电离，放出质子，成为—COO^-，使动物胶粒子带负电荷。反应式如下：

$$pH<4.7 \quad R\overset{\displaystyle NH_2}{\underset{\displaystyle COOH}{\big<}} + H^+ \longrightarrow R\overset{\displaystyle NH_3^+}{\underset{\displaystyle COOH}{\big<}}$$

$$pH>4.7 \quad R\overset{\displaystyle NH_2}{\underset{\displaystyle COOH}{\big<}} \longrightarrow R\overset{\displaystyle NH_2}{\underset{\displaystyle COO^-}{\big<}} + H^+$$

在酸性介质中，由于硅酸胶粒带负电荷，动物胶质点带正电荷，可以发生相互吸引和电性中和，使硅酸胶体凝聚。另外，由于动物胶是亲水性很强的胶体，它能从硅酸质点上夺取水分，以破坏其水化外壳，促使硅酸凝聚。

用动物胶凝聚硅酸时，其完全程度与凝聚时的酸度、温度及动物胶的用量有关。由于试液的酸度越高，胶团水化程度越小，它们的聚合能力越强，因此在加动物胶之前应先把试液蒸发至湿盐状，然后加浓盐酸，并控制其酸度在 8mol/L 以上。凝聚温度控制在 $60\sim70℃$，在加入动物胶并搅拌 100 次以后，保温 10min。温度过低，凝聚速度慢，甚至不完全，同时吸附杂质多；温度过高，动物胶会分解，使其凝聚能力减弱。过滤时应控制试液温度在 $30\sim40℃$，以降低水合二氧化硅的溶解度。动物胶用量一般控制在 $25\sim100mg$，少于或多于此量时，硅酸将复溶或过滤速度减慢。

用动物胶凝聚的重量法，只要正确掌握蒸干、凝聚条件、凝聚后的体积，以及沉淀过滤时的洗涤方法等操作，滤液中残留的二氧化硅和二氧化硅沉淀中存留的杂质均可低于 2mg，在一般的例行分析中，对沉淀和滤液中的二氧化硅不再进行校正。但是，在精密分析中需进行校正。另外，当试样中含氟、硼、钛、锆等元素时，将影响分析结果，应视具体情况和质量要求做出必要的处理。

硅酸凝聚重量法测定二氧化硅，其凝聚剂除动物胶以外，还可以采用聚环氧乙烷（PEO）、十六烷基三甲基溴化铵（CTMAB）、聚乙烯醇等。

2. 滴定法

测定样品中二氧化硅的滴定分析方法都是间接测定方法。依据分离和滴定方法的不同分为硅钼酸喹啉法、氟硅酸钾法及氟硅酸钡法等。其中，氟硅酸钾法应用最广泛，下面作重点介绍。

氟硅酸钾法，确切地应称为氟硅酸钾沉淀分离-酸碱滴定法。其基本原理是：在强酸介质中，在氟化钾、氯化钾的存在下，可溶性硅酸与 F^- 作用，能定量地析出氟硅酸钾沉淀，该沉淀在沸水中水解析出氢氟酸，可用标准氢氧化钠溶液滴定，从而间接计算出样品中二氧化硅的含量。其反应如下：

$$SiO_2 + 2KOH \longrightarrow K_2SiO_3 + H_2O$$
$$SiO_3^{2-} + 6F^- + 6H^+ \longrightarrow [SiF_6]^{2-} + 3H_2O$$
$$[SiF_6]^{2-} + 2K^+ \longrightarrow K_2SiF_6 \downarrow$$
$$K_2SiF_6 + 3H_2O \longrightarrow 2KF + H_2SiO_3 + 4HF$$
$$HF + NaOH \longrightarrow NaF + H_2O$$

氟硅酸钾法测定二氧化硅时，影响因素多，操作技术也比较复杂。试样的分解要注意分解方法和熔剂的选择，氟硅酸钾沉淀的生成要注意介质、酸度、氟化钾和氯化钾的用量以及沉淀时的温度和体积等的控制，还要注意氟硅酸钾沉淀的陈化、洗涤溶液的选择、水解和滴定的温度和 pH 以及样品中含有铝、钛、硼等元素的干扰等因素。有关实验条件的影响和选择方法参见本节中氟硅酸钾容量法的方法讨论部分。

氟硅酸钡法与氟硅酸钾法类似。其基本原理为：在强酸性溶液中，以柠檬酸掩蔽铝，加入氟化铵和氯化钡溶液，使溶液中的硅呈氟硅酸钡沉淀析出，加入乙醇以降低其溶解度，使硅沉淀得更加完全。过滤后，用热的 2% 中性硝酸钾溶液水解氟硅酸钡，然后以酚红为指示剂，用氢氧化钠标准溶液滴定。该法的优点是氟硅酸钡在室温下的溶解度比氟硅酸钾小（17.5℃时，K_2SiF_6 的溶解度为 0.12g/100mL；0℃时，$BaSiF_6$ 的溶解度为 0.015g/100mL；50℃时，$BaSiF_6$ 的溶解度为 0.033g/100mL），因此，在较高温度下沉淀时仍可得到满意的结果。

3. 光度法

硅的光度分析方法中，以硅钼杂多酸光度法应用最广，不仅可以用于重量法测定二氧化硅后的滤液中的硅（GB/T 176—2008），而且采用少分取试液的方法或用全差示光度法可以直接测定硅酸盐样品中高含量的二氧化硅。

在一定的酸度下，硅酸与钼酸生成黄色硅钼杂多酸（硅钼黄）$H_8[Si(Mo_2O_7)_6]$，可用于光度法测定硅。若用还原剂进一步将其还原成钼的平均价态为 +5.67 价的蓝色硅钼杂多酸（硅钼蓝），亦可用于光度法测定硅，而且灵敏度和稳定性更高。

硅酸与钼酸的反应如下：

$$H_4SiO_4 + 12H_2MoO_4 \longrightarrow H_8[Si(Mo_2O_7)_6] + 10H_2O$$

产物呈柠檬黄色，最大吸收波长为 350~355nm，摩尔吸光系数约为 $10^3 L/(mol \cdot cm)$，此法为硅酸黄光度法。硅钼黄可在一定酸度下，被硫酸亚铁、氯化亚锡、抗坏血酸等还原剂所还原，还原反应为：

$$H_8[Si(Mo_2O_7)_6] + 2C_6H_8O_6 \longrightarrow H_8\left[Si \begin{matrix} (Mo_2O_5)_2 \\ \\ (Mo_2O_7)_4 \end{matrix}\right] + 2C_6H_6O_6 + 2H_2O$$

产物呈蓝色，$\lambda_{max}=810nm$，$\varepsilon_{max}=2.45\times10^4 L/(mol\cdot cm)$。通常采用可见分光光度计，于650nm波长处测定，摩尔吸光系数为$8.3\times10^3 L/(mol\cdot cm)$，虽然灵敏度稍低，但恰好适于硅含量较高的测定。此法为硅钼蓝光度法。测定步骤见本节中氯化铵重量法，硅钼蓝分光光度法测定滤液中漏失的可溶性二氧化硅。

该方法应注意以下问题。

(1) 正硅酸溶液的制备 硅酸在酸性溶液中能逐渐聚合，形成多种聚合状态。高聚合状态的硅酸不能与钼酸盐形成黄色硅钼杂多酸，而只有单分子正硅酸能与钼酸盐生成黄色硅钼杂多酸，因此，正硅酸的获得是光度法测定二氧化硅的主要关键。

硅酸的聚合程度与硅酸的浓度、溶液的酸度、温度及煮沸和放置的时间有关。硅酸的浓度越高、酸度越大、加热煮沸和放置时间越长，则硅酸的聚合现象越严重。如果控制二氧化硅的浓度在0.7mg/mL以下，溶液酸度不大于0.7mol/L，则放置8天，也无硅酸聚合现象。

(2) 显色条件的控制 正硅酸与钼酸铵生成的黄色硅钼杂多酸有两种形态：α-硅钼酸和β-硅钼酸。它们的结构不同，稳定性和吸光度也不同。而且，它们被还原后形成的硅钼蓝的吸光度和稳定性也不相同。α-硅钼酸的黄色可稳定数小时，可用于硅的测定，甚至用于硅酸盐、水泥、玻璃等样品的分析，其结果可与重量法媲美，但许多金属离子将沉淀或水解。β-硅钼酸因稳定性差而难用于分析。α-硅钼酸和β-硅钼酸被还原所得产物不同，α-硅钼酸被还原后所得产物呈绿蓝色，$\lambda_{max}=742nm$，不稳定而很少采用；β-硅钼酸的还原产物则呈深蓝色，$\lambda_{max}=810nm$，颜色可稳定8h以上，被广泛用于分析。

硅钼杂多酸的不同形态的存在量与溶液的酸度、温度、放置时间及稳定剂的加入等因素有关，所以对显色条件的控制也非常关键。

酸度对生成黄色硅钼酸的形态影响最大。当溶液pH<1.0时，形成β-硅钼酸，并且反应迅速，但不稳定，极易转变为α-硅钼酸；当pH为3.8～4.8时，主要生成α-硅钼酸，且较稳定；当pH为1.8～3.8时，α-硅钼酸和β-硅钼酸同时存在。在实际工作中，若以硅钼黄（宜采用α-硅钼酸）光度法测定硅，可控制pH为3.0～3.8；若以硅钼蓝光度法测定硅，宜控制生成硅钼黄（β-硅钼酸）的pH为1.3～1.5，将β-硅钼酸还原为硅钼蓝的酸度控制在0.8～1.35mol/L，酸度过低，磷和砷的干扰较大，同时有部分钼酸盐被还原。近年有人实验证明，采用赤霉素-葡萄糖-氯化亚锡为还原剂，在0.2mol/L的HNO_3介质中还原生成硅钼杂多蓝，$\lambda_{max}=801nm$，$\varepsilon_{max}=1.28\times10^4 L/(mol\cdot cm)$，且还原速度快，稳定性较好。

同时，硅钼黄显色温度以室温（20℃左右）为宜。低于15℃时，放置20～30min；15～25℃时，放置5～10min；高于25℃时，放置3～5min。温度对硅钼蓝的显色影响较小，一般加入还原剂后，放置5min测定吸光度。有时在溶液中加入甲醇、乙醇、丙酮等有机溶剂，可以提高β-硅钼酸的稳定性，丙酮还能增大其吸光度，从而改善硅钼蓝光度法测定硅的显色效果。

(3) 干扰元素及其消除 PO_4^{3-}和AsO_4^{3-}与钼酸铵作用形成同样的黄色杂多酸，也能还原生成蓝色杂多酸，因此在硅钼蓝光度法中采用较大的还原酸度，以抑制磷钼酸和砷钼酸的还原，而且有利于硅钼酸的还原。

实验表明，毫克级的钛、铁、钒、钨、稀土元素、铜、钴、铅等对结果均无影响。但大量Fe^{3+}会降低Fe^{2+}的还原能力，使硅钼黄还原不完全，可加入草酸来消除。钛、锆、钍、锡的存在，会由于生成硅钼黄时溶液酸度很低，水解产生沉淀，带下部分硅酸，使结果偏低，可加入EDTA溶液来消除影响。大量Cl^-使硅钼蓝颜色加深，大量NO_3^-使硅钼蓝颜色变浅。

4. 原子吸收分光光度法

试样以锂盐熔融分解后制备成硝酸溶液，加入酒石酸以抑制铝、钛、钙、镁等元素的干扰，以镧盐抑制硅的电离，选择 251.6nm、250.7nm、288.2nm 波长的锐线测定，其灵敏度 [$\mu g/(mL \cdot 1\%$吸收率)，下同] 分别为 2.0μg/mL、10.0μg/mL 和 50.0μg/mL SiO$_2$。大量 PO$_4^{3-}$ 有负干扰。

（二）氯化铵重量法

1. 方法原理

试样以无水碳酸钠烧结，盐酸溶解，加固体氯化铵于沸水浴上加热蒸发，使硅酸凝聚。滤出的沉淀灼烧后，得到含有铁、铝等杂质的不纯的二氧化硅。沉淀用氢氟酸处理后，失去的质量即为纯二氧化硅的量。加上从滤液中比色回收的二氧化硅量，即为总二氧化硅的量。此法为国家标准 GB/T 176—2008 中所列入的基准法。

在水溶液中，绝大部分硅酸以溶胶状态存在。当以浓盐酸处理时，只能使其中一部分硅酸以水合二氧化硅（SiO$_2 \cdot n$H$_2$O）的形式沉降出来，其余仍留在溶液中。为了使溶解的硅酸能全部析出，必须将溶液蒸发至干，使其脱水，但费时较长。为加快脱水过程，使用盐酸加氯化铵，既安全，效果也最好。

使用盐酸的优点是：第一，当盐酸受热时，其中的氯化氢与水形成恒沸点溶液（含 20.2%HCl），不断挥发，从而加速了 SiO$_2 \cdot n$H$_2$O 水合物的脱水；第二，盐酸溶液的沸点低，加热操作简便，一般放在沸水浴上，温度易于控制；第三，氯化物大多易溶于水，在脱水时共存杂质不易污染 SiO$_2$ 沉淀。

加入氯化铵可起到加速脱水的作用。因为在酸性溶液中，硅酸质点是亲水性很强的带负电荷的胶体，而氯化铵电离出的 NH$_4^+$，可将硅酸胶体外围所带的负电荷中和，从而加快硅酸胶体的凝聚。同时，氯化铵在溶液中发生水解，受热时氨水挥发，也夺取了硅酸胶体中的水分，加速了脱水过程。由于大量 NH$_4^+$ 的存在，还减少了硅酸胶体对其他阳离子的吸附，而硅酸胶粒吸附的 NH$_4^+$ 在加热时即可除去，从而获得比较纯净的硅酸沉淀。

2. 试剂和仪器

所用酸和氨水，凡未注浓度者均指市售的浓酸或浓氨水。

（1）试剂

① 盐酸：1＋1、3＋97。

② 硫酸：1＋4。

③ 无水碳酸钠（Na$_2$CO$_3$）：将无水碳酸钠用玛瑙研钵研细至粉末。

④ 焦硫酸钾（K$_2$S$_2$O$_7$）：将市售焦硫酸钾在瓷蒸发皿中加热熔化，待气泡停止发生后，冷却，砸碎，贮于磨口瓶中。

⑤ 硝酸银溶液：5g/L，将 5g 硝酸银（AgNO$_3$）溶于水中，加 10mL 硝酸（HNO$_3$），用水稀至 1L。

⑥ 钼酸铵溶液：50g/L，将 5g 钼酸铵 [(NH$_4$)$_6$Mo$_7$O$_{24} \cdot$4H$_2$O] 溶于水中，加水稀释至 100mL，过滤后贮于塑料瓶中，此溶液可保存约一周。

⑦ 抗坏血酸溶液：5g/L，将 0.5g 抗坏血酸（维生素 C）溶于 100mL 水中，过滤后使用，用时现配。

（2）仪器 重量法、分光光度法常用仪器。

3. 测定步骤

（1）纯二氧化硅的测定（碳酸钠烧结-氯化铵重量法） 称取约 0.5g 试样，精确至 0.0001g，置于铂坩埚中，在 950～1000℃下灼烧 5min，冷却。用玻璃棒仔细压碎块状物，加入 0.3g 无水碳酸钠，混匀，再将坩埚置于 950～1000℃下灼烧 10min，放冷。

将烧结块移入瓷蒸发皿中，加少量水润湿，用平头玻璃棒压碎块状物，盖上表面皿，从皿口滴入 5mL 盐酸及 2～3 滴硝酸，待反应停止后取下表面皿，用平头玻璃棒压碎块状物使分解完全，用热盐酸（1＋1）清洗坩埚数次，洗液合并于蒸发皿中。将蒸发皿置于沸水浴上，蒸发皿上放一玻璃三脚架，再盖上表面皿。蒸发至糊状后，加入 1g 氯化铵，充分搅匀，继续在沸水浴上蒸发至干。中间过程搅拌数次，并压碎块状物。

取下蒸发皿，加入 10～20mL 热盐酸（3＋97），搅拌使可溶性盐类溶解。用中速滤纸过滤，用热盐酸（3＋97）擦洗玻璃棒及蒸发皿，并洗涤沉淀 3～4 次。然后用热水充分洗涤沉淀，直至检验无氯离子为止。滤液及洗液保存在 250mL 容量瓶中。

在沉淀上加 3 滴硫酸（1＋4），然后将沉淀连同滤纸一并移入铂坩埚中，烘干并灰化后放入 950～1000℃的马弗炉内灼烧 1h。取出坩埚，置于干燥器中，冷却至室温，称量，反复灼烧，直至恒量（m_1）。

向坩埚中加数滴水润湿沉淀，加 3 滴硫酸（1＋4）和 10mL 氢氟酸，放入通风橱内电热板上缓慢蒸发至干，升高温度继续加热至三氧化硫白烟完全逸尽。将坩埚放入 950～1000℃的马弗炉内灼烧 30min。取出坩埚，置于干燥器中，冷却至室温，称量，反复灼烧，直至恒量（m_2）。

（2）经氢氟酸处理后的残渣的分解　在上述经过氢氟酸处理后得到的残渣中加入 0.5g 焦硫酸钾，熔融，熔块用热水和数滴盐酸（1＋1）溶解，溶液并入分离二氧化硅后得到的滤液和洗液中。用水稀释至标线，摇匀。此溶液 A 供测定溶液残留的可溶性二氧化硅、氧化铁、氧化铝、氧化钙、氧化镁、二氧化钛用。

（3）可溶性二氧化硅的测定（硅钼蓝分光光度法）

① 二氧化硅标准溶液的配制。称取 0.2000g（精确至 0.0001g）经 1000～1100℃新灼烧过 30min 以上的二氧化硅（SiO_2），置于铂坩埚中，加入 2g 无水碳酸钠，搅拌均匀，在 1000～1100℃高温下熔融 15min，冷却。用热水将熔块浸出，放于盛有热水的 300mL 塑料杯中，待全部溶解后冷却至室温，移入 1000mL 容量瓶中，用水稀释至标线，摇匀，移入塑料瓶中保存。此标准溶液每毫升含有 0.2mg 二氧化硅。

吸取 10.00mL 上述标准溶液于 100mL 容量瓶中，用水稀释至标线，摇匀，移入塑料瓶中保存。此标准溶液每毫升含有 0.02mg 二氧化硅。

② 工作曲线的绘制。分别吸取每毫升含有 0.02mg 二氧化硅的标准溶液 0、2.00mL、4.00mL、5.00mL、6.00mL、8.00mL、10.00mL，放入不同的 100mL 容量瓶中，加水稀释至约 40mL，依次加入 5mL 盐酸（1＋1）、8mL 95％（体积分数）乙醇、6mL 钼酸铵溶液。放置 30min 后，加入 20mL 盐酸（1＋1）、5mL 抗坏血酸溶液（5g/L），用水稀释至标线，摇匀。放置 1h 后，使用分光光度计，在 10mm 比色皿中，以水作参比于 660nm 处测定溶液的吸光度。用测得的吸光度作为相应的二氧化硅含量的函数，绘制工作曲线。

③ 测定。从溶液 A 中吸取 25.00mL 放入 100mL 容量瓶中，用水稀释至 40mL，依次加入 5mL 盐酸（1＋1）、8mL 95％（体积分数）乙醇、6mL 钼酸铵溶液（50g/L），放置 30min 后，加入 20mL 盐酸（1＋1）、5mL 抗坏血酸溶液（5g/L），用水稀释至标线，摇匀。放置 1h 后，使用分光光度计，在 10mm 比色皿中，以水作参比于 660nm 处测定溶液的吸光度。在工作曲线上查出二氧化硅的含量（m_3）。

4. 结果计算

（1）纯二氧化硅的质量分数 w（纯 SiO_2）按下式计算：

$$w(纯\ SiO_2) = \frac{m_1 - m_2}{m} \times 100\% \tag{4-1}$$

式中，m_1 为灼烧后未经氢氟酸处理的沉淀及坩埚的质量，g；m_2 为用氢氟酸处理并经灼烧后的残渣及坩埚的质量，g；m 为试料的质量，g。

（2）可溶性二氧化硅的质量分数 w（可溶 SiO_2）按下式计算：

$$w(可溶\ SiO_2) = \frac{m_3 \times 250}{m \times 25 \times 1000} \times 100\% \tag{4-2}$$

式中，m_3 为测定的 100mL 溶液中二氧化硅的含量，即从曲线上查得，mg。

（3）结果表示　总 SiO_2 的质量分数按下式计算：

$$w(总\ SiO_2) = w(纯\ SiO_2) + w(可溶\ SiO_2) \tag{4-3}$$

5. 方法讨论

（1）试样的处理　由于水泥试样中或多或少含有不溶物，如用盐酸直接溶解样品，不溶物将混入二氧化硅沉淀中，造成结果偏高。所以，在国家标准中规定，水泥试样一律用碳酸钠烧结后再用盐酸溶解。若需准确测定，应以氢氟酸处理。

以碳酸钠烧结法分解试样，应预先将固体碳酸钠用玛瑙研钵研细。而且碳酸钠的加入量要相对准确，需用分析天平称量 0.30g 左右。若加入量不足，则试料烧结不完全，测定结果不稳定；若加入量过多，则烧结块不易脱埚。加入碳酸钠后，要用细玻璃棒仔细混匀，否则试料烧结不完全。

用盐酸浸出烧结块后，应控制溶液体积，若溶液太多，则蒸干耗时太长。通常加 5mL 浓盐酸溶解烧结块，再以约 5mL 盐酸（1+1）和少量的水洗净坩埚。

（2）脱水的温度与时间　脱水的温度不要超过 110℃。若温度过高，某些氯化物（$MgCl_2$、$AlCl_3$ 等）将变成碱式盐，甚至与硅酸结合成难溶的硅酸盐，用盐酸洗涤时不易除去，使硅酸沉淀夹带较多的杂质，结果偏高。反之，若脱水温度或时间不够，则可溶性硅酸不能完全转变成不溶性硅酸，在过滤时会透过滤纸，使二氧化硅结果偏低，且过滤速度很慢。

为保证硅酸充分脱水，又不致温度过高，应采用水浴加热。不宜使用砂浴或红外线灯加热，因其温度难以控制。

为加速脱水，氯化铵不要在一开始就加入，否则由于大量氯化铵的存在，使溶液的沸点升高，水的蒸发速度反而降低。应在蒸至糊状后再加氯化铵，继续蒸发至干。黏土试样要多蒸发一些时间，直至蒸发到干粉状。

（3）沉淀的洗涤　为防止钛、铝、铁水解产生氢氧化物沉淀及硅酸形成胶体漏失，首先应以温热的稀盐酸（3+97）将沉淀中夹杂的可溶性盐类溶解，用中速滤纸过滤，以热稀盐酸溶液（3+97）洗涤沉淀 3~4 次，然后再以热水充分洗涤沉淀，直到无氯离子为止。但洗涤次数也不要过多，否则漏失的可溶性硅酸会明显增加。一般洗液体积不超过 120mL。

洗涤的速度要快（应使用带槽长颈漏斗，且在颈中形成水柱），防止因温度降低而使硅酸形成胶冻，以致过滤更加困难。

（4）沉淀的灼烧　试验证明，只要在 950~1000℃ 充分灼烧（约 1.5h），并且在干燥器中冷却至与室温一致，灼烧温度对结果的影响并不显著。

灼烧后生成的无定形二氧化硅极易吸水，故每次灼烧后冷却的条件应保持一致，且称量要迅速。

灼烧前滤纸一定要缓慢灰化完全。坩埚盖要半开，不要产生火焰，以防造成二氧化硅沉淀的损失；同时，也不能有残余的碳存在，以免高温灼烧时发生下述反应而使结果产生负误差。

$$SiO_2 + 3C \rightleftharpoons SiC + 2CO\uparrow$$

（5）氢氟酸的处理　即使严格掌握烧结、脱水、洗涤等步骤的实验条件，在二氧化硅沉淀中吸附的铁、铝等杂质的量也能达到 0.1%~0.2%，如果在脱水阶段蒸发得过干，吸附量还会增加。消除此吸附现象的最好办法就是将灼烧过的不纯二氧化硅沉淀用氢氟酸加硫酸处理。其反应式如下：

$$SiO_2 + 4HF \longrightarrow SiF_4\uparrow + 2H_2O$$

处理后，SiO_2 以 SiF_4 形式逸出，减轻的质量即为纯 SiO_2 的质量。

（6）漏失二氧化硅的回收　实验证明，当采用盐酸-氯化铵法一次脱水蒸干、过滤测定二氧化硅时，会有少量硅酸漏失到滤液中，其量约为 0.10％左右。为得到比较准确的结果，在基准法中规定对二氧化硅滤液进行比色测定，以回收漏失的二氧化硅。当然，在水泥厂的日常分析中，既不用氢氟酸处理，又不用比色法从滤液中回收漏失的二氧化硅，分析结果也能满足生产要求。因为，一方面二氧化硅吸附杂质使结果偏高，另一方面二氧化硅漏失使结果偏低，两者能部分抵消。

（三）氟硅酸钾容量法

1. 方法原理

氟硅酸钾容量法是测定样品中二氧化硅的间接滴定法。此法应用广泛，在国家标准 GB/T 176—2008 中被列为代用法。

在试样经苛性碱（KOH）熔剂熔融后，加入硝酸使硅生成游离硅酸。在有过量的氟、钾离子存在的强酸性溶液中，使硅形成氟硅酸钾（K_2SiF_6）沉淀，经过滤、洗涤及中和残余酸后，加沸水使氟硅酸钾沉淀水解生成等物质的量的氢氟酸，然后以酚酞为指示剂，用氢氧化钠标准滴定溶液进行滴定，终点颜色为粉红色。

2. 试剂和仪器

（1）试剂

① 氢氧化钾固体：分析纯。

② 氟化钾溶液：150g/L，称取 150g 氟化钾（$KF \cdot 2H_2O$）于塑料杯中，加水溶解后，用水稀释至 1L，贮于塑料瓶中。

③ 氯化钾溶液：50g/L，将 50g 氯化钾（KCl）溶于水中，用水稀释至 1L。

④ 氯化钾-乙醇溶液：50g/L，将 5g 氯化钾（KCl）溶于 50mL 水中，加入 50mL 95％（体积分数）乙醇，混匀。

⑤ 酚酞指示剂溶液：将 1g 酚酞溶于 100mL 95％（体积分数）乙醇中。

⑥ 氢氧化钠标准滴定溶液：$c(NaOH)＝0.15mol/L$，将 60g 氢氧化钠溶于 10L 水中，充分摇匀，贮存于带胶塞（装有钠石灰干燥管）的硬质玻璃瓶或塑料瓶内。

氢氧化钠标准滴定溶液的标定：称取约 0.8g（精确至 0.0001g）邻苯二甲酸氢钾（$C_8H_5KO_4$），置于 400mL 烧杯中，加入约 150mL 新煮沸过的已用氢氧化钠溶液中和至酚酞呈微红色的冷水，搅拌，使其溶解，加入 6～7 滴酚酞指示液，用氢氧化钠标准滴定溶液滴定至微红色。

氢氧化钠标准滴定溶液的浓度按下式计算：

$$c(NaOH)＝\frac{m \times 1000}{V \times 204.2} \tag{4-4}$$

式中，$c(NaOH)$为氢氧化钠标准滴定溶液的浓度，mol/L；V 为滴定时消耗氢氧化钠标准滴定溶液的体积，mL；m 为邻苯二甲酸氢钾的质量，g；204.2 为邻苯二甲酸氢钾的摩尔质量，g/mol。

氢氧化钠标准滴定溶液对二氧化硅的滴定度按下式计算：

$$T_{SiO_2}＝c(NaOH) \times 15.02 \tag{4-5}$$

式中，T_{SiO_2}为每毫升氢氧化钠标准滴定溶液相当于二氧化硅的质量分数，mg/mL；15.02 为 $\frac{1}{4}SiO_2$ 的摩尔质量，g/mol。

（2）仪器　滴定分析法常用仪器。

3. 测定步骤

称取约 0.5g 试样，精确至 0.0001g，置于加入 6～7g 氢氧化钾的银或镍坩埚中，在 650～700℃的高温下熔融 20min，取出冷却。将坩埚放入盛有 100mL 近沸腾水的烧杯中，盖上表面皿，于电热板上适当加热，待熔块完全浸出后，取出坩埚，用水冲洗坩埚和盖，在搅拌下一次加入 25～30mL 盐酸，再加入 1mL 硝酸，用热盐酸（1＋5）洗净坩埚和盖，将溶液加热至沸，冷却，然后移入 250mL 容量瓶中，用水稀释至标线，摇匀。此溶液 E 供测定二氧化硅、氧化铁、氧化铝、氧化钙、氧化镁、二氧化钛用。

吸取 50.00mL 溶液 E，放入 250～300mL 塑料杯中，加入 10～15mL 硝酸，搅拌，冷却至 30℃ 以下，加入氯化钾，仔细搅拌至饱和并有少量氯化钾析出，再加 2g 氯化钾及 10mL 氟化钾溶液（150g/L），仔细搅拌（如氯化钾析出量不够，应再补充加入），放置15～20min。用中速滤纸过滤，用氯化钾溶液（50g/L）洗涤塑料杯及沉淀 3 次。将滤纸连同沉淀取下置于原塑料杯中，沿杯壁加入 10mL 30℃ 以下的氯化钾-乙醇溶液（50g/L）及 1mL 酚酞指示液（10g/L），用 $c(NaOH)＝0.15mol/L$ 的氢氧化钠标准滴定溶液中和未洗尽的酸，仔细搅动滤纸并以之擦洗杯壁直至溶液呈红色。向杯中加入 200mL 沸水（煮沸并用氢氧化钠溶液中和至酚酞呈微红色），用 $c(NaOH)＝0.15mol/L$ 的氢氧化钠标准滴定溶液滴定至微红色。

4. 结果计算

二氧化硅的质量分数 $w(SiO_2)$ 按下式计算：

$$w(SiO_2)＝\frac{T_{SiO_2}\times V\times 5}{m\times 1000}\times 100\%\tag{4-6}$$

式中，$w(SiO_2)$ 为每毫升氢氧化钠标准滴定溶液相当于二氧化硅的质量，mg/mL；V 为滴定时消耗氢氧化钠标准滴定溶液的体积，mL；m 为试料的质量，g；5 为全部试样溶液与所分取试样溶液的体积比。

5. 方法讨论

（1）试样的分解 单独称样测定二氧化硅，可采用氢氧化钾作熔剂，在镍坩埚中熔融；或以碳酸钾作熔剂，在铂坩埚中熔融。系统分析，多采用氢氧化钠作熔剂，在银坩埚中熔融。对于高铝试样，最好改用氢氧化钾或碳酸钾熔样，因为在溶液中易生成比 K_3AlF_6 溶解度更小的 Na_3AlF_6 而干扰测定。

（2）溶液的酸度 溶液的酸度应保持在 3mol/L 左右。在使用硝酸时，于 50mL 试验溶液中加入 10～15mL 浓硝酸即可。酸度过低易形成其他金属的氟化物沉淀而干扰测定；酸度过高将使 K_2SiF_6 沉淀反应不完全，还会给后面的沉淀洗涤、残余酸的中和操作带来麻烦，亦无必要。

使用硝酸比盐酸好，既不易析出硅酸胶体，又可以减弱铝的干扰。溶液中共存的 Al^{3+} 在生成 K_2SiF_6 的条件下亦能生成 K_3AlF_6（或 Na_3AlF_6）沉淀，从而严重干扰硅的测定。由于 K_3AlF_6 在硝酸介质中的溶解度比在盐酸中的大，不会析出沉淀，即防止了 Al^{3+} 的干扰。

（3）氯化钾的加入量 氯化钾应加至饱和，过量的钾离子有利于 K_2SiF_6 沉淀完全，这是本法的关键之一。在操作中应注意以下事项：①加入固体氯化钾时，要不断搅拌，压碎氯化钾颗粒，溶解后再加，直到不再溶解为止，再过量 1～2g；②市售氯化钾颗粒如较粗，应用瓷研钵（不用玻璃研钵，以防引入空白）研细，以便于溶解；③氯化钾的溶解度随温度的改变较大，因此在加入浓硝酸后，溶液温度升高，应先冷却至 30℃ 以下，再加入氯化钾至饱和。否则氯化钾加入过量太多，给以后的过滤、洗涤及中和残余酸带来很大困难。

（4）氟化钾的加入量 氟化钾的加入量要适宜。一般硅酸盐试样，在含有 0.1g 试料的试验溶液中，加入 150g/L 的 $KF\cdot 2H_2O$ 溶液 10mL 即可。如加入量过多，则 Al^{3+} 易与过量的氟离子生成 K_3AlF_6 沉淀，该沉淀水解亦生成氢氟酸而使结果偏高。

$$K_3AlF_6＋3H_2O \Longleftrightarrow 3KF＋H_3AlO_3＋3HF$$

注意量取氟化钾溶液时应用塑料量杯，否则会因腐蚀玻璃而带入空白。

（5）氟硅酸钾沉淀的陈化 从加入氟化钾溶液开始，沉淀放置 15～20min 为宜。放置时间短，K_2SiF_6 沉淀不完全；放置时间过长，会增强 Al^{3+} 的干扰。特别是高铝试样，更要严格控制。

K_2SiF_6 的沉淀反应是放热反应，所以冷却有利于沉淀反应完全。沉淀时的温度以不超过 25℃ 为宜，否则，应采取流水冷却，以免沉淀反应不完全，结果将严重偏低。

（6）氟硅酸钾的过滤和洗涤 氟硅酸钾属于中等细度晶体，过滤时用一层中速滤纸。为加快过滤速度，宜使用带槽长颈塑料漏斗，并在漏斗颈中形成水柱。

过滤时应采用倾泻法，先将溶液倒入漏斗中，而将氯化钾固体和氟硅酸钾沉淀留在塑料杯中，溶液滤完后，再用 50g/L 氯化钾洗烧杯 2 次，洗漏斗 1 次，洗涤液总量不超过 25mL。洗涤时，应等上次洗涤液漏完后，再洗下一次，以保证洗涤效果。

洗涤液的温度不宜超过 30℃。否则，需用流水或冰箱来降温。

（7）中和残余酸 氟硅酸钾晶体中夹杂的金属阳离子不会干扰测定，而夹杂的硝酸却严重干扰测定。当采用洗涤法来彻底除去硝酸时，会使氟硅酸钾严重水解，因而只能洗涤 2～3 次，残余的酸则采用中和法消除。

中和残余酸的操作十分关键，要快速、准确，以防氟硅酸钾提前水解。中和时，要将滤纸展开、捣烂，用塑料棒反复挤压滤纸，使其吸附的酸能进入溶液被碱中和，最后还要用滤纸擦洗杯内壁，中和至溶液呈红色。中和完放置后如有褪色，就不能再作为残余酸继续中和了。

（8）水解和滴定过程 氟硅酸钾沉淀的水解反应分为两个阶段，即氟硅酸钾沉淀的溶解反应及氟硅酸根离子的水解反应，反应式如下：

$$K_2SiF_6 \rightleftharpoons 2K^+ + [SiF_6]^{2-}$$
$$[SiF_6]^{2-} + 3H_2O \rightleftharpoons H_2SiO_3 + 2F^- + 4HF$$

两步反应均为吸热反应，水温越高、体积越大，越有利于反应进行。故实际操作中，应用刚刚沸腾的水，并使总体积在 200mL 以上。

上述水解反应是随着氢氧化钠溶液的加入，K_2SiF_6 不断水解，直到滴定终点时才趋于完全。故滴定速度不可过快，且应保持溶液的温度在终点时不低于 70℃ 为宜。若滴定速度太慢，硅酸会发生水解而使终点不敏锐。

（9）注意空白 测定试样前，应检查水、试剂及用具的空白。一般不应超过 0.1mL 0.15mol/L 氢氧化钠溶液，并将此值从滴定所消耗的氢氧化钠溶液体积中扣除。如果超过 0.1mL，应检查其来源，并设法减小或消除。例如，仅用阳离子交换树脂处理过的去离子水、搅拌时用带颜色的塑料筷子、使用玻璃量筒和有许多划痕的旧烧杯脱坩等，均会造成较大的空白值。

二、硅酸盐中氧化铝含量的测定

铝的测定方法很多，有重量法、滴定法、光度法、原子吸收分光光度法和等离子体发射光谱法等。重量法的手续烦琐，已很少采用。光度法测定铝的方法很多，出现了许多新的显色剂和新的显色体系，特别是三苯甲烷类和荧光酮类显色剂的显色体系的研究很活跃。原子吸收分光光度法测定铝，由于在空气-乙炔焰中铝易生成难溶化合物，测定的灵敏度极低，而且共存离子的干扰严重，因此需用笑气-乙炔焰，这限制了它的普遍应用。在硅酸盐中铝含量常常较高，多采用滴定分析法。下面重点介绍 EDTA 滴定法和酸碱滴定法。如试样中铝含量很低时，可采用铬天青 S 比色法。

（一）方法综述

1. 配位滴定法

铝与 EDTA 等氨羧配位剂能形成稳定的配合物（Al-EDTA 的 $pK = 16.13$；Al-CYDTA 的 $pK = 17.6$），因此，可用配位滴定法测定铝。但是由于铝与 EDTA 的配位反应较慢，铝对二甲酚橙、铬黑 T 等指示剂有封闭作用，故采用 EDTA 直接滴定法测定铝有一定困难。在发现 CYDTA 等配位剂之前，滴定铝的方式主要有直接滴定法、返滴定法和置换滴定法。其中，以置换滴定法应用最广。

（1）直接滴定法　直接滴定法的基本原理是：在 pH＝3 左右的制备溶液中，以 Cu-PAN 为指示剂，在加热的条件下用 EDTA 标准溶液滴定。加热是为了加速铝与 EDTA 的配位反应，但却使操作更为麻烦。

滴定剂除 EDTA 外，还常采用 CYDTA。由于 Al-CYDTA 的稳定常数很大，而且 CYDTA 与铝的配位反应速率比 EDTA 快，因此，在室温和有大量钠盐的存在下，CYDTA 能与铝定量反应，并且能允许试液中含有较高量的铬和硅。

无论采用何种滴定方式，酸度是影响 EDTA 与 Al^{3+} 进行配位反应的主要因素。在含有铝的溶液中加入 EDTA 后，溶液中存在如下平衡关系：

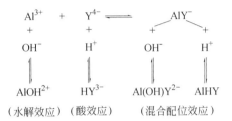

（水解效应）（酸效应）　　（混合配位效应）

显然，铝与 EDTA 的配位反应将同时受酸效应和水解效应的影响，并且这两种效应的影响结果是相反的。因此，必须控制好适宜的酸度。按理论计算，在 pH 为 3～4 时形成配位离子的百分率最高。但是，返滴定法中，在适量的 EDTA 存下，溶液的 pH 可大至 4.5，甚至 6。然而，酸度如果太低，Al^{3+} 将水解而生成动力学上惰性的铝的多核羟基配合物，从而妨碍铝的测定。为此，可采用如下方法解决：

① 在 pH＝3 左右，加入过量 EDTA，加热促使 Al^{3+} 与 EDTA 的配位反应进行完全。加热的时间取决于溶液的 pH、其他盐类的含量、配位剂的过量情况和溶液的来源等。

② 在酸性较强的溶液中（pH 为 0～1）加入 EDTA，然后用六亚甲基四胺或缓冲溶液等弱碱性溶液来调节试液的 pH 为 4～5，而不用氨水、NaOH 溶液等强碱性溶液。

③ 在酸性溶液中加入酒石酸，使其与 Al^{3+} 形成配合物，既可阻止羟基配合物的生成，又不影响 Al^{3+} 与 EDTA 的配位反应。

（2）返滴定法　在含有铝的酸性溶液中加入过量的 EDTA，将溶液煮沸，调节溶液 pH 至 4.5，再加热煮沸使铝与 EDTA 的配位反应进行完全。然后，选择适宜的指示剂，用其他金属的盐溶液返滴定过量的 EDTA，从而得出铝的含量。用锌盐返滴时，可选二甲酚橙或双硫腙为指示剂；用铜盐返滴时，可选用 PAN 或 PAR 为指示剂；用铅盐返滴时，可选用二甲酚橙为指示剂。返滴定法的选择性较差，需预先分离铁、钛等干扰元素。因此，该法只适用于简单的矿物岩石中铝的测定。

返滴定剂的选择，在理论上，只要其金属离子与 EDTA 的配合物的稳定性小于铝与 EDTA 的配合物的稳定性，又不小于配位滴定的最低要求，即可用作返滴定剂，例如 Mn^{2+}、La^{3+}、Ce^{3+} 等盐。但是，由于锰与 EDTA 的配位反应在 pH＜5.4 时不够完全，又无合适的指示剂，因而不适用；同时，La^{3+} 和 Ce^{3+} 盐的价格较贵，也很少采用。相反，钴、锌、镉、铅、铜等盐类，虽然其金属离子与 EDTA 形成的配合物的稳定性比铝与 EDTA 形成的配合物接近或稍大，但由于 Al-EDTA 不活泼，不易被它们所取代，故常用作返滴定剂。特别是锌盐和铜盐应用较广。而铅盐，由于其氟化物和硫酸盐的溶解度较小，沉淀的生成将对滴定终点的观察产生一定的影响。

各种干扰离子对配位滴定法测定铝的影响参见本节中 EDTA 直接滴定法和铜盐返滴定

法的方法讨论中。

（3）氟化铵置换滴定法　氟化铵置换法单独测得的氧化铝是纯氧化铝的含量，不受测定铁、钛滴定误差的影响，结果稳定，一般适于铁高铝低的试样（如铁矿石等）或含有少量有色金属的试样。此法选择性较高，目前应用较普遍，在 GB 6730.12—1986 铁矿石化学分析方法中被列为代用法。

向滴定铁后的溶液中，加入 10mL 100g/L 的苦杏仁酸溶液掩蔽 TiO^{2+}，然后加入 EDTA 标准滴定溶液至过量 10～15mL（对铝而言），调节溶液 pH＝6.0，煮沸数分钟，使铝及其他金属离子和 EDTA 配合，以半二甲酚橙为指示剂，用乙酸铅标准滴定溶液回滴过量的 EDTA。再加入氟化铵溶液使 Al^{3+} 与 F^- 生成更为稳定的配合物 $[AlF_6]^{3-}$，煮沸置换 Al-EDTA 配合物中的 EDTA，然后再用铅标准溶液滴定置换出的 EDTA，相当于溶液中 Al^{3+} 的含量。

该方法应注意以下问题：

① 由于 TiO-EDTA 配合物也能被 F^- 置换，定量地释放出 EDTA，因此若不掩蔽 Ti，则所测结果为铝钛合量。为得到纯铝量，预先加入苦杏仁酸掩蔽钛。10mL 100g/L 的苦杏仁酸溶液可消除试样中 2％～5％ 的 TiO_2 的干扰。用苦杏仁酸掩蔽钛的适宜 pH 为 3.5～6。

② 以半二甲酚橙为指示剂，以铅盐溶液返滴定剩余的 EDTA 恰至终点，此时溶液中已无游离的 EDTA 存在，因尚未加入 NH_4F 进行置换，故不必记录铅盐溶液的消耗体积。当第一次用铅盐溶液滴定至终点后，要立即加入氟化铵溶液且加热，进行置换，否则，痕量的钛会与半二甲酚橙指示剂配位形成稳定的橙红色配合物，影响第二次滴定。

③ 氟化铵的加入量不宜过多，因大量的氟化物可与 Fe^{3+}-EDTA 中的 Fe^{3+} 反应而造成误差。在一般分析中，100mg 以内的 Al_2O_3，加 1g 氟化铵（或其 10mL 100g/L 的溶液）可完全满足置换反应的需要。

2. 酸碱滴定法

在弱酸性介质中，Al(Ⅲ) 与酒石酸钾钠形成配合物。在中性溶液中加入氟化钾溶液，使铝形成氟铝配合物，并释放出与铝等物质的量的游离碱。然后用盐酸标准溶液滴定，即可确定铝的含量。其主要反应如下：

$$Al^{3+} + H_2O \longrightarrow AlOH^{2+} + H^+$$

$$\begin{array}{c}\text{COOK}\\|\\\text{CHOH}\\|\\\text{CHOH}\\|\\\text{COONa}\end{array} + AlOH^{2+} \longrightarrow \begin{array}{c}\text{COOK}\\|\\\text{CHO}\\|\quad\rangle AlOH + 2H^+\\\text{CHO}\\|\\\text{COONa}\end{array}$$

$$\begin{array}{c}\text{COOK}\\|\\\text{CHO}\\|\quad\rangle AlOH\\\text{CHO}\\|\\\text{COONa}\end{array} + 6KF + 2H_2O \longrightarrow \begin{array}{c}\text{COOK}\\|\\\text{CHOH}\\|\\\text{CHOH}\\|\\\text{COONa}\end{array} + K_3AlF_6 + 3KOH$$

$$KOH + HCl \longrightarrow KCl + H_2O$$

该法可直接单独测定铝，操作较简便，但必须注意以下问题。

① 本法存在非线性效应，即铝量达到某一数值时，HCl 消耗量与铝不成线性。铝量越高，结果越偏低。因此，必须用不同浓度的铝标准溶液来标定 HCl 标准溶液的浓度，最好作出校正曲线，并使待测样品的铝量处于曲线的直线部分。

② SiO_3^{2-}、CO_3^{2-} 和铵盐对中和反应起缓冲作用，应避免引入。氟因严重影响铝与酒石酸形成配合物的效力，对测定有干扰。小于 10mg 的 Fe(Ⅲ) 不干扰测定。凡是能与酒石酸

及氟形成稳定配合物的离子均有正干扰，例如，钍、钛、铀（Ⅳ）、钡和铬的量各为 2mg 时，将分别给出相当于 0.5mg、0.5mg、0.35mg、0.36mg、0.05mg Al_2O_3 的正误差。

3. 铬天青 S 比色法

铝与三苯甲烷类显色剂普遍存在显色反应，且大多在 pH 为 3.5～6.0 的酸度下进行显色。在 pH 为 4.5～5.4 的条件下，铝与铬天青 S（简写为 CAS）进行显色反应生成 1∶2 的有色配合物，且反应迅速完成，可稳定约 1h。在 pH＝5.4 时，有色配合物的最大吸收波长为 545nm，其摩尔吸光系数为 $4×10^4 L/(mol·cm)$。该体系可用于测定试样中低含量的铝。

该方法应注意以下问题：

① 在 Al-CAS 法中，引入阳离子或非离子表面活性剂，生成 Al-CAS-CPB 或 Al-CAS-CTMAB 等三元配合物，其灵敏度和稳定性都显著提高。例如，Al-CAS-CTMAB 的显色条件为 pH 5.5～6.2，$\lambda_{max}=620nm$，$\varepsilon_{620}=1.3×10^5 L/(mol·cm)$，配合物迅速生成，能稳定 4h 以上。

② 铍（Ⅱ）、铜（Ⅱ）、钛（Ⅳ）、锆（Ⅳ）、镍（Ⅱ）、锌、锰（Ⅱ）、锡（Ⅳ）、钒（Ⅴ）、钼（Ⅵ）和铀存在时干扰测定。氟的存在，与铝生成配合物而产生严重的负误差，必须事先除去。铁（Ⅲ）的干扰可加抗坏血酸消除，但抗坏血酸的用量不能过多，以加入 1%抗坏血酸溶液 2mL 为宜，否则会破坏铝-CAS 配合物。少量钛（Ⅳ）、钼（Ⅳ）的干扰可加入磷酸盐掩蔽，2mL 的 0.5%磷酸二氢钠溶液可掩蔽 100μg 的二氧化硅。低于 500μg 的铬（Ⅲ）、100μg 的 V_2O_5 不干扰测定。低于 2mg 的锰（Ⅱ）可通过在中和前加入 6mL 1%盐酸羟胺溶液来消除其干扰。碱金属、碱土金属的存在均不影响测定，大量的中性盐将使结果偏低，可在制作标准曲线时加入与试样相同数量的试样空白来消除其影响。

（二）EDTA 直接滴定法

1. 方法原理

于滴定铁后的溶液中，调整 pH＝3，在煮沸下用 EDTA-铜和 PAN 为指示剂，用 EDTA 标准滴定溶液滴定。此法在国家标准 GB/T 176—2008 中列为基准法。

用 EDTA 直接滴定 Al^{3+}，因所用指示剂和测定时溶液 pH 的不同，而有多种不同的方法。目前，大多在 pH＝3 的煮沸的溶液中，用 PAN 和等物质的量配制的 EDTA-Cu 为指示剂，以 EDTA 标准滴定溶液直接进行滴定。其反应过程如下：

$$Al^{3+}+CuY^{2-} \Longleftrightarrow AlY^-+Cu^{2+}$$

$$Cu^{2+}+PAN \Longleftrightarrow Cu^{2+}\text{-}PAN$$
（红色）

$$H_2Y^{2-}+Al^{3+} \Longleftrightarrow AlY^-+2H^+$$

$$Cu^{2+}\text{-}PAN+H_2Y^{2-} \Longleftrightarrow CuY^{2-}+PAN+2H^+$$
（红色）　　　　　　　　　　　　　（黄色）

当第一次滴定到指示剂呈稳定的黄色时，约有 90% 以上的 Al^{3+} 被滴定。为继续滴定剩余的 Al^{3+}，须再将溶液煮沸，于是溶液又由黄变红。当第二次以 EDTA 滴定至呈稳定的黄色后，被配位的 Al^{3+} 总量可达 99% 左右。因此，对于普通硅酸盐水泥一类的样品分析，滴定 2～3 次所得结果的准确度已能满足生产要求。

2. 试剂和仪器

（1）试剂

① 氨水溶液：1＋2。

② 盐酸溶液：1＋2。

③ 缓冲溶液（pH＝3）：将 3.2g 无水醋酸钠溶于水中，加 120mL 冰醋酸，用水稀释至 1L，摇匀。

④ PAN 指示剂溶液：将 0.2g 1-(2-吡啶偶氮)-2-萘酚溶于 100mL 95%（体积分数）乙

醇中。

⑤ EDTA-铜溶液：用浓度各为 0.015mol/L 的 EDTA 标准滴定溶液和硫酸铜标准滴定溶液等体积混合而成。

⑥ 溴酚蓝指示液：将 0.2g 溴酚蓝溶于 100mL 乙醇（1＋4）中。

⑦ EDTA 标准滴定溶液：c(EDTA)＝0.015mol/L（见本节中 EDTA 直接滴定法测定氧化铁）。

（2）仪器　滴定分析法常用仪器。

3. 测定步骤

将测定完铁的溶液用水稀释至约 200mL，加 1～2 滴溴酚蓝指示剂溶液（2g/L），滴加氨水（1＋2）至溶液出现蓝紫色，再滴加盐酸（1＋2）至黄色，加入 15mL pH＝3 的缓冲溶液，加热至微沸并保持 1min，加入 10 滴 EDTA-铜溶液及 2～3 滴 PAN 指示剂溶液（2g/L），用 c(EDTA)＝0.015mol/L 的 EDTA 标准滴定溶液滴定至红色消失，继续煮沸，滴定，直至溶液经煮沸后红色不再出现并呈稳定的黄色为止。

4. 结果计算

氧化铝的质量分数 w(Al$_2$O$_3$) 按下式计算：

$$w(\text{Al}_2\text{O}_3)=\frac{T_{\text{Al}_2\text{O}_3}\times V\times 10}{m\times 1000}\times 100\% \tag{4-7}$$

式中，$T_{\text{Al}_2\text{O}_3}$ 为每毫升 EDTA 标准滴定溶液相当于氧化铝的质量，mg/mL；V 为滴定时消耗 EDTA 标准滴定溶液的体积，mL；m 为试料的质量，g。

5. 方法讨论

① 用 EDTA 直接滴定铝，不受 TiO^{2+} 和 Mn^{2+} 的干扰。因为在 pH＝3 的条件下，Mn^{2+} 基本不与 EDTA 配位，TiO^{2+} 水解为 TiO(OH)$_2$ 沉淀，所得结果为纯铝含量。因此，若已知试样中锰含量高时，应采用直接滴定法。

② 该法最适宜的 pH 范围为 2.5～3.5 之间。若溶液的 pH＜2.5 时，Al^{3+} 与 EDTA 配位能力降低；当 pH＞3.5 时，Al^{3+} 水解作用增强，均会引起铝的测定结果偏低。当然，如果 Al^{3+} 的浓度太高，即使是在 pH＝3 的条件下，其水解倾向也会增大。所以，含铝和钛高的试样不应采用直接滴定法。

③ TiO^{2+} 在 pH＝3、煮沸的条件下能水解生成 TiO(OH)$_2$ 沉淀。为使 TiO^{2+} 充分水解，在调整溶液 pH＝3 之后，应先煮沸 1～2min，再加入 EDTA-Cu 和 PAN 指示剂。

④ PAN 指示剂的用量，一般以在 200mL 溶液中加入 2～3 滴为宜。如指示剂加入太多，溶液底色较深，不利于终点的观察。

⑤ EDTA 直接滴定法测定铝，应进行空白试验。一般空白试验消耗 0.015mol/L 的 EDTA 标准滴定溶液 0.08～0.10mL。

（三）铜盐返滴定法

1. 方法原理

在滴定铁后的溶液中，加入对铝、钛过量的 EDTA 标准滴定溶液，于 pH 为 3.8～4.0 以 PAN 为指示剂，用硫酸铜标准滴定溶液回滴过量的 EDTA，扣除钛的含量后即为氧化铝的含量。此法在国家标准 GB/T 176—2008 中列为代用法，只适用于一氧化锰含量在 0.5% 以下的试样。

在进行水泥等试样分析时，一般是在分取的同一份试样溶液中连续测定铁、铝（钛）。由于铁、铝与 EDTA 配合物的稳定常数相差较大，可通过控制酸度的方法对铁、铝（钛）进行分步滴定。

在 pH 为 2～3 的溶液中，加入过量 EDTA，发生下列反应：

$$\text{Al}^{3+}+\text{H}_2\text{Y}^{2-}\Longrightarrow \text{AlY}^-+2\text{H}^+$$

$$TiO^{2+} + H_2Y^{2-} \Longrightarrow TiOY^{2-} + 2H^+$$

将溶液 pH 调至约 4.3 时，剩余的 EDTA 用 $CuSO_4$ 标准滴定溶液返滴定：

$$Cu^{2+} + H_2Y^{2-}（剩余）\Longrightarrow CuY^{2-} + 2H^+$$
$$\text{（蓝色）}$$

$$Cu^{2+} + PAN \Longrightarrow Cu^{2+}\text{-PAN}$$
$$\text{（黄色）} \qquad \text{（红色）}$$

2. 试剂和仪器

（1）试剂

① EDTA 标准滴定溶液 [c(EDTA)＝0.015mol/L] 和 PAN 指示剂溶液：配制、标定方法同基准法中 Al_2O_3 的测定。

② 缓冲溶液（pH＝4.3）：将 42.3g 无水醋酸钠（CH_3COONa）溶于水中，加 80mL 冰醋酸（CH_3COOH），用水稀释至 1L，摇匀。

③ 氨水溶液：1＋1。

④ 硫酸铜标准滴定溶液：c($CuSO_4$)＝0.015mol/L，将 3.7g 硫酸铜（$CuSO_4 \cdot 5H_2O$）溶于水中，加 4～5 滴硫酸（1＋1），用水稀释至 1L，摇匀。

EDTA 标准滴定溶液与硫酸铜标准滴定溶液的体积比的标定：从滴定管缓慢放出 10～15mL c(EDTA)＝0.015mol/L 的 EDTA 标准滴定溶液于 400mL 烧杯中，用水稀释至约150mL，加 15mL pH＝4.3 的缓冲溶液，加热至沸，取下稍冷，加 5～6 滴 PAN 指示液，以硫酸铜标准滴定溶液滴定至亮紫色。

EDTA 标准滴定溶液与硫酸铜标准滴定溶液的体积比按下式计算：

$$K = \frac{V_1}{V_2} \tag{4-8}$$

式中，K 为每毫升硫酸铜标准滴定溶液相当于 EDTA 标准滴定溶液的体积；V_1 为 EDTA 标准滴定溶液的体积，mL；V_2 为滴定时消耗硫酸铜标准滴定溶液的体积，mL。

（2）仪器　滴定分析法常用仪器。

3. 测定步骤

从溶液 E 中吸取 25.00mL 放入 300mL 烧杯中，按基准法（本节中的 EDTA 直接滴定法）中规定的分析步骤测定溶液中的氧化铁。

向滴定完铁的溶液中加入 c(EDTA)＝0.015mol/L 的 EDTA 标准滴定溶液至过量 10～15mL（对铝钛合量而言），用水稀释至 150～200mL。将溶液加热至 70～80℃后，加数滴氨水（1＋1）使溶液 pH 在 3.0～3.5 之间，加 15mL pH＝4.3 的缓冲溶液，煮沸 1～2min，取下稍冷，加入 4～5 滴 PAN 指示液（2g/L），以 c($CuSO_4$)＝0.015mol/L 的硫酸铜标准滴定溶液滴定至亮紫色。

4. 结果计算

氧化铝的质量分数 w(Al_2O_3) 按下式计算：

$$w(Al_2O_3) = \frac{T_{Al_2O_3} \times (V_1 - KV_2) \times 10}{m \times 1000} \times 100\% - 0.64w(TiO_2) \tag{4-9}$$

式中，$T_{Al_2O_3}$ 为每毫升 EDTA 标准滴定溶液相当于氧化铝的质量，mg/mL；V_1 为加入 EDTA 标准滴定溶液的体积，mL；V_2 为滴定时消耗硫酸铜标准滴定溶液的体积，mL；K 为每毫升硫酸铜标准滴定溶液相当于 EDTA 标准滴定溶液的体积；w(TiO_2) 为按基准法（本节中的二安替比林甲烷光度法）测得的二氧化钛的质量分数；0.64 为二氧化钛对氧化铝的换算系数；m 为氟硅酸钾容量法中试料的质量，g。

5. 方法讨论

① 铜盐返滴定法选择性差，主要是铁、钛的干扰，故不适于复杂的硅酸盐分析。溶液

中的 TiO^{2+} 可完全与 EDTA 配位，所测定的结果为铝钛合量。一般工厂用铝钛合量表示 Al_2O_3 的含量。若求纯的 Al_2O_3 含量，应采用以下方法扣除 TiO_2 的含量：a. 在返滴定完铝＋钛之后，加入苦杏仁酸（学名 β-羟基乙酸）溶液，使其夺取 $TiOY^{2-}$ 中的 TiO^{2+}，而置换出等物质的量的 EDTA，再用 $CuSO_4$ 标准滴定溶液返滴定，即可测得钛含量；b. 另行测定钛含量；c. 加入钽试剂、磷酸盐、乳酸或酒石酸等试剂掩蔽钛。

② 在用 EDTA 滴定完 Fe^{3+} 的溶液中加入过量的 EDTA 之后，应将溶液加热到 70～80℃再调整 pH 为 3.0～3.5 后，才加入 pH＝4.3 的缓冲溶液。这样可以使溶液中的少量 TiO^{2+} 和大部分 Al^{3+} 与 EDTA 配位完全，并防止其水解。

③ EDTA（浓度为 0.015mol/L）的加入量一般控制在与 Al 和 Ti 配位后，剩余 10～15mL，可通过预返滴定或将其余主要成分测定后估算。控制 EDTA 过剩量的目的是：a. 使 Al、Ti 与 EDTA 配位反应完全；b. 滴定终点的颜色与过剩 EDTA 的量和所加 PAN 指示剂的量有关。正常终点的颜色应是符合规定操作浓度比的蓝色的 CuY^{2-} 和红色的 Cu^{2+}-PAN，即亮紫色。若 EDTA 剩余太多，则 CuY^{2-} 浓度高，终点可能成为蓝紫色甚至蓝色；若 EDTA剩余太少，则 Cu^{2+}-PAN 配合物的红色占优势，终点可能为红色。因此，应控制终点颜色的一致，以免使滴定终点难以掌握。

④ 锰的干扰。Mn^{2+} 与 EDTA 定量配位的最低 pH 为 5.2，对配位滴定 Al^{3+} 的干扰程度随溶液的 pH 和 Mn^{2+} 浓度的增高而增强。在 pH＝4 左右，溶液中共存的 Mn^{2+} 约有一半能与 EDTA 配位。如果 MnO 含量低于 0.5mg，其影响可以忽略不计；若达到 1mg 以上，不仅使 Al_2O_3 的测定结果明显偏高，而且使滴定终点拖长。一般对于 MnO 含量高于 0.5% 的试样，采用直接滴定法或氟化铵置换-EDTA 配位滴定法测定。

⑤ 氟的干扰。F^- 能与 Al^{3+} 逐级形成 $[AlF]^{2+}$、$[AlF_2]^+$、…、$[AlF_6]^{3-}$ 等稳定的配合物，将干扰 Al^{3+} 与 EDTA 的配位。如溶液中 F^- 的含量高于 2mg，Al^{3+} 的测定结果将明显偏低，且终点变化不敏锐。一般对于氟含量高于 5% 的试样，需采取措施消除氟的干扰。

三、硅酸盐中氧化铁含量的测定

随环境及形成条件不同，铁在硅酸盐矿物中呈现二价或三价状态。在许多情况下既需要测定试样中铁的总含量，又需要分别测定二价铁和三价铁的含量。测定氧化铁的方法很多，目前常用的是 EDTA 配位滴定法、重铬酸钾氧化还原滴定法和原子吸收分光光度法，如样品中铁含量很低时，可采用磺基水杨酸、邻菲啰啉等光度法。

（一）方法综述

1. 重铬酸钾滴定法

重铬酸钾滴定法是测定硅酸盐岩石矿物中铁含量的经典方法，具有简便、快速、准确和稳定等优点，在实际工作中应用较广。在测定试样中的全铁、高价铁时，首先要将制备溶液中的高价铁还原为低价铁，然后再用重铬酸钾标准溶液滴定。根据所用还原剂的不同，有不同的测定体系，其中常用的是 $SnCl_2$ 还原-重铬酸钾滴定法（又称汞盐-重铬酸钾法）、$TiCl_3$ 还原-重铬酸钾滴定法、硼氢化钾还原-重铬酸钾滴定法等。

（1）氯化亚锡还原-重铬酸钾滴定法 在热盐酸介质中，以 $SnCl_2$ 为还原剂，将溶液中的 Fe^{3+} 还原为 Fe^{2+} $[\varphi^\ominus(Fe^{3+}/Fe^{2+})=0.77V$，$\varphi^\ominus(Sn^{4+}/Sn^{2+})=0.15V]$，过量的 $SnCl_2$ 用 $HgCl_2$ 除去 $[\varphi^\ominus(Hg^{2+}/Hg_2^{2+})=0.63V]$，在硫-磷混合酸的存在下，以二苯胺磺酸钠为指示剂，用 $K_2Cr_2O_7$ 标准溶液滴定 Fe^{2+}，直到溶液呈现稳定的紫色为终点 $[\varphi^\ominus(Cr_2O_7^{2-}/2Cr^{3+})=1.36V$，$\varphi_{In}^\ominus=0.85V]$。

该方法应注意以下问题。

① 在实际工作中，为了迅速地使 Fe^{3+} 还原完全，常将制备溶液加热到小体积时，趁热滴加 $SnCl_2$ 溶液至黄色褪去。浓缩至小体积，一方面提高了酸度，可防止 $SnCl_2$ 的水解；另

一方面提高了反应物的浓度，有利于 Fe^{3+} 的还原和还原完全时对颜色变化的观察。趁热滴加 $SnCl_2$ 溶液，是因为 Sn^{2+} 还原 Fe^{3+} 的反应在室温下进行得很慢，提高温度至近沸，可大大加快反应过程。

但是，在加入 $HgCl_2$ 除去过量的 $SnCl_2$ 时却必须在冷溶液中进行，并且要在加入 $HgCl_2$ 溶液后放置 3～5min，然后再进行滴定。因为在热溶液中，$HgCl_2$ 可以氧化 Fe^{2+}，使测定结果不准确；加入 $HgCl_2$ 溶液后不放置，或者放置时间太短，反应不完全，Sn^{2+} 未被除尽，同样会与 $K_2Cr_2O_7$ 反应，使结果偏高；放置时间过长，已还原的 Fe^{2+} 将被空气中的氧所氧化，使结果偏低。

② 滴定前加入硫-磷混合酸的作用为：第一，加入硫酸可保证滴定时所需的酸度；第二，H_3PO_4 与 Fe^{3+} 形成无色配离子 $[Fe(HPO_4)_2]^-$，既可消除 $FeCl_3$ 的黄色对终点颜色变化的影响，又可降低 Fe^{3+}/Fe^{2+} 电对的电位，使突跃范围变宽，便于指示剂的选择。但是，在 H_3PO_4 介质中，Fe^{2+} 的稳定性较差，必须注意在加入硫-磷混合酸后应尽快进行滴定。

③ 二苯胺磺酸钠与 $K_2Cr_2O_7$ 的反应本来很慢，由于微量 Fe^{2+} 的催化作用，使反应迅速进行，变色敏锐。由于指示剂被氧化时也将消耗 $K_2Cr_2O_7$，故应严格控制其用量。

④ 铜、钛、砷、锑、钨、钼、铀、铂、钒、NO_3^- 及大量的钴、镍、铬、硅酸等的存在，均可能产生干扰。铜、钛、砷、锑、钨、钼、铀和铂在测定铁的条件下，可被 $SnCl_2$ 还原至低价，而低价的离子又可被 $K_2Cr_2O_7$ 滴定，产生正干扰。钒的变价较多，若被 $SnCl_2$ 还原完全，则使结果偏高；若被部分还原，其剩余部分可能导致 Fe^{2+} 被氧化，而使结果偏低。NO_3^- 对 Fe^{3+} 的还原和 Fe^{2+} 的滴定均有影响。大量钴、镍、铬的存在，由于离子本身的颜色而影响终点的观察。较大量的硅酸呈胶体存在时，由于其吸附或包裹 Fe^{3+}，使 Fe^{3+} 还原不完全，从而导致结果偏低。

当试样中钛的含量小于铁含量时，可通过在 $SnCl_2$ 还原 Fe^{3+} 之前加入适量的 NH_4F 来消除钛的干扰；而当钛的含量大于铁含量时，加入 NH_4F 也无法消除钛对测定铁的干扰。砷、锑、钨、钼、钒、铬等的影响，可将试样用碱熔，再用水提取，使铁沉淀后，过滤分离。用碳酸钠小体积沉淀法，可分离铀、钨、钼、砷、钡等。当砷、锑的量大时，也可通过在硫酸溶液中加入氢溴酸，再加热冒烟，以使砷、锑呈溴化物而挥发除去。铜、铂、钴、镍可用氨水沉淀分离。NO_3^- 在一般试样中很少。在重量法测定 SiO_2 的滤液中测定铁时，可不必考虑硅酸的影响。

（2）无汞盐-重铬酸钾滴定法　由于汞盐剧毒，污染环境，因此又提出了改进还原方法、避免使用汞盐的重铬酸钾滴定法。其中，三氯化钛还原法应用较普遍。

在盐酸介质中，用 $SnCl_2$ 将大部分的 Fe^{3+} 还原为 Fe^{2+} 后，再用 $TiCl_3$ 溶液将剩余的 Fe^{3+} 还原。或者，在盐酸介质中，直接用 $TiCl_3$ 溶液还原。过量的 $TiCl_3$ 以铜盐为催化剂，让空气中的氧或用 $K_2Cr_2O_7$ 溶液将其氧化除去。然后加入硫-磷混合酸，以二苯胺磺酸钠为指示剂，用 $K_2Cr_2O_7$ 标准滴定溶液滴定。

该方法应注意以下问题。

① 用 $TiCl_3$ 还原，Fe^{3+} 被还原完全的终点指示剂，可用钨酸钠、酚藏红花、甲基橙、中性红、亚甲基蓝、硝基马钱子碱和硅钼酸等。其中，钨酸钠应用较多，当无色钨酸钠溶液转变为蓝色（钨蓝）时，表示 Fe^{3+} 已定量还原。用 $K_2Cr_2O_7$ 溶液氧化过量的 $TiCl_3$ 至钨蓝消失，表示 $TiCl_3$ 已被氧化完全。

② 本法允许试样中低于 5mg 铜的存在。当铜含量更高时，宜采用在硫酸介质中，以硼氢化钾为还原剂的硼氢化钾还原-重铬酸钾滴定法。在硼氢化钾还原法中，$CuSO_4$ 既是 Fe^{3+} 被还原的指示剂，又是它的催化剂，因此允许较大量的铜存在，适用于含铜试样中铁的测定。

（3）重铬酸钾滴定铁（Ⅱ）的非线性效应和空白值　用 $K_2Cr_2O_7$ 标准滴定溶液滴定 Fe^{2+} 时，存在不太明显的非线性效应，即 $K_2Cr_2O_7$ 对铁的滴定度随铁含量的增加而发生微弱的递增，当用同一滴定度计算时，铁的回收率将随铁量的增加而偏低。为了校正非线性效应，可取不同量的铁标准滴定溶液按分析程序用 $K_2Cr_2O_7$ 标准滴定溶液滴定，将滴定值通过有线性回归程序的计算器处理，或者绘制滴定校正曲线以求出 $K_2Cr_2O_7$ 溶液对各段浓度范围的滴定度。

由于在无 Fe^{2+} 存在的情况下，$K_2Cr_2O_7$ 对二苯胺磺酸钠的氧化反应速率很慢。因此，在进行空白试验时，不易获得准确的空白值。为此，可在按分析手续预处理的介质中，分三次连续加入等量的铁（Ⅱ）标准滴定溶液，并用 $K_2Cr_2O_7$ 标准滴定溶液作三次相应的滴定。将第一次滴定值减去第二、第三次滴定值的差值的平均值，即为包括指示剂二苯胺磺酸钠消耗 $K_2Cr_2O_7$ 在内的准确的空白值。

2. EDTA 滴定法

在酸性介质中，Fe^{3+} 与 EDTA 能形成稳定的配合物。控制 pH 为 1.8～2.5，以磺基水杨酸为指示剂，用 EDTA 标准滴定溶液直接滴定溶液中的三价铁。由于在该酸度下 Fe^{2+} 不能与 EDTA 形成稳定的配合物因而不能被滴定，所以测定总铁时，应先将溶液中的 Fe^{2+} 氧化成 Fe^{3+}。

该方法应注意以下问题。

① 酸度的控制是本法的关键，既要考虑 EDTA 与 Fe^{3+} 的配位反应，又要注意指示剂和干扰离子的影响。另外，滴定时的温度控制也很重要。有关酸度和温度的实验条件选择参见本节中 EDTA 直接滴定法的方法讨论。

② EDTA 滴定法测定铁时的主要干扰是：凡是 $\lg K_{M\text{-}EDTA} > 18$ 的金属离子，依据滴定介质的 pH 的变化都会或多或少地产生正误差。钛产生定量的正干扰。钛、锆因其强烈水解而不与 EDTA 反应；当存在 H_2O_2 时，钛与 H_2O_2 和 EDTA 可形成稳定的三元配合物而产生干扰。氟离子的干扰情况与溶液中的铝含量有关，当试样中含有毫克量的铝时，约 10mg 氟不干扰。PO_4^{3-} 的干扰与操作方法有关，滴定前若调节试液的 pH 大于 4，则所形成的磷酸铁很难在 pH 为 1.8～2.5 的介质中复溶，因此，当试样中的含磷量较高时，铁的测定结果将偏低；若调节试液的 pH 小于 3，则高品位磷矿所含的 PO_4^{3-} 也不会影响铁的测定。

③ 在 EDTA 滴定法滴定铁之后的溶液还可以进一步用返滴定法测定铝和钛，以实现铁、铝、钛的连续测定。通常是在测铁后的试液中加入过量的 EDTA，使之与铝、钛生成稳定的配合物，然后调节 pH=5.7，以二甲酚橙为指示剂，用醋酸锌标准滴定溶液滴定过量的 EDTA。再分别以苦杏仁酸及氟化钾释放 TiY 及 AlY^- 中的 EDTA，以醋酸锌标准滴定溶液滴定释放出的 EDTA，从而计算钛、铝的含量。

3. 磺基水杨酸光度法

在不同的 pH 下，Fe^{3+} 可以和磺基水杨酸形成不同组成和颜色的几种配合物。在 pH 为 1.8～2.5 的溶液中，形成红紫色的 $[Fe(Sal)]^+$；在 pH 为 4～8 时，形成褐色的 $[Fe(Sal)_2]^-$；在 pH 为 8～11.5 的氨性溶液中，形成黄色的 $[Fe(Sal)_3]^{3-}$。光度法测定铁时，在 pH 为 8～11.5 的氨性溶液中形成黄色配合物，其最大吸收波长为 420nm，线性关系良好。

该方法应注意以下问题：在强氨性溶液中，PO_4^{3-}、F^-、Cl^-、SO_4^{2-}、NO_3^- 等均不干扰测定。铝、钙、镁、钍、稀土元素和铍与磺基水杨酸形成可溶性无色配合物，消耗显色剂，可增加磺基水杨酸的用量来消除其影响。铜、铀、钴、镍、铬和某些铂族元素在中性或氨性溶液中与磺基水杨酸形成有色配合物，导致结果偏高。铜、钴、镍可用氨水分离。大量钛产生的黄色可加过量氨水消除。锰易被空气中的氧所氧化，形成棕红色沉淀，影响铁的测定。锰量不高时，可在氨水中和前加入盐酸羟胺还原来消除。

4. 邻菲啰啉光度法

某些试样中氧化铁的含量较低，例如，石灰石（GB/T 5762—2012《建材用石灰石、生石灰和熟石灰化学分析方法》）、石膏、白色铝酸盐水泥（GB/T 205—2008）等，普遍采用邻菲啰啉光度法测定，而配位滴定法和氧化还原滴定法则准确度不够。

Fe^{3+} 以盐酸羟胺或抗坏血酸还原为 Fe^{2+}，在 pH 为 2～9 的条件下，与邻菲啰啉（又称1,10-二氮杂菲）生成 1:3 的橙红色螯合物，在 500～510nm 处有一吸收峰，其摩尔吸光系数为 $9.6×10^3 L/(mol·cm)$，在室温下约 30min 即可显色完全，并可稳定 16h 以上。该方法简捷，条件易控制，稳定性和重现性好。

该方法应注意以下问题。

① 邻菲啰啉只与 Fe^{2+} 起反应。在显色体系中加入抗坏血酸，可将试液中的 Fe^{3+} 还原为 Fe^{2+}。因此，邻菲啰啉光度法不仅可以测定亚铁，而且可以连续测定试液中的亚铁和高铁，或者测定它们的总量。

② 盐酸羟胺及邻菲啰啉溶液要现用现配。

③ 溶液的 pH 对显色反应的速率影响较大。当 pH 较高时，Fe^{2+} 易水解；当 pH 较低时，显色反应速率慢。所以在实际工作中，常加入乙酸铵或酒石酸钠（柠檬酸钠）缓冲溶液，后者还可与许多共存金属离子形成配合物而抑制其水解沉淀。

④ 在 50mL 显色溶液中，SO_4^{2-}、PO_4^{3-}、NO_3^- 各 50mg，氟 10mg，铀、钍、钒各 1mg，钴、镍、钼、稀土元素各 0.2mg 不干扰；少于 0.05mg 铜不干扰。

5. 原子吸收分光光度法

原子吸收分光光度法测定铁，在生产中的应用很广。其测定实例参见本节中原子吸收分光光度法。

(1) 原子吸收光度法测定铁的介质与酸度　一般选用盐酸或过氯酸，并控制其浓度在 10% 以下。若浓度过大，或选用磷酸或硫酸介质，其浓度大于 3% 时，都将引起铁的测定结果偏低。

(2) 选择正确的仪器测定条件　由于铁是高熔点、低溅射的金属，应选用较高的灯电流，使铁空心阴极灯具有适当的发射强度。但是，铁又是多谱线元素，在吸收线附近存在单色器不能分离的邻近线，使测定的灵敏度降低，工作曲线发生弯曲。因此宜采用较小的光谱通带。同时，因铁的化合物较稳定，在低温火焰中原子化效率低，需要采用温度较高的空气-乙炔、空气-氢气富燃火焰，以提高测定的灵敏度。选用 248.3nm、344.1nm、372.0nm 锐线，以空气-乙炔激发，铁的灵敏度分别为 $0.08\mu g$、$5.0\mu g$、$1.0\mu g$。若采用笑气-乙炔火焰激发，则灵敏度比空气-乙炔火焰高 2～3 倍。

（二）EDTA 直接滴定法

1. 方法原理

在 pH 为 1.8～2.0 及 60～70℃ 的溶液中，以磺基水杨酸为指示剂，用 EDTA 标准滴定溶液直接滴定溶液中的三价铁。此法适于 Fe_2O_3 含量小于 10% 的试样，如水泥、生料、熟料、黏土、石灰石等。在国家标准 GB/T 176—2008 中列为基准法。

用 EDTA 直接滴定 Fe^{3+}，一般以磺基水杨酸或其钠盐（S. S.）作指示剂。在溶液 pH 为 1.8～2.5 时，磺基水杨酸钠能与 Fe^{3+} 生成紫红色配物，能被 EDTA 所取代。反应过程如下：

$$Fe^{3+} + Sal^{2-} \rightleftharpoons [Fe(Sal)]^+$$
（紫红色）

$$Fe^{3+} + H_2Y^{2-} \rightleftharpoons FeY^- + 2H^+$$
（黄色）

$$[Fe(Sal)]^+ + H_2Y^{2-} \Longleftrightarrow FeY^- + Sal^{2-} + 2H^+$$

（黄色）　（无色）

因此，终点时溶液颜色由紫红色变为亮黄色。试样中铁含量越高，则黄色越深；铁含量低时为浅黄色，甚至近于无色。若溶液中含有大量 Cl^-，则 FeY^- 与 Cl^- 生成黄色更深的配合物，所以，在盐酸介质中滴定比在硝酸介质中滴定，可以得到更明显的终点。

2. 试剂和仪器

（1）试剂

① 氨水溶液：1+1。

② 盐酸溶液：1+1。

③ 氢氧化钾溶液：200g/L，称取 200g 氢氧化钾溶于水中，加水稀释至 1L，贮于塑料瓶中。

④ 磺基水杨酸钠指示剂溶液：100g/L，将 10g 磺基水杨酸钠溶于水中，加水稀释至 100mL。

⑤ CMP 混合指示剂：称取 1.000g 钙黄绿素、1.000g 甲基百里香酚蓝、0.200g 酚酞与 50g 已在 105℃烘干过的硝酸钾混合，研细，保存在磨口瓶中。

⑥ 碳酸钙标准溶液：$c(CaCO_3) = 0.024mol/L$，称取 0.6g（精确至 0.0001g）已于 105～110℃烘过 2h 的碳酸钙，置于 400mL 烧杯中，加入约 100mL 水，盖上表面皿，沿杯口滴加盐酸（1+1）至碳酸钙全部溶解，加热煮沸数分钟。将溶液冷却至室温，移入 250mL 容量瓶中，用水稀释至标线，摇匀。

⑦ EDTA 标准滴定溶液：$c(EDTA) = 0.015mol/L$，称取约 5.6g EDTA（乙二胺四乙酸二钠盐）置于烧杯中，加约 200mL 水，加热溶解，过滤，用水稀释至 1L。

标定：吸取 25.00mL 碳酸钙标准溶液（0.024mol/L）于 400mL 烧杯中，加水稀释至约 200mL，加入适量的 CMP 混合指示液，在搅拌下加入氢氧化钾溶液（200g/L）至出现绿色荧光后再过量 2～3mL，以 EDTA 标准滴定溶液滴定至绿色荧光消失并呈现红色即为终点。

EDTA 标准滴定溶液的浓度按下式计算：

$$c(EDTA) = \frac{m \times 25 \times 1000}{250 \times V \times 100.09} \tag{4-10}$$

式中，$c(EDTA)$ 为 EDTA 标准滴定溶液的浓度，mol/L；V 为滴定时消耗 EDTA 标准滴定溶液的体积，mL；m 为配制碳酸钙标准溶液的碳酸钙的质量，g；100.09 为 $CaCO_3$ 的摩尔质量，g/mol。

EDTA 标准滴定溶液对各氧化物的滴定度按下式计算：

$$\begin{aligned}
T_{Fe_2O_3} &= c(EDTA) \times 79.84 \\
T_{Al_2O_3} &= c(EDTA) \times 50.98 \\
T_{CaO} &= c(EDTA) \times 56.08 \\
T_{MgO} &= c(EDTA) \times 40.31 \\
T_{TiO_2} &= c(EDTA) \times 79.88
\end{aligned} \tag{4-11}$$

式中，$T_{Fe_2O_3}$，$T_{Al_2O_3}$，T_{CaO}，T_{MgO}，T_{TiO_2} 为每毫升 EDTA 标准滴定溶液分别相当于 Fe_2O_3、Al_2O_3、CaO、MgO、TiO_2 的质量，mg/mL；$c(EDTA)$ 为 EDTA 标准滴定溶液的浓度，mol/L；79.84 为 $\frac{1}{2}$ Fe_2O_3 的摩尔质量，g/mol；50.98 为 $\frac{1}{2}$ Al_2O_3 的摩尔质量，g/mol；56.08 为 CaO 的摩尔质量，g/mol；40.31 为 MgO 的摩尔质量，g/mol；79.88 为 TiO_2 的摩尔质量，g/mol。

（2）仪器　滴定分析法常用仪器。

3. 测定步骤

从溶液 A 中吸取 25.00mL 放入 300mL 烧杯中，加水稀释至约 100mL，用氨水（1+1）和盐酸（1+1）调节溶液 pH 在 1.8~2.0 之间（用精密 pH 试纸检验）。将溶液加热至 70℃，加 10 滴磺基水杨酸钠指示剂溶液（100g/L），用 $c(EDTA)=0.015mol/L$ 的 EDTA 标准滴定溶液缓慢地滴定至亮黄色（终点时溶液温度应不低于 60℃）。保留此溶液供测定氧化铝用。

4. 结果计算

氧化铁的质量分数 $w(Fe_2O_3)$ 按下式计算：

$$w(Fe_2O_3)=\frac{T_{Fe_2O_3}\times V\times 10}{m\times 1000}\times 100\% \tag{4-12}$$

式中，$T_{Fe_2O_3}$ 为每毫升 EDTA 标准滴定溶液相当于 Fe_2O_3 的质量，mg/mL；V 为滴定时消耗 EDTA 标准滴定溶液的体积，mL；m 为试料的质量，g。

5. 方法讨论

① 正确控制溶液的 pH 是本法的关键。如果 pH<1，EDTA 不能与 Fe^{3+} 定量配位；同时，磺基水杨酸钠与 Fe^{3+} 生成的配合物也很不稳定，致使滴定终点提前，滴定结果偏低。如果 pH>2.5，Fe^{3+} 易水解，使 Fe^{3+} 与 EDTA 的配位能力减弱甚至完全消失。而且，在实际样品的分析中，还必须考虑共存的其他金属阳离子特别是 Al^{3+}、TiO^{2+} 的干扰。实验证明，pH>2 时，Al^{3+} 的干扰增强，而 TiO^{2+} 的含量一般不高，其干扰作用不显著。因此，对于单独 Fe^{3+} 的滴定，当有 Al^{3+} 共存时，溶液的最佳 pH 范围为 1.8~2.0（室温下），滴定终点的变色最明显。

在调整溶液的 pH 时应注意：a. 最好使用酸度计测定溶液的 pH，采用袖珍式酸度计比较方便；b. 也可用磺基水杨酸钠作为 pH 的指示剂。因为它与 Fe^{3+} 生成配合物的颜色与溶液的 pH 有关，pH<2.5 时为紫红色，pH 为 4~8 时为橘红色。在调整溶液 pH 时，加 1 滴磺基水杨酸钠指示剂溶液，先以氨水（1+1）调至溶液呈现橘红色；再用盐酸（1+1）调至溶液刚刚变成紫红色，再继续滴加 8~9 滴，此时溶液 pH 近似为 2。但应特别注意，切勿使氨水过量太多，以免造成 Fe^{3+}、Al^{3+} 的水解。

② 正确控制溶液的温度在 60~70℃。在 pH 为 1.8~2.0 时，Fe^{3+} 与 EDTA 的配位反应速率较慢，因部分 Fe^{3+} 水解生成羟基配合物，需要离解时间；同时，EDTA 也必须从 H_4Y、H_3Y^- 等主要形式离解成 Y^{4-} 后，才能同 Fe^{3+} 配位。所以需将溶液加热，但也不是越高越好，因为溶液中共存的 Al^{3+} 在温度过高时亦同 EDTA 配位，而使 Fe_2O_3 的结果偏高，Al_2O_3 的结果偏低。一般在滴定时，溶液的起始温度以 70℃ 为宜，高铝类样品一定不要超过 70℃。在滴定结束时，溶液的温度不宜低于 60℃。注意在滴定过程中测量溶液的温度，如低于 60℃，可暂停滴定，将溶液加热后再继续滴定。

③ 试验溶液的体积一般以 80~100mL 为宜。体积过大，滴定终点不敏锐；体积过小，溶液中 Al^{3+} 浓度相对增高，干扰增强，同时溶液的温度下降较快，对滴定不利。

④ 滴定近终点时，要加强搅拌，缓慢滴定，最后要半滴半滴加入 EDTA 溶液，每加半滴，强烈搅拌数十秒，直至无残余红色为止。如滴定过快，Fe_2O_3 的结果将偏高，接着测定 Al_2O_3 时，结果又会偏低。

⑤ 一定要保证试验溶液中的铁全部以 Fe^{3+} 存在，而不能有部分铁以 Fe^{2+} 形式存在。因为在 pH 为 1.8~2.0 时，Fe^{2+} 不能与 EDTA 定量配位而使铁的测定结果偏低。所以在测定总铁时，应先将溶液中的 Fe^{2+} 氧化成 Fe^{3+}。例如，在用氢氧化钠熔融试样且制成溶液时，一定要加入少量浓硝酸。

⑥ 由于在测定溶液中的铁后还要继续测定 Al_2O_3 的含量，因此磺基水杨酸钠指示液的用量不宜多，以防它与 Al^{3+} 配位反应而使 Al_2O_3 的测定结果偏低。

（三）原子吸收分光光度法

1. 方法原理

原子吸收分光光度法测定铁，简单快捷，干扰少，在生产中得到广泛的应用。此法在 GB/T 176—2008 水泥化学分析法中列为代用法。

试样经氢氟酸和高氯酸分解后，分取一定量的溶液，以锶盐消除硅、铝、钛等对铁的干扰。在空气-乙炔火焰中，于波长 248.3nm 处测定吸光度。

2. 试剂和仪器

（1）试剂　氯化锶溶液：含锶 50g/L，将 152.2g 氯化锶（$SrCl_2 \cdot 6H_2O$）溶解于水中，用水稀释至 1L，必要时过滤。

（2）仪器　原子吸收光谱仪、铁元素空心阴极灯等有关仪器。

3. 测定步骤

（1）氧化铁标准溶液的配制　称取 0.1000g（精确至 0.0001g）已于 950℃灼烧 1h 的 Fe_2O_3（高纯试剂），置于 300mL 烧杯中，依次加入 50mL 水、30mL 盐酸（1+1）、2mL 硝酸，低温加热至全部溶解，冷却后移入 1000mL 容量瓶中，用水稀释至标线，摇匀。此标准溶液每毫升含有 0.1mg 氧化铁。

（2）工作曲线的绘制　吸取 0.1mg/mL 氧化铁的标准溶液 0、10.00mL、20.00mL、30.00mL、40.00mL、50.00mL 分别放入 500mL 容量瓶中，加入 25mL 盐酸及 10mL 氯化锶溶液（含锶 50g/L），用水稀释至标线，摇匀。将原子吸收光谱仪调节至最佳工作状态，在空气-乙炔火焰中，用铁元素空心阴极灯，于 248.3nm 处，以水校零测定溶液的吸光度。用测得的吸光度作为相应氧化铁含量的函数，绘制工作曲线。

（3）测定　从溶液 B 或 C 中直接取用或分取一定量的溶液，放入容量瓶中（试样溶液的分取量及容量瓶的容积视氧化铁的含量而定），加入氯化锶溶液（含锶 50g/L），使测定溶液中锶的浓度为 1mg/mL。用水稀释至标线，摇匀。用原子吸收光谱仪、铁元素空心阴极灯，于 248.3nm 处在与工作曲线的绘制相同的仪器条件下测定溶液的吸光度，在工作曲线上查得氧化铁的浓度。

4. 结果计算

氧化铁的质量分数 $w(Fe_2O_3)$ 按下式计算：

$$w(Fe_2O_3) = \frac{c(Fe_2O_3) \times V \times n \times 10^{-3}}{m} \times 100\% \tag{4-13}$$

式中，$c(Fe_2O_3)$ 为测定溶液中氧化铁的浓度，mg/mL；V 为测定溶液的体积，mL；m 为试料的质量，g；n 为全部试样溶液与所分取试样溶液的体积比。

四、硅酸盐中二氧化钛含量的测定

钛的测定方法很多。由于硅酸盐试样中含钛量较低，例如 TiO_2 在普通硅酸盐水泥中的含量为 0.2%～0.3%，在黏土中为 0.4%～1%，所以通常采用光度法测定。钛（Ⅳ）有数百种有机显色剂可用于光度测定，其中主要是含有羟基的有机试剂、安替比林类染料、三苯甲烷类染料、偶氮化合物等以及它们和表面活性剂等形成的多元配合物，有不少方法属于高灵敏度分光光度法 [$\varepsilon > 1 \times 10^5$ L/(mol·cm)]，准确度较高。常用的是过氧化氢光度法、二安替比林甲烷光度法和钛铁试剂光度法等。另外，钛的配位滴定法通常有苦杏仁酸置换-铜盐溶液返滴定法和过氧化氢配位-铋盐溶液返滴定法。

（一）方法综述

1. 过氧化氢光度法

在酸性条件下，TiO^{2+} 与 H_2O_2 形成黄色的 $[TiO(H_2O_2)]^{2+}$ 配离子，其 $\lg K = 4.0$，$\lambda_{max} = 405nm$，$\varepsilon_{405} = 740$L/(mol·cm)。过氧化氢光度法简便快速，但灵敏度和选择性

较差。

该方法应注意以下问题。

① 显色反应可以在硫酸、硝酸、过氯酸或盐酸介质中进行，一般在 5%～6% 的硫酸溶液中显色。显色反应的速率和配离子的稳定性受温度的影响，通常在 20～25℃ 显色，3min 可显色完全，稳定时间在 1d 以上。过氧化氢的用量，以控制在 50mL 显色体积中加 3% 过氧化氢 2～3mL 为宜。

② 为了防止铁（Ⅲ）离子黄色所产生的正干扰，需加入一定量的磷酸。但由于 PO_4^{3-} 与钛（Ⅳ）能生成配离子而减弱 $[TiO(H_2O_2)]^{2+}$ 配离子的颜色，因此必须控制磷酸浓度在 2% 左右，并且在标准系列中也加入等量的磷酸，以减少其影响。

③ 铀、钍、钼、钒、铬和铌在酸性溶液中能与过氧化氢生成有色配合物，铜、钴和镍等离子具有颜色，它们含量高时对钛的测定有影响。F^-、PO_4^{3-} 与钛形成配离子而产生负误差。大量碱金属硫酸盐（特别是硫酸钾）会降低钛与过氧化氢配合物的颜色强度，可以采取提高溶液中硫酸浓度至 10%，并在标准中加入同样的盐类，以消除其影响。用 NaOH 或 KOH 沉淀钛，可有效分离钼和钒；用氨水沉淀钛、铁，可使铜、钴、镍分离；试样本身存在一定量铝（或加入），与 F^- 形成稳定的 $[AlF_6]^{3-}$，可消除 F^- 的干扰。

2. 二安替比林甲烷光度法

二安替比林甲烷光度法灵敏度较高，而且易于掌握，重现性和稳定性好。该法的应用实例参见本节中二氨基比林甲烷光度法。

显色反应的速率随酸度的提高和显色剂浓度的降低而减慢。反应介质选用盐酸，因硫酸溶液会降低配合物的吸光度。比色溶液最适宜的盐酸酸度范围为 0.5～1mol/L。如果溶液的酸度太低，一方面很容易引起 TiO^{2+} 的水解；另一方面，当以抗坏血酸还原 Fe^{3+} 时，由于 TiO^{2+} 与抗坏血酸形成不易破坏的微黄色配合物，而导致测定结果的偏低。如果溶液酸度达 1mol/L 以上，有色溶液的吸光度将明显下降。当显色剂的浓度为 0.03mol/L 时，1h 可显色完全，并稳定 24h 以上。

该法有较高的选择性。在此条件下大量的铝、钙、镁、铍、锰（Ⅱ）、锌、镉及 BO_3^{3-}、SO_4^{2-}、EDTA、$C_2O_4^{2-}$、NO_3^-，100mg PO_4^{3-}，5mg Cu^{2+}、Ni^{2+}、Sn^{4+}，3mg Co^{2+}、Sb(V)、钍，2mg 铀、铋（Ⅲ）、砷（Ⅲ），0.1mg 铂均不干扰。Fe^{3+} 能与二安替比林甲烷（简写为 DAPM）形成棕色配合物，铬（Ⅲ）、钒（V）、铈（Ⅳ）本身具有颜色，使测定结果产生显著的正误差，可加入抗坏血酸还原。钨、钼能与 DAPM 形成白色沉淀，可提高酸度来减小影响。钍、锆、铈、铌量大时引起负干扰，可加酒石酸并延长显色时间至 4h 以上，以消除其影响。F^-、ClO_4^-、H_2O_2 能与钛或 DAPM 生成配合物或沉淀，应避免。大量的硅对测定有影响，但用分离硅酸后的滤液来测定钛却很方便。

配离子 $[Ti(DAPM)_3]^{4+}$ 可与 Br^-、I^-、SCN^-、$SnCl_3^-$、邻苯二酚紫等形成疏水性的离子缔合物，再用有机溶剂萃取它们的离子缔合物，可进一步提高测定的灵敏度。

3. 钛铁试剂光度法

钛铁试剂光度法不仅灵敏度高，而且可用于微量钛、铁的连续测定。

钛铁试剂（又称试钛灵）的化学名称为 1,2-羟基苯-3,5-二磺酸钠，也称为邻苯二酚-3,5-二磺酸钠。在 pH 为 4.7～4.9 时，钛铁试剂与钛形成黄色配合物，$\lambda_{max}=410nm$，$\varepsilon_{410}=1.5\times10^4L/(mol \cdot cm)$。在试样溶液中加入显色剂后 30～40min 即可显色完全，并稳定 4h 以上。线性范围为 0～200μg/50mL。

铜、钒、钼、铬、钨等与钛铁试剂能形成有色配合物，含量高时将干扰钛的测定，但在一般的硅酸盐岩石样品中含量甚微。铝、钙等能与钛铁试剂生成无色配合物而消耗显色剂，可适当增加钛铁试剂的用量来消除其影响。

在同样条件下，铁（Ⅲ）与钛铁试剂能形成蓝紫色配合物，最大吸收波长为 565nm，可进行铁的测定。显然，铁对钛的测定将产生影响。可通过加入还原剂抗坏血酸或亚硫酸钠来还原 Fe^{3+}，使蓝紫色消失，即消除铁对钛的干扰。所以，有时可进行铁和钛的连续测定。

4. 苦杏仁酸置换-铜盐溶液返滴定法

在 pH＝4 时，过量的 EDTA 可定量配位铝和钛，然后用铜盐回滴剩余的 EDTA。再加入苦杏仁酸，将 EDTA-Ti 配合物中的钛取代配位，用铜盐滴定释放的 EDTA。该法多应用于生料、熟料、黏土等 TiO_2 含量小于 1％的试样，由于可以同铁、铝在同一份溶液中连续滴定，十分方便。

在测定完铁后的溶液中，先在 pH 为 3.8～4.0 的条件下，以铜盐标准滴定溶液返滴定法测定 Al^{3+} ＋ TiO^{2+} 的合量，然后加入苦杏仁酸溶液，则苦杏仁酸夺取 $TiOY^{2-}$ 配合物中的 TiO^{2+}，与之生成更稳定的苦杏仁酸配合物，同时释放出与 TiO^{2+} 等物质的量的 EDTA，然后仍以 PAN 为指示剂，以铜盐标准滴定溶液返滴定释放出的 EDTA，从而求得 TiO_2 的含量。

该方法应注意以下问题。

① 用苦杏仁酸置换 $TiOY^{2-}$ 配合物中的 Y^{4-} 时，适宜的 pH 为 3.5～5。如 pH＜3.5，置换反应进行不完全；pH＞5，则 TiO^{2+} 水解倾向增强，配合物 $TiOY^{2-}$ 的稳定性随之降低。苦杏仁酸的加入量以 10mL 100g/L 溶液为宜。

② 测定某些成分比较复杂的试样，如某些黏土、页岩等，如溶液温度高于 80℃，至终点时褪色较快。此时，可在滴定之前将溶液冷却至 50℃ 左右，然后加入 3～5mL 95％的乙醇，以增大 PAN 及 Cu^{2+}-PAN 的溶解度，可改善终点。

③ 以铜盐回滴时，终点颜色与 EDTA 及指示剂的量有关，因此需作适当调整，以最后突变为亮紫色为宜。EDTA 过量 10～15mL 为宜，即回滴定硫酸铜溶液 $[c(CuSO_4)＝0.015mol/L]$ 大于 10mL。

④ 苦杏仁酸置换钛，以钛含量不大于 2mg 为宜。当钛含量较低，生产中又不需要测定钛时，可不用苦杏仁酸置换，全以铝量计算亦可。

5. 过氧化氢配位-铋盐溶液返滴定法

此法多应用于矾土、高铝水泥、钛渣等含钛量较高的试样，被列入 GB/T 205—2008《铝酸盐水泥化学分析方法》中。

在滴定完 Fe^{3+} 的溶液中，加入适量过氧化氢溶液，使之与 TiO^{2+} 生成 $[TiO(H_2O_2)]^{2+}$ 黄色配合物，然后再加入过量 EDTA，使之生成更稳定的三元配合物 $[TiO(H_2O_2)Y]^{2-}$。剩余的 EDTA 以半二甲酚橙（SXO）为指示剂，用铋盐溶液返滴定。其反应式为：

$$TiO^{2+} + H_2O_2 \Longrightarrow [TiO(H_2O_2)]^{2+}$$

$$[TiO(H_2O_2)]^{2+} + H_2Y^{2-} \Longrightarrow [TiO(H_2O_2)Y]^{2-} + 2H^+$$

$$Bi^{3+} + H_2Y^{2-}（剩余）\Longrightarrow BiY^- + 2H^+$$

终点时

$$\underset{\text{（黄色）}}{Bi^{3+}} + SXO \Longrightarrow \underset{\text{（红色）}}{Bi^{3+}\text{-}SXO}$$

该方法应注意以下问题。

① 试验溶液的 pH 一般控制在 1～1.5。若 pH＜1，不利于配合物 $[TiO(H_2O_2)Y]^{2-}$ 的形成；pH＞2，则 TiO^{2+} 的水解倾向增强，$[TiO(H_2O_2)Y]^{2-}$ 的稳定性降低，另外 Al^{3+} 有可能产生干扰，应以硝酸（1+1）调整 pH 至 1.5。这里不使用盐酸，是以防 Cl^- 对 Bi^{3+} 的干扰。

② 过氧化氢的加入量一般为 5 滴 30％的 H_2O_2。过多的 H_2O_2 在其后测定铝时，在煮沸条件下将对 EDTA 产生一定的破坏作用，影响铝的测定结果。

③ 溶液温度不宜超过 20℃，以防止 Al^{3+} 的干扰。如温度超过 35℃，则滴定终点拖长，测定结果明显偏高。

④ EDTA 过量不宜太多。特别是测定铝矾土及铝酸盐水泥等高铝试样时，如分取出含 0.05g 试样的溶液测定钛时，0.015mol/L EDTA 溶液过量 1.5~3.0mL 较适宜，即返滴定消耗的 0.015mol/L 铋盐溶液为 1.5~3.0mL。测定高钛样品时，由于铝的含量较低，EDTA 可以多过量一些。

（二）二安替比林甲烷光度法

1. 方法原理

在酸性溶液中 TiO^{2+} 与二安替比林甲烷生成黄色配合物，于波长 420nm 处测定其吸光度。用抗坏血酸消除 Fe^{3+} 的干扰。此法在国家标准 GB/T 176—2008 中列为基准法。

在盐酸或硫酸介质中，二安替比林甲烷与 TiO^{2+} 生成极为稳定的组成为 1∶3 的黄色配合物，反应为：

$$TiO^{2+} + 3DAPM + 2H^+ \longrightarrow [Ti(DAPM)_3]^{4+} + H_2O$$

其吸光度同钛离子浓度的关系符合比尔定律，配合物的最大吸收波长在 380~420nm 处，摩尔吸光系数约为 $1.47×10^4 L/(mol·cm)$。

2. 试剂和仪器

（1）试剂

① 盐酸溶液：1+2、1+11。

② 抗坏血酸溶液：5g/L，将 0.5g 抗坏血酸溶于 100mL 水中，过滤后使用。用时现配。

③ 二安替比林甲烷溶液：30g/L 盐酸溶液，将 15g 二安替比林甲烷（$C_{23}H_{24}N_4O_2$）溶于 50mL 盐酸（1+11）中，过滤后使用。

（2）仪器 分光光度法常用仪器。

3. 测定步骤

（1）二氧化钛（TiO_2）标准溶液的配制 称取 0.1000g（精确至 0.0001g）经高温灼烧过的二氧化钛，置于铂（或瓷）坩埚中，加入 2g 焦硫酸钾，在 500~600℃ 下熔融至透明。熔块用硫酸（1+9）浸出，加热至 50~60℃ 使熔块完全熔解，冷却后移入 1000mL 容量瓶中，用硫酸（1+9）稀释至标线，摇匀。此标准溶液每毫升含有 0.1mg 二氧化钛。

吸取 100.00mL 上述标准溶液于 500mL 容量瓶中，用硫酸（1+9）稀释至标线，摇匀，此标准溶液每毫升含有 0.02mg 二氧化钛。

（2）工作曲线的绘制 吸取 0.02mg/mL 二氧化钛的标准溶液 0、2.50mL、5.00mL、7.50mL、10.00mL、12.50mL、15.00mL 分别放入 100mL 容量瓶中，依次加入 10mL 盐酸（1+2）、10mL 抗坏血酸溶液（5g/L）、5mL 95%（体积分数）乙醇、20mL 二安替比林甲烷溶液（30g/L），用水稀释至标线，摇匀。放置 40min 后，使用分光光度计，在 10mm 比色皿中，以水作参比于 420nm 处测定溶液的吸光度。用测得的吸光度作为相对应的二氧化钛含量的函数，绘制工作曲线。

（3）测定 从上述溶液 A 中吸取 25.00mL 溶液放入 100mL 容量瓶中，加入 10mL 盐酸（1+2）及 10mL 抗坏血酸溶液（5g/L），放置 5min。加入 5mL 95%（体积分数）乙醇、20mL 二安替比林甲烷溶液（30g/L），用水稀释至标线，摇匀。放置 40min 后，使用分光光度计，在 10mm 比色皿中，以水作参比于 420nm 处测定溶液的吸光度。在工作曲线上查出二氧化钛的含量（m_4）。

4. 结果计算

二氧化钛的质量分数 $w(TiO_2)$ 按下式计算：

$$w(TiO_2) = \frac{m_4 × 10}{m × 1000} × 100\%$$

$$(4-14)$$

式中，m_4 为 100mL 测定溶液中二氧化钛的含量，mg；m 为试料的质量，g。

5. 方法讨论

① 比色用的试样溶液 A 可以是氯化铵重量法测定硅后的溶液，也可以是用氢氧化钠熔融后的盐酸溶液。但加入显色剂前，需加入 5mL 乙醇，以防止溶液浑浊而影响测定。

② 抗坏血酸及二安替比林甲烷溶液不宜久放，应现用现配。

五、硅酸盐中氧化钙含量的测定

钙和镁在硅酸盐试样中常常一起出现，常需同时测定。在经典分析系统中是将它们分开后，再分别以重量法或滴定法测定；而在快速分析系统中，则常常在一份溶液中控制不同条件分别测定。钙和镁的光度分析方法也很多，并有不少高灵敏度的分析方法，例如，Ca^{2+} 与偶氮胂 M 及各种偶氮羧试剂的显色反应，一般都很灵敏，$\varepsilon > 1 \times 10^5 L/(mol \cdot cm)$；$Mg^{2+}$ 与铬天青 S、苯基荧光酮类试剂的显色反应，在表面活性剂的存在下，生成多元配合物，$\varepsilon > 1 \times 10^5 L/(mol \cdot cm)$。由于硅酸盐试样中 Ca、Mg 含量不低，普遍采用配位滴定法和原子吸收分光光度法。

（一）方法综述

1. 配位滴定法

在一定的条件下，Ca^{2+}、Mg^{2+} 能与 EDTA 形成稳定的 1：1 型配合物（Mg-EDTA 的 $K_稳 = 10^{8.89}$，Ca-EDTA 的 $K_稳 = 10^{10.59}$）。选择适宜的酸度条件和适当的指示剂，可用 EDTA 标准滴定溶液滴定钙、镁。

（1）酸度控制　EDTA 滴定 Ca^{2+} 时的最高允许酸度为 pH＞7.5，滴定 Mg^{2+} 时的最高允许酸度为 pH＞9.5。在实际操作中，常控制在 pH＝10 时滴定 Ca^{2+} 和 Mg^{2+} 的合量，再于 pH＞12.5 时滴定 Ca^{2+}。单独滴定 Ca^{2+} 时，控制 pH＞12.5，使 Mg^{2+} 生成难离解的 $Mg(OH)_2$，可消除 Mg^{2+} 对测定 Ca^{2+} 的影响。

（2）滴定方式

① 分别滴定法。在一份试液中，以氨-氯化铵缓冲溶液控制溶液的 pH＝10，用 EDTA 标准滴定溶液滴定钙和镁的合量；然后，在另一份试液中，以 KOH 溶液调节 pH 为 12.5～13，在氢氧化镁沉淀的情况下，用 EDTA 标准滴定溶液滴定钙，再以差减法确定镁的含量。

② 连续滴定法。在一份试液中，用 KOH 溶液先调至 pH 为 12.5～13，用 EDTA 标准滴定溶液滴定钙；然后将溶液酸化，调节 pH＝10，继续用 EDTA 标准滴定溶液滴定镁。

（3）指示剂的选择　配位滴定法测定钙、镁的指示剂很多，而且不断研究出新的指示剂。配位滴定钙时，指示剂有紫脲酸铵、钙试剂、钙黄绿素、酸性铬蓝 K、安替比林甲烷、偶氮胂Ⅲ、双偶氮钯等。其中，紫脲酸铵的应用较早，但是它的变化不够敏锐，试剂溶液不稳定，现已很少使用，而钙黄绿素和酸性铬蓝 K 的应用较多。配位滴定镁时，指示剂有铬黑 T、酸性铬蓝 K、铝试剂、钙镁指示剂、偶氮胂Ⅲ等。其中，铬黑 T 和酸性铬蓝 K 的使用较多。

钙黄绿素是一种常用的荧光指示剂，在 pH＞12 时，其本身无荧光，但与 Ca^{2+}、Mg^{2+}、Sr^{2+}、Ba^{2+}、Al^{3+} 等形成配合物时呈现黄绿色荧光，对 Ca^{2+} 特别灵敏。但是，钙黄绿素在合成或贮存过程中有时会分解而产生荧光黄，使滴定终点仍有残余荧光。因此，常对该指示剂进行提纯处理，或以酚酞、百里酚酞溶液加以掩蔽。另外，钙黄绿素也能与钾、钠离子产生微弱的荧光，但钾的作用比钠弱，故尽量避免使用钠盐。

酸性铬蓝 K 是一种酸碱指示剂，在酸性溶液中呈玫瑰红色。它在碱性溶液中呈蓝色，能与 Mg^{2+}、Ca^{2+} 形成玫瑰色的配合物，故可用作滴定钙、镁的指示剂。为使终点变化敏锐，常加入萘酚绿 B 作为衬色剂。采用酸性铬蓝 K-萘酚绿 B 作指示剂，二者配比要合适。

若萘酚绿 B 的比例过大，绿色背景加深，使终点提前到达；反之，终点拖后且不明显。一般二者配比为 1：2 左右，但需根据试剂质量，通过试验确定合适的比例。

（4）干扰情况及其消除方法　EDTA 滴定钙、镁时的干扰有两类，一类是其他元素对钙镁测定的影响，另一类是钙和镁的相互干扰。现分述如下。

① 其他元素对钙镁测定的影响。EDTA 滴定法测定钙、镁时，铁、铝、钛、锰、铜、铅、锌、镍、铬、锶、钡、铀、钍、锆、稀土等金属元素及大量硅、磷等均有干扰。它们的含量低时可用掩蔽法消除，量大时必须分离。

掩蔽剂可选用三乙醇胺、氰化钾、二巯基丙醇、硫代乙醇酸、二乙基二硫代氨基甲酸钠（铜试剂）、L-半胱氨酸、酒石酸、柠檬酸、苦杏仁酸、硫酸钾等。三乙醇胺可以掩蔽铁（Ⅲ）、铝、铬（Ⅲ）、铍、钛、锆、锡、铌、铀（Ⅳ）和少量锰（Ⅲ）等；氰化钾可掩蔽银、镉、铜、钴、铁（Ⅱ）、汞、锌、镍、金、铂族元素、少量铁（Ⅲ）和锰等；二巯基丙醇可掩蔽砷、镉、汞、铅、锑、锡（Ⅳ）、锌及少量钴和镍等；硫代乙醇酸可掩蔽铋、镉、汞、铟、锡（Ⅱ）、铊（Ⅰ）、铅、锌及少量铁（Ⅲ）等；铜试剂可掩蔽银、钴、铜、汞、锑（Ⅲ）、铅、镍、锌等；L-半胱氨酸可掩蔽少量的铜、钴、镍等；酒石酸可掩蔽铁（Ⅲ）、铝、砷（Ⅲ）、锡（Ⅳ）等；苦杏仁酸可有效掩蔽钛；硫酸钾可掩蔽锶和钡。实际工作中，常用混合掩蔽剂，如三乙醇胺-氰化钾、酒石酸-三乙醇胺-铜试剂、三乙醇胺-氰化钾-L-半胱氨酸等。

钙、镁与其他元素的分离，常用六亚甲基四胺-铜试剂小体积沉淀法。在小体积的 pH 为 6～6.5 的六亚甲基四胺溶液中，铝、钛、锡、铬（Ⅲ）、钍、锆、铀（Ⅳ）呈氢氧化物沉淀；铜试剂能和铜、铅、锌、钴、镍、镉、汞、银、锑（Ⅲ）等形成配合物沉淀。铁（Ⅲ）先形成氢氧化物沉淀，然后转变为铁（Ⅲ）-铜试剂沉淀。锰在 pH＞8 时才能沉淀完全（这里需用氨水代替六亚甲基四胺）。当试液中含量大量铁、铝时，磷、钼、钒亦可沉淀完全。沉淀时溶液的温度应控制在 40～60℃ 时加入铜试剂，温度太低时，沉淀颗粒小，体积大，容易吸附钙和镁；温度太高，铜试剂易分解。另外，酸度太小，铜试剂也容易分解，因此，一般控制在 pH＝6 左右沉淀为宜。

② 钙和镁的相互干扰。EDTA 滴定法测定钙镁时，它们的相互影响，主要是由于镁含量高及钙与镁含量相差悬殊时的互相影响。例如，在 pH≥12.5 时滴定钙，若镁含量高，则生成的氢氧化镁的量大，它吸附 Ca^{2+}，将使结果偏低；它吸附指示剂，使终点不明显，滴定过量，又将使结果偏高。

为了解决钙、镁在配位滴定中的相互干扰，除用各种化学分离方法将钙、镁分离后分别测定以外，还可以采取以下方法。

a. 加入胶体保护剂，以防止氢氧化镁沉淀凝聚。在大量镁存在下滴定钙时，可在滴定前加入糊精、蔗糖、甘油或聚乙烯醇等作为氢氧化镁的胶体保护剂，使调节酸度时所生成的氢氧化镁保持胶体状态而不致凝聚析出沉淀，以降低氢氧化镁沉淀吸附钙的影响。这些保护剂中，糊精效果良好，应用较为普遍。

b. 在氢氧化镁沉淀前用 EDTA 降低钙离子的浓度。为了减少氢氧化镁沉淀吸附 Ca^{2+} 所造成的误差，可以在酸性条件下加入一定量的标准 EDTA 溶液。这样，在调节酸度至氢氧化镁沉淀时，试液中的 Ca^{2+} 就已经部分或全部地与 EDTA 生成了配合物，被氢氧化镁吸附而造成的误差就大大减小。具体操作方法有两种：一种是加入过量 EDTA 后，调节 pH 为 12.5～13，用钙标准溶液滴定过剩的 EDTA；另一种是加入一定量（按化学计量约相当于钙量的 95%）的 EDTA，再调至 pH 为 12.5～13，加入适当的指示剂，再用 EDTA 滴定至终点。

c. 改用其他的配位剂作为滴定剂。氨羧配位剂中，除 EDTA 外，其他许多配位剂均能与 Ca^{2+}、Mg^{2+} 形成稳定配合物，可用于配位滴定钙和镁，特别是 1,2-二胺环己烷四乙酸

（简写为 CyDTA 或 DCTA）和乙二醇-双（β-氨基乙基）醚-N,N,N',N'-四乙酸（简写为 EGTA）。它们与 Ca^{2+}、Mg^{2+} 生成配合物的稳定性与 EDTA 配合物的稳定性有差别。

$$\lg K_{Ca\text{-}EGTA} = 10.97 > \lg K_{Ca\text{-}EDTA} = 10.69$$
$$\lg K_{Mg\text{-}EDTA} = 8.69 > \lg K_{Mg\text{-}EGTA} = 5.21$$

利用其配合物稳定常数的差异，恰当地选择其中两种配位剂加以配合使用，可以很好地解决钙、镁配位滴定中的相互干扰问题。

对于大量镁存在下钙的滴定，可控制在 pH 为 7.8 ± 0.2，直接用 EGTA 滴定混合溶液中的钙。由于 Mg-EGTA 的稳定常数小，不干扰测定。

对于大量 Ca^{2+} 存在下镁的滴定，可以采用如下方法：

（a）基于 Mg-CyDTA 的稳定常数较大（11.02），在 pH＝10 时，加入草酸掩蔽 Ca^{2+}，然后以 CyDTA 直接滴定镁。

（b）基于 Ca-EGTA 的稳定性大于 Mg-EGTA，于 pH＝12.5 时用 EGTA 滴定钙，并加过量 EGTA 掩蔽 Ca^{2+}。然后，于 pH＝10 时用 EDTA 或 CyDTA 滴定镁。

（c）利用 Ca^{2+}、Ba^{2+}、Mg^{2+} 与 EGTA 生成配合物的稳定常数的差别，于混合溶液中加入多于 Ca^{2+} 量（按化学计量关系）的 Ba-EGTA 溶液和硫酸钠溶液，反应结果生成 Ca-EGTA 和硫酸钡沉淀（不需过滤），然后按常法用 EDTA 滴定镁。此法可允许 150 倍的钙存在。

d. 选用其他选择性金属指示剂。有机试剂的广泛研究，出现了许多新的金属指示剂。其中，有的具有相当高的选择性。例如，EDTA 滴定法测定钙时，应用双偶氮钯［2,7-双（对胂基苯偶氮)-1,8-二羟基-3,6-二磺酸］作指示剂，于 0.1mol/L 氢氧化钠介质中滴定，在 10mg 镁存在下，可准确滴定 1～10mg 钙。该指示剂发生颜色转变的机理是：在碱性介质中，于氢氧化镁沉淀上形成蓝色的钙-镁-双偶氮钯三元配合物，以 EDTA 滴定钙至终点时，钙已与 EDTA 生成更稳定物的配合物，指示剂与金属离子的显色产生转变，生成红紫色的镁-双偶氮钯二元配合物。因此，不仅颜色变化敏锐，而且镁的存在不干扰钙的测定。

2. 原子吸收分光光度法

原子吸收分光光度法测定钙和镁，是一种较理想的分析方法，操作简便，选择性、灵敏度高。

① 钙的测定。在盐酸或过氯酸介质中，加入氯化锶消除干扰，用空气-乙炔火焰，于 422.7nm 波长下测定钙，其灵敏度为 $0.084\mu g(CaO)/mL$。

② 镁的测定。介质的选择与钙的测定相同，只是盐酸的最大允许浓度为 10%。在实际工作中可以控制与钙的测定完全相同的化学条件。在 285nm 波长下测定镁，其灵敏度为 $0.017\mu g(MgO)/mL$。

采用该方法应注意以下问题：

① 原子吸收分光光度法测定钙、镁时，铁、铝、锆、铬、钒、铀以及硅酸盐、磷酸盐、硫酸盐和其他一些阴离子，都可能与钙、镁生成难挥发的化合物，妨碍钙、镁的原子化，故需在溶液中加入氯化锶、氯化镧等释放剂和 EDTA、8-羟基喹啉等保护剂。

② 钙的测定宜在盐酸或过氯酸介质中进行，不宜使用硝酸、硫酸、磷酸，因为它们将与钙、镁生成难熔盐类，影响其原子化，使结果偏低。盐酸浓度 2%、过氯酸浓度 6%、氯化锶浓度 10%对测定结果无影响。

③ 在实际工作中，常控制在 1%盐酸介质中，有氯化锶存在下进行测定。此时，大量的钠、钾、铁、铝、硅、磷、钛等均不影响测定，钙、镁之间即使含量相差悬殊也互不影响。另外，溶液中含有 1%的动物胶溶液 1mL 及 1g 氯化钠也不影响测定。所以在硅酸盐分析中，可直接分取测定二氧化硅的滤液来进行钙、镁的原子吸收法测定，还可以用氢氟酸、过氯酸分解试样后进行钙、镁的测定。

(二) EDTA 配位滴定法

1. 方法原理

在 pH>13 的强碱性溶液中，以三乙醇胺（TEA）为掩蔽剂，选择钙黄绿素-甲基百里香酚蓝-酚酞（CMP）混合指示剂，用 EDTA 标准滴定溶液滴定。该法在国家标准 GB/T 176—2008 中列为基准法。在代用法中，则预先向酸溶液中加入适量氟化钾，以抑制硅酸的干扰。

EDTA 配位滴定法测 Ca^{2+} 的主要反应如下：

$$pH>12.5 \qquad Ca^{2+}+CMP \Longrightarrow Ca^{2+}\text{-}CMP$$
$$\qquad\qquad\quad \text{（红色）} \qquad\qquad \text{（绿色荧光）}$$

化学计量点时：

$$Ca^{2+}\text{-}CMP+H_2Y^{2-} \Longrightarrow CaY^{2-}+CMP+2H^+$$
$$\text{（绿色荧光）} \qquad\qquad\qquad \text{（红色）}$$

2. 试剂和仪器

(1) 试剂

① 三乙醇胺：1+2。

② 氢氧化钾溶液：200g/L。

③ 钙黄绿素-甲基百里香酚蓝-酚酞混合指示液（简称 CMP 混合指示液）：详见本节中氧化铁的测定中。

(2) 仪器　滴定分析法常用仪器。

3. 测定步骤

从上述溶液 A 中吸取 25.00mL 溶液放入 300mL 烧杯中，加水稀释至约 200mL，加 5mL 三乙醇胺（1+2）及少许的钙黄绿素-甲基百里香酚蓝-酚酞混合指示液，在搅拌下加入氢氧化钾溶液（200g/L），至出现绿色荧光后再过量 5~8mL，此时溶液在 pH=13 以上。用 $c(EDTA)=0.015mol/L$ 的 EDTA 标准滴定溶液滴定至绿色荧光消失并呈现红色。

4. 结果计算

氧化钙的质量分数 $w(CaO)$ 按下式计算：

$$w(CaO)=\frac{T_{CaO}\times V\times 10}{m\times 1000}\times 100\% \tag{4-15}$$

式中，T_{CaO} 为每毫升 EDTA 标准滴定溶液相当于氧化钙的质量，mg/mL；V 为滴定时消耗 EDTA 标准滴定溶液的体积，mL；m 为试料的质量，g。

5. 方法讨论

① 在不分离硅的试液中测定钙时，在强碱性溶液中生成硅酸钙，使钙的测定结果偏低。可将试液调为酸性后，加入一定量的氟化钾溶液，并搅拌与放置 2min 以上，生成氟硅酸。

$$H_2SiO_3+6H^++6F^- \Longrightarrow H_2SiF_6+3H_2O$$

再用氢氧化钾将上述溶液碱化，发生下列反应：

$$H_2SiF_6+6OH^- \Longrightarrow H_2SiO_3+6F^-+3H_2O$$

该反应速率较慢，新释出的硅酸为非聚合状态的硅酸，在 30min 内不会生成硅酸钙沉淀。因此，当碱化后应立即滴定，即可避免硅酸的干扰。

加入氟化钾的量应根据不同试样中二氧化硅的大致含量而定。例如，含 SiO_2 为 2~15mg 的水泥、矾土、生料、熟料等试样，应加入氟化钾溶液（20g/L KF·$2H_2O$）5~7mL；而含 SiO_2 为 25mg 以上的黏土、煤灰等试样，则加入 15mL。若加入氟化钾的量太多，则生成氟化钙沉淀，影响测定结果及终点的判断；若加入量不足，则不能完全消除硅的干扰，两者都使测定结果偏低。

② 铁、铝、钛的干扰可用三乙醇胺掩蔽。少量锰与三乙醇胺也能生成绿色配合物而被

掩蔽，锰量太高则生成的绿色背景太深，影响终点的观察。镁的干扰是在 pH＞12 的条件下使之生成氢氧化镁沉淀而消除。加入三乙醇胺的量一般为 5mL，但当测定高铁或高锰类试样时应增加至 10mL，并经过充分搅拌，加入后溶液应呈酸性，如变浑浊应立即以盐酸调至酸性并放置几分钟。

③ 使用银坩埚熔样时，会引入一定量的银离子，在滴钙时若采用甲基百里香酚蓝（MTB）作指示剂，终点变化不够敏锐，对 pH 的控制也较严格（pH＝12.8）。采用 CMP 作指示剂，即使有 1～5mg 银存在，对钙的滴定仍无干扰；共存镁量高时，终点也无返色现象，可用于菱镁矿、镁砂等高镁样品中钙的测定；而且对 pH 的要求较宽（pH＞12.5）；其缺点是在滴定时阳光不能直射，也不能使用钨丝灯光照射。所以，在氢氧化钠-银坩埚熔样的分析系统中应采用 CMP 指示剂，在铂坩埚熔融（半熔）试样的分析系统中应采用 MTB 或 CMP 指示剂。

加入 CMP 的量不宜过多，否则终点呈深红色，变化不敏锐。加入 MTB 的量也要适宜，过多，底色加深影响终点观察；过少，终点时颜色变化不明显。

④ 滴定至近终点时应充分搅拌，使被氢氧化镁沉淀吸附的钙离子能与 EDTA 充分反应。在使用 CMP 指示剂时，不能在光线直接照射下观察终点，应使光线从上向下照射。近终点时应观察整个液层，至烧杯底部绿色荧光消失呈现红色为止。

⑤ 测定高铁试样中的 Ca^{2+} 时，加入三乙醇胺后经过充分搅拌，先加入 200g/L 氢氧化钾至溶液黄色变浅，再加入少许 CMP 指示剂，在搅拌下继续加入氢氧化钾溶液 5～7mL。在测定高镁类试样中的低含量钙时，可用 CMP 作指示剂，氢氧化钾应过量至 15mL，使 Mg^{2+} 能完全生成氢氧化镁沉淀。

⑥ 如试样中含有磷，由于有磷酸钙生成，滴定近终点时应放慢速度并加强搅拌。当磷含量较高时，应采用返滴定法测 Ca^{2+}。

⑦ 测定铝酸盐水泥、矾土等高铝试样中的氧化钙时，通常采用硼砂-碳酸钾（1+1）于铂坩埚中熔样。由于引入的硼与部分氟离子形成 $[BF_6]^{3-}$，故氟化钾的加入量应为 15mL。另外，由于氟离子与硅酸的反应需在一定的酸度下进行，所以在加入氟化钾溶液前，注意先加 5mL 盐酸（1+1）。

六、硅酸盐中氧化镁含量的测定

氧化镁的测定方法主要有三种，即焦磷酸镁重量法、原子吸收光谱法及配位滴定法。前两种方法都是直接测定氧化镁的含量，其结果不受钙测定结果的影响，但重量法烦琐、费时，而原子吸收光谱法快速、简便、准确度高，在测定中遇到的化学干扰可加入锶盐消除，在国外的例行分析中使用比较普遍，在我国的国家标准 GB/T 176—2008 中也列为基准法。另外，配位滴定差减法尽管是一种间接法，精度较差，因钙的误差而引起镁更大的误差，但目前在国内的应用仍很普及，在国家标准 GB/T 176—2008 中列为代用法。

（一）原子吸收分光光度法

1. 方法原理

以氢氟酸-高氯酸分解或硼酸锂熔融，再用盐酸溶解试样的方法制备溶液，分取一定量的溶液，用锶盐消除硅、铝、钛等的干扰，在空气-乙炔火焰中，于 285.2nm 处测定吸光度。

与钙的测定基本相同。

2. 试剂和仪器

（1）试剂

① 盐酸：1+1、1+10。

② 氯化锶溶液：含锶 50g/L，将 152.2g 氯化锶（$SrCl_2 \cdot 6H_2O$）溶于水中，用水稀释至 1L，必要时过滤。

（2）仪器　原子吸收光谱仪、镁空心阴极灯等仪器。

3. 测定步骤

（1）氢氟酸-高氯酸分解试样　称取约 0.1g 试样，精确至 0.0001g，置于铂坩埚（或铂皿）中，用 0.5～1mL 水润湿，加 5～7mL 氢氟酸和 0.5mL 高氯酸，置于电热板上蒸发。近干时摇动坩埚以防溅失，待白色浓烟驱尽后取下放冷。加入 20mL 盐酸（1+1），温热至溶液澄清，取下放冷。转移到 250mL 容量瓶中，加 5mL 氯化锶溶液（含锶 50g/L），用水稀释至标线，摇匀。此溶液 B 供原子吸收光谱法测定氧化镁、氧化铁、氧化锰、氧化钾和氧化钠用。

（2）硼酸锂熔融试样　称取约 0.1g 试样，精确至 0.0001g，置于铂坩埚中，加入 0.5g 硼酸锂搅匀。用喷灯在低温下熔融，逐渐升高温度至 1000℃ 使熔成玻璃体，取下放冷。在铂坩埚内放入一个搅拌子（塑料外壳），并将坩埚放入预先盛有 150mL 盐酸（1+10）并加热至约 45℃ 的 200mL 烧杯中，用磁力搅拌器搅拌溶解，待熔块全部溶解后取出坩埚及搅拌子，用水洗净，将溶液冷却至室温，移至 250mL 容量瓶中，加 5mL 氯化锶溶液（锶50g/L），用水稀释至标线，摇匀。此溶液 C 供原子吸收光谱法测定氧化镁、氧化铁、氧化锰、氧化钾和氧化钠用。

（3）氧化镁（MgO）标准溶液的配制　称取 1.000g（精确至 0.0001g）已于 600℃ 灼烧过 1.5h 的氧化镁（MgO），置于 250mL 烧杯中，加入 50mL 水，再缓缓加入 20mL 盐酸（1+1），低温加热至全部溶解，冷却后移入 1000mL 容量瓶中，用水稀释至标线，摇匀。此标准溶液每毫升含有 1.0mg 氧化镁。

吸取 25.00mL 上述标准溶液于 500mL 容量瓶中，用水稀释至标线，摇匀。此标准溶液每毫升含有 0.05mg 氧化镁。

（4）工作曲线的绘制　分别吸取 0.05mg/mL 的氧化镁标准溶液 0、2.00mL、4.00mL、6.00mL、8.00mL、10.00mL、12.00mL 各自放入 500mL 容量瓶中，加入 30mL 盐酸及 10mL 氯化锶溶液（含锶 50g/L），用水稀释至标线，摇匀。将原子吸收光谱仪调节至最佳工作状态，在空气-乙炔火焰中，用镁空心阴极灯，于 285.2nm 处，以水校零测定溶液的吸光度。用测得的吸光度作为相对应的氧化镁含量的函数，绘制工作曲线。

（5）氧化镁的测定　从上述溶液 B 或溶液 C 中吸取一定量的试液放入容量瓶中（试液的分取量及容量瓶的体积视氧化镁的含量而定），加入盐酸（1+1）及氯化锶溶液（含锶 50g/L），使测定溶液中盐酸的浓度为 6%（体积分数），锶浓度为 1mg/mL。用水稀释至标线，摇匀。用原子吸收光谱仪和镁空心阴极灯，于 285.2nm 处在与工作曲线绘制时相同的仪器条件下测定溶液的吸光度，在工作曲线上查出氧化镁的浓度。

4. 结果计算

氧化镁的质量分数 $w(MgO)$ 按下式计算：

$$w(MgO) = \frac{c(MgO) \times V \times n \times 10^{-3}}{m} \times 100\% \tag{4-16}$$

式中，$c(MgO)$ 为测定溶液中氧化镁的浓度，mg/mL；V 为测定溶液的体积，mL；m 为上述 3(1) 或 3(2) 中试料的质量，g；n 为全部试样溶液与所分取试样溶液的体积比。

5. 方法讨论

① 现已研制出了水泥专用原子吸收光谱仪，可直接进行水泥原材料、半成品及成品中氧化镁的测定。

② 有关干扰等讨论参见钙的测定。

（二）配位滴定差减法

1. 方法原理

在 pH=10 的溶液中，以三乙醇胺、酒石酸钾钠（Tart）为掩蔽剂，用酸性铬蓝 K-萘酚绿 B 混合指示剂（简称 KB），以 EDTA 标准滴定溶液滴定，测得钙、镁含量，然后扣除氧化钙的含量，即得氧化镁含量。当试样中一氧化锰含量在 0.5% 以上时，在盐酸羟胺存在下，测定钙、镁、锰总量，差减法求得氧化镁含量。

在 pH＝10 时，反应如下：

$$Ca^{2+}（或\ Mg^{2+}）+KB \longrightarrow Ca^{2+}\text{-}KB（或\ Mg^{2+}\text{-}KB）$$
$$\qquad\qquad\qquad\qquad （纯蓝色）\qquad\qquad （红色）$$

$$Ca^{2+}（或\ Mg^{2+}）+H_2Y^{2-} \longrightarrow CaY^{2-}（或\ MgY^{2-}）+2H^+$$

化学计量点时：

$$Ca^{2+}\text{-}KB+H_2Y^{2-} \longrightarrow CaY^{2-}+KB+2H^+$$
$$\quad （红色）\qquad\qquad\qquad\qquad （纯蓝色）$$

$$Mg^{2+}\text{-}KB+H_2Y^{2-} \longrightarrow MgY^{2-}+KB+2H^+$$
$$\quad （红色）\qquad\qquad\qquad\qquad （纯蓝色）$$

2. 试剂和仪器

（1）试剂

① 三乙醇胺溶液：1＋2。

② 酒石酸钾钠溶液：100g/L。将 100g 酒石酸钾钠（$C_4H_4KNaO_6 \cdot 4H_2O$）溶于水中，稀释至 1L。

③ pH＝10 的缓冲溶液：将 67.5g 氯化铵溶于水中，加 570mL 氨水，加水稀释至 1L。

④ 酸性铬蓝 K-萘酚绿 B 混合指示剂：称取 1.000g 酸性铬蓝 K 与 2.5g 萘酚绿 B 和 50g 已在 105℃ 烘干过的硝酸钾，混合研细，保存在磨口瓶中。

（2）仪器　滴定分析法常用仪器。

3. 测定步骤

（1）一氧化锰含量在 0.5% 以下　从溶液 E 或溶液 A 中吸取 25.00mL 放入 400mL 烧杯中，加水稀释至约 200mL，加 1mL 酒石酸钾钠溶液（100g/L）、5mL 三乙醇胺溶液（1＋2），搅拌，然后加入 25mL pH＝10 的缓冲溶液及少许酸性铬蓝 K-萘酚绿 B 混合指示剂，用 $c(EDTA)＝0.015mol/L$ 的 EDTA 标准滴定溶液滴定，近终点时应缓慢滴定至纯蓝色。

（2）一氧化锰含量在 0.5% 以上　除将三乙醇胺溶液（1＋2）的加入量改为 10mL，并在滴定前加入 0.5～1g 盐酸羟胺外，其余分析步骤同（1）。

4. 结果计算

（1）一氧化锰含量在 0.5% 以下　氧化镁的质量分数 $w(MgO)$ 按下式计算：

$$w(MgO)=\frac{T_{MgO}\times(V_1-V_2)\times 10}{m\times 1000}\times 100\% \tag{4-17}$$

式中，T_{MgO} 为每毫升 EDTA 标准滴定溶液相当于氧化镁的质量，mg/mL；V_1 为滴定钙镁含量时消耗 EDTA 标准滴定溶液的体积，mL；V_2 为按本节中测定氧化钙时消耗 EDTA 标准滴定溶液的体积，mL；m 为试料的质量，g。

（2）一氧化锰含量在 0.5% 以上　氧化镁的质量分数 $w(MgO)$ 按下式计算：

$$w(MgO)=\frac{T_{MgO}\times(V_1-V_2)\times 10}{m\times 1000}\times 100\%-0.57w(MnO) \tag{4-18}$$

式中，T_{MgO} 为每毫升 EDTA 标准滴定溶液相当于氧化镁的质量，mg/mL；V_1 为滴定钙、镁、锰总量时消耗 EDTA 标准滴定溶液的体积，mL；V_2 为按本节中测定氧化钙时消耗 EDTA 标准滴定溶液的体积，mL；m 为试料的质量，g；$w(MnO)$ 为测得的氧化锰的质量分数；0.57 为一氧化锰对氧化镁的换算系数。

5. 方法讨论

① 当溶液中锰含量在 0.5% 以下时对镁的干扰不显著，但超过 0.5% 则有明显的干扰，

此时可加入 0.5～1g 盐酸羟胺，使锰呈 Mn^{2+}，并与 Mg^{2+}、Ca^{2+} 一起被定量配位滴定，然后再扣除氧化钙、氧化锰的含量，即得氧化镁含量。在测定高锰类样品时，三乙醇胺的量需增至 10mL，并需充分搅拌。

② 用酒石酸钾钠与三乙醇胺联合掩蔽铁、铝、钛的干扰。但必须在酸性溶液中先加酒石酸钾钠，然后再加三乙醇胺，使掩蔽效果更好。

③ 滴定近终点时，一定要充分搅拌并缓慢滴定至由蓝紫色变为纯蓝色。若滴定速度过快，将使结果偏高，因为滴定近终点时，由于加入的 EDTA 夺取镁-酸性铬蓝 K 中的 Mg^{2+}，而使指示剂游离出来，此反应速率较慢。

④ 在测定硅含量较高的试样中的 Mg^{2+} 时，也可在酸性溶液中先加入一定量的氟化钾来防止硅酸的干扰，使终点易于观察。不加氟化钾时会在滴定过程中或滴定后的溶液中出现硅酸沉淀，但对结果影响不大。

⑤ 在测定高铁或高铝类样品时，需加入 100g/L 酒石酸钾钠溶液 2～3mL、三乙醇胺（1＋2）10mL，充分搅拌后滴加氨水（1＋1）至黄色变浅，再用水稀释至 200mL，加入 pH＝10 的缓冲溶液后滴定，掩蔽效果好。

⑥ 如试样中含有磷，同样应使用 EDTA 返滴定法测定。

 **改进的氟硅酸钾容量法**

近年来，中国建筑材料科学研究院水泥与新材料研究所对国家标准 GB/T 176—2008 中列为代用法的氟硅酸钾容量法的具体操作步骤做了改进，使其技术难度显著降低，测定速度提高，为水泥生料配料的率值控制分析提供了快速手段。

（一）方法特点

1. 氯化钾的加入

氯化钾按计算量定量加入，而不必加至过饱和且过量 2g。这为分析操作至少带来两个好处：一是简化了加氯化钾操作，按规定量加入硝酸、氟化钾和氯化钾之后，放在冷水浴中，边冷却，边搅拌，总共 5min，氟硅酸钾即已定量生成且经过了陈化，从而大大加快了分析速度，且避免了氟铝酸盐沉淀的生成；二是氟硅酸钾沉淀中无固体氯化钾掺杂，沉淀的洗涤十分容易，速度快，减少了氟硅酸钾水解的倾向，也避免了未溶氯化钾晶体中夹裹的酸可能造成的影响。

氯化钾的加入量与试验溶液的体积及室温有关，也与试验溶液中钾离子的已有含量有关。一般控制试验溶液的体积为 80mL 左右，氯化钾的加入量参见表 4-3。按表加入氯化钾时，如发现塑料杯底部有少许氯化钾固体，一般稍加搅拌即可溶解。若搅拌后仍不溶解，氯化钾的加入量应适当减少。在氯化钾不析出的前提下，按表 4-3 所列的上限值加入。

表 4-3　氯化钾的加入量　　　　　　　　　　　　　　　　　单位：g

室温	<20℃	20～25℃	25～30℃	>30℃
0.15g 生料试样＋3g KOH	2～3	5	6～7	10
0.8g 生料试样＋8g NaOH，分取 1/5	7～8	10～11	13	16

2. 中和残余酸的条件

（1）中和介质及体积　中和介质采用 50g/L 氯化钾-50％乙醇溶液，可将氟硅酸钾的溶解度降至水中溶解度的 0.1％，且可降低其水解速度。

中和介质的体积在 25～100mL 之间都能得到正确结果。一般控制在 50mL，滤纸可以在其中悬浮，中和残余酸的操作较之在 10mL 介质中要容易得多。

（2）指示剂　采用甲基红作指示剂，其变色范围为 pH 4.4～6.2（红～黄），即在弱酸性时变色（而酚酞是在 pH 为 8～10 即弱碱性时由无色变为红色）。中和残余酸至 pH＝6 左右即告结束，而不中和至弱碱性，可防止氟硅酸钾水解。

加沸水使氟硅酸钾水解后，仍以酚酞为指示剂，以氢氧化钠标准滴定溶液滴定。滴定过程中首先是甲基红变色，由红变黄；继续滴定，则为酚酞变色，变为微红色，即为终点。

用此法测定水泥、生料、熟料、石灰石、黏土、铁粉、石膏等试样中的二氧化硅，取得了较好的效果。测定黏土时，宜用氢氧化钠熔样，分取 1/5 试验溶液测定二氧化硅，加 15mL 氟化钾溶液（150g/L KF·2H$_2$O），氟硅酸钾生成阶段的搅拌时间延长至 10min。

（二）二氧化硅快速测定方法

（1）采用银坩埚熔样的全分析试液　将试样用银坩埚-NaOH 熔融，按标准 GB/T 176—2008 中所列的方法制成溶液。用移液管移液 50mL 于塑料杯中，加 HNO$_3$ 10～15mL、150g/L 的氟化钾 10mL 和适量的 KCl，把塑料杯放到二氧化硅测定装置上，搅拌 5min，取下，用快速滤纸过滤，用 50g/L 的 KCl 水溶液洗塑料杯一次、滤纸两次。用 50g/L 的 KCl-50％乙醇溶液仔细冲洗杯壁两圈并继续加该溶液至约 50mL，加两滴甲基红指示剂，将滤纸放入杯中并展开，用 NaOH 中和至刚变黄色，加沸水 300mL。加 1mL 酚酞指示剂，用 NaOH 标准滴定溶液滴定至由红变黄，再变至微红为终点。

（2）采用镍坩埚熔样单独测定硅　称样约 0.15g，放入镍坩埚中，加 3g KOH，在高温熔样电炉上熔融 6min，取下用水急冷，从盖缝中加水半坩埚，必要时稍加热使熔体全部脱出，转移到塑料杯中，用 20mL HNO$_3$ 溶解，加 10mL 氟化钾溶液，用 HCl（1＋6）把坩埚洗净，保持杯中溶液体积 80mL 左右，加适量 KCl，把塑料杯放到二氧化硅测定装置上，搅拌 5min，取下，以后操作同（1）中所述。

上述两种分析方法适用于水泥、生料、熟料、石灰石、黏土、铁粉、石膏等各种硅酸盐样品中 SiO$_2$ 的测定。

习　题

1. 组成硅酸盐岩石矿物的主要元素有哪些？硅酸盐全分析通常测定哪些项目？

2. 何谓岩石全分析？它在工业建设中有何意义？

3. 硅酸盐试样中的水分有哪些存在形式？各有何特点？各用什么符号表示？

4. 在硅酸盐试样的分解中，酸分解法、熔融法中常用的溶（熔）剂有哪些？各溶（熔）剂的使用条件是什么？各有何特点？

5. 烧结法与熔融法有何区别？其优点是什么？

6. 何谓系统分析和分析系统？一个好的分析系统必须具备哪些条件？硅酸盐分析的主要分析系统有哪些？硅酸盐经典分析系统与快速分析系统各有什么特点？

7. 试列出水泥分析中基准法和代用法的分析流程。

8. 硅酸盐中二氧化硅的测定方法有哪些？其测定原理是什么？各有何特点？

9. 用氯化铵重量法测定二氧化硅时，使用盐酸和氯化铵的目的是什么？

10. 氟硅酸钾容量法常用的分解试样的溶（熔）剂是什么？为什么？应如何控制氟硅酸钾沉淀和水解滴定的条件？最后用氢氧化钠标准滴定溶液滴定时，为什么试液温度不能低于 70℃？本法的主要干扰元素有哪些？

11. 硅钼蓝光度法测定二氧化硅的关键是什么？如何控制？

12. EDTA 滴定法测定铝的滴定方式有哪几种？

13. 直接滴定法测定氧化铝时，采用 EDTA-Cu 和 PAN 指示液有何优点？滴定终点的颜色如何变化？

14. EDTA 返滴定法测定氧化铝的原理是什么？酸度如何控制？滴定终点的颜色如何变化？

15. 简述氟化铵置换 EDTA 配位滴定法测定铝的方法原理。

16. 简述 EDTA 配位滴定法测定硅酸盐系统分析溶液中铁、铝、钙、镁的主要反应条件。

17. 硅酸盐中铁的测定方法有哪些？基准法中的反应温度和酸度对测定有何影响？

18. 在钛的测定中，H_2O_2 光度法和二安替比林甲烷光度法的显色介质是什么？为什么？两种方法各有何特点？

19. 在钙、镁离子共存时，用 EDTA 配位滴定法测定其含量，如何克服相互之间的干扰？当大量镁存在时，如何进行钙的测定？

20. 水泥试样中氧化钙的测定，基准法与代用法的测定步骤有何不同？为什么？

21. 钙黄绿素-甲基百里香酚蓝-酚酞混合指示剂是如何指示反应终点的？

22. 原子吸收分光光度法测定铁、钙、镁时的介质和仪器条件应如何选择？

23. 称取某岩石样品 1.000g，以氟硅酸钾容量法测定硅的含量，滴定时消耗 0.1000mol/L NaOH 标准溶液 19.00mL，试求该试样中二氧化硅的含量。

第五章 钢 铁 分 析

学习指南

知识目标：

1. 了解钢铁的分类和牌号表示方法。

2. 了解钢铁五元素在钢铁中的存在形式及对钢铁性质的影响。

3. 掌握钢铁样品的采取和钢铁样品的分解方法。

4. 理解并掌握钢铁碳的分析方法类型和测定原理。

5. 理解并掌握钢铁硫的分析方法类型和测定原理。

6. 理解并掌握钢铁磷的分析方法类型和测定原理。

7. 理解并掌握钢铁锰的分析方法类型和测定原理。

8. 理解并掌握钢铁硅的分析方法类型和测定原理。

能力目标：

1. 能选择合适设备正确采取和制备钢铁样品。

2. 能根据不同的分析方法正确选择分解试剂并分解不同类型的钢铁样品。

3. 能熟练使用管式高温炉，采用燃烧-气体容量法或燃烧-非水滴定法准确测定钢铁中碳含量。

4. 能熟练使用管式高温炉，采用燃烧-碘量法或燃烧-酸碱滴定法准确测定钢铁中硫含量。

5. 能采用还原磷钼蓝光度法准确测定钢铁中磷含量。

6. 能采用硝酸铵氧化还原滴定法或高碘酸钠（钾）氧化光度法准确测定钢铁中锰含量。

7. 能采用硅钼杂多蓝光度法准确测定钢铁中硅含量。

第一节 概 述

纯金属及合金经熔炼加工制成的材料称为金属材料。金属材料通常分为黑色金属和有色金属两大类。黑色金属材料是指铁、铬、锰及它们的合金，通常称为钢铁材料。常用钢铁材料有钢、生铁、铁合金、铸铁及各种合金（高温合金、精密合金等）。各类钢铁是由铁矿石及其他辅助原料在高炉、转炉、电炉等各种冶金炉中冶炼而成的产品。

一、钢铁材料的分类

1. 钢的分类

钢是指含碳量低于 2％ 的铁碳合金，其成分除铁、碳外，还有少量硅、锰、硫、磷等杂质元素，合金钢还含有其他合金元素。一般工业用钢含碳量不超过 1.4％。钢的分类方法很多，常用分类方法有以下几种。

（1）按化学成分分类 钢铁材料可分为碳素钢和合金钢两种。

碳素钢：工业纯铁（含碳量≤0.04％）；低碳钢（含碳量≤0.25％）；中碳钢（含碳量在 0.25％～0.60％之间）；高碳钢（含碳量＞0.60％）。

合金钢：低合金钢（合金元素总量≤5%）；中合金钢（合金元素总量在5%～10%之间）；高合金钢（合金元素总量＞10%）。

（2）按品质分类　普通钢（磷含量≤0.045%，硫含量≤0.055%）；优质钢（磷含量、硫含量均≤0.040%）；高级优质钢（磷含量≤0.035%，硫含量≤0.030%）。

（3）按冶炼方法分类　按炉别分类有：平炉钢（碱性、酸性）；转炉钢（底吹、侧吹、顶吹）；电炉钢（电弧、电渣感应、真空感应）。

按脱氧程度分类有：沸腾钢；镇静钢；半镇静钢。

（4）按用途分类　结构钢（建筑及工程用钢、机械制造用钢）；工具钢（刃具、量具、模具等）；特殊性能钢（耐酸、低温、耐热、电工、超高强钢等）。

此外，还可以按制造加工形式（铸钢、锻钢、热轧、冷轧、冷拔等）或按金相组织（珠光体、铁素体、马氏体、奥氏体、双相钢等）分类。

2. 生铁的分类

生铁是含碳量高于2%的铁碳合金，通常按用途分为炼钢生铁和铸造生铁两类。

炼钢生铁是指用于炼钢的生铁，一般含硅量较低（<1.75%），含硫量较高（<0.07%）。高炉中生产出来的生铁主要用作炼钢生铁，占生铁产量的80%～90%。炼钢生铁质硬而脆，断口成白色，所以也叫白口铁。

铸造生铁是指用于铸造各种生铁、铸铁件的生铁，俗称翻砂铁。一般含硅量较高（可达3.75%），含硫量稍低（<0.06%）。因其断口呈灰色，所以也叫灰口铁。

3. 铁合金的分类

铁合金是含有炼钢时所需的各种合金元素的特种生铁，用作炼钢时的脱氧剂或合金元素添加剂。铁合金主要是以所含的合金元素来分，如硅铁、锰铁、铬铁、钼铁、钨铁、铌铁、钛铁、硅锰合金、稀土合金等。用量最大的是硅铁、锰铁和铬铁。

4. 铸铁的分类

铸铁也是一种含碳量高于2%的铁碳合金，是用铸造生铁原料经重熔调配成分再浇注而成的机件，一般称为铸铁件。

铸铁分类方法较多，按断口颜色可分为灰口铸铁、白口铸铁和麻口铸铁三类；按化学成分不同，可分为普通铸铁和合金铸铁两类；按组织、性能不同，可分为普通灰口铁、孕育铸铁、可锻铸铁、球墨铸铁、蠕墨铸铁和特殊性能铸铁（耐热、耐蚀、耐磨铸铁等）。

二、钢铁产品牌号表示方法

我国目前钢铁产品牌号表示方法是依据国家标准GB/T 221—2008的规定。标准规定采用汉语拼音字母、化学元素符号及阿拉伯数字相结合的方法表示。用汉语拼音字母表示产品名称、用途、特性和工艺方法；元素符号表示钢的化学成分；阿拉伯数字表示成分含量或作其他代号。

元素含量的表示方法是：含碳量一般在牌号头部，对不同种类的钢，其单位取值也不同。如碳素结构钢、低合金钢类以万分之一（0.01%）含碳量为单位，不锈钢、高速工具钢等以千分之一（0.1%）为单位。如20A钢平均含碳量为0.20%，2CrB平均含碳量也为0.20%。合金钢元素的含碳量写在元素符号后面，一般以百分之一为单位，低于1.5%的不标含量。

生铁牌号由产品名称代号与平均含硅量（以0.1%为单位）组成，铁合金牌号用主元素名称和平均含量百分数表示。铸铁牌号中还含有该材料的重要物理性能参数。

几类重要钢铁产品牌号表示方法如下。

1. 钢

（1）普通碳素结构钢　钢类名称（A、B、C），冶炼方法（Y、J），顺序号（1～7），脱氧程度（F，b）。

A——甲类钢：按机械性能供应的钢。

B——乙类钢：按化学成分供应的钢。

C——特类钢：既按机械性能又按化学成分供应的钢。

例如，A3F 表示甲类平炉 3 号沸腾钢，BY3 表示乙类氧气转炉 3 号镇静钢。

（2）优质碳素结构钢　含碳量（0.01%），含锰量（＞0.7%），脱氧程度或专门用途。

例如，05F 表示平均含碳量为 0.05% 的沸腾钢，45 号表示平均含碳量为 0.45% 的镇静钢，40Mn 表示平均含碳量为 0.40%、锰大于 0.7% 的镇静钢。

（3）碳素工具钢　钢类名称（T），含碳量（0.1%），含锰量（＞0.4%），钢品质（A、E、C）。

例如，T8MnA 表示平均含碳量为 0.8% 的高锰高级（含硫、磷较低）优质工具钢。

（4）合金结构钢　含碳量（0.01%），合金元素（元素符号），合金元素含量（11%），品质说明（A）。

例如，40CrVA 表示平均含碳量为 0.40%，含 Cr、V 但含量均小于 1.5% 的高级优质合金结构钢。

（5）滚动轴承钢　G，Cr，Cr，含量（0.1%），其他合金元素，含量（11%）。

例如，GCr15SiMn 表示平均含铬量 1.5%，含硅、锰不超过 1.5% 的滚动轴承钢。

（6）合金工具钢　含碳量以 0.1% 为单位，含碳≥1.0% 不标，其余同合金结构钢。

例如，9Mn2V 表示平均含碳 0.9%，含 2%Mn，含 V 不超过 1.5% 合金工具钢。

（7）高速工具钢　不标含碳量，其余同合金结构钢，如 W18Cr4V。

（8）不锈钢　与合金结构钢基本相同，但含碳量以 0.1% 为单位，且当含碳量≤0.08% 时以"0"表示，含碳量≤0.03% 时以"00"表示，如 0Cr13、00Cr18Ni10。

2. 生铁

产品名称符号，含硅量（0.1%）。

例如，Z30 表示平均含硅量为 3% 的铸造生铁，P10 表示平均含硅量为 1.0% 的平炉炼钢生铁。

3. 铁合金

主元素名称符号，主元素含量（1%）或顺序号（铬铁、锰铁）。

例如，Si90、Si45、MnSi23、Cr1、Cr4、Mn1、Mn3。

第二节　钢铁试样的采取、制备和分解

钢铁是熔炼产品，但是其组成并不均匀，这主要是在铸锭冷却时，由于其中各组分的凝固点不同而产生偏析现象，使硫、磷、碳等在锭中部分的分布不匀。故钢或生铁的铸锭、铁水、钢水在取样时，均需按一定的手续采取，才能得到平均试样。GB/T 222—2006 规定了钢的化学成分熔炼分析和成品分析用试样的取样。该标准还规定了成品化学成分允许偏差。

一、钢铁样品的采取

GB/T 222—2006 对钢铁试样的采取和制备规定如下。

（一）术语

1. 熔炼分析

熔炼分析是指在钢液浇注过程中采样取锭，然后进一步制成试样并对其进行的化学分析。分析结果表示同一炉或同一罐钢液的平均化学成分。

2. 成品分析

成品分析是指在经过加工的成品钢材（包括钢坯）上采取试样，然后对其进行的化学分析。成品分析主要用于验证化学成分，又称验证分析。由于钢液在结晶过程中产生元素的不均匀分布（偏析），成品分析的值有时与熔炼分析的值不同。

3. 成品化学成分允许偏差

成品化学成分允许偏差是指熔炼分析的值虽在标准规定的范围内，但由于钢中元素偏析，成品分析的值可能超出标准规定的成分范围。对超出的范围规定一个允许的数值，就是成品化学成分允许偏差。

（二）取样规则

① 用于钢的化学成分熔炼分析和成品分析的试样，必须在钢液或钢材具有代表性的部位采取。试样应均匀一致，能充分代表每一熔炼号（或每一罐）或每批钢材的化学成分，并应具有足够的数量，以满足全部分析要求。

② 化学分析用试样样屑，可以钻取、刨取，或用某些工具机制取。样屑应粉碎并混合均匀。制取样屑时，不能用水、油或其他润滑剂，并应去除表面氧化铁皮和脏物。成品钢材还应除去脱碳层、渗透层、涂层、镀层金属或其他外来物质。

③ 当用钻头采取试样样屑时，对熔炼分析或小断面钢材分析，钻头直径应尽可能地大，至少不应小于 6mm；对大断面钢材成品分析，钻头直径不应小于 12mm。

④ 供仪器分析用的试样样块，使用前应根据分析仪器的要求，适当地予以磨平或抛光。

（三）熔炼分析取样

① 测定钢的熔炼化学成分时，从每罐钢液采取两个制取试样的样锭，第二个样锭供复验用。样锭是在钢液浇注中期采取的。

② 当整个熔炼号的钢，用下注法浇注，且仅浇注一般钢锭时，样锭采取方法为：如浇注镇静钢，则应在浇注钢液达到保温帽部位并高出钢锭本体 50～100mm 时采取；如浇注沸腾钢，则应在浇注到距规定高度尚差 100～150mm 时采取。

③ 样锭浇注在样模内。模内应洁净、干燥。样模尺寸可为：下部内径 30～50mm，上部内径 40～60mm，高度为 70～120mm，或由工厂自选确定。

④ 往样模内浇注钢液时，钢流应均匀，不应使钢液流出或溢溅，样模不得注满。应使样模内钢液镇静地冷凝。沸腾钢可加入适量高纯度金属铝使其平静。样锭不应有气孔和裂缝。

⑤ 每个样锭应经检查员检查合格。样锭上应标明熔炼和样锭号。

⑥ 必要时样锭应进行缓慢冷却，或在制取样屑前对样锭进行热处理，以保证容易加工制样。

⑦ 未能按①或②的规定取得样锭时，或在仅浇注一盘钢锭情况下需采用与②的规定不同的取样方法时，由工厂制订补充办法，并报上级公司或主管部门批准。

⑧ 上述规定的熔炼分析取样，适用于平炉、转炉和电弧炉炼钢的熔炼分析。电渣炉、真空感应和真空自耗炼钢的熔炼分析，由工厂自行制订取样方法，或按有关技术条件的规定。

（四）成品分析取样

成品分析用的试样样屑，应按下列方法之一采取。不能按下列方法采取时，由供需双方协议。

1. 大断面钢材

① 大断面的初轧坯、方坯、扁坯、圆钢、方钢、锻钢件等，样屑应从钢材的整个横断面或半个横断面上刨取；或从钢材横断面中心至边缘的中间部位（或对角线 1/4 处）平行于轴线钻取；或从钢材侧面垂直于轴中心线钻取，此时钻孔深度应达钢材或钢坯轴心处。

② 大断面的中空锻件或管件，应从壁厚内外表面的中间部位钻取，或在端头整个断面

上刨取。

2. 小断面钢材

① 从钢材的整个断面上刨取（焊接钢管应避开焊缝）；或从断面上沿轧制方向钻取，钻孔应对称均匀分布；或从钢材外侧面的中间部位垂直于轧制方向用钻通的方法钻取。

② 当按上述①的规定不可能时，如钢带、钢丝，应从弯折叠合或捆扎成束的样块横断面上刨取，或从不同根钢带、钢丝上截取。

③ 钢管可围绕其外表面在几个位置钻通管壁钻取，薄壁钢管可压扁叠合后在横断面上刨取。

3. 钢板

① 纵轧钢板。钢板宽度小于 1m 时，沿钢板宽度剪切一条宽 50mm 的试料；钢板宽度大于或等于 1m 时，沿钢板宽度自边缘至中心剪切一条宽 50mm 的试料。将试料两端对齐，折叠 1～2 次或多次，并压紧弯折处，然后在其长度的中间，沿剪切的内边刨取，或自表面用钻通的方法钻取。

② 横轧钢板。自钢板端部与中央之间，沿板边剪切一条宽 50mm、长 500mm 的试料，将两端对齐，折叠 1～2 次或多次，并压紧弯折处，然后在其长度的中间，沿剪切的内边刨取，或自表面用钻通的方法钻取。

③ 厚钢板不能折叠时，则按上述的①或②所述相应折叠的位置钻取或刨取，然后将等量样屑混合均匀。

沸腾钢除在技术条件中，或双方协议中、有特殊规定外，不做成品分析。

二、钢铁样品的分解

钢铁试样主要采用酸分解法，常用的酸有盐酸、硫酸和硝酸。三种酸可单独使用或混合使用。分解钢铁样品时，若单独使用一种酸，往往分解不够彻底，混合使用时，可以取长补短，且能产生新的溶解能力。此外可用来分解钢铁样品的还有磷酸和高氯酸。

（1）盐酸 大部分金属与盐酸作用后生成的氯化物都易溶于水。盐酸中的氯离子可与某些金属离子生成稳定的配合物，有助于溶解；同时盐酸具有一定的还原性，有时也因还原作用而对钢铁能加速溶解。

（2）硝酸 几乎所有的硝酸盐都易溶于水。一些不易为盐酸或稀硫酸溶解的金属能被硝酸溶解，铝、铬在硝酸中易生成氧化膜而钝化，锑、锡、钨在硝酸中生成不溶性的酸。在溶解钢铁时，硝酸可以迅速分解碳化物而促使溶解，但石墨碳不易为硝酸所分解。

（3）硫酸 稀硫酸无氧化性，但热浓硫酸具有氧化性。硫酸盐一般可溶解于水（钡、锶、钙、铅等除外）。硫酸沸点高并有强的吸水性，在钢铁分析中，除用于溶解样品外，还用以逐出易挥发酸和起脱水作用。

（4）磷酸 由于磷酸的酸性相对较弱，在溶解钢铁试样时，磷酸一般不单独使用，加入的目的是利用其对部分金属离子的配位作用，使其在分析过程中起辅助作用。

（5）高氯酸 高氯酸盐一般都溶于水（钾、铷、铯和铵盐溶解度较小）。60%～72%的热高氯酸是强氧化剂和脱水剂，如能氧化三价铬到六价，使硅酸脱水。使用高氯酸必须注意安全，勿使热浓高氯酸接触有机物质，以免引起爆炸。另外，高氯酸与浓硫酸混合也会发生爆炸，是因后者使前者脱水而生成无水高氯酸所致。使用高氯酸后的通风橱，应充分通风驱尽高氯酸蒸气，并经常用水冲洗通风橱内部，定期检查通风橱木料部分有否变质，以免引起燃烧或爆炸。

综上所述，可知溶解生铁及碳素钢一般可采用盐酸和稀硫酸，有时需加入硝酸分解碳化物。但溶解用酸的选择不仅决定于物质的可溶性和溶解的快慢，还应考虑所测定的元素、采用的分析方法及引进的离子是否有干扰等方面。

第三节　钢铁中碳的测定

一、概述

碳是钢铁的重要元素，它对钢铁的性能影响很大。碳是区别铁与钢，决定钢号、品质的主要标志。正是由于碳的存在，才能用热处理的方法来调节和改善其机械性能。一般来说，随着碳含量的增加，钢铁的硬度和强度也相应提高，而韧性和塑性却变差。在冶炼过程中了解和掌握碳含量的变化，对冶炼的控制有着重要的指导意义。

通常，钢中含碳量在 0.05％～1.7％之间，铁中含碳量都大于 1.7％。碳含量小于 0.03％的钢称作超低碳钢。

碳在钢铁中主要以两种形式存在。一种是游离碳，如铁碳固溶体、无定形碳、退火碳、石墨碳等，可直接用"C"表示。另一种就是化合碳，即铁或合金元素的碳化物，如 Fe_3C、Mn_3C、Cr_3C_2、VC、MoC、TiC 等，可用"MC"表示。前者一般不与酸作用，即使是高氯酸发烟也无济于事；后者一般能溶解于酸而被破坏。这正是将两者分离与测定的依据。在钢中一般是以化合碳为主，游离碳只存于铁及经退火处理的高碳钢中。

一般在工厂化验室中，各种形态的化合碳的测定属于相分析的任务，在成分分析中，通常是测定碳的总量。化合碳的含量是总碳量和游离碳量之差求得的。对有些特殊试样，如生铁试样，有时就需要测定游离碳或化合碳含量。

（一）碳化物的性质及其在分析化学中的应用

1. 氧化物

碳与氧生成两种氧化物，完全氧化时生成二氧化碳，不完全氧化时则生成一氧化碳，二氧化碳在分析中具有较特殊的地位。

二氧化碳是无色、无味的气体，比空气重 1.5 倍，为直线型对称结构的非极性分子。有较低的液化点（−78℃），因而不易为其他物质所吸附。此外，由于碳氧双键很强，分子本身有很高的热稳定性，在 2000℃时，也只有 1.8％分解。二氧化碳的这些特性，为其测定带来了方便。

2. 酸碱性质

二氧化碳溶于水生成碳酸，故二氧化碳是碳酸酐。碳酸是一个二元弱酸，在水溶液中分步电离。

$$H_2CO_3 \rightleftharpoons H^+ + HCO_3^-$$

$$HCO_3^- \rightleftharpoons H^+ + CO_3^{2-}$$

二氧化碳在水中的溶解度并不大，室温下碳酸饱和溶液的浓度只有 0.04mol/L。可见，如果要在水溶液中直接滴定二氧化碳是较为困难的。且碳酸盐在水溶液中强烈水解，形成缓冲体系，使滴定反应不能进行到底。

测定二氧化碳的有效途径是采用非水介质予以强化，这对碳的测定具有十分重要的意义。由于二氧化碳是酸性氧化物，所以容易与强碱作用生成碳酸盐。这一反应是重量法和气体容量法测定碳的重要基础。

3. 沉淀反应

在碳酸盐中，除碱金属盐类外，其他碳酸盐大都不溶于水。例如，在氢氧化钡溶液中通以二氧化碳，生成碳酸钡沉淀。在分析上常利用此反应来进行微量碳的电导测定。

同样，如果以饱和的高氯酸钡溶液吸收二氧化碳，也能生成碳酸钡沉淀，这是库仑法测定碳的主要反应。

$$CO_2 + Ba(ClO_4)_2 + H_2O \longrightarrow BaCO_3 \downarrow + 2HClO_4$$

(二) 分离与富集

到目前为止，对于碳的分析，通常都是采用转化为二氧化碳的方式进行分离和富集的。对于金属中碳的测定，也不例外。只有在测定钢铁中游离碳（石墨碳）时，才采用酸分解的方式。由于石墨碳不溶于酸，而与化合碳及其他元素得到分离。

二、方法综述

总碳量的测定方法虽然很多，但通常都是将试样置于高温氧气流中燃烧，使之转化为二氧化碳再用适当方法测定。如气体容量法、吸收重量法、电导法、电量法、非水滴定法、光度滴定法、色谱法、微压法及红外吸收法等。作为分解试样的高温炉不外乎是电阻炉（立式炉、卧式炉）、高频炉及电弧引燃炉等。

目前测定碳的仪器状况：气体容量法定碳是一种经典的分析方法，为使其实现快速化，对经典的定碳仪进行了许多改进，但像量气管等主要部件仍然保留下来。此外，目前国内外已研制出了不少新的仪器，特别是微机和红外技术的应用，使仪器的功能、准确度、灵敏度及自动化程度大为改善，并实现了碳硫联测。

目前应用最多的测定二氧化碳的方法仍然是燃烧-气体容量法、滴定法、电导法、电量法。高频红外分析仪器定碳硫也日益增多。

1. 燃烧-气体容量法

燃烧-气体容量法自 1939 年应用以来，由于它操作迅速、手续简单、分析准确度高，因而迄今仍广泛应用，被国内外推荐为标准方法。其缺点是要有熟练的操作技巧，分析时间长，对于低碳的测定误差较大。

气体容量法是使用一种专门设计的仪器来测定试样中含碳量的方法。在这种仪器上测出的结果，实际上是二氧化碳的体积，为了把它换算成碳的百分含量，需用下列方法进行计算。

(1) 刻度标尺　钢铁定碳仪量气管的刻度，通常是在 101.3kPa 和 16℃时按每毫升滴定剂相当于每克试样含碳 0.05％ 刻制的，这个数字是根据以下计算得到的。

已知 1mol CO_2 在标准状况下所占体积为 22260mL，16℃时饱和水蒸气的压力为 1.813kPa，所以在 101.3kPa 和 16℃时所占体积，可根据气态方程式求出。

$$V_{16} = 22260 \times \frac{101.3}{101.3-1.813} \times \frac{273+16}{273} = 23994 (\text{mL})$$

由于碳原子的相对原子质量为 12，因此 12g 的碳生成二氧化碳的体积为 23994mL，每 1.00mL 二氧化碳相当于碳的质量为：

$$\frac{12}{23994} = 0.000500 (\text{g})$$

当试样为 1.0000g 时，每 1.00mL 二氧化碳相当于含碳 0.0500％。

(2) 压力、温度校正系数　在实际测定中，当测量气体体积的温度、压力和量气管刻度规定的温度、压力不同时，需加以校正，即将读出的数值乘以压力温度校正系数 f。f 值可自压力温度校正系数表中查出，也可根据气态方程式算出。

这种计算可化为一个通用公式，对任意一个压力 p、任意一个温度 T 的体积 V_T，换算为 101.3kPa 和 16℃时的体积 V_{16}。通常把 101.3kPa、16℃时的体积 V_{16} 与任意压力、温度下所占体积之比作为碳的校正系数 f。

$$f = \frac{V_{16}}{V_T} = 0.3874 \times \frac{p}{T} \tag{5-1}$$

式中，f 为校正系数；p 为测量条件下的大气压；T 为测量时的热力学温度。

例如，在 17℃、101.3kPa 时测得的气体体积为 $V_{17}(\text{mL})$，17℃时饱和水蒸气的压力为 1.933kPa，则 16℃、101.3kPa 时的体积 V_{16} 为：

$$V_{16}=V_{17}\times\frac{101.3-1.933}{101.3-1.813}\times\frac{273+16}{273+17}$$

$$f=\frac{V_{16}}{V_{17}}=\frac{289\times(101.3-1.933)}{99.487\times(273+17)}=0.995$$

（3）影响因素　气体容量法通过测定二氧化碳的体积来求出碳的含量。因此在测定过程中，必须避免温差所产生的影响。温差是指测量过程中冷凝管、量气管和吸收管三者之间温度上的差异。对于这种差异，气体的体积变化极为敏感，给测量带来很大的误差。

温差的产生有以下几个原因：①由于定碳仪安放地点及位置不当，环境温度不一致；②由于混合气体没有得到充分的冷却而产生温差；③在大批试样连续分析时，由于量气管保温水套里水量有限，致使量气管的温度不断上升；而吸收器中，由于吸收液的量大，热容量也大，温度的升高要比量气管慢得多。这样就逐渐导致了温差的产生。

要想减小温差对测定的影响，较为简便的方法是适当选择定碳仪的安放地点及位置，使定碳仪远离高温炉，避免阳光的直接照射和其他形式的热辐射，并尽可能改善定碳室的通风条件等。此外，还必须注意对混合气体的冷却，冷凝管应通回流冷却水，这在南方夏天操作时尤为必要。炉前快速分析，由于通氧速度快，更应注意混合气体的充分冷却。在正式分析前，可多做几次空白试验，用标准样品检查仪器各部分是否正常以及操作条件是否合格等。

2. 非水滴定法

非水滴定法是发展较晚的定碳方法，具有快速、简便、准确的特点。该法不需要特殊的玻璃器皿，具有较宽的分析范围，对于低碳测定有较高的准确度。因此，它在国内外得到广泛的应用。

（1）方法原理　根据酸碱质子理论，酸可以是离子，也可以是分子，因而酸碱的强度不再取决于本身离解常数的大小，而与下列因素有关：释放或接受质子倾向的大小，即与该物质的本质有关；反应物的性质和酸碱强度；反应所处的环境介质（溶剂）。

其中以环境的影响最为显著。例如，苯甲酸在水中为一种弱酸，在乙二胺中就是一种强酸。硝酸在水中是一种强酸，在冰醋酸中则酸性大为降低，而在浓硫酸中则为碱性。所以要想使弱酸得到强化，可通过变换其环境来实现。非水滴定正是利用了这一原理。

当二氧化碳进入甲醇或乙醇介质后，由于甲醇、乙醇的质子自递常数均比水小（水 $pK_s=14$，甲醇 $pK_s=16.7$，乙醇 $pK_s=19.1$），这说明醇中 CH_3O^- 和 $C_2H_5O^-$ 接受质子的能力比在水中大，故二氧化碳进入醇中后酸性得到增强。同样，醇钾（如甲醇钾、乙醇钾）在醇中的碱性较氢氧化钾在水中的碱性强。这两种增强，使醇钾滴定二氧化碳时的突跃比在水中大。因而这就有可能选择适当的指示剂来指示滴定终点。

另一方面，甲醇和乙醇的极性均比水小，根据"相似相溶"原理，二氧化碳在醇中的溶解度比在水中大，这也有利于二氧化碳的直接滴定。丙酮是一种惰性溶剂，介电常数更小，几乎不具极性，对二氧化碳有更大的溶解能力。所以在甲醇体系中，加入等体积的丙酮，对改善滴定终点有明显的效果。

（2）滴定体系　国外所采用的滴定体系，大都以二甲基甲酰胺或含有乙醇胺的吡啶为吸收液，用甲醇、苯、甲苯的醇钠或四丁基氢氧化铵溶液为滴定剂。由于这些体系都有一定的毒性，故应用不多。但这些体系具有滴定终点敏锐、滴定精度以及稳定性好等优点。

国内采用的体系可分为甲醇-丙酮和乙醇-有机胺两大类，且大多为补充滴定。

甲醇体系吸收率高、终点敏锐、体系稳定，主要缺点是二氧化碳易逸出，有一定的毒性。

乙醇体系无毒性，二氧化碳不易逸出，但稳定性较差，终点也不及甲醇体系明显。加入稳定剂，采用混合指示剂等，体系的性能有很大改善，故应用较广。根据加入有机胺的不同，又可分为许多种体系。

（3）影响因素　在非水滴定测定碳的方法中，为使二氧化碳的酸性有明显的增强，避免滴定过程中二氧化碳的逃逸，一般均选用碱性溶剂或两性溶剂，而不用酸性溶剂。加入有机胺，可以增强溶剂的碱性，有利于二氧化碳的吸收。但由于与无机盐一样，有机胺在溶液中具有一定的缓冲能力，使滴定终点的敏锐性有所降低。所以用量必须适当，一般为 2%～3%，不超过 5%。

为了避免滴定过程中发生的沉淀现象，常采用加入稳定剂的方法。稳定剂为含有多个醇羟基的多元醇，如丙三醇、乙二醇等，水也可作为稳定剂使用。但稳定剂引入后，由于体系的极性增强，终点敏锐程度急剧下降，所以用量需加以控制，通常以加入 2%～3% 为宜。

非水滴定二氧化碳的终点，不及水相中无机酸碱滴定那样明显，也不及典型的氧化-还原滴定那样敏锐。目前应用最多的指示剂为百里酚酞。

为了改善滴定终点的敏锐程度，常采用混合指示剂。比较典型的有：百里酚酞-百里酚蓝、百里酚酞-甲基红、百里酚酞-茜素黄、酚酞-溴甲酚绿-甲基红、百里酚酞-酚酞混合指示剂等。

3. 电导法

电导法是利用溶液的电导能力来进行定量分析的一种方法。电导定碳是电导分析的具体应用，是在特定的电导池中，装入一定量的能够吸收二氧化碳的电解质溶液，当导入二氧化碳后，溶液的电导率即发生变化。由于电导率的改变与导入的二氧化碳的量成正比，因此可以从记录仪表上得出碳的含量。电导定碳也有广泛的应用。

（1）吸收液的种类　吸收液可分为以下几类。

① 氢氧化钠吸收液。其反应为：

$$CO_2 + 2OH^- \longrightarrow CO_3^{2-} + H_2O$$

由于吸收了二氧化碳，溶液中每增加一个 CO_3^{2-}，就减少两个 OH^-，所以上述反应的结果，使溶液的电导率下降。

氢氧化钠吸收液具有吸收能力强、没有沉淀产生等优点。缺点是由于反应中 OH^- 减少的同时，增加了 CO_3^{2-}，电导率变化不大，因而灵敏度较差，一般用于含碳量较高的测定。

② 氢氧化钡吸收液。由于碳酸钡沉淀的生成，降低了溶液中 OH^- 和 Ba^{2+} 的浓度，使溶液的电导率大幅度下降，所以氢氧化钡吸收液具有较高的灵敏度。

氢氧化钡为中强度的碱，吸收二氧化碳的能力较弱，因而只适用于低含量碳的测定。另外，产生的碳酸钡沉淀容易污染电极与吸收杯，给测量带来不便，是这种吸收液最大的不足。

③ 高氯酸钡吸收液。反应为：

$$Ba^{2+} + 2ClO_4^- + CO_2 + H_2O \longrightarrow BaCO_3 \downarrow + 2H^+ + 2ClO_4^-$$

反应的结果，溶液中每减少一个 Ba^{2+}，则增加两个 H^+，所以溶液的电导率大幅度增加。

高氯酸钡吸收液较为稳定，不易受空气中二氧化碳的干扰，但由于对二氧化碳的吸收能力很弱，需采用强化吸收装置和很小的氧气流量，因而应用不太广泛。

（2）影响因素　影响电导法分析的因素有以下几种。

① 温度。电解质溶液的电导率随温度的升高而增加，温度每升高 1℃，电导率增加 2% 左右。为消除温度对测定的影响，可经常用标准样品来校正工作曲线；增设参比电导池，以便对测量电导池进行温度补偿，对电导池进行恒温，最简便的办法是将电导池置于回流的冷却水中。

② 吸收液浓度。由于电导分析的理论只适用于稀溶液，因而用于电导定碳的吸收液都是低浓度的溶液。浓度过高，不仅会降低测定的灵敏度，增大分析误差，而且还会使电导率的改变不再和碳含量成正比，破坏线性关系。浓度过低，吸收二氧化碳不完全，这是电导法只能适用低碳分析的主要原因。

如果每次配制的吸收液的浓度不一致，则起始电导就会改变，从而造成工作曲线的平行移动。要避免这种影响，就需要经常校正工作曲线。

③ 溶剂纯度。电导分析对所用溶剂（例如水、乙醇、醋酸等）的纯度有很高的要求，否则对测定产生严重的干扰。

水是电导分析的主要溶剂，为了获得足够纯的"电导"水，可在蒸馏水中加入少量高锰酸钾的碱性溶液，以清除氨，然后重新蒸馏，制得二次蒸馏水。用离子交换树脂制备的去离子水，具有很低的电导率，特别适合于电导分析，是一种较为理想的电导水。

电导定碳主要用作低微量碳的分析，当碳含量在 $0.003\%\sim0.2\%$ 时，可得到较为满意的结果。碳含量高于 0.2% 时，虽可通过减少试样质量的方法来测定，但由于分析误差大，一般很少采用。

常用的定碳方法还有燃烧-库仑法、高频燃烧-红外吸收法等。

三、钢铁中总碳的测定

（一）燃烧-气体容量法（GB/T 223.71—1997）

1. 方法原理

试样置于高温炉中加热并通氧燃烧，使碳氧化成二氧化碳，混合气体经除硫后收集于量气管中，然后以氢氧化钾溶液吸收其中的二氧化碳，吸收前后体积之差即为二氧化碳的体积，由此计算碳含量。

本方法适用于生铁、铁粉、碳钢、高温合金及精密合金中碳量的测定。测定范围为 $0.10\%\sim2.0\%$。

2. 试剂和仪器

（1）试剂

① 高锰酸钾溶液：4%。

② 氢氧化钾溶液：40%。

③ 甲基红指示剂：0.2%。

④ 除硫剂：活性二氧化锰（粒状）或钒酸银。

钒酸银的制备方法：称取钒酸铵（或偏钒酸铵）12g 溶解于 400mL 水中，取 17g 硝酸银溶于 200mL 水中，然后将两溶液混合，用玻璃坩埚过滤，用水稍加洗净。然后在烘箱中（110℃）烘干。取其 20～40 目，保存在干燥器中备用。

活性二氧化锰的制备方法：称取硫酸锰 20g 溶解于 500mL 水中，加入浓氨水 10mL，摇匀，加 90mL 过硫酸铵溶液（25%），边加边搅拌，煮沸 10min，再加 1～2 滴氨水，静止至澄清（如果不澄清则再加过硫酸铵适量）。抽滤，用氨水洗 10 次，热水洗 2～3 次，再用硫酸(5＋95)洗 12 次，最后用热水洗至无硫酸反应。于 110℃烘箱中烘干 3～4h，取其 20～40 目，在干燥器中保存。

⑤ 酸性水溶液：稀硫酸溶液（5＋995），加几滴甲基橙或甲基红，使之呈稳定的浅红色（或按各仪器说明书配制）。

⑥ 助熔剂：锡粒（或锡片）、铜、氧化铜、五氧化二钒或纯铁粉。

（2）仪器　气体容量法定碳装置如图 5-1 所示。

① 气压计（一台）。

② 氧气表：附有流量计及缓冲阀。

③ 洗气瓶 4：内盛氢氧化钾-高锰酸钾溶液（1.5g 氢氧化钾溶解于 35mL 4%的高锰酸钾溶液中），其高度约为瓶高度的 1/3。

④ 洗气瓶 5：内盛浓硫酸，其高度约为瓶高度的 1/3。

⑤ 干燥塔：上层装碱石灰（或碱石棉），下装无水氯化钙，中间隔以玻璃棉，底部与顶

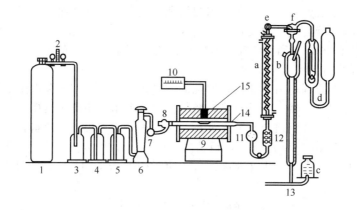

图 5-1　卧式炉气体容量法定碳装置
1—氧气瓶；2—氧气表；3—缓冲瓶；4,5—洗气瓶；6—干燥塔；7—供氧活塞；8—玻璃磨口塞；
9—管式炉；10—温度自动控制器（或调压器）；11—球形干燥管；12—除硫管；
13—容量定碳仪（包括蛇形管 a、量气管 b、水准瓶 c、吸收器 d、
小活塞 e、三通活塞 f）；14—瓷管；15—热电偶

部也铺以玻璃棉。

⑥ 管式炉：使用温度最高可达 1350℃；常温 1300℃。附有热电偶或选用其他类似的高温燃烧装置。

⑦ 球形干燥管：内装干燥脱脂棉。

⑧ 除硫管：直径 10～15mm、长 100mm 的玻璃管，内装 4g 颗粒状活性二氧化锰（或粒状钒酸银），两端塞有脱脂棉。除硫剂若失效应重新更换。

⑨ 容量定碳仪：连接顺序见图 5-1。

蛇形管 a：套内装冷却水，用以冷却混合气体。

量气管 b：用以测量气体体积。

水准瓶 c：内盛酸性氯化钠溶液。

吸收器 d：内盛 40％氢氧化钾溶液。

小活塞 e：它可以通过 f 使 a 和 b 接通，也可分别使 a 或 b 通大气。

三通活塞 f：它可以使 a 与 b 接通，也可使 b 与 d 接通。

⑩ 瓷管：长 600mm，内径 23mm（亦可采用相近规格的瓷管），使用时先检查是否漏气，然后分段灼烧。瓷管两端露出炉外部分长度不小于 175mm，以便燃烧时管端仍是冷却的。粗口端连接玻璃磨口塞，锥形口端用橡皮管连接于球形干燥管上。

⑪ 瓷舟：长 88mm 或 97mm，使用前需在 1200℃管氏炉中通氧灼烧 2～4min，也可于 1000℃高温炉中灼烧 1h 以上，冷却后贮于盛有碱石棉或碱石灰及氯化钙的未涂油脂的干燥器中备用。

⑫ 长钩：用低磷镍铬丝、耐热合金丝制成，用以推、拉瓷舟。自动送样装置的高温炉不使用长钩。

3. 测定步骤

将炉温升至 1200～1300℃，检查管路及活塞是否漏气，装置是否正常，燃烧标准样品，检查仪器及操作。

称取试样（含碳 1.5％以下称取 0.5000～2.000g，含碳 1.5％以上称 0.2000～0.5000g）置于瓷舟中，覆盖适量助熔剂，启开玻璃磨口塞，将瓷舟放入瓷管内，用长钩推至高温处，立即塞紧磨口塞。预热 1min，根据定碳仪操作规程操作，测定其读数（体积或含量）。启开磨口塞，用长钩将瓷舟拉出，即可进行下一试样分析。

4. 分析结果的计算

按公式计算碳的含量 $w(\text{C})$。

(1) 当标尺刻度单位是毫升（mL）时

$$w(\text{C}) = \frac{A \times V \times f}{m} \times 100\% \tag{5-2}$$

式中，A 为温度为 $16\,^\circ\text{C}$、气压为 101.3kPa 时，每毫升二氧化碳中含碳的质量，g；用酸性水溶液作封闭液时 A 值为 0.0005000g，用氯化钠酸性溶液作封闭液时 A 值为 0.0005022g；V 为吸收前与吸收后气体的体积差，即二氧化碳的体积，mL；f 为温度、气压补正系数，采用不同封闭液时其值不同；m 为试样的质量，g。

(2) 当标尺的刻度是含碳量（例如，上海产的定碳仪把 25mL 体积刻成含碳量为 1.250%；沈阳产的定碳仪把 30mL 体积刻成含碳量为 1.500%）时

$$w(\text{C}) = \frac{A \times x \times 20 \times f}{m} \times 100\% \tag{5-3}$$

式中，x 为标尺读数（含碳量）；20 为标尺读数（含碳量）换算成二氧化碳气体体积（mL）的系数（即 $25/1.250$ 或 $30/1.500$）。A、f、m 的意义与上式相同。

5. 注意事项

① 助熔剂中含碳量一般不超过 0.005%，使用前应进行空白试验，并从分析结果中扣除。

② 定碳仪应安置在室温较正常的地方（距离高温炉 $300 \sim 500\text{mm}$），避免阳光直接照射。

③ 更换水准瓶所盛溶液、玻璃棉、除硫剂、氢氧化钾溶液后，应作几次高碳试样，使二氧化碳饱和后，方能进行操作。

④ 如分析含硫量高（0.2% 以上）的试样，应增加除硫剂量，或多增加一个除硫管。

⑤ 量气管必须保持清洁，有水滴附着在量气管内壁时，需用重铬酸钾洗液洗涤。

⑥ 碳钢、低合金钢 $1000\,^\circ\text{C}$，难熔合金 $1350\,^\circ\text{C}$。

⑦ 吸收器、水准瓶内溶液以及混合气体的温度应基本相同，否则将产生正负空白值。因此在测定前应通氧气重复做空白数次直至空白值稳定，方可进行试样分析。由于室温变化及工作过程引起冷凝管中水温变动，因此工作中需经常做空白试验，从结果中减去。

⑧ 观察试样是否完全燃烧，如燃烧不完全，需重新分析。判断燃烧是否完全的一般方法是：试样燃烧后的表面应光滑平整，如表面有坑状等不光滑之处则表明燃烧不完全。

⑨ 如分析完高碳试样后，应空通一次，才能接着分析低碳试样。

⑩ 新的燃烧管要进行通氧灼烧，以除去燃烧管中的有机物。瓷舟要进行高温灼烧后再使用。

（二）燃烧-库仑法

1. 方法原理

在氧气炉中将试样燃烧（高频炉或电阻炉），将生成的二氧化碳混合气体导入已调好固定 pH（A 态）的高氯酸钡吸收液中，由于二氧化碳的反应，使溶液 pH 改变。然后用电解的办法电解生成的 H^+，使溶液 pH 回复到 A 态。根据法拉第电解定律，通过电路设计，使每个电解脉冲具有恒定电量，相当于 $0.5 \times 10^{-6}\text{g}$ 碳，从而实现了数显浓度直读、自动定碳的目的。主要反应为：

吸收　　　　　　　$\text{Ba(ClO}_4)_2 + \text{CO}_2 + \text{H}_2\text{O} \longrightarrow \text{BaCO}_3 \downarrow + 2\text{HClO}_4$

电解　　　　　　　　　$2\text{H}^+ + 2\text{e} \longrightarrow \text{H}_2 \uparrow$（阴极反应：吸收杯）

$$\text{H}_2\text{O} - 2\text{e} \longrightarrow 2\text{H}^+ + \frac{1}{2}\text{O}_2 \uparrow \quad（阳极反应：副杯）$$

$$2H^+ + BaCO_3 \longrightarrow Ba^{2+} + H_2O + CO_2 \uparrow$$

本法适用于钢铁及各种物料中低碳（含碳量≤0.2%）的测定。

2. 主要试剂和仪器

（1）试剂

① 离子交换水或二次蒸馏水，电阻率大于1MΩ·cm。

② 除硫剂。

③ 高氯酸钡溶液：20%。

④ 吸收溶液：$Ba(ClO_4)_2(5\%)$-异丙醇（2%）溶液。

⑤ 助熔剂：锡粒、氧化铜等。

⑥ 参比电极杯溶液：100mL高氯酸钡溶液（5%）中加入2～4g氯化钠，溶解。

（2）仪器

① 坩埚。

② 库仑定碳仪。其分析结果的计算部分由一个磁力计数器构成，电路设计每一个脉冲的电量相当于0.5×10^{-6}g碳，这样当分流比是1:1、称样0.5g时，显示的结果即为μg/g或碳的质量分数，例如，显示1245，即$w(C) = 0.1245$，即1245μg/g。

3. 测定步骤

按库仑滴定仪的操作说明书进行操作。

（三）燃烧-非水滴定法

1. 方法原理

经燃烧生成的二氧化碳，导入乙醇-乙醇胺介质中，二氧化碳的酸性得到增强，然后以百里酚酞-甲基红为指示剂，用乙醇钾标准溶液进行滴定。加入乙醇胺的目的，是为了增强体系对二氧化碳的吸收能力。体系中加入丙三醇，可防止乙醇钾和碳酸钾乙酯的沉淀析出，增强体系的稳定性。

本法采用气罩式吸收杯，兼有隔板式二次吸收和砂芯式加流速度快、颜色不分层的优点。由于溶液黏度大，砂芯式吸收杯对此体系不适用。

2. 仪器和试剂

（1）仪器　测定仪器如图5-2所示。

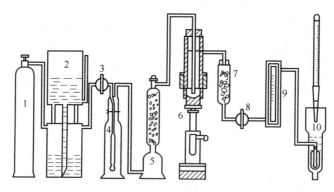

图5-2　电弧炉非水滴定法定碳装置

1—氧气瓶；2—贮气筒；3—第一道活塞；4—洗气瓶；5—干燥塔；6—电弧炉；

7—除尘除硫管；8—第二道活塞；9—流量计；10—吸收杯

（2）试剂

① 吸收液兼滴定液：称取氢氧化钾5.6g，溶于1000mL无水乙醇中，加入乙醇胺30mL、丙三醇20mL、百里酚酞0.2g、甲基红0.015g，摇匀备用。

② 铝硅热剂：用200目左右的铝粉和化学纯二氧化硅（粉状）仔细混匀。混合比为：

$$m(\text{Al}):m(\text{SiO}_2)=1:2\text{(适用于铁)}$$
$$m(\text{Al}):m(\text{SiO}_2)=2:3\text{(适用于钢)}$$

3. 测定步骤

称取 0.3g 左右的铝硅热剂加于铜锅底部，并稍加分散。准确称取试样约 1g（高碳试样 0.5g）倒入铜锅中，加 0.5g 左右的锡粒，将铜锅移至电弧炉的托盘上，上升手柄，密封炉体。

全部打开进入电弧炉的通氧活塞，然后部分打开吸收杯前的控制活塞，调整进入吸收杯的氧气流量为 1L/min 左右。

通电后按引弧按钮，经电弧点火后，试样随即剧烈燃烧。当二氧化碳开始进入吸收杯时，吸收液变黄，立即用滴定液滴定，至溶液由黄变色至初始时的蓝色为终点。

4. 结果计算

$$w(\text{C})=\frac{TV}{m}\times100\%\tag{5-4}$$

式中，T 为标准滴定溶液的滴定度，即每毫升标准滴定溶液相当于碳的质量，g/mL，可用相近类型、相近含量的标准钢样进行标定；V 为滴定消耗标准滴定溶液的体积，mL；m 为试样的质量，g。

5. 注意事项

① 对于体积较大的蓬松卷样，要在小钢钵中砸扁，否则燃烧不完全，而使分析结果偏低 0.02%～0.05%。

② 分析含铬 2% 以上的试样，应把锡粒与铝硅热剂加于试样的底部，否则因锡粒有延缓铬氧化的趋势而使燃烧速度降低，测定结果显著偏低。

③ 间隔测定时，如间隔时间较长，吸收液有返黄现象，测定之前需重新调至蓝紫色。若将滴定系统的管路密封后导出，既有利于安全防火，又可避免终点返黄现象，还可减少乙醇的挥发，使乙醇钾浓度稳定。

④ 甲基红加入量对终点的敏锐性影响较大，配制时应以分析天平称量。

⑤ 配制滴定溶液用的氢氧化钾，不得有过多的碳酸钾。当氢氧化钾试剂瓶密封不严时，会吸收空气中的二氧化碳生成碳酸钾，对测定有一定的影响。

⑥ 吸收杯长期不用时，杯内有白色沉淀产生，将溶液放掉后，用水清洗，即可全部溶解。吸收杯后装一支 8W 的日光灯，有利于终点的观察。

⑦ 也可使用卧式高温炉进行样品的燃烧。

第四节　钢铁中硫的测定

一、概述

硫在钢铁中是有害元素。当硫含量超过规定范围时，要降低硫的含量，生产中称为"脱硫"。硫在钢中固溶量极小，但能形成多种硫化物，如 FeS、MnS、VS、ZrS、TiS、NbS、CrS 以及复杂硫化物 $Zr_4(\text{CN})_2S_2$、$Ti(\text{CN})_2S_2$ 等。当钢中有大量锰存在时，主要以硫化锰存在，当锰含量不足时，则以硫化铁存在。

硫对钢铁性能的影响是产生"热脆"，即在热变形时工件产生裂纹，因而其危害甚大。硫还能降低钢的力学性能，特别使疲劳极限、塑性和耐磨性显著下降，影响钢件的使用寿命。硫含量高时，还会造成焊接困难和耐腐蚀性下降等不良影响。但对于易切削钢来说，却有便于加工的优点。

（一）硫化合物的性质及其在分析化学中的应用

1. 氧化态

硫可夺取或吸引电负性较弱的元素的电子，而形成 −2 价的化合物，例如 H_2S。但在多数情况下，硫的正氧化态较为常见，因它的电负性较小，失电子的趋势较高，故易与氧等形成氧化能力较小的化合物，而部分或全部失去最外层的 6 个电子，形成 +4 氧化态或 +6 氧化态的化合物（如 SO_2、SO_3、SO_4^{2-}、$S_2O_3^{2-}$ 等）。分析上就利用此将其转化为相应的化合物而进行硫的测定。其中最重要的是二氧化硫，其次为硫化氢和硫酸根。

元素硫或硫化物在空气中燃烧时，均可生成二氧化硫。例如：

$$S + O_2 \longrightarrow SO_2$$

$$4FeS + 7O_2 \longrightarrow 2Fe_2O_3 + 4SO_2 \uparrow$$

二氧化硫是一种有刺激性的无色气体。它是一个典型的极性分子，容易被其他物质所吸附，这是二氧化硫的一个极其重要的化学特性，这给硫的测定带来麻烦。二氧化硫在催化剂的存在下，可被氧氧化为三氧化硫，此反应也叫做接触转化，工业中用于制造硫酸，分析上则是有害的副反应。

硫化物中的硫，与强氧化性酸作用时，被氧化为 +6 价的硫酸盐，这是硫能以重量法进行测定的主要依据。

$$3FeS + 12HNO_3 \longrightarrow Fe(NO_3)_3 + Fe_2(SO_4)_3 + 9NO\uparrow + 6H_2O$$

2. 酸碱性质

二氧化硫是亚硫酸酐，易溶于水，生成亚硫酸。1 体积的水可溶解 40 体积的二氧化硫。亚硫酸离解为亚硫酸氢根和亚硫酸根离子，而亚硫酸根离子为数很少。亚硫酸具有还原性，可被碘、过氧化氢等氧化。

$$H_2SO_3 + I_2 + H_2O \longrightarrow H_2SO_4 + 2HI\uparrow$$

$$H_2SO_3 + H_2O_2 \longrightarrow H_2SO_4 + H_2O$$

但如遇强还原剂时，亚硫酸也显氧化性，这在分析中是必须注意的。

高温时，硫和氢可直接化合生成硫化氢。硫化物以酸分解时，也生成硫化氢：

$$FeS + 2HCl \longrightarrow FeCl_2 + H_2S\uparrow$$

硫化氢为无色有臭味的气体，剧毒，比空气稍重，能溶于水，在 0℃ 时，1 体积的水可吸收 4.65 体积的硫化氢。水溶液显酸性，但不能长期保存，因为空气中的氧使之逐渐氧化而析出硫。硫化氢在酸性或碱性介质中均具有还原性，在酸性溶液中：

$$S + 2H^+ + 2e \rightleftharpoons H_2S \quad \varphi^\ominus = 0.141V$$

在碱性溶液中：

$$S^{2-} - 2e \rightleftharpoons S \quad \varphi^\ominus = -0.508V$$

所以硫化氢可被氧化为硫，若遇强氧化剂，还可氧化为四价或六价硫的化合物。在分析上利用硫化氢的还原性，使之吸收在氯化锌的氨溶液中，再用标准碘溶液滴定。

（二）分离与富集

1. 燃烧分离法

将试样在高温下通氧燃烧，生成二氧化硫，然后随同剩余的氧气进入测量系统而与其他元素分离。这一分离方法是高选择性的，除碳生成相应的二氧化碳外，可与金属中所有元素得到分离，而二氧化碳对硫的测定通常无干扰。

燃烧法的优点是简便、快速，但分离是不完全的，二氧化硫生成率都小于 90%，这是该法最大的缺陷。

2. 蒸馏分离法

试样经酸分解后，加入强氧化剂使硫完全氧化成硫酸根状态，然后在还原剂的存在下，加热蒸馏，使硫酸根中的硫还原为硫化氢，从而与其他元素分离。此法硫的回收率可达 98% 以上，特别适用于微量硫的分离富集。大量铁的存在对分离有干扰，小于 150mg 则无影响；硒、碲以及硝酸根有严重干扰。此法的主要缺点是操作比较麻烦、分离时间长。

3. 色谱分离法

试样以王水和氧化剂分解后，硫被氧化而生成硫酸根。通过加高氯酸后加热至冒烟，除去氯离子、硝酸根离子，并将铬氧化为铬酸根离子。将溶液通过氧化铝色谱柱后，由于硫酸根定量地吸附在色谱柱上，而与所有阳离子得到分离，然后用氨水淋洗色谱柱上的硫酸根，进行硫的测定。

铬经高氯酸氧化为铬酸根后，部分吸附于色谱柱上，以氨水淋洗时，有少量铬酸根被洗下，对测定有一定的干扰，可用过氧化氢还原为三价铬而消除。铌含量大于 150mg 时有干扰，使结果偏低。钨、钼、钛、硅在高氯酸冒烟时全部或大部分沉淀，经过滤后对分离无影响。

二、方法综述

(一) 重量法

重量法是先将试样中的硫经酸分解氧化后转变为硫酸盐，然后在盐酸介质中加入氯化钡，生成硫酸钡沉淀，称为硫酸钡重量法。该法是国内外广为采用的标准分析方法，具有较高的准确度。

此法用于钢铁分析时，由于共沉淀现象较为严重，干扰离子多。过去采用提高沉淀时的盐酸浓度来减小共沉淀的影响，大都在 10% 的盐酸中进行沉淀。但酸度提高后，不利于硫酸钡的完全沉淀，适宜的沉淀酸度为 1%。用锌粒、铝片或盐酸羟胺预先将铁还原为二价，来减少铁的共沉淀，也可在还原后再加入 EDTA 作掩蔽剂，效果将更好。还有采用活性氧化铝色谱分离法，使绝大多数的干扰离子得到分离，然后将氧化铝吸附的硫酸根用氨水淋洗，酸化后予以沉淀。

经验证明，此法所得结果常出现负偏差，这是因为硫酸钡在水中有较大的溶解度。硫酸钡的溶度积为 $[Ba^{2+}][SO_4^{2-}]=1.1\times10^{-10}$（25℃），其溶解度为 1.1×10^{-5} mol/L，在难溶化合物中算是"易溶"的。为减小此影响，沉淀时可加入少量乙醇，以降低硫酸钡的溶解度。此外沉淀剂需过量加入，利用同离子效应来减少沉淀的溶解度，但也不能过量太多，否则又会产生盐效应而使沉淀的溶解度增加。过量试剂的加入还会给沉淀的洗涤带来麻烦。

(二) 燃烧法

燃烧法是目前应用最广的分析方法，因为该法具有简便、快速以及适应性广等特点。燃烧法是基于试样在高温下通氧燃烧，使硫氧化为二氧化硫，然后加以测定。但是，这一方法硫的回收率不高，使测定结果的准确度和重现性受到影响。通常硫的回收率均小于 90%，有时甚至更低，仅为 60%～70%。燃烧法定硫与定碳方法基本相同，但碳的回收率可达理论值，硫的回收率却很低。为提高硫的回收率，需采取许多不同于定碳的测定条件，这些条件主要有以下几点。

(1) 硫的氧化需要在更高的温度下进行　硫在钢铁中的存在形态较碳稳定，需提高燃烧温度才能使硫化物分解和氧化。

例如，采用管式炉燃烧时，定硫的炉温总是高于定碳的炉温。炉温为 1450～1510℃ 时，硫的回收率可以达到 98%。

高频炉具有很高的燃烧温度（1600℃ 以上），硫的回收率理应在 98% 以上，但事实上只有 85%～92%。因此，提高燃烧温度只是重要条件之一，而不是测定的全部条件。

(2) 必须确保一定的高温持续时间　高温持续时间对硫的充分氧化起决定性作用。试样的燃烧反应发生在气-固两相之间，生成物又是熔点较高的四氧化三铁熔渣，如果高温持续时间短，当硫还未充分氧化和分离时，熔渣已经凝固，迫使反应停止。一般来说，电弧炉中硫的回收率低于管式炉和高频炉。

(3) 消除测定过程中对二氧化硫的吸附　定硫过程中的吸附现象是其过程中所固有的。二氧化硫易被吸附，这是它本身性质所决定的。而吸附剂（燃烧产生的各种粉尘）的产生和积聚，则是吸附发生的外部条件。只有消除了吸附对测定的干扰，才有可能进一步提高硫的回收率。

在燃烧普通钢铁时，大都以锡粒为助熔剂，它产生白色的粉尘。在燃烧含铬的合金钢时，粉尘的颜色转为粉红色。试验表明，这些粉尘均可对二氧化硫产生吸附，其中以铬的复杂化合物吸附性最强，二氧化锡和氧化铁次之。

燃烧过程中产生的各类粉尘，颗粒非常细小，表面积巨大，形成了表面能极大的不稳定体系，当二氧化硫气体流经其表面时，便力图吸引以降低其表面能，从而使体系处于稳定状态，这是粉尘吸附二氧化硫的基本原因。电弧炉产生的粉尘多，因而吸附现象很严重，管式炉、高频炉吸附现象则不太显著。

若以三氧化钼与锡粒共同助熔，可以有效地消除定硫过程中的吸附现象。三氧化钼已被称为反吸附剂。

（4）采用"前大氧，后控气"的供氧方式　它既可有效地提高试样的燃烧速度和温度，有利于硫的充分氧化，又可确保二氧化硫的完全吸收，有利于滴定反应的顺利进行。后控气的氧气流量以 3L/min 左右为宜。

（5）选用优良的助熔剂　关于定硫用的助熔剂，目前尚无较统一的看法，使用较多的仍为锡粒、纯铜和纯铁。近年来有人提出了钨粒、钼粉、五氧化二钒、三氧化钼、三氧化钨等新型的助熔剂，还有用锌、铋、氧化钴、二氧化锡、三氧化二铬、线性氧化铜以及碳粉等。

锡粒原为定硫常用的助熔剂，助熔效果尚好，当用于管式炉时，硫的回收率可达 80% 左右。其主要缺点是燃烧过程中产生大量的二氧化锡粉尘。锡粒尤其不能单独用于含铬合金钢的分析，因为将产生吸附能力更强的粉红色粉尘，使硫的回收率大幅度下降。所以近年来主张不用锡粒作助熔剂。

五氧化二钒的助熔效果比较理想，优点是燃烧过程中产生的粉尘少，硫的回收率高。也可以采用五氧化二钒、还原铁粉和碳粉为混合助熔剂，可使中低合金钢、碳钢、生铁等不同样品中硫的回收率接近一致；或将五氧化二钒与二氧化硅按 1∶1 混合，用作碳素锰铁的助熔剂。

纯铁一般作为稀释剂使用，常用还原铁粉，但需注意铁粉的纯度，因为还原铁粉中含有大量的硫，否则将会导致错误的结果。

（6）防止二氧化硫的接触转化　采用管式炉燃烧试样时，在 600℃ 左右的中温区，由于氧化铁及其他粉尘的接触催化作用，部分二氧化硫将会转化为三氧化硫。燃烧温度越高，接触转化率越低；因而硫的回收率也越高。此外，加大氧气流量、采用有盖瓷舟、适当增加预热时间以及减少氧气中的水分等，也可降低二氧化硫的转化率。用空气代替氧气进行试样的燃烧，亦可降低二氧化硫转化为三氧化硫的概率。

（7）采用可靠的定量方法　对于二氧化硫的测定，通常采用吸收滴定法。这一方法虽然简便，但一方面因为二氧化硫在水中的溶解有限，滴定过程中二氧化硫有逃逸的可能；另一方面是亚硫酸不稳定，即使吸收了的二氧化硫，也有可能重新被释放出来。

较为可靠的测定方法是库仑法和红外光谱法，尤其对于低硫的测定，具有良好的准确度和重现性。

1. 燃烧-滴定法

（1）碘量法　二氧化硫经水吸收后，生成亚硫酸，然后以淀粉为指示剂，用碘标准滴定溶液滴定，其反应为：

$$SO_2 + H_2O \longrightarrow H_2SO_3$$
$$H_2SO_3 + I_2 + H_2O \longrightarrow H_2SO_4 + 2HI\uparrow$$

也可用碘酸钾标准滴定溶液滴定，其反应为：

$$KIO_3 + 5KI + 6HCl + 3H_2SO_3 \longrightarrow 3H_2SO_4 + 6KCl + 6HI\uparrow$$

过量的碘被淀粉（$C_{24}H_{40}O_{20}$）吸附，生成蓝色的吸附配合物，即为终点。

$$4C_{24}H_{40}O_{20} + 2I_2 \Longleftrightarrow (C_{24}H_{40}O_{20} \cdot I)_4(\text{无色})$$
$$(C_{24}H_{40}O_{20} \cdot I)_4 + KI \Longleftrightarrow (C_{24}H_{40}O_{20} \cdot I)_4 \cdot KI(\text{蓝色})$$

从这一反应可知，在淀粉吸收液中，如果仅有纯碘，而无碘化钾存在，不会生成蓝色的淀粉吸附配合物。因此，在淀粉吸收液中加入少量碘化钾，可以提高终点的灵敏度。

采用碘量法时，要特别注意对二氧化硫的吸收这一步骤。采用较小孔径（<0.5mm）的多孔吸收杯，以确保对二氧化硫的完全吸收。此外，在测定中，还要特别注意滴定速度的控制，使吸收液上层保持浅蓝色。为了确保高硫的完全吸收，吸收液的量不得少于60mL。

碘量法的缺点之一是滴定终点不够敏锐，有时甚至出现粉红色。发生这种现象的原因主要是淀粉的质量不好引起的，也与配制方法不当有关。淀粉液的配制煮沸时间不宜过长，一般1min左右即可。终点颜色的判断以浅蓝色为好。颜色过深，终点误差必将增大。

滴定用的碘标准溶液的稳定性，除了用棕色瓶盛装以避光保存外，主要决定于溶液中碘化钾量的多少，碘化钾越多，碘标准溶液越稳定。当碘标准溶液中含0.5%碘化钾时，在棕色瓶中放置3个月后，其浓度仍无明显变化。

（2）酸碱法　以含有少量过氧化氢的水溶液吸收二氧化硫，使生成的亚硫酸立即被氧化为硫酸，然后用氢氧化钠标准溶液滴定，这样使硫的测定变为典型的酸碱滴定。

酸碱法有很多优点：①不存在由于亚硫酸分解而造成二氧化硫逃逸的问题；②对滴定速度没有要求，适合于碳、硫联合测定；③由于是典型的强碱滴定强酸的中和法，终点相当敏锐；④若燃烧过程中有三氧化硫生成，也能被滴定。

（3）硼酸钠法　酸碱法虽有许多优点，但所使用的氢氧化钠标准溶液易吸收空气中的二氧化碳而使浓度经常改变。而硼酸钠法既保留了酸碱法的优点，又避免了标准溶液浓度易变的缺点，被国外用作标准分析方法，但国内应用不多。

此法采用含有0.2%硫酸钾和4%过氧化氢的水溶液吸收二氧化硫，生成的硫酸以亚甲基蓝-甲基红为指示剂，用硼酸钠标准溶液滴定。由于终点变化敏锐，有较高的滴定精度。

2.燃烧-分光光度法

（1）褪色品红法　品红为有机碱性染料，原呈红色，在盐酸的作用下，红色逐渐褪去，转变为无色或淡黄色的化合物，称为褪色品红。

经燃烧生成的二氧化硫，吸收在0.1mol/L氯化汞酸钠溶液中，在甲醛的作用下，生成羟基甲基磺酸（$HOCH_2SO_3H$）。羟基甲基磺酸与褪色品红作用，生成紫红色的化合物。

该法ε_{555}为$3.0 \times 10^4 L/(mol \cdot cm)$，是目前测定硫最灵敏的方法之一，可测0.0001%的微量硫。

（2）直接褪色法　将二氧化硫吸收在蓝色的碘-淀粉溶液中，由于二氧化硫与碘作用使蓝色变浅，通过测定蓝色的消褪量，就可测定二氧化硫的含量，所以称为褪色法。另有人提出用低浓度的高锰酸钾溶液，代替碘-淀粉吸收液，可得到同样的效果。此法简便易行，灵敏度也较高。

3.燃烧-电导法

经燃烧生成的二氧化硫，导入特定的电导池中，以含有氧化剂的水溶液吸收，此时硫转变为硫酸。由于溶液中氢离子浓度的增加，而使电导率发生变化。

通常采用重铬酸钾为氧化剂，并加入少量硫酸和正丁醇，以利于反应的进行和提高测定的稳定性，其主要反应为：

$$SO_2 + H_2O \longrightarrow H_2SO_3$$

$$3H_2SO_3 + K_2Cr_2O_7 + H_2SO_4 \longrightarrow Cr_2(SO_4)_3 + K_2SO_4 + 4H_2O$$

$$Cr_2(SO_4)_3 + 4H_2O \longrightarrow 2HCrO_2 + 3H_2SO_4$$

总反应可写为：

$$3SO_2 + 3H_2O + K_2Cr_2O_7 \longrightarrow 2HCrO_2 + 2H_2SO_4 + K_2SO_4$$

以重铬酸钾为氧化剂时，方法的线性关系较差，灵敏度高，更主要的是吸收液容易失效，不能较长时间使用。用过氧化氢为氧化剂，结果较好。因为过氧化氢的加入，不会引起溶液电导率的变化，而加入量的多少对灵敏度无影响，但对溶液的稳定性有影响，量少时电导率逐步下降，量多时电导率逐步升高。

比较重铬酸钾、过氧化氢、碘三种吸收液，碘吸收液灵敏度最高。

电导法适合于微量硫的测定，方法快速，但需要专用的电导仪器。此外，对蒸馏水的质量有较高的要求，最好采用高质量的电导水。

4. 库仑法

库仑法测定二氧化硫，与测定二氧化碳的原理是完全相同的，只是采用的吸收液不一样。定硫的吸收液常用硫酸钠-过氧化氢混合液，吸收反应为：

$$Na_2SO_4 + H_2O_2 + SO_2 \longrightarrow Na_2SO_4 + H_2SO_4$$

硫酸的生成使吸收液的 pH 发生变化，通过脉冲电解、计数电解脉冲、数字显示出硫的含量。

库仑法有较高的灵敏度和良好的重现性，并有很高的精确度，适用于微量硫的标准分析和仲裁分析。

5. 红外光谱法

二氧化硫对红外光同样具有吸收作用，因而可用红外光谱法进行测定。事实上，目前国外应用的红外光谱仪，都是碳、硫同时测定的。这类仪器自动化程度较高，分析速度也较快，适合于炉前快速分析。但由于二氧化硫对红外光的吸收不及二氧化碳灵敏，加之金属中的硫含量又较低，所以分析的准确度不及碳高。

（三）硫化氢法

燃烧法中由于硫的回收率不理想，必须依靠同类标准钢铁样品进行换算。此外，燃烧时使用的瓷舟或瓷坩埚，由于空白值均较高，因而对微量硫的测定显然是不利的。即便配合上库仑滴定或红外分析，也难得到很高的准确度。

硫化氢法可以避免上述弊病的产生，准确度、灵敏度和选择性都较好，适合于钢铁及纯金属中微量硫的精确测定。

将试样用盐酸-硝酸溶解，在氧化剂存在下，将硫氧化为硫酸根，然后加入还原剂加热蒸馏，使硫还原为硫化氢，经吸收后用光度法测定。

铁（Ⅲ）离子的存在，将氢碘酸氧化为碘，妨碍硫的还原，将使结果偏低。但若铁含量较低时，对测定并无影响；含量较高时，需用甲基异丁酮萃取除铁或采用其他分离措施，也可将高价铁还原为亚铁状态。硒、碲有严重干扰，对含有硒、碲的试样可加入氢溴酸低温蒸至干涸除去。硝酸根同样有干扰，还原前应加入盐酸和甲酸蒸干除尽。在蒸馏过程中，少量的氢碘酸、乙酸和盐酸蒸气可被氮气带出，当超过一定限量时，将对测定产生影响，需通过洗涤管将其除去。

1. 硫化氢-亚甲基蓝法

经蒸馏还原的硫化氢，以氮气为载体，导入乙酸锌溶液中吸收，生成硫化锌。在铁（Ⅲ）的存在下，硫化锌与 N,N-二甲基对苯二胺（PADA）的盐酸溶液作用，生成亚甲基蓝，最大吸收峰位于 668nm，0～45μg 硫/50mL 符合比尔定律，室温下 15min 可显色完全，显色液至少稳定 9h 以上。

2. 硫化氢-荧光素汞法

荧光光度法是一种高灵敏度的分析法，它可用来测定低至 0.0002μg/mL 的硫化氢。该方法是将蒸馏导出的硫化氢吸收在氢氧化钠溶液中，然后与荧光素汞的碱性溶液作用，测其荧光减弱的程度，从而求得硫的含量。

荧光素汞的碱性溶液在波长为 449nm 入射光的激发下，产生峰值为 519nm 的荧光。当荧光素汞溶液浓度一定时，其碱性溶液中加入硫离子后，由于硫离子与荧光素汞作用，荧光强度即行减弱，溶液在入射光激发下，发射出的荧光于 $\lambda_{max}=520$nm 处测定荧光强度。

荧光素汞溶液在 449nm 入射光的激发下产生的荧光发射很稳定，即使在极稀的情况下（10^{-6}mol/L），其荧光发射强度也能在 3h 内保持恒定。

3. 硫化氢-1,10-二氮杂菲法

这是一个间接测定硫化氢的光度法。试样直接用磷酸分解，使硫转变为硫化氢，然后用硫酸高铁铵溶液吸收，硫化氢将三价铁离子定量还原为二价，利用二价铁与 1,10-二氮杂菲的显色反应，间接测出硫的含量。由于 1,10-二氮杂菲是铁（Ⅱ）的灵敏试剂，因而此法有较高的灵敏度。显色时的酸度以 pH 在 3～5 之间为宜。显色反应的速率与温度有关，当室温高于 20℃ 时，反应在 2～3min 内即告完成。若室温较低，可在水浴上加热片刻。

三、钢铁中硫含量的测定

(一) 氧化铝色谱分离-硫酸钡重量法 (GB/T 223.74—1997)

1. 方法原理

试样溶于王水中，并加溴水氧化，使硫转变为可溶性的硫酸盐。然后加入高氯酸加热冒烟，使硅酸、钨酸、铌酸等脱水，过滤除去。将滤液通过氧化铝色谱柱，硫酸根被吸附在色谱柱上，而与其他绝大多数金属离子分离。色谱柱上的硫酸根，以氨水淋洗。淋洗液经调节酸度后，加氯化钡沉淀硫酸根，过滤洗涤后灼烧称量。

经色谱分离后，有少量铬酸根离子被淋洗，将与硫酸钡产生共沉淀，对测定有干扰。六价铬的共沉淀远较三价铬严重，加入过氧化氢将铬还原为三价，再与乙酸生成配离子，从而免除了铬的影响。钢铁中其他共存元素均不干扰测定。本法适用于 0.02% 以上硫的测定。

2. 试剂

① 王水。

② 硝酸铵溶液：0.5%。

③ 盐酸：1+1、1+20。

④ 甲基红溶液：0.1%乙醇溶液。

⑤ 氨水：1mol/L、0.1mol/L。

⑥ 氯化钡溶液：10%。

⑦ 活性氧化铝：粒度小于 80 目，先用 1mol/L 盐酸浸泡数小时，再用清水漂洗数次，每次将摇动 10s 后未沉下来的细粒弃去，沉下的备用。

3. 测定步骤

称取试样 1～3g（视含硫量高低）于 500mL 烧杯中，加饱和溴水 20～30mL 及溴 1mL，静置 10min。加王水 20～30mL，缓慢溶解试样，如反应剧烈，用冷水或冰水冷却。

加高氯酸 20～30mL，加热至冒烟，使铬全部氧化后继续冒烟 20～30min。稍冷后加 100mL 热水加热溶解盐类，保温 20min，冷却，用中速滤纸过滤，并用高氯酸（1+100）洗涤 7～8 次。

将滤液通过色谱柱，流速控制在 $10\sim15mL/min$，待试液完全通过后，依次用 50mL 盐酸（1+20）分两次洗涤烧杯，并通过色谱柱，用 30mL 水分两次洗涤色谱柱，弃去滤液和洗液。依次用 10mL 1mol/L 氨水和 35mL 0.1mol/L 氨水洗脱色谱柱上的硫酸根（流速同上）。

将洗脱液收集在 100mL 烧杯中，加 1 滴甲基红，滴加盐酸（1+1）中和至出现红色不褪并过量 0.5mL。如有氧化铝沉淀需过滤、洗涤，滤液浓缩至约 45mL。加入 1mL 冰醋酸和 5 滴过氧化氢，使红色完全褪去。加 10mL 乙醇，加热至近沸，滴加 5mL 氯化钡溶液搅拌至出现沉淀，保温 2h 或静置过夜。

用慢速滤纸及少量纸浆过滤，用热水将沉淀全部转移入滤纸，用硝酸铵溶液洗涤滤纸及沉淀至无氯离子（用硝酸银检查），灰化，于 $800\sim850℃$ 灼烧 30min 以上，取出于干燥器内放冷 1h 后称重，反复灼烧至恒重。

4. 结果计算

$$w(S)=\frac{m_1\times0.1374}{m}\times100\%\tag{5-5}$$

式中，m_1 为硫酸钡的质量，g；m 为试样的质量，g；0.1374 为由硫酸钡换算为硫的系数。

5. 注意事项

① 含钨大于 5% 的试样，在加高氯酸前必须将溶液蒸发至小体积。加水溶解盐类后应在电热板上保温 2h 以上，并静置过夜，使钨酸完全水解，便于过滤。高硅试样冒烟时间应适当增加，使硅酸脱水完全。

② 含有钨、钛、铌的试样，高氯酸冒烟后用慢速滤纸过滤。

③ 沉淀的转移及洗涤至为重要，因硫酸钡溶解度较大，洗涤次数及洗涤液用量均不能过多。用热水转移沉淀时，一般冲洗 $6\sim7$ 次即可，每次约用 2mL 水。用硝酸铵溶液洗涤沉淀时，一般冲洗 $12\sim13$ 次，每次约 2mL 即可将氯离子洗净。洗涤时，宜将漏斗中的水柱断开，以防氯离子因扩散而不易洗净。

④ 氧化铝色谱柱的制备

a. 先在管柱底部放入少量玻璃棉，然后将处理过的活性氧化铝装入柱内，使其高度为 $80\sim100mm$，上端再放入少量玻璃棉。

b. 用 10mL 1mol/L 氨水和 35mL 0.1mol/L 氨水，按前述方法淋洗色谱柱，以除去可能残留的硫酸根，洗脱液收集后用氯化钡进行沉淀，如杯底未见硫酸钡沉淀即可，否则继续重复洗涤。

c. 用 20mL 水和 $10\sim15mL$ 盐酸（1+20）通过色谱柱，使色谱柱再生，再生后的色谱柱即可使用。每分析一次样品后，均需按此方法再生，这样色谱柱可多次使用。

（二）燃烧-碘量法

1. 方法原理

试样在高温下通氧燃烧，硫被氧化为二氧化硫。燃烧后的混合气体经除尘管除去各类粉尘后，进入含有淀粉的水溶液吸收，生成亚硫酸，然后用碘或碘酸钾标准滴定溶液滴定。

本法采用"前大后控"的供氧方式，燃烧温度通常为 1250℃，难熔试样需升至 $1300\sim1350℃$。氧气的干燥也是很重要的。进入吸收杯的氧气流量以 3L/min 为宜，过大、过小对测定均有影响。

本法适用于钢铁及合金中 0.005% 以上硫的测定。由于硫的回收率因钢铁种类而异，所以最好以同品种标样予以换算。

2. 仪器和试剂

（1）仪器装置 如图 5-3 所示或用改良的测定装置。

图 5-3 卧式炉燃烧法测硫装置

1—氧气瓶；2—贮气筒；3—第一道活塞；4—洗气瓶；5—干燥塔；6—温控仪；

7—卧式高温炉；8—除尘管；9—第二道活塞；10—吸收杯

① 洗气瓶：内装浓硫酸，装入量约为洗气瓶体积的三分之一。

② 干燥塔：上层装碱石棉，下层装无水氯化钙，中间隔玻璃棉，底部及顶端也铺以玻璃棉。

③ 管式炉：附有热电偶高温计或其他类似的燃烧装置。

④ 球形干燥管：内装干燥脱脂棉。

⑤ 吸收杯：低硫吸收杯或高硫吸收杯。

⑥ 自动滴定管：25mL。

⑦ 燃烧管：普通瓷管或高铝瓷管。

⑧ 瓷舟：根据样品量选用大、中、小等型号。

⑨ 长钩：紫铜质或低碳合金质，采用自动进样高温炉则不需要长钩。

（2）试剂

① 浓硫酸。

② 无水氯化钙（固体）。

③ 碱石棉。

④ 淀粉吸收液：称可溶性淀粉10g，用少量水调成糊状，然后加入500mL沸水，搅拌，煮沸1min，冷却后加3g碘化钾、500mL水及2滴浓盐酸，搅拌均匀后静置澄清。使用时取25mL上层澄清液，加15mL浓盐酸，用水稀释至1L。

⑤ 助熔剂：二氧化锡和还原铁粉以3：4混匀；五氧化二钒和还原铁粉以3：1混匀；五氧化二钒。

⑥ 碘标准滴定溶液：称取碘2.8g，溶于含有25g碘化钾的少量溶液中，以水稀释至5L，放置数日后使用。

⑦ 碘酸钾标准滴定溶液：称碘酸钾0.178g，用水溶解后，加1g碘化钾，以水稀释至1L。

标定方法：称取与待测样品类型相同、硫含量相近的标准样品3份，按分析方法操作，每毫升标准溶液相当于硫的含量（T）按下式计算：

$$T = \frac{w(S)_{标} \times m_{标}}{(V - V_0) \times 100}$$

(5-6)

式中，$w(S)_{标}$ 为标准样品中硫的百分含量；$m_{标}$ 为标准样品的质量，g；V 为滴定消耗标准溶液的体积，mL；V_0 为空白消耗标准溶液的体积，mL。

3. 测定步骤

将炉温升至 1250～1300℃（普通燃烧管）用于测定生铁、碳钢及低合金钢。

炉温升至 1300℃ 以上（高铝瓷管）用于测定中、高合金及高温合金、精密合金。

淀粉吸收液的准备：硫小于 0.01% 用低硫吸收杯，加入 20mL 淀粉吸收液；硫大于 0.01% 用高硫吸收杯，加入 60mL 淀粉吸收液。通氧（流速为 1500～2000mL/min），用碘酸钾标准滴定溶液滴定至浅蓝色不褪，作为终点色泽，关闭氧气。

检查瓷管及仪器装置是否漏气，若不漏气，则可进行实验。按分析步骤分析两个非标准试样。

称取试样 1g（高、低硫适当增减）置于瓷舟底部，加入适量助熔剂，启开燃烧管进口的橡皮塞，将瓷舟放入燃烧管内，用长钩推至高温处，立即塞紧橡皮塞，预热 0.5～1.5min，随即通氧（流速为 1500～2000mL/min），燃烧后的混合气体导入吸收杯中，使淀粉吸收液蓝色消褪，立即用碘酸钾（或碘）标准滴定溶液滴定并使液面保持蓝色，当吸收液褪色缓慢时，滴定速度也相应减慢，直至吸收液的色泽与原来的终点色泽相同，间歇通氧后，色泽不变即为终点，关闭氧气，打开橡皮塞，用长钩拉出瓷舟。读取滴定管所消耗碘酸钾标准滴定溶液的体积。

4. 结果计算

$$w(S) = \frac{T(V - V_0)}{m} \times 100\%$$ (5-7)

式中，T 为每毫升标准溶液相当于硫的百分含量，由已知硫含量的标准钢样在同样条件下对标准溶液进行标定而得；V 为试样消耗标准溶液的体积，mL；V_0 为空白消耗标准溶液的体积，mL；m 为试样的质量，g。

5. 注意事项

① 试样务必细薄。试样过厚，燃烧不完全，试样也不能过于蓬松，否则燃烧时热量不集中，都将使结果偏低。

② 试样不得沾有油污，否则将使测定结果偏高不稳定，需用乙醚或其他溶剂洗涤烘干。

③ 炉管与吸收杯之间的管路不宜过长，除尘管内的粉尘应经常清扫，以减少吸附对测定的影响。

④ 为便于终点的观察，可在吸收杯后安放 8W 日光灯，中间隔一透明的白纸。

⑤ 硫的燃烧反应一般很难进行完全，即存在一定的系统误差，所以应选择和样品同类型的标准钢铁样品标定标准溶液，消除该方法的系统误差。

⑥ 滴定速度要控制适当，当燃烧后有大量二氧化硫进入吸收液，观察到吸收杯上方有较大的二氧化碳白烟时，表示燃烧生成的气体已到了吸收杯中，应准备滴定，防止二氧化硫逸出，造成误差。若已知硫的大概含量，为防止二氧化硫的逸出，在调整好终点色泽后，可先加约 90% 的标准滴定溶液。

⑦ 第一、二道活塞一般不使用，在组装仪器时可以省略。

⑧ 干燥塔中的干燥剂不宜装得太紧，否则通气不畅，干燥塔前的气体压力过大，会使洗气瓶塞被冲开而发生意外。

⑨ 测定硫含量时，一般要进行二次通氧。即在通氧燃烧并滴定至终点后，应停止通氧数分钟，并再次按规定方法通氧，观察吸收杯中的蓝色是否消褪，若褪色则要继续滴定至浅蓝色。

（三）燃烧-酸碱滴定法

1. 方法原理

经燃烧生成的二氧化硫，以含有过氧化氢的水溶液吸收，生成的硫酸用氢氧化钠标准滴定溶液滴定。由于采用甲基红-溴甲酚绿混合指示剂，终点由红变绿变化较明显。

氢氧化钠标准滴定溶液易吸收空气中的二氧化碳，需加保护装置。配制时也应采用经煮沸数分钟并冷却后的蒸馏水，以除去水中的二氧化碳。

2. 试剂

① 吸收兼滴定溶液：在 1L 不含二氧化碳的水中投入固体氢氧化钠 1～2 粒（视硫含量的高低），溶解后加甲基红 2.5mL、溴甲酚绿 2.5～5mL，作用时于 100mL 中加过氧化氢 1～2 滴。

② 甲基红溶液：0.2％无水乙醇溶液。

③ 溴甲酚绿溶液：0.2％无水乙醇溶液。

3. 测定步骤

称取试样 1g，将 0.3g 左右的铝硅热剂和锡粒及 0.1g 左右的三氧化钼，加于铜锅底部，并稍加混匀和分散后，倒入试样。将铜锅移至电弧炉托盘上，上升手柄，密封炉体。全部打开进入电弧炉的通氧活塞，部分打开控制活塞，控制进入吸收杯的氧气流量为 3L/min 左右。通电，按一下引弧按钮，经电弧点火后，试样开始激烈燃烧。待吸收杯内溶液蓝色开始稍褪时，用碘标准溶液或碘酸钾标准滴定溶液滴定，至溶液呈稳定的浅蓝色为终点。

4. 结果计算

$$w(S) = \frac{TV}{m} \times 100\% \qquad (5\text{-}8)$$

式中，T 为每毫升标准溶液相当于硫的百分含量，由已知硫含量的标准钢样在同样条件下对标准溶液进行标定而得；V 为试样消耗标准溶液的体积，mL；m 为试样的质量，g。

5. 注意事项

① 测定时吸收杯内溶液不能有倒吸现象，否则将使结果偏低。

② 吸收液必须在冷却至室温后，再加入过氧化氢，以免过氧化氢受热分解。

③ 含碳量较高的试样，不宜立即滴定，应在变色 30s 后进行，否则会使二氧化碳被滴定。

④ 本法亦可用硼酸钠标准滴定溶液滴定，以亚甲基蓝-甲基红为指示剂。

（四）新仪器新设备简介

目前所使用的燃烧法测硫装置在性能等方面更趋自动化，主要特点是：管式炉采用程控升温，除外观美观外，升温速度较快，机体简单；样品采用自动送样装置，不需要用金属长钩取放瓷舟；若采用库仑滴定法测定硫，还可进行数据处理计算机化。

第五节 钢铁中磷的测定

一、概述

磷为钢铁中普通元素之一，通常由冶炼原料带入，也有为达到某些特殊性能而由人工加入的。

磷在钢铁中主要以固溶体、磷化铁（Fe_2P、Fe_3P）及其他合金元素的磷化物和少量磷酸盐夹杂物的形式存在，常呈析离状态。

磷通常为钢铁中的有害元素，Fe_3P 质硬，影响塑性和韧性，易发生冷脆。在凝结过程中易产生偏析，降低力学性能。在铸造工艺上，可加大铸件缩孔、缩松的不利影响。在某些情况下，磷的加入也有有利的方面，磷能固溶强化铁素体，提高钢铁的拉伸强度。磷能强化 α 铁和 γ 铁，改善钢材的切削性能，故易切钢都要求有较高的磷含量。

磷能提高钢材的抗腐蚀性。含铜时，效果更加显著。利用磷的脆性，可冶炼炮弹钢，提高爆炸威力。铜合金中加入适量磷，能提高合金的韧性、硬度、耐磨性和流动性。在含铋的铜中加入少量磷，可消除因铋而引起的脆性。

（一）磷化合物的性质及其在分析化学中的应用

1. 主要存在形态

磷的主要氧化态为 -3、$+1$、$+3$、$+4$、$+5$，相应的典型化合物依次为磷化氢（PH_3）、次磷酸（H_3PO_2）、亚磷酸（H_3PO_3）、连二磷酸（$H_4P_2O_6$）和正磷酸（H_3PO_4）。

PH_3 为无色而有剧毒的气体，由磷化钙水解、单质磷被氢还原，或在非氧化性酸中分解含磷试样而得。其在水中溶解度较小，在 17℃时每 100mL 水仅能溶解 26mL 的 PH_3，且溶液酸碱性的变化对溶解度的影响甚小。因此，PH_3 一旦形成，必有相当部分挥发损失，测磷时必须注意。

次磷酸、亚磷酸及其盐类均是强还原剂，但与绝大多数氧化剂的反应相当缓慢，未获得广泛应用。仅在有适当催化剂存在时，方能用于某些分析目的（如锡、砷的测定）。连二磷酸在水溶液中很不稳定，能发生如下歧化反应，生成亚磷酸和正磷酸。

$$H_4P_2O_6 + H_2O \longrightarrow H_3PO_3 + H_3PO_4$$

正磷酸为不挥发性三元酸，虽磷已达到最高氧化数，但由于其标准电极电位很低，通常不具有氧化性，即不为一般还原剂还原。正磷酸的形成是测定磷的化学分析方法的重要基础。因此，处理试样时，除应避免形成 PH_3 气体外，有机磷化物必须破坏，低价磷化物需进一步氧化，聚磷酸盐需解聚。在以硫酸为主、硝酸为辅的混合酸中分解钢铁试样时，一般均需补加适量的氧化剂如高锰酸钾、过硫酸铵等，便是出于这一考虑。

2. 沉淀反应

简单的正磷酸盐中，所有的磷酸二氢盐都易溶于水，而磷酸氢盐和正磷酸盐中除钠盐、钾盐和铵盐外，一般均不溶于水。同一阳离子的各式磷酸盐中，以正磷酸盐溶解度最小。1～2 价金属离子与磷酸作用，大多形成晶形沉淀，而 3～4 价金属离子则往往形成胶状沉淀。这类反应可用于复杂试样中分离富集磷，也可用于重量法、滴定法测定磷。

3. 配位反应

正磷酸及其可溶性盐的配位反应呈现复杂状况。一方面，由于磷酸根中存在着孤对电子，可给出电子对与金属离子形成配位键，例如：

$$Fe^{3+} + 2PO_4^{3-} \longrightarrow [Fe(PO_4)_2]^{3-}$$
$$Mn^{3+} + 2PO_4^{3-} \longrightarrow [Mn(PO_4)_2]^{3-}$$

另一方面，由于存在着 3d 空轨道，正磷酸中的磷亦可成为电子对接受体，而充当配合物中心原子。正磷酸与钼酸盐反应形成具有重要分析化学价值的磷钼杂多酸就是这种情况。

（二）分离与富集

1. 沉淀法

在约 2mol/L 硝酸溶液中，正磷酸与过量钼酸铵反应，形成磷钼酸铵沉淀而与大量干扰离子分离。大量铌、钛、锆、钽、硅可用氢氟酸掩蔽，钒用盐酸羟胺还原，砷用氢溴酸、盐酸挥发除去。但硒、碲及大量硫酸盐、氯化物阻碍沉淀，大量钨存在时，最好选用其他分离方法。

在 pH=5.5 的溶液中，以氢氧化铁或氢氧化铝作载体，少量磷可以磷酸铁、磷酸铝共沉淀析出，而与铜、镍、铬（Ⅵ）等分离，但有部分钨进入沉淀。

在氨性溶液中，有 EDTA 存在时以氢氧化铍作载体，磷呈磷酸铵共沉淀析出。在此条件下钨不沉淀，适用于自高钨试样中分离少量磷。但砷亦共沉淀，需事先用挥发法除去。

在碱性溶液中，以氢氧化钙作载体，磷呈磷酸钙共沉淀析出，可用于有大量铬（Ⅵ）存在下分离痕量磷。此外，磷还可借钡盐、锌盐、铁盐及锆氧盐的形式分离。

2. 萃取法

在适宜的酸度和适量钼酸盐存在的条件下，磷（Ⅴ）、砷（Ⅴ）、硅（Ⅳ）和锗（Ⅳ）均能形成相应的杂多酸。通过控制不同的酸度和选用不同的有机溶剂萃取，可实现磷与砷、硅、锗及过量钼酸盐的分离。各类杂多酸的可萃取性按磷钼酸、砷钼酸、硅钼酸、锗钼酸的顺序降低。一般凡能萃取锗钼酸的溶剂，如甲基异丁酮、乙醚-戊醇（5+1），基本上都能萃取磷钼酸、砷钼酸、硅钼酸；相反，某些能萃取磷钼酸的溶剂，如乙酸丁酯、乙酸异丁酯、氯仿-正丁醇（4+1），则不能或难于萃取后3种杂多酸，而被用作磷钼酸的选择性萃取溶剂。氯仿-正丁醇的相对密度比水大，操作方便，但萃取率较低，最大分配比仅为1.2。乙酸丁酯对于磷钼酸的萃取性能最佳，分配比高达620，故为许多人所推崇。

二、方法综述

（一）重量法

1. 无机沉淀剂法

（1）磷钼酸铵法 在强酸性溶液中，正磷酸与过量钼酸铵形成磷钼酸铵沉淀，于110℃左右干燥后，近似组成为 $(NH_4)_3P(Mo_3O_{10})_4$，含磷为1.65%。于400~500℃灼烧为 $P_2O_5 \cdot 24MoO_3$，含磷为1.72%，两者均可作为称量形式。由于沉淀的组成受沉淀条件的影响较大，结果往往偏高。因此，本法只适用于少量磷的测定。

影响磷钼酸铵沉淀的因素较多，主要有如下几种。

① 介质。磷钼酸铵沉淀在硫酸、盐酸中溶解度较大，且大量硫酸根、氯根阻碍沉淀。因此，沉淀反应多在硝酸或高氯酸中进行。

② 酸度。适宜的酸度约为2mol/L。酸度过大，抑制沉淀的形成；酸度过小，沉淀易受污染。

③ 温度。温度升高，沉淀反应速率加快，所得沉淀易于过滤。但温度不宜高于50℃，以尽可能减少氧化钼及砷、钒、硅等对沉淀的污染。

④ 时间。沉淀完全的时间与温度有关。在温热溶液中，若无妨碍沉淀的离子如钛、锆、锡等存在，则30min即可沉淀完全。室温下，则需放置10h以上。

⑤ 同离子效应和盐效应。适量的硝酸铵存在，由于同离子效应的结果，不仅可加速沉淀的形成，而且能降低沉淀的溶解度。硝酸铵适宜的浓度为0.5~2.0mol/L。若其浓度大于2mol/L，沉淀的溶解度反而增加。

（2）磷酸铵镁法 在氨性溶液中，PO_4^{3-} 与 Mg^{2+}、NH_4^+ 形成六水合磷酸铵镁沉淀，于1000~1100℃灼烧得焦磷酸镁。

$$PO_4^{3-} + Mg^{2+} + NH_4^+ + 6H_2O \longrightarrow MgNH_4PO_4 \cdot 6H_2O\downarrow$$

$$2(MgNH_4PO_4 \cdot 6H_2O) \xrightarrow{\triangle} Mg_2P_2O_7 + 2NH_3\uparrow + 13H_2O\uparrow$$

合理的酸度为 pH=10.5。若 pH 过低，PO_4^{3-} 易被质子化为 HPO_4^{2-}，进而形成磷酸氢镁（溶解度比磷酸铵镁大），故使结果偏低。若 pH 过高，则 NH_4^+ 易释放出质子而成为氨分子，不利于磷酸铵镁沉淀的形成，且由于 NH_4^+ 的减少，容易形成 $Mg_3(PO_4)_2$、$Mg_5(PO_4)_3OH$、$Mg(OH)_2$ 等沉淀，而前两者在灼烧时均不能转化为 $Mg_2P_2O_7$，以致得到错误的结果。不能用强碱调节酸度，因其既不能准确地控制酸度，又易造成对沉淀的污染。

由于沉淀反应是在氨性溶液中进行的，干扰元素很多。除个别高磷试样如磷矿石、磷铁，可用柠檬酸铵作掩蔽剂直接沉淀外，对于大多数低磷试样，通常均需以磷钼酸铵沉淀的形式预先分离。磷钼酸铵沉淀中可能夹带有铁（Ⅲ）、钛（Ⅳ）等，这些离子的磷酸盐不溶于氨水而留存在滤纸上，使结果偏低。可用含有少量柠檬酸铵的氨水溶解磷钼酸铵，并防止这些离子对磷酸铵镁沉淀的污染。如果沉淀经灼烧后呈粉红色，表示有焦磷酸锰存在，可将沉淀溶于稀硝酸中，用高锰酸光度法测定锰量并换算为焦磷酸锰后，自结果中扣除。

2. 有机沉淀剂法

在强酸性溶液中，磷钼酸能与某些含氮的有机碱如 8-羟基喹啉、喹啉、二安替比林甲烷等形成离子缔合物沉淀。与磷钼酸铵沉淀比较，这类沉淀的相对分子质量更大，溶解度更小，选择性更好，因而更受欢迎。

以 8-羟基喹啉作杂多酸沉淀剂，由于沉淀在烘干条件下不易恒重，溶于碱时，8-羟基喹啉易将磷钼酸还原为钼蓝等原因，未获得广泛应用。

用喹啉作重量法测定磷的沉淀剂，在 $0.9 \sim 1.6 mol/L$ 的硝酸、高氯酸或盐酸溶液中，在沸腾状态下加入沉淀剂，沉淀反应可在 1min 内定量完成。在沉淀剂中加入柠檬酸，组成"喹钼柠"试剂，可消除大量硅的干扰。此外，硫酸盐、氟化物的影响也比磷钼酸铵法小得多。

以二安替比林甲烷作沉淀剂，由于该沉淀相对分子质量更大、烘干温度更低，很快受到重视。我国分析工作者对此也做了深入研究，现已列为合金钢、生铁中测定磷的部颁标准方法之一。

此外，三乙胺、2,6-二甲基吡啶及其同系物、N,N,N',N'-四(2-羟丙基)-乙二胺(简称 TPE)及 N,N,N',N'-四(2-羟丁基)-乙二胺 （简称 TBE） 的高氯酸盐，均可作为磷钼酸的沉淀剂。

使用有机沉淀剂沉淀磷钼酸时，溶液中不应有 NH_4^+ 存在，否则易形成部分磷钼酸铵沉淀，使结果偏低。

（二）酸碱滴定法

1. 磷钼酸铵-酸碱滴定法

在 NH_4^+ 存在下，以磷钼酸铵形式沉淀磷，沉淀经洗涤后溶于已知过量的氢氧化钠标准滴定溶液，剩余的氢氧化钠以酚酞为指示剂，用硝酸标准滴定溶液滴定。此法很早就列入钢铁及铁矿中磷的标准分析方法，并沿用至今。

2. 磷钼酸喹啉-酸碱滴定法

在无 NH_4^+ 存在下，以磷钼酸喹啉形式沉淀磷，然后将沉淀洗涤后溶于已知过量的氢氧化钠标准滴定溶液，剩余的氢氧化钠以酚酞-百里酚蓝为指示剂，用盐酸标准滴定溶液滴定。该法比磷钼酸铵法有更多的优点，反应完全，干扰少，广泛用于常量磷的测定如磷肥中有效磷的测定等。详细内容见第六章中的磷肥分析。

（三）分光光度法

绝大多数测定磷的光度法都是以杂多酸的形成为基础的。杂多酸是一类特殊的多酸型配合物。"多"是指这类配合物分子中含有两个或更多的酸酐；"杂"是指这些酸酐种类不同。分析上应用较多的是以 H_3PO_4 作中心体，接受若干个钼酸酐配位体而形成的 12-钼杂多酸，通式为 $H_3[P(Mo_3O_{10})_4]$。其中酸度和钼酸根浓度是形成杂多酸的两个重要因素，二者相互制约。合理地控制 H_3PO_4 和钼酸酐的浓度之比，是提高显色速度、稳定性、选择性的有效措施。光度法是冶金分析中测定磷的主要方法。其中主要有直接光度法和萃取光度法。萃取光度法的灵敏度和选择性比直接光度法明显提高，但有机溶剂污染环境且损害人的健康，操作又较繁杂、费时，故目前也只用于标准分析中。目前多元杂多蓝及离子配合物测定磷的方法日益增多。

1. 磷钼杂多蓝直接光度法

氟化物-氯化亚锡及抗坏血酸-磷钼蓝直接光度法，由于其简单、快速的特点，是目前及日常分析中的主要方法。氟化钠-氯化亚锡法的色泽不稳和硅等的干扰是这个方法的缺点。抗坏血酸-磷钼蓝直接光度法中通过加入乳酸与游离钼酸配位的方法可提高色泽的稳定性。该法中磷钼蓝在波长为 735nm 的条件下，摩尔吸光系数为 $\varepsilon = 1.8 \times 10^5 L/(mol \cdot cm)$，增加氯化亚锡的浓度可提高其摩尔吸光系数。

近年来，磷钼杂多酸碱性染料光度法发展迅速，表面活性剂的引入对提高方法的稳定性和扩大应用范围起到较大的作用。例如聚乙烯醇-碱性染料-磷钼杂多酸体系中，罗丹明 B-磷钼杂多酸（2∶1）-聚乙烯醇显色体系 $[\varepsilon_{548}=1.5\times10^5\,\mathrm{L/(mol\cdot cm)}]$；结晶紫-磷钼杂多酸-吐温 20 体系 $[\varepsilon_{545}=1.69\times10^5\,\mathrm{L/(mol\cdot cm)}]$ 或乳化剂-OP 体系 $[\varepsilon_{545}=1.57\times10^5\,\mathrm{L/(mol\cdot cm)}]$，均可在水相中测定钢及水中的磷。

2. 三元配合物直接光度法

（1）磷锑钼-碱性染料-聚乙烯醇体系光度法　该法是在酸性溶液中测定磷的方法，进一步提高了方法的灵敏度。磷锑钼杂多酸-乙酸乙酯萃取光度法测定了钢及一些复杂合金中 0.0003％以上的磷。

（2）磷钒钼杂多酸光度法　该法的灵敏度低但稳定性好，因此，仍是目前常用的测磷方法。再与碱性染料、非离子表面活性剂联用，效果进一步提高。如磷钒钼-结晶紫（0.5％）（或孔雀绿、罗丹明等）-聚乙烯醇（0.5％）体系已用于钢中微量磷的测定。

（3）磷钼锆蓝光度法　该法在 $c\left(\dfrac{1}{2}\mathrm{H_2SO_4}\right)=0.04\,\mathrm{mol/L}$ 的硫酸介质中，用抗坏血酸-亚硫酸钠-硫代硫酸钠还原，再加入 0.5％的结晶紫体系，其灵敏度可提高 10 倍，稳定时间长达 7h 以上。

总之，磷的光度法测定有磷钼杂多酸法、磷钒钼杂多酸法、磷钼杂多蓝法、三元杂多蓝法、离子配合物法等。

三、钢铁中磷含量的测定

（一）二安替比林甲烷-磷钼酸重量法（GB/T 223.68—1997）

在 0.24～0.60mol/L 盐酸溶液中，加二安替比林甲烷-钼酸钠混合沉淀剂，形成二安替比林甲烷磷钼酸沉淀（$C_{23}H_{24}N_4O_2$）$_3\cdot H_3PO_4\cdot 12MoO_3\cdot 2H_2O$。过滤洗涤后烘至恒重，用丙酮-氨水溶解沉淀，再烘至恒重，由失重求得磷量。360mg 镍、175mg 锰、40mg 钼、50mg 钴、80mg 铝、30mg 钒、20mg 铁、5mg 锆、3mg 铈不干扰。硅大于 $80\mu g$ 时用氢氟酸处理。铬及更大量的铁、钒存在时，可在 EDTA 存在下用硫酸铍作载体，氨水沉淀将磷载出，含钨试样以草酸配合物析出，并用上述方法分离两次。铌、钛用铜铁试剂分离，砷、锡用氢溴酸挥发除去。

1. 试剂

① 盐酸：1+1、4+96、1+23、1+200。

② 钼酸钠溶液：5％。

③ 溶解酸：盐酸-硝酸（5+1）。

④ 硫酸：5+1。

⑤ 氢氟酸：1+2。

⑥ 盐酸-氢溴酸混合酸：2+1。

⑦ 硫酸铍溶液：2％。将 10g 硫酸铍溶于适量水，加 10mL 硫酸（1+1），用水稀释至 500mL。

⑧ 二安替比林甲烷溶液：5％（1+23 盐酸溶液）。

⑨ 混合沉淀剂：42mL 钼酸钠溶液、41mL 盐酸、17mL 二安替比林甲烷溶液，用前混合。

⑩ 铜铁试剂（亚硝基苯胲铵）溶液：6％。

⑪ 过氧化氢溶液：1+1。

⑫ 氨水：5+95。

⑬ 混合溶剂：100mL 丙酮、100mL 水、5mL 氨水，用前混合。

2. 操作

称取试样（含磷 0.02%～0.10% 称 0.5g，含磷 0.1% 以上称 0.2g），置于 300mL 烧杯中，加溶解酸 10mL，加热溶解，加高氯酸 10mL，蒸发至冒烟，取下，加氢氟酸（1+2）2mL，再蒸发至冒烟，稍冷，加盐酸-氢溴酸混合酸 15mL，继续蒸发至糖浆状，冷却，加热水约 30mL 溶解盐类，加 EDTA 4g（称样 0.2g 时加 3g）、硫酸铍溶液 10mL，用氨水调节至 pH 为 3～4，用水稀释至约 100mL，煮沸并保持微沸 3～4min，加氨水 10mL，再煮沸约 1min，流水冷却至室温，用中速滤纸过滤，用氨水（5+95）洗涤，继续用水洗两次，以热的盐酸（1+1）8mL 溶解沉淀于原烧杯中，用水洗净滤纸，稀释至约 100mL，加热至 40～100℃，加混合沉淀剂 10～15mL，搅拌均匀，静置 30min 以上。过滤，将沉淀移入坩埚中，用盐酸（1+200）洗涤沉淀 8 次，水洗两次，于 110～150℃ 烘干至恒重，以混合溶剂 20mL 分两次溶解沉淀，以水洗涤数次，再于上述温度下烘干至恒重，并按整个分析过程制备试剂空白。

3. 结果计算

$$w(P) = \frac{[(m_1 - m_2) - (m_3 - m_4)] \times 0.01023}{m} \times 100\%$$ (5-9)

式中，m_1 为沉淀加坩埚的质量，g；m_2 为残渣加坩埚的质量，g；m_3 为空白沉淀加坩埚的质量，g；m_4 为空白残渣加坩埚的质量，g；m 为试样的质量，g。

4. 方法讨论

① 含锰大于 2% 的试样，高氯酸应增至 15mL，除硅、砷后蒸发至冒高氯酸烟，并维持烧杯内部透明 20～30min。

② 试样含钨时，应加 2g 草酸，再加 EDTA、硫酸铍，氨水分离后的沉淀用盐酸溶解，用氨水再沉淀 1 次，然后按原法进行。

③ 试液含钛在 5mg 以上时，加氨水沉淀之前，需滴加过氧化氢（1+1）2mL，加氨水煮沸 1min 后，稍冷，再补加 4mL 过氧化氢溶液（1+1），放置 10min 后再冷却 30min 以上过滤，以下按原法进行。

④ 含铌及钛量大于 5mg 时，用硫酸铍作载体，氨水分离后所得沉淀转入原烧杯中，加硫酸（1+1）10mL、高氯酸 2mL、硫酸铵 2g、硝酸 10mL，蒸发至冒硫酸烟，冷却，以少量水洗涤杯壁，加 3mL 氢氟酸（1+2），用水稀释至约 100mL，滴加铜铁试剂至沉淀不再增多并过量 2mL，放置 50～60min，过滤。以稀盐酸（4+96）洗涤，于滤液中加硝酸 15mL，蒸发至冒硫酸烟。以水洗涤杯壁，重复冒烟，加 2g 草酸，以水溶解盐类，用水稀释至约 80mL，以氨水中和至 pH 为 3～4，煮沸，加氨水 10mL，煮沸，冷却，过滤，以下按原法进行。

（二）氯化亚锡还原-磷钼蓝光度法

在适当的酸度和钼酸铵浓度下，于高温下形成磷钼酸并用氟化钠-氯化亚锡混合溶液还原为磷钼蓝，以此进行光度测定。

1. 试剂

① 混合酸：每升中含硫酸 50mL、硝酸 8mL，其余为水。

② 过硫酸铵溶液：30%。

③ 硫酸溶液：1+1。

④ 亚硫酸钠溶液：10%。

⑤ 氟化钠溶液：2.4%。

⑥ 钼酸铵-酒石酸钾钠溶液：每升中含钼酸铵、酒石酸钾钠各 90g。

⑦ 氯化亚锡溶液：20%（甘油溶液可用半年）。

⑧ 氟化钠-氯化亚锡混合溶液：取氟化钠溶液 100mL，加氯化亚锡溶液 1mL，用前配制。

2. 操作步骤

称取生铁或铸铁试样 0.5g，加混合酸 85mL、过硫酸铵溶液 4mL，加热溶解，再加过硫酸铵 4mL，煮沸约 2min（此时应有二氧化锰析出），加亚硫酸钠溶液 2mL，煮沸还原二氧化锰并分解过量的过硫酸铵。冷却，移入 100mL 容量瓶中，用水稀释至刻度，摇匀（此液可供测定其他元素）。

吸取试液 10.00mL，用刻度吸管加 1mL 硫酸溶液（1＋1）、亚硫酸钠溶液 1mL，煮沸，取下立即加钼酸铵-酒石酸钾钠溶液 5mL，氟化钠-氯化亚锡溶液 20mL，放置 3～6min，然后于水浴中冷却至室温，于 100mL 容量瓶中，用水稀释至刻度，摇匀。用 1cm 比色皿，以水作参比，于 660nm 处测定吸光度。

3. 注意事项

由于采用硫酸为主要溶样试剂，因此即使有过硫酸铵存在，仍有微量的磷化合物不被氧化。因此，不能用标准溶液绘制校正曲线。

（三）乙酸丁酯萃取光度法（GB 223.62—1988）

本标准适用于生铁、铁粉、碳钢、合金钢、高温合金、精密合金中磷含量的测定。测定范围 0.001%～0.05%。

本标准遵守 GB/T 1467—2008《冶金产品化学分析方法标准的总则及一般规定》。

本标准遵守 GB 7729—1987《冶金产品化学分析　分光光度法通则》。

1. 方法原理

在 0.65～1.63mol/L 硝酸介质中，磷与钼酸铵生成的磷钼杂多酸可被乙酸丁酯萃取，用氯化亚锡将磷钼杂多酸还原并反萃取至水相中，于波长 680nm 处，测定其吸光度。

在萃取溶液中含 2.5μg 锆，20μg 砷，25μg 铌、钽，50μg 钛，500μg 铈，1.5mg 钨，2mg 铜，3mg 钴，5mg 铬、铝，50mg 镍不干扰测定。

超出上述限量，砷用盐酸、氢溴酸驱除；钒用亚铁还原；锆以氢氟酸掩蔽；铬氧化成高价后加盐酸挥发除去；钨在 EDTA 氨性溶液中以铍作载体将磷沉淀分离；铌、钛、锆、钽用铜铁试剂-三氯甲烷萃取除去。

2. 试剂

① 草酸。

② 铜铁试剂。

③ 硼酸。

④ 乙酸丁酯。

⑤ 三氯甲烷。

⑥ 氢溴酸（浓）。

⑦ 高氯酸（浓）。

⑧ 盐酸（浓）。

⑨ 盐酸：1＋5。

⑩ 硝酸：1＋2。用浓硝酸煮沸除去二氧化氮冷却后配制。

⑪ 硫酸：1＋2。

⑫ 氢氟酸：1＋10。

⑬ 氨水（浓）。

⑭ 氨水：1＋50。

⑮ 硫酸亚铁铵溶液：5%，每 100mL 中含 1mL 硫酸（1＋1）。

⑯ 亚硝酸钠溶液：10%。

⑰ 硼酸溶液：2％。

⑱ 钼酸铵溶液：10％。

⑲ 氯化亚锡溶液：1％。称取 1g 氯化亚锡溶于 8mL 盐酸中，用水稀释至 100mL，用时现配。

⑳ 硫酸铍溶液：2％。用硫酸（1+100）溶液配制。

㉑ EDTA 二钠盐溶液：10％。

㉒ 铜铁试剂溶液：6％。

㉓ 磷标准溶液：称取 0.4393g 基准磷酸二氢钾（于 105℃烘干至恒重），用适量水溶解，加入 10mL 浓硝酸，移入 1000mL 容量瓶中，用水稀释至刻度，摇匀。此溶液 1mL 含 100μg 磷。

使用时将上述溶液稀释至 1mL 含 2μg 磷，备用。

3. 测定步骤

（1）试样量　按下表称取试样。

含量范围/%	0.001～0.01	0.01～0.03	0.03～0.05
试样量/g	1.000	0.3000	0.2000
加硝酸体积/mL	40	25	20
加高氯酸体积/mL	15	10	8

（2）空白试验　随同试样做空白试验。

（3）测定

① 试样分解

a. 一般试样。将试样置于锥形瓶中，按表加入硝酸，加热溶解（不能溶解的试样可加 10～15mL 盐酸助溶），按表加入高氯酸，加热蒸发冒烟至锥形瓶内部透明并回流 5～6min（试样中含锰超过 2％时多加 7～8mL 高氯酸，蒸发冒烟至锥形瓶内部透明并回流 20～25min），蒸发至近干，冷却。

b. 含铬量超过 50mg 的试样。按一般试样方法溶样，蒸发至冒烟，铬氧化为六价后，滴加 2～3mL 盐酸挥发除铬，重复操作 2～3 次，继续蒸发至锥形瓶内部透明并回流 3～4min，再蒸发至近干，冷却。

c. 含砷量超过限量的试样。按一般试样方法溶样，蒸发至冒烟，稍冷，加 10mL 盐酸、5mL 氢溴酸驱砷，继续蒸发至锥形瓶内部透明并回流 3～4min，再蒸发至近干，冷却。

② 盐类的溶解及干扰元素的处理

a. 一般试样。加入 30mL 硝酸加热溶解盐类，滴加亚硝酸钠溶液至铬还原成低价并过量数滴，煮沸驱除氮氧化物，冷却至室温。将溶液移入 100mL 容量瓶中，用水稀释至刻度，摇匀，即为待测液。

b. 含钨试样。将①所得的盐类用 20mL 水溶解，加入 10mL 硫酸铍溶液（2％）、10mL EDTA 二钠盐溶液（10％）、2g 草酸，用浓氨水中和至 pH 为 3～4，用水稀释至约 90mL，煮沸 2～3min，再加 10mL 浓氨水，煮沸 1min，冷却至室温，过滤，用氨水（1+50）洗净，沉淀用水洗入原锥形瓶中，加 30mL 硝酸溶解残留在滤纸上的沉淀，滤纸洗净后弃去，滴加亚硝酸钠溶液至铬还原成低价并过量数滴，煮沸驱除氮氧化物，冷却至室温。将溶液移入 100mL 容量瓶中，用水稀释至刻度，摇匀，即为待测液。

c. 含锆试样。按 a 项进行到冷却至室温后，加入 5mL 氢氟酸（1+10）并摇匀，加 20mL 硼酸溶液（2％）后将溶液移入 100mL 容量瓶中，用水稀释至刻度，摇匀，即为待测液。

d. 含钛、铌、锆、钽试样。将①所得的盐类，加 10mL 水、15mL 硫酸（1+2）溶解，滴加亚硝酸钠溶液还原六价铬后，煮沸驱除氮氧化物，取下，趁热加 5mL 氢氟酸（1+10）

摇匀，冷却至室温。将溶液移入 100mL 容量瓶中，用水稀释至刻度，摇匀，即为待测液。

移取 10.00mL 上述待测试液置于 60mL 分液漏斗中，加 0.4～0.8g 铜铁试剂、20mL 三氯甲烷，振荡 1min，静置分层后，弃去有机相，于水溶液中加铜铁试剂溶液（6％）、10mL 三氯甲烷，振荡 40s，静置分层后，弃去有机相，于水溶液中再加 10mL 三氯甲烷，振荡 30s，静置分层后，弃去有机相（如铜铁试剂尚未洗净，则再用三氯甲烷洗涤一次），加 0.04～0.1g 硼酸、1mL 硝酸（1＋2），振荡 10～15s。加 15mL 乙酸丁酯、5mL 钼酸铵溶液（10％），剧烈振荡 40～60s，静置分层后，弃去下层水相，加 10mL 盐酸溶液（1＋5），振荡 15s，静置分层后，弃去下层水相，加 15mL 氯化亚锡溶液（1％），振荡 20～30s，静置分层。

注：对于含钨、钛、钽、锆试样，先按含钨试样处理后，再按含钨、钛、钽、锆试样处理。

③ 显色

a. 从上述待测液②a、b、c 项中移取 10.00mL 试液置于 60mL 分液漏斗中。

b. 向分液漏斗中加入 2～3 滴硫酸亚铁铵溶液（5％）（含钨试样处理后不加）、15mL 乙酸丁酯、5mL 钼酸铵溶液（10％），剧烈振荡 40～60s，静置分层后，弃去下层水相，加 10mL 盐酸溶液（1＋5），振荡 15s，静置分层后，弃去下层水相，加 15mL 氯化亚锡溶液（1％），振荡 20～30s，静置分层。

④ 测量。将水相溶液移入 3cm 比色皿，以水作参比，在分光光度计上于波长 680nm 处测量其吸光度，减去随同试样空白的吸光度，从工作曲线上查出相应的磷量。

（4）工作曲线的绘制　移取 0、1.00mL、2.00mL、3.00mL、4.00mL、5.00mL 磷标准溶液（2μg/mL），分别置于 6 个 60mL 分液漏斗中，加 3mL 硝酸溶液（1＋2），用水稀释至 10mL，加 15mL 乙酸丁酯、5mL 钼酸铵溶液（10％），剧烈振荡 40～60s，静置分层后，弃去下层水相，加 10mL 盐酸溶液（1＋5），振荡 15s，静置分层后，弃去下层水相，加 15mL 氯化亚锡溶液（1％），振荡 20～30s，静置分层。按测量操作测定吸光度，减去试剂空白的吸光度，以磷量为横坐标，吸光度为纵坐标，绘制工作曲线。

4. 分析结果的计算

按下式计算磷的含量：

$$w(P) = \frac{m_1 V}{m_0 V_1} \times 100\% \tag{5-10}$$

式中，V_1 为分取试液的体积，mL；V 为试液的总体积，mL；m_1 为从工作曲线上查得的磷量，g；m_0 为试样的质量，g。

第六节　钢铁中锰的测定

一、概述

锰几乎存在于一切钢铁中，是常见的"五大元素"之一，亦是重要的合金元素。锰在钢铁中主要以固溶体及 MnS 形态存在，亦可形成 Mn_3C、MnSi、FeMnSi 等。锰对钢的性能具有多方面的影响。

锰和氧、硫有较强化合能力，故为良好的脱氧剂和脱硫剂，能降低钢的热脆性，提高热加工性能。

锰固溶于铁中，可提高铁素体和奥氏体的硬度和强度，并降低临界转变温度以细化珠光体，间接起到提高珠光体钢强度的作用。

锰能提高钢的淬透性，因而加锰生产的弹簧钢、轴承钢、工具钢等，具有良好的热处理性能。锰具有扩大 γ 相区，有稳定奥氏体的作用，可用于生产各种高锰奥氏体钢，如高碳高锰耐磨钢、中碳高锰无磁钢、低碳高锰不锈钢及高锰耐热钢等。

作为一种合金元素，锰的加入亦有不利的一面。锰含量过高时，有使钢晶粒粗化的倾向，并增加钢的回火脆敏感性。冶炼浇铸和锻轧后冷却不当时，易产生白点。在铸铁生产中，锰过高时，缩孔倾向加大，在强度、硬度、耐磨性提高的同时，塑性、韧性有所降低。

锰能提高有色金属的压力加工能力和耐磨蚀性、耐磨性，是各类铜合金、铝合金、镍锰合金的重要成分之一。由铜、锰、镍组成的"锰镍铜齐"，电阻受温度影响很小，是制造精密电学仪器的重要材料。

（一）锰化合物的性质及其在分析化学中的应用

1. 存在形式

在化学反应中，由于条件的不同，金属锰可部分或全部失去外层价电子而表现出七个不同的价态。其中锰（Ⅰ）、锰（Ⅴ）极不稳定，无应用意义。分析上主要有锰（Ⅱ）、锰（Ⅲ）、锰（Ⅳ）、锰（Ⅶ），少数情况下亦有锰（Ⅵ）。

（1）锰（Ⅱ）　$\varphi^{\ominus}(Mn^{2+}/Mn)$ 很低，故金属锰易溶于无机酸而被氧化为锰（Ⅱ），甚至可与水、乙酸、柠檬酸、苯甲酸或硼酸等反应而释放出氢气。在酸性溶液中，除有强氧化剂并伴以高温或有催化剂存在外，锰（Ⅱ）通常是相当稳定的，并以水合配离子的形式存在。在碱性溶液中，锰（Ⅱ）的稳定性则大为降低，pH=8.5 以上时，析出白色的 $Mn(OH)_2$，$Mn(OH)_2$ 易被空气中的氧气所氧化，形成棕色的二氧化锰沉淀。

锰（Ⅱ）的强酸盐均易溶于水，其水溶液一般是有色的。

（2）锰（Ⅲ）　三价锰易继续失去电子，也能得到电子，性质较不稳定。在溶液中不能以简单的阳离子形式存在，仅能存在于某些配合物中。在酸性溶液中，能发生歧化反应生成二价锰和四价锰；在碱性溶液中，生成 $Mn(OH)_3$ 并易被空气中的氧气所氧化生成二氧化锰的水合物。

将锰（Ⅱ）氧化为锰（Ⅲ），除必要的氧化剂外，还需有相应的配位剂存在。分析上常用的氧化剂有高氯酸、硝酸铵、重铬酸钾。常用的配位剂为磷酸及焦磷酸盐。这一反应在锰的滴定法中得到广泛的应用。

（3）锰（Ⅳ）　四价锰的化合物可理解为 $Mn(OH)_4$ 的衍生物，$Mn(OH)_4$ 具有两性，与碱反应生成亚锰酸根 MnO_3^{2-}，与酸反应生成相应的锰盐，两者在溶液中均不稳定，易水解析出二氧化锰沉淀。因此，在溶液中无锰的四价阳离子存在。无论是在酸性还是在碱性溶液中，只要没有锰（Ⅲ）的保护性配位剂存在，使用适当的氧化剂，都能将二价锰氧化为四价锰，形成不溶性的二氧化锰。

在酸性溶液中二氧化锰为强氧化剂，可被盐酸、亚硝酸钠、过氧化氢等还原为二价锰离子；而在碱性条件下，则有明显的还原性，可被空气中的氧气或其他氧化剂如氯酸钾等氧化为六价锰的化合物。

（4）锰（Ⅵ）　六价锰无简单阳离子存在，它总是与氧结合为锰酸根 MnO_4^{2-}，并且只能在碱性条件下存在。尽管锰酸盐具有强氧化性，但由于它的不稳定性，在分析方面的意义不大。

（5）锰（Ⅶ）　溶液中无简单七价锰离子存在，而是以高锰酸根 MnO_4^- 形式存在。由于锰（Ⅶ）与氧键合时，产生"电荷转移吸收带"，使高锰酸根显现特有的紫红色。

$\varphi^{\ominus}(MnO_4^-/Mn^{2+})$ 值较高，欲将锰（Ⅱ）转化为 MnO_4^-，除需用强氧化剂外，多数情境下还要加热或加入适当的催化剂。所得高锰酸既可直接用于光度测定，亦可供氧化还原滴定。

MnO_4^- 为强氧化剂，在分析中得到广泛应用。其氧化能力及还原产物因酸度而异。在强酸性溶液中，还原产物为锰（Ⅱ），例如：

$$MnO_4^- + 5Fe^{2+} + 8H^+ \longrightarrow Mn^{2+} + 5Fe^{3+} + 4H_2O$$

在碱性、中性或微酸性溶液中，还原产物为 MnO_2：

$$I^- + 2MnO_4^- + H_2O \longrightarrow 2MnO_2 + IO_3^- + 2OH^-$$

在强碱性溶液中，还原产物为 MnO_4^{2-}：

$$SO_3^{2-} + 2MnO_4^- + 2OH^- \longrightarrow SO_4^{2-} + 2MnO_4^{2-} + H_2O$$

2. 配位反应

锰（Ⅱ）、锰（Ⅲ）、锰（Ⅳ）、锰（Ⅶ）均能形成配合物，但以锰（Ⅱ）、锰（Ⅲ）的配合物最常见。分析上常用的是锰（Ⅱ）与 EDTA、氰化物、卤化物、酒石酸、草酸、氨、PAR、PAN 等的配合物，锰（Ⅲ）与磷酸盐、焦磷酸盐、氰化物、三乙醇胺、乙酰丙酮、草酸、硫酸盐、噻吩甲酰三氟丙酮的配合物，高锰酸阴离子与氯化四苯钾的离子配合物，以及锰（Ⅳ）与甲醛肟等的配合物。

（二）分离与富集

1. 沉淀法

（1）水合二氧化锰法　在硝酸溶液中，以氯酸钾、过硫酸铵等为氧化剂，可将 Mn(Ⅱ) 氧化为不溶性水合二氧化锰而与大量干扰离子分离。此法有两个缺点：一是沉淀易受硅、钨、铌、钽、镍、钴、钒、锑、铁等的污染，影响结果的准确性；二是沉淀不很完全，只能用于大量锰的分离。当被沉淀的锰量仅有数毫克时，则需用光度法测定溶液中残留的锰量。

在氨性溶液中，以过氧化氢、过硫酸铵等作氧化剂，亦可获得水合二氧化锰沉淀。此时铁（Ⅲ）、铝（Ⅲ）、铬（Ⅲ）同时沉淀，而铜（Ⅱ）、锌（Ⅱ）、镉（Ⅱ）、钴（Ⅱ）、镍（Ⅱ）、银（Ⅰ）则因形成相应的氨配离子而留于溶液。当用过氧化氢作氧化剂时，钒（Ⅴ）、钛（Ⅳ）等能形成可溶性过氧化氢配合物的金属离子，亦留于溶液中。此法可用于少量锰的分离。

在氢氧化钠溶液中，以氧气、过硫酸铵为氧化剂，或以过氧化钠熔融试样后，用乙醇加热还原锰酸，亦可获得水合二氧化锰沉淀。此法可自大量两性元素如钨、钼、钒、铝、铬中分离锰。

（2）其他方法

① 在中性或微氨性溶液中，锰（Ⅱ）可以硫化物形式与铁（Ⅲ）或镧共同沉淀。

② 痕量锰（Ⅱ）可用铁（Ⅲ）作载体，用 8-羟基喹啉沉淀富集。

2. 萃取法

（1）铜试剂法　在 pH 为 6～8 时，锰（Ⅱ）与铜试剂形成浅黄色沉淀。铜试剂过量，沉淀与空气接触，转化为褐紫色 $Mn(DDTC)_3$，可用氯仿、乙酸乙酯或异戊醇-四氯化碳混合溶剂萃取。加入氰化物和柠檬酸盐可提高萃取的选择性，但铋、镉、铜、铅、锑、碲、铊等同时被萃取。

（2）硫氰酸盐法　以氟化铵掩蔽铁（Ⅲ），在中性溶液中，锰以硫氰酸锰配合物的形式，被磷酸三丁酯和乙醚（3+2）的混合溶剂萃取。在吡啶存在下，锰形成 $Mn(Py)_4(SCN)_2$ 而被氯仿萃取。

（3）磷酸三丁酯法　在 1mol/L 盐酸介质中，以氯化铝为盐析剂，锰可被磷酸三丁酯的二甲苯溶液萃取。

（4）氯化四苯钾法　在 0.35mol/L 硫酸介质中，MnO_4^- 与氯化四苯钾形成离子缔合物——$[(C_6H_5)_4As]^+ MnO_4^-$，可被二氯乙烷、氯仿萃取。

二、方法综述

（一）重量法

在热氨性溶液中，锰（Ⅱ）与磷酸氢二铵形成磷酸铵锰沉淀。于 100℃ 干燥后，以 $MnNH_4PO_4 \cdot H_2O$ 形式称量。或于 600～700℃ 灼烧，以 $Mn_2P_2O_7$ 形式称量。也可于氯化铵-氨水缓冲溶液中，以硫化锰形式沉淀锰，将沉淀溶于稍过量的稀硫酸中，蒸干，于 450～

500℃灼烧，以 $MnSO_4$ 形式称量。这类方法，干扰元素多，手续繁冗，在金属分析中已很少采用。

（二）滴定法

1. 氧化还原法

锰的价态较多，为广泛应用氧化还原滴定法提供了多种途径。

（1）七价锰法　在酸性溶液中，在适当的氧化条件下，将锰（Ⅱ）定量氧化至 MnO_4^-，再用还原剂滴定 MnO_4^-，或加入过量的还原剂，用高锰酸钾标准滴定溶液进行返滴定。此法历史悠久，迄今仍是锰的主要滴定法。

① 氧化剂及反应条件。能将锰（Ⅱ）氧化为 MnO_4^- 的氧化剂很多，如铋酸钠、二氧化铅、高碘酸钾、过硫酸铵、氧化银、臭氧等。这类氧化剂多数均于 20 世纪初即被提出，目前应用较多的是铋酸钠、高碘酸钾和过硫酸铵。

以铋酸钠作氧化剂，反应可在室温下迅速完成，不必引入磷酸，适用于大量锰的氧化。但过量铋酸钠必须于滴定前过滤除去，手续较繁。

以高碘酸钾作氧化剂，反应需在适量磷酸存在下加热进行，此反应为自动催化过程。过量高碘酸钾及其还原产物碘酸钾均干扰测定，常需加入汞（Ⅱ）盐以 $Hg(IO_4)_2$、$Hg(IO_3)_2$ 沉淀过滤除去，但效果并不是很好，操作亦感不便。用钼酸铵可选择性地掩蔽高碘酸盐，反应产生的碘酸根和高锰酸根可同时用碘量法测定；从而产生显著的放大效应，可用于微量锰的测定（见倍增氧化还原法）。

用过硫酸铵作氧化剂，反应需在适量磷酸及催化剂，如银（Ⅰ）、钴（Ⅱ）、铜（Ⅱ）和镍（Ⅰ）存在下加热进行。本法最显著的优点是过量氧化剂可加热分解，因而避免了过滤、洗涤而带来的误差。若选用合理的还原剂，即使过量过硫酸铵破坏不尽，也不干扰测定，是目前测定中等量锰（10~15mg）最常用的氧化剂。

需要注意的是，无论用何种氧化剂，对于锰（Ⅱ）的氧化都不是特效的。在类似条件下，某些金属离子，特别是铬（Ⅲ）、钒（Ⅳ）、钴（Ⅱ）、铈（Ⅱ）亦被氧化，构成了对锰测定的主要干扰。因此，需选用合理的还原剂或滴定方式，以提高方法的选择性。

② 还原剂及选择性。可供选择的还原剂有硫酸亚铁铵、亚砷酸钠-亚硝酸钠、硝酸亚汞、苯基氧肟酸等。

以硫酸亚铁铵作还原剂，选择性较差，过量的过硫酸铵、铬（Ⅵ）、钒（Ⅳ）、铈（Ⅳ）、钴（Ⅲ）均能被还原而干扰测定。

亚砷酸钠对于高锰酸的还原，具有优良的选择性，在相同条件下，过量过硫酸铵、铬（Ⅵ）、铈（Ⅳ）、钒（Ⅴ）、钴（Ⅳ）均不被还原，因而曾为许多学者推荐。可惜反应不是按化学计量进行的。反应结束时，锰的平均氧化数为 $+3.3$。反应初期，速率较快，接近终点时，还原速率较缓慢，溶液呈黄绿色，终点不便观察。亚硝酸钠对于高锰酸的还原，虽是定量进行但作用很缓慢，且本身不稳定，无单独应用价值。以亚砷酸钠-亚硝酸钠混合溶液作还原剂，则可扬长避短，互为补充。亚砷酸钠使滴定具有较快的速度；亚硝酸钠使锰（Ⅶ）几乎全部被还原为锰（Ⅱ），溶液由紫色变为无色，终点易于判断，因而得到广泛应用。但仍不能用理论值计算结果，需用已知锰量的同类型的标准钢样来确定其对锰的滴定度。

硝酸亚汞与高锰酸的反应，在室温下进行得很快，且不受铬（Ⅵ）、钒（Ⅴ）的干扰。但由于汞的毒性，未能得到普遍采用。

用苯基氧肟酸作为高锰酸的还原剂，在 $c\left(\dfrac{1}{2}H_2SO_4\right)=1.5mol/L$ 的硫酸介质中，该试剂可在室温下迅速定量地将高锰酸还原为锰（Ⅱ）：

$$6MnO_4^- + 13H^+ + 5C_6H_5CONHOH \longrightarrow 6Mn^{2+} + 5C_6H_5COOH + 5NO_3^- + 9H_2O$$

此试剂在固体状态可稳定数年，水溶液至少可稳定一个月。对于测定 5mg 锰，100 倍于锰的钒（Ⅴ）、钴（Ⅲ）、铁（Ⅲ）、镍（Ⅱ）、锡（Ⅳ）、铜（Ⅱ）、钛（Ⅳ）、铌（Ⅴ）、钽（Ⅴ）及钼酸根、钨酸根均不干扰。大量铬（Ⅵ）仅略有干扰。

（2）四价锰法　在硝酸溶液中，以氯酸钾、溴酸钾等将锰（Ⅱ）氧化为水合二氧化锰沉淀析出，将沉淀过滤洗涤后溶于已知过量的草酸、硫酸亚铁铵中，过量的草酸、硫酸亚铁铵用高锰酸钾标准滴定溶液滴定。或溶于碘化钾溶液中，用硫代硫酸钠滴定释放出的碘。此法由于涉及沉淀分离、洗涤等繁冗操作，很少采用。

（3）三价锰法　在磷酸冒烟的温度下（约 250℃），锰（Ⅱ）可被高氯酸、硝酸铵定量氧化至锰（Ⅲ），生成稳定的 $[Mn(PO_4)_2]^{3-}$ 或 $[Mn(H_2P_2O_7)_3]^{3-}$ 配阴离子，锰（Ⅲ）可用铁（Ⅱ）滴定。由于钒定量参与反应，故直接滴定所得结果为锰钒合量。1% 钒相当于 1.08% 锰。需要测定钒的试样，可于测出钒后，按上述理论值对结果作出校正。不需要测定钒时，最好加入已知过量的铁（Ⅱ），再用高锰酸钾标准溶液滴定过量的铁（Ⅱ）。在此过程中，钒（Ⅴ）被铁（Ⅱ）还原为钒（Ⅳ），继被高锰酸钾重新氧化至钒（Ⅴ），还原时消耗的铁（Ⅱ）恰被再度氧化时消耗的锰（Ⅶ）所补偿，故不干扰测定。用高氯酸作氧化剂时，铬（Ⅲ）虽被氧化至铬（Ⅵ），但一旦除尽高氯酸，在大量磷酸介质中，铬仍呈铬（Ⅲ）而不干扰测定。但铬量太高时，为获得敏锐的终点，宜将大量铬（Ⅵ）以氯化铬酰的形式挥发除去。此法可用于锰量大于 2% 的各类试样的分析，操作条件较七价锰法稍严。

（4）二价锰法　在近中性的热溶液中，锰（Ⅱ）能被高锰酸钾氧化至锰（Ⅳ）。
$$3Mn^{2+} + 2MnO_4^- + 2H_2O \longrightarrow 5MnO_2 + 4H^+$$

反应产物二氧化锰具有酸性，能吸附氢氧化亚锰，使反应不完全。加入足量的钙（Ⅱ）、镁（Ⅱ）、钡（Ⅱ）、锌（Ⅱ）、二氧化锰则优先吸附这类离子而避免上述现象，但二氧化锰沉淀使终点不易观察，加之反应系在近中性介质中进行，干扰较多，未能受到重视。

在 pH 为 6~7 的含有 0.2~0.3mol/L 焦磷酸盐的溶液中，锰（Ⅱ）能被高锰酸钾定量氧化至锰（Ⅲ）：
$$4Mn^{2+} + MnO_4^- + 8H^+ + 15H_2P_2O_7^{2-} \longrightarrow 5[Mn(H_2P_2O_7)_3]^{3-} + 4H_2O$$

此法的选择性很好，大量的铁（Ⅲ）、钴、镍、铜、锌、铝、镁、铅、锑、锡、钒（Ⅴ）、铬（Ⅲ）、钼（Ⅵ）、钨（Ⅵ）、铀（Ⅵ）及氯离子、硫酸根、硝酸根、氯酸根、高氯酸根、砷酸根均不干扰。可不经分离用于软锰矿、锰铁、铜合金及合金钢中锰的测定。但因焦磷酸锰（Ⅲ）配合物颜色较深（红紫色），只能用电位滴定或光度滴定确定终点，因而妨碍了该法的普遍应用。在酸性溶液中，用氟化铵代替焦磷酸盐作锰（Ⅲ）的配位剂，可借高锰酸本身的颜色确定终点，但钙、镁、硅有干扰。

在 11.5~13.5mol/L 磷酸介质中，重铬酸钾能于室温下迅速将锰（Ⅱ）定量氧化为锰（Ⅲ），并形成红紫色磷酸锰（Ⅲ）配合物。空气中氧不干扰，测定量为每 50mL 溶液中含锰 30~150mg，但仍需用电位滴定或光度滴定确定终点。

（5）倍增氧化还原法　由于用高碘酸钾氧化锰（Ⅱ）至高锰酸，过量的高碘酸钾及其还原产物碘酸钾均干扰高锰酸还原滴定，用钼酸铵选择性地掩蔽高碘酸盐，而碘酸盐则不被掩蔽，用碘化钾将高锰酸及碘酸钾同时还原，再用硫代硫酸钠滴定释放出的碘的倍增氧化还原法，既避免了用汞（Ⅱ）盐沉淀分离高碘酸盐和碘酸盐的烦琐操作，又消除了干扰，并将碘酸盐的不利影响转化为有利条件。由于形成 2mol 的高锰酸根，将定量产生 5mol 碘酸根，因而获得了明显的放大效果，主要反应为：

氧化	$2Mn^{2+} + 5IO_6^{5-} + 14H^+ \longrightarrow 2MnO_4^- + 5IO_3^- + 7H_2O$
掩蔽	$IO_6^{5-} + 6MoO_4^{2-} + 12H^+ \longrightarrow [I(MoO_4)_6]^{5-} + 6H_2O$
还原	$2MnO_4^- + 10I^- + 16H^+ \longrightarrow 5I_2 + 2Mn^{2+} + 8H_2O$
	$5IO_3^- + 25I^- + 30H^+ \longrightarrow 15I_2 + 15H_2O$

滴定 $$20I_2 + 40S_2O_3^{2-} \longrightarrow 40I^- + 20S_4O_6^{2-}$$

由上述反应可见，$Mn^{2+} \sim 10I_2 \sim 20S_2O_3^{2-}$，即对于给定的锰，倍增反应所消耗的硫代硫酸钠的量为一般反应的 4 倍。于 3%～6% 的硝酸溶液中，在沸水浴中加热 30min 完成锰（Ⅱ）的氧化。冷后加碳酸钾和钼酸铵后，于 pH＝2 的乙酸盐缓冲溶液中加入碘化钾，然后用 0.002mol/L 硫代硫酸钠滴定释出的碘。测定低至 5～100μg 的锰，回收率为 99.8%～101.5%。对于测定 100μg 锰，100μg 的铝、锑（Ⅲ）、银、铝、铋、钡、钙、镁、汞（Ⅱ）、锌、锡（Ⅱ）、铁（Ⅱ）、锂、锆不干扰。但钴（Ⅱ）、镍本身有色，干扰终点的判断。不宜使用磷酸、盐酸、硫酸介质。可用高氯酸，但锰（Ⅱ）的氧化速率不及硝酸介质。氮氧化物妨碍锰（Ⅱ）的氧化，故硝酸需于使用前煮沸。对于测定微量锰，硝酸浓度不宜过大，否则将降低锰（Ⅱ）的氧化速率。

2. 配位滴定法

在 pH 为 9.5～10.5 的氨性溶液中，以百里酚酞或铬黑 T 为指示剂，锰（Ⅱ）可被 EDTA、EGTA 直接滴定，两种配位剂均与锰（Ⅱ）形成 1∶1 配合物。这类方法的选择性较差，许多常见金属离子均有干扰。可用三乙醇胺、氟化铵联合掩蔽铁、铝、钙、镁、钡，以盐酸羟胺防止锰（Ⅱ）在碱性介质中被氧化，但若试液中含有镍、钴、铜、锌、镉、汞时，则需加入剧毒的氰化钾。对于组成稍复杂的试样，必须预先分离，操作繁冗，仅能用于锰矿、锰铁这类锰含量很高的样品的分析。与氧化还原法比较，并无特殊的优点。

（三）光度法

1. 高锰酸法

在适当的酸性溶液中，按滴定法类似的条件将锰（Ⅱ）定量氧化为高锰酸后，以高锰酸特有的紫红色进行光度测定。高锰酸的 $\varepsilon_{528} = 2.4 \times 10^3 L/(mol \cdot cm)$，在 548nm 处有一稍低吸收峰，$\varepsilon_{548} = 2.3 \times 10^3 L/(mol \cdot cm)$。此法灵敏度虽不高，但选择性甚佳，操作手续简便，一直是测定锰的主要光度法。

本法的干扰主要是大量的有色金属离子，如铈（Ⅳ）、镍（Ⅱ）、钴（Ⅱ）、铜（Ⅱ）、铬（Ⅵ）、铀（Ⅵ）及还原性阴离子如氯离子等。有色离子的干扰，可在尿素存在下用亚硝酸钠将高锰酸还原后的溶液作参比液消除。氯离子可于氧化之前以硫酸冒烟除去。

2. 高锰酸-四苯钾法

以过硫酸铵-银盐法将锰（Ⅱ）氧化为高锰酸，煮沸分解过量的氧化剂后，于 $c\left(\dfrac{1}{2}H_2SO_4\right) = 0.25 \sim 1.5mol/L$ 的硫酸介质中，高锰酸根阴离子与四苯钾阳离子形成离子配合物 $[(C_6H_5)_4As]^+[MnO_4]^-$，可用氯仿、二氯乙烷萃取。用氯仿萃取，吸光度很不稳定。用二氯乙烷萃取，颜色则可稳定 5min。配合物在二氯乙烷中的 $\varepsilon_{528} = 2.5 \times 10^3 L/(mol \cdot cm)$，虽然灵敏度与高锰酸法接近，但用萃取可将锰浓缩 40 倍，适用于痕量锰的测定。方法的选择性很好，每 100mL 试液中含 1.5g 的钴、铜、铝、镍、镁，1.0g 铁均不干扰，可用于这类纯金属的测定。氯化四苯钾溶液于使用前，应加银（Ⅰ）盐除去氯离子，显色介质以硫酸为最好。在硝酸、磷酸介质中，吸光度随酸度的提高而下降。在高氯酸介质中，则产生沉淀。鉴于在酸性溶液中，配合物很不稳定，因此，应特别注意先加入二氯乙烷后再加四苯钾阳离子溶液，并需立即萃取。对于 30～200mL 的水相，采用 5mL 二氯乙烷一次性萃取，即能获得锰的定量回收。

3. 甲醛肟和水杨醛肟法

（1）甲醛肟法 在 pH＞9 的碱性介质中，锰（Ⅱ）与甲醛肟形成无色配合物，瞬间即被空气中的氧氧化为褐红色的锰（Ⅳ）-甲醛肟配合物。配合物组成为锰∶甲醛肟＝1∶6，化学式为 $[Mn(CH_2NO)_6]^{2-}$，$\varepsilon_{455} = 1.12 \times 10^4 L/(mol \cdot cm)$，灵敏度约为高锰酸法的 5 倍。

但选择性很差、铁、钴、镍、铜、钒、铈均能与试剂形成具有很强颜色的配合物，铝、钛、铀、钼、铬等亦能形成无色或浅色的配合物。分析上常用氰化物掩蔽镍、钴、铜、铁（Ⅱ），用 EDTA 掩蔽铁（Ⅲ），用酒石酸盐掩蔽铝、钛。此外，利用锰（Ⅳ）-甲醛肟配合物对热特别稳定的优点，将显色液加热亦能提高其选择性。在 $0.04\sim0.05mol/L$ 氢氧化钠溶液中，于 $90℃$ 加热 $15min$，锰配合物仍不分解。而铈和铜的配合物、铁的配合物和钒的配合物，均被破坏。但钴和镍的配合物对热亦较稳定，不能靠加热完全消除其干扰。此法除灵敏度较高外，无特殊的优点，仅限用于微量锰的测定。

（2）水杨醛肟法　在 pH 为 $9.4\sim9.8$ 的氨水-氯化铵缓冲溶液中，在过氧化氢存在下，锰（Ⅱ）与水杨醛肟形成高灵敏度的黄色配合物，$\varepsilon_{430}=4\times10^6 L/(mol\cdot cm)$，为高锰酸的 1600 余倍，并有一定的选择性。一定量的硅、磷、铝、钛、钙、镁、钾、钠、银及硝酸根不干扰。低于锰量 70 倍的铁（Ⅲ）可加 1 滴磷酸掩蔽，更大量的铁（Ⅲ）则需用乙酰丙酮-苯预先萃取分离，残留于水相的铁（Ⅲ）用三乙醇胺掩蔽，使之在碱性溶液中不被沉淀，并降低空白值。显色反应在室温下需 $100min$ 才能完成，然后可至少稳定 $4h$。

4. 吡啶偶氮化合物法

（1）PAN 法　在 pH 为 $8\sim10$ 的弱碱性溶液中，锰（Ⅱ）与 PAN 形成难溶于水，但可被氯仿、苯、四氯化碳、乙醚、正戊醇等萃取的红紫色配合物，组成为锰：PAN＝1：2，λ_{max} 及 ε 值随所用有机溶剂稍有差别。

（2）PAR 法　在 pH 为 $9.7\sim11.7$ 的弱碱性溶液中，锰（Ⅱ）与 PAR 在水溶液中形成 1：2 的红色配合物，最大吸收波长 λ_{max} 位于 $496\sim500nm$ 处，$\varepsilon_{496}=8.6\times10^4 L/(mol\cdot cm)$。在过量 $4\sim5$ 倍的试剂存在下立即显色完全，颜色可稳定 $30min$。对于测定 $11\mu g$ 锰，在有 $0.5mL$ 5％的抗坏血酸、$5\sim20$ 滴 5％氰化钾的存在下，200 倍于锰的镍（Ⅱ）、铜（Ⅱ）、汞（Ⅱ）、铝（Ⅲ），50 倍于锰的钴（Ⅱ），5 倍于锰的锌（Ⅱ）、镉（Ⅱ）均不干扰。但与锰等量以上的铁（Ⅲ）有严重干扰，需于 $6mol/L$ 盐酸介质中，用乙醚萃取分离，然后于水相中显色。有氰化物存在时，显色速度显著降低，需放置 $10\sim15min$ 后方能进行测量。

三、钢铁中锰含量的测定

（一）硝酸铵氧化还原滴定法测定锰含量（GB/T 223.4—2008）

本标准适用于碳钢、合金钢、高温合金及精密合金中锰量的测定。测定范围为 $2.00％\sim30.00％$。

本标准遵守 GB/T 1467—2008《冶金产品化学分析方法标准的总则及一般规定》。

1. 方法原理（方法提要）

试样经酸溶解后，在磷酸微冒烟的状态下，用硝酸铵将锰定量氧化至三价，以 N-苯代邻氨基苯甲酸为指示剂，用硫酸亚铁铵标准滴定溶液滴定。钒、铈有干扰，必须予以校正。

2. 试剂

① 硝酸铵（固体）。

② 尿素。

③ 磷酸。

④ 硝酸。

⑤ 盐酸。

⑥ 硫酸：1＋3。

⑦ 硫酸：5＋95。

⑧ 尿素溶液：5％。

⑨ 亚硝酸钠溶液：1％。

⑩ 亚砷酸钠溶液：2%。

⑪ 高锰酸钾溶液：0.16%。

⑫ N-苯代邻氨基苯甲酸溶液：0.2%。

⑬ 重铬酸钾标准滴定溶液：$c\left(\dfrac{1}{6}K_2Cr_2O_7\right)=0.01500mol/L$。称取 0.7355g 基准重铬酸钾（预先在 140～150℃烘干 1h，置于干燥器中冷却至室温），溶于水后移入 1000mL 容量瓶中，用水稀释至刻度，混匀。

⑭ 硫酸亚铁铵标准滴定溶液：$c[(NH_4)_2Fe(SO_4)_2 \cdot 6H_2O] \approx 0.015mol/L$。

配制：称取 5.88g 硫酸亚铁铵，用硫酸溶解并稀释至 1000mL，混匀。

标定：移取 25.00mL 重铬酸钾标准滴定溶液⑬四份，分别置于 250mL 锥形瓶中，加入 20mL 硫酸（1+3）、5mL 磷酸，用硫酸亚铁铵标准滴定溶液⑭滴定，接近终点时加 2 滴 N-苯代邻氨基苯甲酸溶液（0.2%），继续滴定溶液至紫红色消失为终点。四份溶液所消耗硫酸亚铁铵标准滴定溶液体积的极差值不超过 0.05mL，取其平均值。

N-苯代邻氨基苯甲酸指示剂的校正：移取 5.00mL 重铬酸钾标准滴定溶液⑬三份，分别置于 250mL 锥形瓶中，加入 20mL 硫酸⑥、5mL 磷酸③，用硫酸亚铁铵标准滴定溶液⑭滴定，接近终点时，加 2 滴 N-苯代邻氨基苯甲酸溶液⑫，继续滴定至终点，记下所耗体积。在此溶液中，再加 5.00mL 重铬酸钾标准滴定溶液⑬，再用硫酸亚铁铵标准滴定溶液⑭滴定至终点，记下所耗体积。两者之差的三份溶液的平均值为 2 滴 N-苯代邻氨基苯甲酸溶液的校正值。

计算：将滴定重铬酸钾标准滴定溶液所消耗硫酸亚铁铵标准滴定溶液的体积进行校正后再计算。硫酸亚铁铵标准滴定溶液的浓度按下式计算：

$$c=\frac{0.01500\times25.00}{V_1} \tag{5-11}$$

式中，c 为硫酸亚铁铵标准滴定溶液的浓度，mol/L；V_1 为滴定所消耗硫酸亚铁铵标准滴定溶液经校正后的平均体积，mL。

3. 测定步骤

(1) 试样量　称取 0.1000～0.5000g 试样（锰量不小于 10mg）。

(2) 测定步骤

① 不含钒、铈的试样。将试样置于锥形瓶中，加入 15mL 磷酸（高合金钢、精密合金等可先用 15mL 适宜比例的盐酸-硝酸混合酸溶解），加热至完全溶解后，滴加硝酸破坏碳化物。

继续加热，蒸发至液面平静刚出现微烟 [温度控制在 200～240℃，以液面平静出现微烟（约 220℃）时最佳] 取下，立即加 2g 硝酸铵，摇动锥形瓶并排除氮氧化物（氮氧化物必须除尽，可以吹去或加 0.5～1.0g 尿素，摇匀），放置 1～2min。

待温度降至 80～100℃时，加 60mL（5+95）硫酸，摇匀，冷却至室温，用硫酸亚铁铵标准滴定溶液进行滴定，接近终点时，加 2 滴 N-苯代邻氨基苯甲酸溶液，继续滴定溶液至紫红色消失为终点。

注：滴定试液所消耗硫酸亚铁铵标准滴定溶液的体积进行指示剂校正后，按公式计算锰的含量。

② 含钒、铈的试样。按上述方法进行，记下滴定所消耗硫酸亚铁铵标准滴定溶液的体积。此体积为锰、钒、铈合量。

将滴定锰、钒、铈合量的溶液加热蒸发冒硫酸烟 2min，取下冷却，加 60mL 硫酸，流水冷却至室温，滴加高锰酸钾溶液至出现稳定的淡红色并保持 2～3min，加 10mL 尿素溶液，在不断摇动下，滴定亚硝酸钠溶液至红色消失并过量 1～2 滴，加 10mL 亚砷酸钠溶液，再加 1～2 滴亚硝酸钠溶液，放置 5min，加 2 滴 N-苯代邻氨基苯甲酸溶液，用硫酸亚铁铵标准滴定溶液滴定至终点。滴定消耗的硫酸亚铁铵标准滴定溶液的体积从上述锰、钒、铈合量的体积中减去，然后按公式计算锰的含量。

注：钒、铈也可按理论值予以校正，1%钒相当于1.08%锰，0.1%铈相当于0.04%锰。

4. 分析结果的计算

锰的含量按下式计算：

$$w(MnO_2) = \frac{c \times V_1 \times 0.05494}{m_0} \times 100\%$$ (5-12)

式中，c 为硫酸亚铁铵标准滴定溶液的浓度，mol/L；V_1 为滴定所消耗硫酸亚铁铵标准滴定溶液经校正后的平均体积，mL；m_0 为称样量，g；0.05494 为 1.00mL 1.000mol/L 硫酸亚铁铵标准滴定溶液相当于锰的摩尔质量，g/mol。

（二）高碘酸钠（钾）氧化光度法测定锰含量（GB 223.63—1988）

1. 方法原理

试样经酸溶解后，在硫酸、磷酸介质中，用高碘酸钠（钾）将锰氧化至七价，测其吸光度。

本法适用于生铁、铁粉、碳钢、合金钢和精密合金中锰含量的测定。测定范围为 0.01%～2%。

2. 主要试剂

① 磷酸-高氯酸混合液：磷酸+高氯酸（3+1）。

② 高碘酸钠（钾）溶液：称取 5g 高碘酸钠（钾），置于 250mL 烧杯中，加 60mL 水、20mL 硝酸，温热溶解后，冷却，用水稀释至 100mL。

③ 锰标准溶液（Ⅰ）：称取 1.4383g 基准高锰酸钾，置于 600mL 烧杯中，加入 30mL 水溶解，加 10mL 硫酸(1+1)，滴加过氧化氢（$\rho = 1.10g/mL$）至红色恰好消失，加热煮沸 5～10min，冷却，移入 1000mL 容量瓶中，用水稀释至刻度，混匀，此溶液 1mL 含 500μg 锰。

④ 锰标准溶液（Ⅱ）：移取 20mL 锰标准溶液（钾），置于 100mL 容量瓶中，用水稀释至刻度，摇匀。此溶液含锰 100μg/mL。

⑤ 不含还原物质的水：将去离子水（或蒸馏水）加热煮沸，每升用 10mL 硫酸（1+3）酸化，加几粒高碘酸钠（钾），继续加热煮沸几分钟，冷却后使用。

3. 测定步骤

称取试样置于 150mL 锥形瓶中，加 15mL 硝酸，低温加热溶解，加 10mL 磷酸-高氯酸混合酸，加热蒸发至冒高氯酸烟（含铬试样需将铬氧化），稍冷，加 10mL 硫酸(1+1)，用水稀释至约 40mL，加 10mL 5%的高碘酸钠（钾）溶液，加热至沸并保持 2～3min（防止试液溅出），冷却至室温，移入 100mL 容量瓶中，用不含还原性物质的水稀释至刻度，摇匀。

将上述显色液移入比色皿中，向剩余的显色液中，边摇动边滴加 1%亚硝酸钠溶液至紫红色刚好褪去，将此溶液移入另一比色皿中作参比，在分光光度计上于波长 530nm 处，测其吸光度，从工作曲线上查出相应的锰含量。

4. 工作曲线的绘制

移取不同量的锰标准溶液 5 份，分别置于 5 个 150mL 锥形瓶中，加 10mL 磷酸-高氯酸混合酸，以下按分析步骤进行，测其吸光度，绘制工作曲线。

5. 分析结果的计算

按下式计算锰的质量分数：

$$w(Mn) = \frac{m_1 \times 10^{-6}}{m} \times 100\%$$ (5-13)

式中，m_1 为从工作曲线上查得的锰量，μg；m 为称样量，g。

6. 注意事项

① 称样量、锰标准溶液加入量及选用的比色皿参照下表。

含量范围/%	0.01～0.1	0.1～0.5	0.5～1.0	1.0～2.0
称样量/g	0.5000	0.2000	0.2000	0.1000
锰标准溶液的浓度/(μg/mL)	100	100	500	500
移取锰标准溶液的体积/mL	0.50 2.00 3.00 4.00 5.00	2.00 4.00 6.00 8.00 10.00	2.00 2.50 3.00 3.50 4.00	2.00 2.50 3.00 3.50 4.00
比色皿厚度/cm	3	2	1	1

② 高硅试样滴加 3～4 滴氢氟酸。

③ 生铁试样用硝酸（1+4）溶解时滴加 3～4 滴氢氟酸，试样溶解后，取下冷却，用快速滤纸过滤于另一 150mL 锥形瓶中，用热硝酸（2+98）洗涤原锥形瓶和滤纸 4 次，于滤液中加 10mL 磷酸-高氟酸混合酸，以下按分析步骤进行。

④ 高钨（5%以上）试样或难溶试样，可加 15mL 磷酸-高氯酸混合酸，低温加热溶解，并加热蒸发至冒高氯酸烟，以下按分析步骤进行。

⑤ 含钴试样用亚硝酸钠溶液褪色时，钴的微红色不褪，可按下述方法处理：不断摇动容量瓶，慢慢滴加 1% 的亚硝酸钠溶液，当试样微红色无变化时，将试液置于比色皿中，测其吸光度，向剩余试液中再加 1 滴 1% 的亚硝酸钠溶液，再次测其吸光度，直至两次吸光度无变化即可以此溶液作参比。

7. 允许差

锰量的允许差见下表。

含锰量×100	允许差×100	含锰量×100	允许差×100
0.0100～0.0250	0.0025	0.201～0.500	0.020
0.025～0.050	0.025	0.501～1.000	0.025
0.051～0.100	0.010	1.01～2.00	0.030
0.101～0.200	0.015		

（三）火焰原子吸收光谱法测定锰量（GB/T 223.64—2008）

本标准适用于生铁、碳素钢及低合金钢中锰量的测定。测定范围为 0.1%～2.0%。

本标准遵守 GB/T 1467—2008《冶金产品化学分析法标准的总则及一般规定》和 GB 7728—1987《冶金产品化学分析　火焰原子吸收光谱法通则》。

1. 方法原理

试样以盐酸和过氧化氢分解后，用水稀释至一定体积，喷入空气-乙炔火焰中，用锰空心阴极灯作光源，在原子吸收光谱仪上于波长 279.5nm 处，测量其吸光度。

为消除基体影响，绘制校准曲线时，应加入与试样溶液相近的铁量。

2. 试剂和仪器

（1）试剂

① 纯铁：锰含量应小于 0.004%。

② 盐酸：1.19g/mL。

③ 盐酸：1+2。

④ 盐酸：2+100。

⑤ 过氧化氢：30%。

⑥ 硝酸：1+1。

⑦ 高氯酸：1.67g/mL。

⑧ 王水：硝酸（1.42g/mL）与盐酸按 1∶3 混合。

⑨ 锰标准溶液：称取 1.0000g 金属锰（99.9% 以上），置于 400mL 烧杯中，加入 30mL 盐酸，加热分解，冷却后移入 1000mL 容量瓶中，用水稀释至刻度，混匀。此溶液 1mL 含 1.00mg 锰。

（2）仪器 原子吸收光谱仪，备有空气-乙炔燃烧器、锰空心阴极灯。空气-乙炔气体要足够纯净（不含油、水及锰），提供稳定清澈的贫燃火焰。

所用原子吸收光谱仪应达到下列指标。

① 精密度的最低要求：用最高浓度的标准溶液，测量 10 次吸光度，并计算其吸光度平均值和标准偏差。该标准偏差不超过该吸光度平均值的 1.0%。用最低浓度的标准溶液（不是零校准溶液），测量 10 次吸光度，计算其标准偏差，该标准偏差不应超过最高校准溶液平均吸光度的 0.5%。

② 特征浓度：本标准锰的特征浓度应小于 0.10μg/mL。

③ 检出极限：本标准锰的检出限应小于 0.05μg/mL。

④ 校准曲线的线性：校准曲线按浓度等分成五段，最高段的吸光度差值与最低段的吸光度差值之比不应小于 0.7。

3. 测定步骤

（1）试样量 称取 0.5000g 试样。

（2）空白试验 称取 0.5000g 纯铁，随同试样做空白试验。

（3）测定

① 试样的处理

a. 用盐酸易分解的试样。将试样置于 300mL 烧杯中，加入 20mL 盐酸置于电热板上加热完全溶解后，加入 2～3mL 过氧化氢使铁氧化（在试样未完全溶解时，不要加过氧化氢，否则会停止试样的分解）。加热煮沸片刻，分解过剩的过氧化氢，取下冷却，过滤，用温盐酸洗涤，滤液和洗液（如试液中碳化物、硅酸等沉淀物很少，不妨碍喷雾器的正常工作时，可免去过滤）移入 100mL 容量瓶中，用水稀释至刻度，混匀。

b. 用盐酸分解有困难的试样。将试样置于 300mL 烧杯中，盖上表面皿，加入 30mL 王水，加热分解蒸发至干。冷却，加入 20mL 盐酸溶解可溶性盐类，过滤，用温盐酸洗涤滤纸。将滤液和洗液移入 100mL 容量瓶中，用水稀释至刻度，混匀。

c. 生铁等试样。将试样置于 300mL 烧杯中，盖上表面皿，加入 10mL 硝酸加热分解，然后加入 7mL 高氯酸，加热至冒白烟，冷却后加少量水溶解盐类，移入 100mL 容量瓶中，用水稀释至刻度，混匀，干过滤。

② 吸光度的测定。将试样溶液在原子吸收光谱仪上，于波长 279.5nm 处，以空气-乙炔火焰，用水调零，测量其吸光度。根据试样溶液的吸光度和随同试样空白试验的吸光度，从校准曲线上查出锰的浓度（μg/mL）。

注：当锰浓度超出直线范围时，酌情稀释后测定。校准曲线的溶液与试样溶液同样稀释。另外，还可以通过旋转燃烧器、选用次灵敏线等方法降低灵敏度。

③ 工作曲线的绘制。称取纯铁数份，每份 0.5000g，分别置于 300mL 烧杯中，加入 0～10.00mL 锰标准溶液，以下按上述步骤进行。在原子吸收光谱仪上，于波长 279.5nm 处，以空气-乙炔火焰，用水调零，测量其吸光度。校准曲线系列每一溶液的吸光度减去零浓度的吸光度，为锰校准曲线系列溶液的净吸光度，以锰浓度为横坐标，净吸光度为纵坐标，绘制校准曲线。

4. 分析结果的计算

按下式计算锰的含量：

$$w(\text{Mn}) = \frac{(c_2 - c_1)fV}{m_0 \times 10^6} \times 100\% \tag{5-14}$$

式中，c_1 为自校准曲线上查得的随同试样空白溶液中锰的浓度，$\mu g/mL$；c_2 为自校准曲线上查得的试样溶液中锰的浓度，$\mu g/mL$；f 为稀释倍数；V 为最终测量试样溶液的体积，mL；m_0 为试样量，g。

第七节　钢铁中硅的测定

一、概述

硅是钢铁中常见元素之一，主要以固溶体、FeSi、Fe_2Si、FeMnSi 的形式存在，有时亦可发现少量的硅酸盐夹杂物。除高碳硅钢外，一般不存在碳化硅。硅与氧的亲和力仅次于铝和钛，而强于锰、铬、钒，是炼钢过程中常用的脱氧剂。

硅固溶于铁素体和奥氏体中，能提高钢的强度和硬度，在常见元素中，硅的这种作用仅次于磷，而较锰、镍、铬、钨、钼、钒等强。硅能显著提高钢的弹性极限、屈服强度、屈服比、疲劳强度和疲劳比，对于冶炼弹簧钢十分有利。

硅能提高钢的抗氧性、耐蚀性。不锈耐酸钢、耐热不起皮钢种便是以硅作为主要的合金元素之一。耐磨石墨钢是制造轴承、模具等的重要材料。但是，硅含量过高，将使钢的塑性、韧性降低，并影响焊接性能。在铸铁中，硅是重要的石墨化元素，承担着维持相应碳含量的重要任务，并能减少缩孔及白口倾向，增加铁素体数量，细化石墨，提高球状石墨的圆整性。

硅是铸造铝合金和锻铝合金的重要元素，这类材料广泛用于机械制造工业中。此外，某些含硅的黄铜和青铜具有高的力学性能、良好的铸造性能和满意的耐磨蚀性，得到了更多的应用。

（一）硅化合物的性质及其在分析化学中的应用

硅的主要氧化数为 +4，溶液中无游离的 Si^{4+} 存在，总是与氧结合成硅氧四面体 SiO_4^{2-} 或其衍生物 $Si(OH)_4$。

1. 溶解性

硅及其氧化物对酸特别稳定，普通酸中只有氢氟酸和热浓磷酸能使之分解。二氧化硅为酸性氧化物，易与碱如氢氧化钠、碳酸钠等共熔而形成可溶性的硅酸盐。用热浓磷酸分解后将给其后的测定带来困难。分析中常利用碱熔融法或氢氟酸结合硝酸于低温下分解的方法处理硅含量较高的样品。

用氢氟酸分解试样时，只要溶液中有大量的水存在，所生成的 SiF_4 则迅速水解生成原硅酸和氟硅酸。

$$3SiF_4 + 4H_2O \longrightarrow H_4SiO_4 + 2[SiF_6]^{2-} + 4H^+$$

HF-H_2SiF_6-H_2O 为三元恒沸系统，恒沸点为 116.1℃，因此只要将溶液温度控制在 70℃ 左右，硅就不会挥发损失。

2. 挥发性

当用氢氟酸处理含硅试样时，若温度很高以致水被全部蒸发后（如在硫酸冒烟情况下），则全部硅均以四氟化硅气体挥发。此反应常用于硅的重量法测定。

3. 沉淀反应

除碱金属硅酸盐外，其余硅酸盐大多难溶于水。相反，重金属的氟硅酸盐一般易溶于水，而钠、钾、钡等盐则难溶于水。氟硅酸钾沉淀在硅的滴定分析法中非常重要。

原硅酸为二元弱酸，在水中溶解度很小，若干分子原硅酸脱去部分水则聚合成各种不同的多硅酸，常以通式 $mSiO_2 \cdot nH_2O$ 表示（$m > n$）。由于硅浓度及反应条件的不同，多硅酸可形成胶体溶液，或成凝胶析出。分析中常采用于强酸溶液中加热脱水分离二氧化硅。

4. 配合反应

在适宜的酸度和钼酸盐浓度下，原硅酸可形成硅钼杂多酸，这是光度法测定硅的重要依据。此外，硅钼酸还可以与某些碱性染料形成灵敏度很高的三元离子配合物，适用于痕量硅的测定。

（二）分离与富集

1. 沉淀法

① 试样用硝酸和氢氟酸溶解后，硅转化为氟硅酸，于此体系中加入过量钾盐，形成难溶解的氟硅酸钾沉淀而与其他离子分离。但铝、钛（Ⅳ）、钼（Ⅵ）、钽（Ⅴ）能同时沉淀。

② 利用硅酸易于脱水聚合的特点，在强酸介质中加热蒸发，可使硅呈不溶性硅凝胶析出，借此可与其他离子分离。

③ 试样用氢氧化钠、碳酸钠等熔融处理后，硅呈可溶性硅酸盐进入溶液，而许多金属元素如铁、钛、锆、铜、镍等则保留于固体残渣中。

④ 微克量的硅，可用铌酸沉淀作载体，用高氯酸脱水分离富集。此法可定量富集小于 $50\mu g$ 的硅而不受大量磷（Ⅴ）、砷（Ⅴ）、铁（Ⅲ）、铝等的干扰。

2. 萃取法

① 在稀硫酸溶液中，用铜试剂的氯仿溶液萃取钴（Ⅱ）、铜（Ⅱ）、镍（Ⅱ）、铁（Ⅲ）、钼（Ⅵ）、锡（Ⅳ）、钒（Ⅴ）等，而硅酸则留于水相。

② 在约 $0.4mol/L$ 氢氟酸溶液中，氟硅酸可被三辛胺的氯仿、二甲苯溶液定量萃取，砷不干扰。

③ 在高分子胺类存在下，硅钼酸或其还原产物可被甲苯、氯仿及氯仿和异戊醇的混合物萃取。

④ 在磷钼酸、硅钼酸、砷钼酸同时存在时，待硅钼酸完全形成之后，将酸度提高至 $2.5mol/L$ 以上，硅钼酸可选择性地被甲基异丁酮、乙醚-戊醇（5∶1）定量萃取。

3. 蒸馏法

在封闭的铂、银或聚四氟乙烯装置中，加热含有过量氢氟酸的硫酸或高氯酸溶液，硅以四氟化硅被蒸馏出来，馏出物可收集于氢氧化钠溶液中。

此外，将硅酸转化为酸性很强的氟硅酸后，则可被强碱型阴离子交换剂吸附。此法可自磷酸盐、砷酸盐及金属钨、银中分离硅。

二、方法综述

（一）重量法

1. 无机酸脱水法

（1）影响二氧化硅溶解度的因素　利用强酸强热以促使硅酸脱水凝聚，是测定高含量硅的主要方法。脱水过程为：

$$m\,H_4SiO_4 - (2m-1)H_2O \longrightarrow m\,SiO_2 \cdot H_2O$$

所得沉淀为无定形二氧化硅，溶解度比结晶形二氧化硅大，并与温度、酸度、其他共存离子等因素有关。

在固定温度下，在 pH 为 0～9 的范围内，无定形二氧化硅的溶解度基本不变，在 25℃ 为 100～140mg/L；但当 pH＞9 时，溶解度随酸性降低而迅速增加，在 pH＝10.60 时，溶解度高达 1120mg/L。

此外，在钠盐存在时，由于形成部分可溶性硅酸钠，使溶解度增加。在中性溶液中，柠檬酸盐、草酸盐、酒石酸盐、苹果酸盐以及 EDTA 亦能与硅酸形成可溶性配合物，而使溶解度增加。

上述原因说明，无论采用何种脱水介质，一次脱水都是不完全的。测定误差随硅量的减少而增加。对要求高的试样，应进行第二次甚至第三次脱水，或用光度法测定第一次脱水后滤液中残留的硅。

（2）常用脱水介质

① 盐酸。脱水温度较低，对硅酸的凝聚作用较差，通常需加入动物胶以获得补偿。氯离子有一定配位作用，除银、汞、铅、铊、铌、钽、钨外，大多数金属氯化物易溶于水，对沉淀的污染较小，因而得到广泛应用。

② 硫酸。脱水温度约为盐酸的 3 倍，脱水能力比盐酸强。硫酸根亦有一定的配位能力，可与某些三价、四价金属离子形成中等稳定的配合物。但大多数金属的硫酸盐均较氯化物难溶，钡、钙、铅、锶、锑、锗、锡、铁、镍、铬、铝等均能同时沉淀，蒸发冒烟时，易产生飞溅，因而较少采用。

③ 高氯酸。热的高氯酸既是强氧化剂，亦是脱水剂。溅失现象少，脱水速度快。常见元素中，除钾、铷、铯以及铵盐外，其余的高氯酸盐均易溶于水，故对沉淀的污染很小，是最常用的脱水介质。但若试样含有机物时，必须先以硝酸将其破坏，以免发生爆炸危险。

（3）干扰及其消除　无定形二氧化硅具有较强吸附能力，能自溶液中带下某些金属氧化物如氧化铁、氧化钛、氧化铝、氧化铌、氧化钨等。这类氧化物很难洗涤除尽，使结果偏高。要求高的试样需于灼烧恒重后，在硫酸存在下以氢氟酸加热处理，逸去二氧化硅，由失重计算硅含量。硫酸的存在至关重要，它既可迅速脱去反应中形成的水，防止四氟化硅水解而形成无挥发性的硅酸，亦可阻止铁、铝、钛等呈氟化物挥发损失。

氟存在的脱水过程中，部分硅可呈四氟化硅损失，使结果偏低。于脱水前加入适量铝离子，使形成氟化铝配合物（$[AlF_6]^{3-}$）可免其干扰。比硅过量 3 倍（物质的量）的铝离子不影响测定。对某些含铝较高的试样，则不必外加铝离子。

硼存在时，被带入沉淀，当用硫酸-氢氟酸处理时，硼以氟化硼（BF_3）挥发损失，使结果偏高。于脱水前加入甲醇，在酸性溶液中蒸发，则可使硼呈硼酸甲酯挥发除去。

应当指出的是，尽管用氢氟酸处理灼烧物，可消除许多金属氧化物的干扰。但某些金属如铬、锰、镍等在氢氟酸处理前后，称量形式易发生改变，影响结果。因此，沉淀应尽可能洗涤干净。

2. 有机凝聚剂法

为避免两次脱水的繁冗操作，采用动物胶加速硅酸胶体凝聚。在酸性溶液中，动物胶质点被质子化而带正电，硅酸质点由于吸附硅酸根而带负电。由于两种带相反电荷的胶粒互相凝聚，而使残留于溶液中的硅量大大减少。凝聚的完全程度与酸度、温度、动物胶用量有关。盐酸浓度应大于 8mol/L，硅酸以最适宜凝聚的 γ-型存在。由于凝聚酸度较高，钛、锆等的磷酸盐不会沉淀，所得沉淀较经两次盐酸脱水后更纯净。少量硼的干扰可不考虑。对于某些含氟试样，可用硼酸或硼酸盐分解，然后以甘油消除硼酸的干扰。

有些阳离子表面活性剂亦是硅酸的有效凝聚剂。在 8mol/L 以上的盐酸介质中，只需煮沸片刻，溴化十六烷基三甲基铵（CTMAB）即可将硅酸迅速定量析出。沉淀疏松，易于洗涤，纯度亦比动物胶凝聚法所获得的沉淀高。经氢氟酸处理证明，硅的回收率大于 99%。且只要酸度大于 8mol/L，凝聚过程对于溶液体积的要求并不严格。

此外，硅酸亦可用聚环氧乙烷（PEO）凝聚，硅的回收率和分析速度亦比动物胶凝聚法高。

3. 三元离子缔合物法

在强酸溶液中，硅钼酸阴离子能与某些有机碱，如喹啉、8-羟基喹啉等形成难溶性离子缔合物沉淀，反应一般可在室温或温热条件下进行。所得沉淀无需灼烧，仅在 110～150℃干燥即可恒重。该沉淀的分子量大，对硅的换算系数小，适用于微量硅的测定。但这类方法通常易受磷（Ⅴ）、砷（Ⅴ）、锗（Ⅳ）、钒（Ⅳ）等（能形成杂多酸的离子）的干扰。

（二）滴定法

1. 氟硅酸钾法

在强酸性溶液中，在过量氟离子及钾离子存在下，硅以氟硅酸钾沉淀析出。此沉淀在热水中迅速水解，定量释放出氢氟酸。用氢氧化钠滴定水解生成的氢氟酸，则可求得硅量。

$$H_4SiO_4 + 4H^+ + 6F^- + 2K^+ \longrightarrow K_2SiF_6 + 4H_2O$$
$$K_2SiF_6 + 4H_2O \longrightarrow H_4SiO_4 + 2KF + 4HF$$
$$NaOH + HF \longrightarrow NaF + H_2O$$

水解形成的硅酸，酸性极弱，在控制滴定终点的酸度下可不干扰氢氟酸的滴定。

（1）干扰及消除　本法主要的干扰元素是铝、钛、锆、硼。铝、钛能形成 K_3AlF_6、K_2TiF_6 沉淀，并能水解而释放出氢氟酸，使结果偏高。当铝量大于 5mg 时，过滤困难，消除铝干扰的措施有如下几种。

① 严格控制氟盐用量。于氯化钙存在下进行沉淀，使过量氟离子呈氟化钙沉淀，以抑制 K_3AlF_6 沉淀的形成。

② 用氢氧化钾代替氢氧化钠进行熔样。

③ 在硝酸介质中进行沉淀。提高沉淀的酸度，在 $6 \sim 7.5$mol/L 的酸度下，氟硅酸钾仍能定量沉淀。但由于氟离子的强质子化作用，不能形成 K_3AlF_6，由此可消除高达 160mg Al_2O_3 的干扰。

钛的干扰可加过氧化氢、草酸铵、草酸或钙盐消除，但结果不够稳定。在大于 6mol/L 酸度下进行沉淀，可消除 20mg 二氧化钛或二氧化锆的干扰。更大量的钛、锆可用柠檬酸掩蔽。

硼的干扰，当用硼酸或其盐类熔样后，大量硼存在使测定困难。消除硼干扰的较好方法，是在确保氟硅酸钾定量沉淀的前提下，用尽可能低的 KCl 浓度（但必须过量 12%）进行沉淀，如在含 12% KCl、1% NaF 的溶液中沉淀，并用含 0.1% NaF、12% KCl 的溶液洗涤，则可消除高达 160mg B_2O_3 的干扰。

（2）滴定指示剂的选择　溴百里酚蓝-酚酞以及溴百里酚蓝-酚红的混合溶液等，都曾作为此滴定反应的指示剂，但终点均不够敏锐。用硝嗪黄（2,4-二硝基苯偶氮-1-萘酚-3,6-二磺酸钠）作为该滴定的指示剂，终点极其敏锐。

此外，基于形成氟硅酸钾沉淀将定量消耗酸的反应，可用氢型阳离子交换树脂除去金属离子，或用草酸钾-EDTA 联合掩蔽铝、铁、钛等干扰离子，中和残余酸后，在已知过量的酸度下完成氟硅酸钾沉淀，然后用标准碱滴定溶液滴定过量的酸。

2. 其他滴定法

① 硅钼酸-喹啉溶于已知过量氢氧化钠标准滴定溶液中，剩余氢氧化钠可用盐酸滴定。根据氢氧化钠消耗量，可求得硅含量。1mL 1mol/L NaOH 溶液相当于 0.002513g SiO_2。干扰与重量法类似。

② 硅钼酸 $H_4Si(Mo_3O_{10})$ 可在硫酸溶液中用锡（Ⅱ）或在草酸溶液中用铁（Ⅱ）还原，用电位滴定确定终点。还原过程中，每分子硅钼酸得到 4 个电子，1mL 0.5mol/L 的 $Sn(Ⅱ)$ 或 $Fe(Ⅱ)$ 相当于 0.015g SiO_2。

③ 在约 3mol/L 的盐酸溶液中，用甲基异丁酮选择性萃取硅钼酸，盐酸溶液洗涤除去共萃取的钼酸盐后，用氨水将硅钼酸返萃取入水相，硅钼酸则被分解而定量释放出 $Mo(Ⅵ)$。将水相酸化后通过琼斯（Jones）还原器将 $Mo(Ⅵ)$ 还原至 $Mo(Ⅲ)$。流出液收集于含有过量 $Fe(Ⅲ)$ 的溶液中，用高锰酸钾标准滴定溶液滴定反应生成的 $Fe(Ⅱ)$，1mL 0.2mol/L 高锰酸钾相当于 0.001667g SiO_2。5% 的 P_2O_5、TiO_2、As_2O_5，2% ZrO_2，0.5% V_2O_5 不干扰。但 $Nb(Ⅴ)$、$Ta(Ⅴ)$ 使结果稍稍偏低。

（三）光度法

1. 硅钼杂多酸法

硅酸与钼酸盐在酸性条件下形成硅钼杂多酸，不使用还原剂称为硅钼黄法；使用还原剂时称为硅钼蓝法。硅钼杂多酸有两种同分异构体，一种为 α-型，一种为 β-型。硅钼杂多酸的吸收光谱紊乱正是基于这一原因。目前应用较多的是 β-型中夹杂少量 α-型的混合型。

（1）硅钼杂多酸形成的条件

① 对硅酸形态的要求。无论形成何种结构的硅钼酸，都必须确保全部硅呈单分子硅酸存在。因此，应以较稀的酸溶解样品，且不宜长时间煮沸，试样溶完冷却后立即稀释。试样经碱熔融后再酸化处理，亦应遵守这一原则，以防部分硅酸聚合。

② 酸度和钼酸盐浓度。酸度和钼酸盐浓度对硅钼杂多酸结构的形成起着决定性作用，这种关系较为复杂，目前尚无准确的结论。

③ 温度和时间。温度和时间对硅钼杂多酸形成的影响是互相关联的。温度升高，反应时间缩短。在 $60\sim70℃$，只需约 30s，在 30℃ 需 $4\sim5min$，在 15℃ 时则需要 30min 以上。在一定温度下，反应时间受溶液酸度的影响。对于 α-型，反应时间随酸度的降低而延长；对于 β-型，反应时间随酸度的降低而缩短。

④ 试剂加入顺序。形成硅钼杂多酸的过程中，试剂加入的顺序不同，硅钼杂多酸的结构也不同。为了获得纯净的 α-型，要先加 pH 为 $3.8\sim4.8$ 的缓冲溶液，再加钼酸盐溶液。而要获得 β-型结构，则要先加钼酸盐，再调整溶液的酸度。

（2）干扰及消除　无论采用硅钼黄法还是硅钼蓝法，主要的干扰来自能形成类似杂多酸的元素如磷、砷等。消除这类干扰的简便措施有如下几种。

① 提高还原酸度。在硅钼杂多酸形成完全后，将酸度提高至 $3.0\sim4.0mol/L$，磷、砷的钼杂多酸被完全破坏，而硅钼杂多酸仍保持稳定，然后用氯化亚锡和抗坏血酸还原。

② 使用配位掩蔽剂。于硅钼杂多酸形成完全之后加入草酸、酒石酸等有机配位剂，磷、砷的钼杂多酸迅速分解，而硅钼杂多酸分解速度则较缓慢。严格控制加入配位剂和还原剂之间的时间间隔，可消除磷、砷的干扰。硅钼杂多酸被还原后则不被配位剂分解，因而不妨碍测定。

2. 三元离子缔合物法

硅钼酸阴离子能与某些碱性染料阳离子形成离子缔合物，使灵敏度大大提高。结晶紫与硅钼酸的离子缔合物，可用环己醇和异戊醇的混合溶剂萃取。此缔合物能溶于丙酮，$\varepsilon_{582}=1.4\times10^5 L/(mol\cdot cm)$。罗丹明 B 与硅钼酸的缔合物可用异丙醚浮选后溶于乙醇，组成为 $(C_{28}H_{30}N_2O_3)_4SiMo_{12}O_{40}$，$\varepsilon_{555}=5\times10^5 L/(mol\cdot cm)$。在水相中，用硅钼蓝-丁基罗丹明 B 测定硅的条件是在约 $0.2mol/L$ 酸度下，于沸水浴中加热 30s，则硅酸与钼酸铵形成硅钼酸。用抗坏血酸的强硫酸溶液将其还原，则得硅钼蓝。30min 后，加入丁基罗丹明 B，10min 后定量形成水溶性硅钼蓝-丁基罗丹明 B 离子缔合物，组成为硅钼酸：丁基罗丹明 B=1：5，配合物的 $\varepsilon_{578}=1.1\times10^5 L/(mol\cdot cm)$。硅浓度在 $0\sim8.4\mu g/100mL$ 范围内服从比尔定律。颜色可稳定约 1h。选择性与硅钼蓝法类似，而对某些蓝色离子如铜（Ⅱ）、镍（Ⅱ）的允许量，则比硅钼蓝法更高。与普通硅钼蓝法比较，灵敏度却比前者高约 5 倍，是测定微量、痕量硅的既简便快速而又较准确的方法之一。

3. 倍增反应法

将硅钼酸选择性萃取入甲基异丁酮等有机溶剂中，与过量钼酸盐分离，然后以适当显色剂如苯基荧光酮、2-氨基-4-氯苯硫酚测定杂多酸被碱分解后释放出的钼（Ⅵ）。由于 1mol 硅钼酸可释放出 12mol 的钼（Ⅵ），因而应用此法可将测定硅的灵敏度大大提高。

上述方法除灵敏度较高外，无特殊的优点，加之手续较繁，所以应用受到一定的限制。

4. 置换反应法

将硅酸加到含有六氟钛酸和过氧化氢的混合溶液中，或形成氟硅酸并定量释放出钛，而形成钛与过氧化氢的黄色配合物，以此可间接测定硅。但灵敏度较低，且易受钛、钒的干扰。

三、钢铁中硅含量的测定

（一）高氯酸脱水重量法测定钢铁中硅的含量

1. 方法原理

试样用酸分解，或用碱熔后酸化，在高氯酸介质中蒸发冒烟使硅酸脱水，经过滤洗涤后，将沉淀灼烧成二氧化硅，在硫酸存在下加氢氟酸使硅呈四氟化硅挥发除去，由氢氟酸处理前后的质量差计算硅含量。

2. 试剂

① 盐酸-硝酸混酸：1+1。

② 盐酸：5+95。

③ 硫酸：1+2。

④ 硫氰酸铵溶液：5%。

3. 测定步骤

称取试样（硅含量大于 1% 称 1g，小于 1% 称 3g）置于 300mL 烧杯中，加盐酸-硝酸混酸 30～40mL，盖上表面皿，加热溶解，稍冷，加高氯酸 30～40mL，继续加热蒸发至冒高氯酸烟，移至较低温度处，保持高氯酸烟在杯壁回流 15～20min，稍冷，加热水约 100mL，搅拌溶解盐类。立即用中速滤纸过滤，用带橡皮头的玻璃棒将附着在杯壁上的沉淀擦净并移至滤纸上，以热盐酸（5+95）洗涤沉淀与滤纸至滤液不含铁离子，最后以热水洗涤 3 次。

将滤液加热浓缩至冒高氯酸烟并回流约 15min，如前操作，以回收滤液中的硅。

合并两次沉淀及滤纸于铂坩埚中，烘干炭化，再于 1000～1050℃ 灼烧约 30min，取出，置于干燥器中冷却，称重。如此反复直至恒重。沿坩埚壁加水 3～5 滴、硫酸（1+2）2～3 滴、氢氟酸 5mL，加热蒸发至冒尽硫酸烟，如前灼烧直至恒重。

4. 结果计算

$$w(\text{Si}) = \frac{(m_1 - m_2) \times 0.4672}{m} \times 100\% \qquad (5\text{-}15)$$

式中，m_1 为氢氟酸处理前坩埚与沉淀的质量，g；m_2 为氢氟酸处理后坩埚与残渣的质量，g；m 为试样的质量，g。

5. 注意事项

① 氢氟酸处理之前，必须有适量硫酸存在，以防止四氟化硅水解而形成不挥发的化合物，使结果偏低。并防止铁、钛、铝等呈挥发性氟化物而损失，使结果偏高。

② 硼存在时被带入沉淀，即使在硫酸存在下用氢氟酸处理，硼仍能呈氟化硼挥发损失，使结果偏高。为消除硼的干扰，可用盐酸 40mL 溶解试样，以硝酸氧化并浓缩至约 10mL，加甲醇 40mL，将表面皿稍微移动使有适当缝隙，低温蒸发，使硼呈硼酸甲酯 B(OCH$_3$)$_3$ 挥发除去，挥发后体积应在 10mL 以下，然后加硝酸 6mL，再加高氯酸，按原方法进行脱水处理。

③ 钨存在时，以钨酸与二氧化硅一同析出，钨酸经灼烧后转化为三氧化钨。由于三氧化钨在 850℃ 以上有部分挥发，因此对含钨试样，沉淀应先于 1000～1050℃ 灼烧约 1h，以挥发除去大部分三氧化钨，然后于 800℃ 恒重。氢氟酸处理后的残渣，亦应于 800℃ 恒重，以防止在此阶段三氧化钨的挥发损失。

（二）还原型硅钼酸盐光度法测定酸溶硅含量（GB/T 223.5—2008）

本标准规定用还原型硅钼酸盐光度法测定酸溶硅含量，适用于铁、碳钢、低合金钢中

0.030%～1.00%（质量分数）酸溶硅含量的测定。

1. 方法原理

试料用稀硫酸溶解。在微酸性溶液中，硅酸与钼酸铵生成氧化型的硅钼酸盐（黄），在草酸存在下，用硫酸亚铁铵将其还原成硅钼蓝，于波长约810nm处测量其吸光度。

2. 试剂和材料

① 纯铁：硅的含量小于0.002%（质量分数）。

② 硫酸：1+17，以硫酸（$\rho=1.84g/mL$）稀释。

③ 钼酸铵溶液：50g/L，贮于聚丙烯瓶中。

④ 草酸溶液：50g/L。将5g二水合草酸（$H_2C_2O_4 \cdot 2H_2O$）溶于少量水中，稀释至100mL并摇匀。

⑤ 硫酸亚铁铵溶液：60g/L。称取6g六水合硫酸亚铁铵，置于250mL烧杯中，用1mL硫酸（1+1）润湿，加约60mL水溶解，用水稀释至100mL，混匀。

⑥ 高锰酸钾溶液：40g/L。

⑦ 亚硝酸钠溶液：100g/L。

⑧ 硅标准溶液

a. 称取0.4279g（准确至0.1mg）二氧化硅［大于99.9%（质量分数）］，用前于1000℃灼烧1h后，置于干燥器中，冷却至室温，置于加有3g无水碳酸钠的铂坩埚中，上面再覆盖1～2g无水碳酸钠，先将铂坩埚于低温处加热，再置于950℃高温处加热熔融至透明，继续加热熔融3min，取出，冷却。置于盛有冷水的聚丙烯或聚四氟乙烯烧杯中至熔块完全溶解。取出坩埚，仔细洗净，冷却至室温，将溶液移入1000mL单刻度容量瓶中，用水稀释至刻度，混匀，贮于聚丙烯或聚四氟乙烯瓶中。此溶液1mL含200μg硅。

b. 称取0.1000g（准确至0.1mg）经磨细的单晶硅或多晶硅，置于聚丙烯或聚四氟乙烯烧杯中，加10g氢氧化钠、50mL水，轻轻摇动，放入沸水浴中，加热至透明全溶，冷却至室温，移入500mL单刻度容量瓶中，用水稀释至刻度，混匀，贮于聚丙烯或聚四氟乙烯瓶中。此溶液1mL含200μg硅。

3. 仪器和设备

分析中，除下列规定外，仅用通常的实验室仪器和设备。

① 聚丙烯或聚四氟乙烯烧杯：200mL。

② 聚丙烯或聚四氟乙烯瓶：500mL、1000mL。

4. 试样的采取和制备

按照GB/T 222—2006和有关的国家标准采取和制备样品。

5. 分析步骤

（1）试样量　称取试样0.1～0.4g，准确至0.1mg，控制其硅量为100～1000μg。

（2）测定

① 溶解样品。将试料置于150mL锥形瓶中，加入30mL硫酸，缓慢加热至试料完全溶解，不要煮沸并不断补充蒸发失去的水分，以免溶液体积显著减少。

② 制备试液。煮沸，滴加高锰酸钾溶液至析出二氧化锰水合物沉淀。再煮沸约1min，滴加亚硝酸钠溶液至试液清亮，继续煮沸1～2min（如有沉淀或不溶残渣，趁热用中速滤纸过滤，用热水洗涤）。冷却至室温，试液移入100mL容量瓶中，用水稀释至刻度，混匀。

③ 显色。移取10.00mL试液两份，分别置于50mL容量瓶中（一份作显色溶液用，一份作参比溶液用），按下法处理。

显色溶液：小心加入5.0mL钼酸铵溶液，混匀。于沸水浴中加热30s，加入10mL草酸溶液，混匀。待沉淀溶解后 30s 内，加 5.0mL 硫酸亚铁铵溶液，用水稀释至刻度，摇匀。

参比溶液：加入 10.0mL 草酸溶液、5.0mL 钼酸铵溶液、5.0mL 硫酸亚铁铵溶液，用水稀释至刻度，摇匀。

注：显色时，如不在沸水浴中加热，也可以在室温放置 15min 后再加草酸溶液。

④ 测量吸光度。将部分显色溶液移入 1～3cm 比色皿中，以参比溶液作参比，在分光光度计上于波长 810nm 处测量各溶液的吸光度值。

⑤ 从工作曲线上查出相应的硅量。

（3）绘制工作曲线　称取数份与试料质量相同且其硅含量相近的纯铁，置于数个 150mL 锥形瓶中，移取 0.50mL、1.00mL、2.00mL、3.00mL、4.00mL、5.00mL 硅标准溶液（2.⑧a 或 2.⑧b），分别置于前述数个锥形瓶中，以下按 5.(2) 进行。以硅标准溶液中硅量和纯铁中硅量之和为横坐标，测得的吸光度值为纵坐标，绘制工作曲线。

6. 分析结果的计算

以质量分数表示的硅含量按下式计算：

$$w(\text{Si}) = \frac{m_1 V_0}{m_0 V_1} \times 100\% \tag{5-16}$$

式中，V_1 为分取试液的体积，mL；V_0 为试液的总体积，mL；m_1 为从工作曲线上查得的硅量，g；m_0 为试样量，g。

7. 注意事项

① 溶样时，不宜长时间煮沸，并需适当吹入水，以防止温度过高、酸度过大，使部分硅酸聚合。

② 草酸除迅速破坏磷（砷）钼酸外，亦能逐渐分解硅钼酸，故加入草酸后，应于 1min 内加硫酸亚铁铵，否则结果偏低。快速分析时，亦可将草酸、硫酸亚铁铵在临用前等体积混合，一次加入。

（三）硅钼蓝-丁基罗丹明 B 光度法测定合金钢中硅的含量

1. 方法原理

硅酸与钼酸反应生成硅钼杂多酸，用抗坏血酸的强酸性溶液还原生成硅钼蓝，在约 1.9mol/L 硫酸介质中，硅钼杂多蓝与丁基罗丹明 B 形成水溶性三元离子缔合物，其组成为硅：钼：丁基罗丹明 B＝1：12：5，每 100mL 显色液中含硅 0～8μg，体系服从朗伯-比尔定律，颜色可稳定 1h。30mg 钙、镁、锰（Ⅱ）、铝、铜（Ⅱ）、镍，15mg 铁（Ⅲ）、氟，0.5mg 钴、钒、钨（Ⅵ）、铬（Ⅵ），0.1mg 铅，0.05mg 磷（Ⅴ）、砷（Ⅴ）不干扰，是测定微量、痕量硅的简便快速而又足够准确的方法之一。

2. 试剂

① 硫酸：1mol/L。

② 0.1％抗坏血酸-1＋1 硫酸溶液。

③ 钼酸铵溶液：10％。

④ 丁基罗丹明 B 溶液：0.2％。

⑤ 硅标准溶液：2μg/mL。

3. 测定步骤

称取试样 0.1g，加盐酸 2.5mL、过氧化氢 5mL，轻微加热溶解，煮沸分解过量的过氧化氢，冷却，移入 100mL 容量瓶中，用水稀释至刻度，摇匀。吸取试液 5.00mL，置于塑料杯中，加水 25mL，加 1mol/L 硫酸 4mL、10％钼酸铵溶液 2.5mL，于沸水浴中加热 30s，流水冷却，加抗坏血酸-硫酸溶液 20mL，加水 30mL，放置 30min 后，移入 100mL 容量瓶中，加丁基罗丹明 B 溶液 5mL，用水稀释至刻度，摇匀，10min 后，于 578nm 处用 2cm 比色皿，以试剂空白作参比测定吸光度。

附　现代钢铁分析方法

一、钢铁中碳和硫的连续测定

钢铁中的碳和硫目前多采用连续测定法进行，先测硫后测碳，测定硫一般采用碘量法，测定碳可采用非水滴定法，也可采用气体容量法。现介绍 HQ-4B 型智能碳硫连续分析仪测定钢铁中碳和硫的方法。

HQ-4B 型智能碳硫连续分析仪如图 5-4 所示。

图 5-4　HQ-4B 型智能碳硫连续分析仪

实现了分析结果数显、直读。

1. 仪器的用途

HQ-4B 型智能碳硫分析仪能快速、准确地检测钢铁、其他金属以及非金属材料中碳和硫两种元素的质量分数，适用于钢铁、冶金、机械制造加工、铸造、有色金属等行业化验室进行碳和硫两种元素质量分数的检测。

2. 仪器的特点

① 气体容量法差压式定碳，由高灵敏度的气压传感器检测结果，单片机自动进行数据处理，实现碳读数自动化。

② 定硫采用碘量法注射式滴定，提高了分析精度，

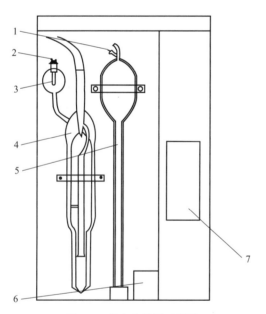

图 5-5　碳硫分析仪正视图

1—A_1 触针；2—橡皮塞；3—浮标球；4—碳吸收器；
5—量气管；6—光电盒；7—操作面板

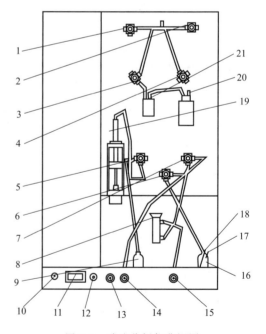

图 5-6　碳硫分析仪背视图

1—Y_2；2—Y_3；3—Y_7；4—Y_4；5—Y_8；6—Y_5；
7—Y_1；8—净化器；9—贮液瓶；10—遥控插座；
11—电源插座；12—保险丝；13—炉气；14—氧气；
15—供氧；16—水准瓶；17—A_2 触针；18—A_3 触针；
19—注射系统；20—传感器；21—接水器

③ 电子天平不定量称样，单片机自动读入质量，提高了分析结果的精密度及分析速度。

④ 仪器结构新颖，采用触摸按键降低故障率，操作方便，美观大方。

3. 仪器结构

该仪器的控制部分、稳压电源以及化学分析玻璃器皿等组装在一个箱体内，结构简单，便于仪器的安装调试。各部件名称位置详见图 5-5 和图 5-6。

4. 仪器的气路和工作原理

（1）气路原理　氧气瓶上装有 YQY-6 型减压阀，其出口压力为 $0.03\sim0.035$MPa，由管道接入仪器，分为两路：一路由二位三通电磁阀 Y_1 控制，经特效氧气净化器净化后，向燃烧炉供氧；另一路由二位三通电磁阀 Y_5 控制，向水准瓶加压力实现碳的自动分析。详见图 5-7。

（2）工作原理　仪器共有五个工作程序，分"准备"和"分析"两个阶段来完成。准备有硫准备和碳准备，分析有通氧、对零、吸收、回复四种工作状态。动作转换及电磁阀工作状态见下表。

程　序	终点控制	Y_1	Y_2	Y_3	Y_4	Y_5	Y_6	Y_7	Y_8
准备	A_1				+	+	+		+
通氧	A_2	+	+						
对零	延时 10s	+			+			+	
吸收	A_1	+		+		+			
回复	延时 20s	+		+				+	

注："＋"表示电磁阀处于工作状态。

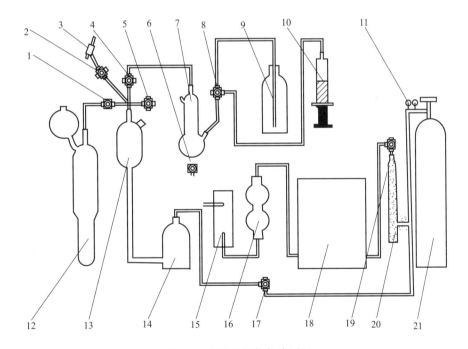

图 5-7　碳硫分析仪气路原理

1—Y_3；2—Y_7；3—传感器；4—Y_2；5—Y_4；6—Y_6；7—硫吸收杯；8—Y_8；9—贮液瓶；10—注射系统；
11—减压阀；12—碳吸收器；13—量气管；14—水准瓶；15—流量计（HN-2H）；16—除尘器（HN-2H）；
17—Y_5；18—燃烧炉；19—Y_1；20—氧气净化器；21—氧化瓶

① 准备。Y_6、Y_8 工作，硫吸收杯中多余废液经 Y_6 排出，贮液瓶中硫滴定液通过 Y_8 进入注射器，此为硫准备。同时 Y_4、Y_5 工作，$0.03\sim0.035$MPa 的氧气通过 Y_5 给水准瓶加压，量气管中酸性溶液立即上升，管内余气经 Y_4 向外排出，此为碳准备。待酸性溶液接触到量气管上方 A_1 电极触针时，单片机立即发出关阀指令，准备动作结束。

② 通氧。Y_1、Y_2 同时工作，$0.03\sim0.035MPa$ 的氧气经 Y_1 供燃烧炉燃烧样品，燃烧炉出口炉气先进入硫吸收杯，硫吸收杯中溶液的颜色一经变化，硫立即开始自控滴定；剩余气体经 Y_2 进入量气管，待量气管液面下降到刻度的 0.5 处时，水准瓶液面正好接触到 A_2 触针（调整方法见仪器的调试），单片机随即发出关阀指令，并将程序自动转入"对零"。

③ 对零。Y_1、Y_4、Y_7 均工作，Y_1 仍向燃烧炉供氧，量气管顶部经过 Y_4 通大气，此时水准瓶上方已通过 Y_5 的常通口与大气连通；水准瓶与量气管均在同一大气压下，实现自动对零点，Y_7 工作仪器采集零信号，延时 10s，对零结束转"吸收"，同时显示器显示碳的零点信号值。

④ 吸收。Y_1、Y_3、Y_5 均工作，Y_1 仍向燃烧炉供 $0.03\sim0.035MPa$ 氧气经 Y_5 加至水准瓶，量气管中气体经 Y_3 进入吸收器，实现碳的自动吸收。当量气管中酸性溶液接触到 A_1 电极触针时，吸收程序结束转"回复"。

⑤ 回复。Y_1、Y_3、Y_7 工作，仍向燃烧炉供氧，水准瓶上部被解除压力而通大气，吸收器内的气体在液位差的自然压力作用下，经过 Y_3 全部倒回量气管后，传感器通过 Y_7 采集数据，从回复开始到结束共延时 20s，延时一到回复程序结束，显示器随即显示测试值。再延时 5s，仪器进入下一个样品分析的准备程序。

以上为分析钢工作流程，若选择分析铁，在第一次回复开始 8s 后，程序自动转入第二次吸收，待量气管液面碰上 A_1 电极触针时，第二次吸收结束，程序又自动转入第二次回复（此时 Y_7 阀工作），延时 17s 结束动作，显示测试值。再延时 5s，仪器进入自动准备程序。

5. 按键操作及功能说明

(1) 按键操作说明　详见图 5-8。

① "通氧"、"对零"、"吸收"、"回复"为手动操作键，需进行某一过程工作时，按下相对应键即可动作。

② "打印"键：按此键，分析标样时打印出回归系数 R、斜率 k、截距 b 以及所分析标样值及测试值；分析试样时分别打印出试样的质量分数及测试值。

③ "碳入"、"硫入"键：分析标样时，在分析过程操作前，按标样的标定值分别一一将碳、硫质量分数输入单片机。当输入碳质量分数后，按"碳入"键，标样的标定值被仪器确认。同法操作硫按"硫入"键即可。

④ "重量输入"键：在每次分析过程操作前，不定量称样或定量称样分析样品时都应操作此键。操作方法：不定量称样，分析样品前用电子天平称取一定质量的标样或试样，按此键单片机读入质量即可分析样品；定量称样，将准确的称量值用按键输入单片机后，再按此键即可分析样品。

⑤ "分析"键：按该键，仪器进行自动分析。

⑥ "准备/1"键：按此键，仪器进行自动准备，准备结束，准备指示灯不亮，此时可以按"分析"键进入分析流程（配管式炉用）。

⑦ "准备/2"键：按此键，仪器进行自动准备，准备结束，准备指示灯亮，仪器等待"遥控"信号，此时只有按高速自动引燃炉的启动按钮才能进入分析流程（配 HN-2H 引燃炉用）。

⑧ "上档有效"键：此键为双功能键所设，当需要双功能键分隔线上方功能有效时，请按此键，上档指示灯亮表示分隔线上方功能有效。

⑨ "换液/0"键：双功能键，直接按此键为数字 0，按"上档有效"键后再按此键，步进电机先顺转将注射器内溶液排出，碰到上限开关，步进电机逆转注射器吸满溶液，碰到下限开关停止动作。

⑩ "放液/1"键：双功能键，直接按此键为数字 1，按"上档有效"键后再按此键，Y_6 工作，排放硫吸收杯中废液，再按此键停止动作。

⑪ "日期/2"键：双功能键，直接按此键为数字 2，按"上档有效"键后再按此键，可

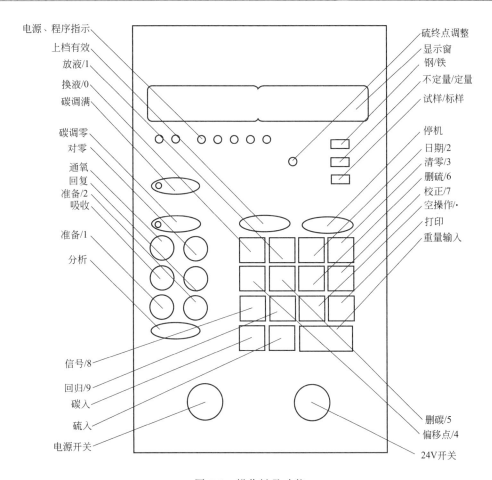

图 5-8　操作键及功能

以输入日期，如 2002 年 4 月 20 日，先按 20020420 等数字键，再按"上档有效"键，然后按该功能键日期即输入。

⑫"清零/3"键：双功能键，直接按此键显示数字 3，按"上档有效"键，可以将机内所存储的回归曲线全部清除。一般在作工作曲线前按此键。

⑬"偏移点/4"键：双功能键，直接按此键显示数字 4，如果作工作曲线超过三个标样以上，按"回归"键，所显的回归系数不理想，可以先按"上档有效"键，再按该键即显示出碳、硫偏移曲线最远一点的编号，如需删除请参照"删碳"或"删硫"操作。

⑭"删碳/5"键：双功能键，直接按此键显示数字 5，当知道碳曲线的偏移点是第几点时，先输入第几点数字，按"上档有效"键，再按该键，偏移点即被删除，同时碳显示器显示"C-DEL"。

⑮"删硫/6"键：双功能键，直接按此键显示数字 6，确定硫曲线上偏移点后，先输入第几点（偏移点仅为一位数，输入两位数出错），按"上档有效"键，再按该键即删除了偏移点，同时硫显示器显示"S-DEL"。

⑯"校正/7"键：双功能键，直接按此键显示数字 7，该机具有断电保护功能，关机后回归曲线仍然保留，若下次开机对该曲线有怀疑，可以取该曲线上任一点，先按"上档有效"键，再按"校正/7"键，此时显示"CR0"提示符，然后分别输该点标样的碳、硫质量分数，进行分析操作，程序结束显示"CR1"，表示校正结束，接下来即可分析试样。

⑰"信号/8"键：双功能键，直接按此键显示数字 8，若需观察碳、硫信号电压值，先

按"上档有效"键，再按该键，碳显示器即显示其信号电压值。一般为调零、调满时用。

⑱"回归/9"键：双功能键，直接按此键显示数字9，当分析完标准样品时，先按"上档有效"键，再按该键，即显示碳、硫的线性相关系数。

⑲"空操作/·"键：双功能键，直接按显示小数点"·"，按"上档有效"键再按此键为空键。

⑳"停机"键：仪器在进行任何动作时，按此键随时停机。

（2）功能说明

① 该机碳、硫显示均为五位，显示质量分数时只有一位整数，其余四位为小数部分。

②"试样/标样"选择开关：分析标样时将开关拨在"标样"这边，分析试样时将开关拨在"试样"这边。

③"不定量/定量"选择开关：选择定量时，开关在"定量"这边，此时必须通过键盘输入定量值给单片机，再按"重量输入"键，方可进行分析操作；若采用不定量并与电子天平联机，所称质量只需按一下仪器上的"重量输入"键即可读入单片机。

④"钢/铁"选择开关：根据所分析样品含量高与低来选择开关位置，尤其是分析碳含量高时应选择"铁"，含量低时应选择"钢"，分析前必须选择好。

6. 仪器的安装

① 仪器安装在台面不小于100cm（长）×75cm（宽）、四周不靠墙的水平操作台上，以便操作人员站在仪器后部安装、调试或更换滴定液。

② 本仪器后部左下方装有"遥控"、"电源"插座及保险丝，"遥控"可与相应公司生产的HN-2H型高速自动引燃炉的"遥控"插座相接，实现自动分析。仪器后部下方中间位置有"炉气"、"供氧"、"氧气"接头，"炉气"和"供氧"接头分别用规格为$\phi 5mm \times 7mm$的橡皮管与HN-2H型高速引燃炉后部的"炉气"、"供氧"相连接，"氧气"接头与氧气瓶减压阀相连接。

③ 安装量气管与水准瓶

a. 用重铬酸钾洗涤液洗涤后，先将水准瓶下部接口用$\phi 12mm \times 10mm$的硅塑管与量气管下端口相连接，将量气管插入固定座中，上部用固定环固定好。注意：玻璃器皿固定时以勉强转动为止。

b. 向水准瓶中注入酸性水溶液，观察量气管中液面上升至零刻度线即可，分别将长、短触针A_3和A_2插入水准瓶，A_3插入瓶底，A_2插入液面下1mm左右。再将量气管上方A_1触针插好，触针必须悬空。然后用橡皮管将量气管与上部五通管相连。

④ 安装碳吸收器：同上洗涤后，按图5-5用固定环固定好，借漏斗向吸收器内注入氢氧化钾溶液，液面高于右方浮子顶部5~10mm之间为宜，然后用橡皮管与Y_3相连，吸收器装好溶液后，应注意插好浮标球，正常情况下浮标球球下方与液面基本接触，上口橡皮塞上的两电极触针应分别与两接线端子相连固定好（其中一触针与A_1触针共线），连接时参照图5-5和图5-6进行。

⑤ 安装硫吸收杯：同上洗涤后，打开光电盒紧固盖，放入硫吸收杯，下部与Y_6相接，中下端与Y_8相接，中上端与"炉气"进气嘴相接，顶部接口与Y_2相接。然后将紧固盒盖好即可。

⑥ 安装贮液瓶：将配好的硫滴定液装入贮液瓶中，把贮液瓶放置在中隔板背面上部管道插入贮瓶中，另一端与Y_8相连。

7. 仪器的调试

① 打开氧气总阀，调节其中一只减压阀出口压力为0.03~0.035MPa，作为仪器动力和燃烧样品用。调节另一只减压阀出口压力为0.15~0.18MPa，供高速引燃炉升降炉用。仪器配高速引燃炉使用，应提前30min打开高速引燃炉电源和加热开关，使炉体加热，或燃烧2~3份废样亦可。

② 配管式燃烧炉使用，应预先将炉温升至 1250℃ 左右，待用。

③ 试验前 30min 打开仪器电源。

④ 打开氧气瓶及两只减压阀出口阀门，调节其中一只出口压力为 0.03～0.035MPa，作仪器动力及燃烧样品用。调节另一只减压阀出口压力为 0.15～0.18MPa，供高速自动引燃炉升降炉用。

⑤ 通氧流量

a. 卧式管状燃烧炉，60～80L/h，试样预热 40s 左右。

b. 立式管状燃烧炉，120L/h。

c. 高速自动引燃炉，50～60L/h，即 0.8～1L/min。

⑥ 检查气路的密封性

a. 按下"准备"键，量气管装满酸性溶液后，观察量气管液面是否连续下降，如果液面下降，说明 Y_2、Y_3、Y_4、Y_7 与 A_1 触针、橡皮塞、量气管之间连接处有漏气现象。

b. 按"准备"键，待准备结束后停机，按"通氧"键，立即用夹子夹紧炉气管道，观察硫吸收杯中应逐渐无气泡，同时量气管中酸性水液面不下降，则说明燃烧炉到 Y_2 之间不漏气，如果有气泡，则说明碳硫仪有漏气，漏气处是与硫杯相连的接口处。

c. 同上，准备结束后停机，升好炉，再按"通氧"键，用夹子夹紧供氧管道，观察硫吸收杯中逐渐无气泡（约 10s），如果有气泡则说明燃烧炉漏气，漏气检查方法如下：松开供氧管道，夹紧炉气管道，继续通氧，用肥皂水涂燃烧炉各连接处；有气泡的地方说明漏气，等漏气排除后即可往下操作。

d. 空白分析：准备结束后停机，按下"升降炉"按钮，再按"分析"键，待分析结束时量气管中酸性水的高度应与对零时量气管高度一致，如不一致，则说明量气管到吸收器之间有漏气现象。常见 Y_3、碳吸收器之间有漏气现象。

⑦ 碳自动对零点位置：程序从"通氧"转"对零"，量气管液面一般在 0.5 处开始对零。否则，可以通过上、下拨动 A_2 触针来调节。

⑧ 碳的调零和调满

a. 按下手动"对零"键，量气管自动对零点，延时 10s，显示器即显零点信号值，一般零点信号值可允许在 ±0.010 范围内，否则调节面板调零电位器使其值为零。

b. 按"准备"键，待酸性水充至量气管上部一半处，立即按"停机"键，再按下"对零"键，注意量气管液面刻度线 2.00 处，立即停机。再接"信号"键，调节面板上的调满电位器，使满程信号值为 1.900～1.950 之间的任意值。按下"信号"键，校正工作即结束。

⑨ 空白值的校正：仪器与燃烧炉联机操作所得结果，硫显示值一般为零，碳显示值应小于 0.0100，否则可以通过调整对零和回复时间来消除空白，若空白值过大，说明有漏气现象。当空白为正值时，可延长对零时间，缩短回复时间；当空白为负值时，即反调之，调节时间对照如下：

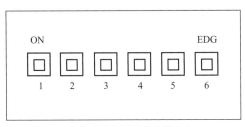

"1"表示拨动开关位置向上
"0"表示拨动开关位置向下

对　零		回　复	
时间/s	6 5 4[①]	时间/s	3 2 1[①]
6	1 1 1	16	1 1 1
7	0 1 1	17	0 1 1
8	1 0 1	18	1 0 1
9	0 0 1	19	0 0 1
10	1 1 0	20	1 1 0
11	0 1 0	21	0 1 0
12	1 0 0	22	1 0 0
13	0 0 0	23	0 0 0

① 6 5 4、3 2 1 指位置。

8. 操作步骤及注意事项

① 仪器应提前 10min 开电源开关，电源打开显示器显示"P-"表示仪器正常，同时电源指示灯亮。

② 样品分析：取 HN-2H 型高速自动引燃炉坩埚一只，在坩埚底部加入约 0.5g 硅钼粉、0.2～0.3g 锡粒助熔剂（注意：硅钼粉及锡粒不宜堆放在一起）。再将 1.000g 碳、硫含量已知的标准钢样均匀地分布在坩埚内助熔剂的上方，送入燃烧炉，按下"升降炉"开关，闭合燃烧炉，按下"准备/2"键，待准备结束后，按下引燃炉的"启动"开关，仪器自动进入分析过程。

③ 仪器进行试样分析前，应先分析标样。操作步骤如下：将"试样/标样"选择开关拨在"标样"这边，再确定是否不定量称样，根据需要将"不定量/定量"选择开关拨在相应的一边；再根据所测试样品的种类选择好"钢/铁"选择开关。选择相应的标样 2～3 只（高、中、低），开始作工作曲线。首先要进行清零操作，分析第一只标样应先输入或读入标样质量，再分别将碳、硫两元素的质量分数通过数字键输入；假设标样含量为 C 0.620、S 0.032，输入顺序是"0.620"，再按"碳入"键，此时碳的质量分数已存入单片机内部，再用同样方法输硫的质量分数（按"硫入"键），然后按仪器分析键或引燃炉启动按钮进行分析程序。待分析结束，碳显示电压信号值，硫显示滴定脉冲数。5s 后仪器进入自动准备（用"准备/1"键，不能自动）。可以照以上方法分析第二、第三个标样，待分析完成，按"回归"键，分别显示碳、硫两元素的回归系数。将"试样/标样"选择开关拨向"试样"一边即可以进行试样分析测试，分析结束，碳、硫均显示其质量分数值。

④ 仪器必要时也可以手工操作，按照分析顺序分别按"准备"、"通氧"、"对零"、"吸收"、"回复"可进行手动分析。

⑤ 开机后，未输入或未采集质量值即进行分析程序时，分析结束显示"g＝0"。

⑥ 分析标样时，所测数值若超出量程范围，碳、硫分别显示"OUER"提示符。当硫的脉冲值大于所限范围时，硫显示器显示"P—0U"。

⑦ 分析完标样，若不按"回归"键进行回归处理，试样分析结束显示"0000"。

⑧ 质量值大于 9.9999g，显示"g-OUER"提示符。

⑨ 按信号键时，若显示"OUER"则说明碳此时信号电压值超出量程范围（碳信号值应小于 1.9999）。

⑩ 分析生铁、铸铁试样时，碳含量不超过 4.00％可以称 0.5g 样品（注：硅钼粉、锡粒的加入同样品分析），再补加 0.5g 纯铁，能够提高碳的测量精度。

⑪ 试验结束后，关闭氧气总阀，按下手动"通氧"键，把管路中的余气放掉，然后关闭电源。

⑫ 使用时氧气压力不能太大，以免量气管液面上升速度过快，上部浮子被撞碎。

⑬ 本仪器对于氧气的净化，采用新型的净化剂。若使用时间过长，可放到恒温箱里一段时间后，继续使用。

⑭ 本仪器如若发生意外事故，应立即关电源开关。如果仪器在吸收或回复程序内停机，重新打开电源开关，必须进行回复程序操作，以免氢氧化钾溢出影响正常使用。

⑮ 如果酸性溶液浓度太大或量气管顶部 A_1 触针与玻璃管壁有短路现象，可能造成不准备或不吸收的故障，可拔下 A_1 触针，擦干橡皮塞及触针表面积水，重新装上即可。必要时重新配制酸性水。

⑯ 若采用管式炉，停止分析 10min 以上，必须进行一次空白试验或燃烧一只废样。

⑰ 为了取得准确的硫的分析结果，必须注意以下问题：

a. 炉温的自动控制。

b. 注意处理好粉尘对二氧化硫的吸附作用。

c. 注意样品堆放形状和助熔剂的用量。

d. 注意处理好滴定液的不稳定性。

e. 分析不同种类的样品，必须用同类型的标准钢样校正仪器。

目前国内对钢铁中的碳硫测定较先进的仪器是高速引燃炉红外碳硫分析仪，该仪器具有测量范围宽、分析速度快、分析精度和准确度高、自动化程度高等优点。例如 HW-2000 型高速引燃炉红外碳硫分析仪，见图 5-9。

9. 高速引燃炉及其使用

（1）高速引燃炉的特点和用途　HN-2H 型高速自动引燃炉可高速自动地进行钢铁、铁合金、矿石、水泥、焦炭、炉渣等材料中碳、硫成分的燃烧测定。该仪器采用电极自动下降跟踪样品，高频高压不间断引弧燃烧样品，结构简单，操作方便，运行安全可靠，并且有节电、节材、高速、准确等优点。可与该仪器生产公司生产的电导法、气体容量法、非水滴定法、碘量法、酸碱滴定法、红外法等碳硫分析仪配套使用，尤其与气体容量法系列高速自动定碳定硫仪配套使用效果最佳。

图 5-9　HW-2000 型高速引燃炉红外碳硫分析仪

（2）高速引燃炉的主要技术指标

① 引弧方法：自动跟踪不间断非接触式高频高压引弧。

② 引弧电流：3～15A（最佳 10A 左右）。

③ 引弧间距：2～4mm。

④ 跟踪引弧时间：1～3s（最佳 1.5s）。

⑤ 前氧压力：0.03～0.035MPa。

⑥ 后控氧流量：1～2L/min。

⑦ 炉体气缸升降压力：0.15～0.18MPa。

⑧ 电极升降速度：3mm/s。

⑨ 电极升降幅度：10mm。

⑩ 电源：220V±10%（AC），50Hz，接地应保持良好，接地电阻应小于或等于 4Ω。仪器具有相线切换及安全保护电路。

（3）高速引燃炉的结构　HN-2H 型高速自动引燃炉由燃烧系统和高频高压引弧电路等部分组成，炉体及电极升降置于面板之前，电气控制线路装于机箱内部。

燃烧炉的结构如图 5-10 所示。从升炉进气管向气缸内送入压力为 0.15～0.18MPa 的氧气（流量≤600mL/min），使升降活塞上升，直至炉体与炉头硅胶垫圈密封。按下"启动"按钮，同步电机带动凸轮（偏心轮）逆时针方向旋转，电极开始自动跟踪，当电极与样品之间距离 2～4mm 时，形成电弧火球。同时，输送一组短路信号经遥控线启动 HQ 系列分析仪器的分析程序，通氧电磁阀打开，氧气输入引燃炉，坩埚内样品迅速燃烧，时间继电器工作延时跟踪引弧数秒后，切断其电源，跟踪引弧结束，同步电机顺时针方向旋转，电极在电极固定杆和橡胶复位套的作用下上升，直到凸轮与限位开关相碰，同步电机停转。

（4）使用方法

① 提前半小时打开电源和加热开关，预热炉体及坩埚。

注：仪器没有相线切换功能，如打开电源，电源指示灯不亮，则说明相线位置不对，可拨动背面的换相开关至电源指示灯亮，方可往下操作。

② 将三通接头的一端与氧气瓶连接，另两端分别连接两只 0～0.4MPa 的氧气减压阀。其中一只减压阀调至氧气压力为 0.03～0.035MPa，用 ϕ5mm×7mm 优质橡皮管与 HQ 型测试仪器右下方的"氧气"气路接头相连，测试仪器右边"供氧"、"炉气"气路接头分别与

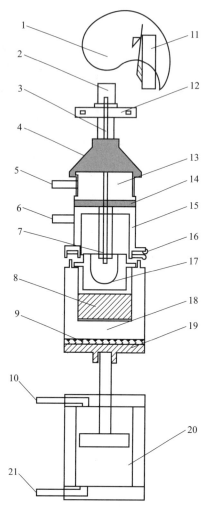

图 5-10　HN-2H 型高速自动引燃炉的炉体结构图
1—凸轮；2—电极导杆；3—钨电极；4—橡皮复位套；
5—进氧入口；6—炉气出口；7—吹氧铜管；8—磁铁；
9—隔热垫；10—升炉进气管；11—限位开关；
12—电极固定架；13—塑料王；14,16—硅橡胶垫圈；
15—炉头；17—坩埚；18—炉体；19—炉体支架；
20—气缸；21—降炉进气管

HN-2H 型后部的"供氧"、"炉气"气路接头相连；另一只减压阀调整至氧气压力为 0.15～0.18MPa，用 ϕ5mm×8.5mm 优质橡皮管与 HN-2H 型后部的"氧气"接头相连。

HN-2H 型后部的"遥控"插口与 HQ 型仪器后部的"遥控"插口之间用遥控线相连，可实现联机分析，按下 HN-2H 型"启动"按钮，仪器的通氧阀工作，立即进行跟踪引弧。点弧时，电流表瞬间有电流指示，一般电流为 3～15A，同时进行自动分析。

③ 除尘操作：用直角通针伸进炉头内清除粉尘，倒去坩埚内落入的粉尘，闭合燃烧炉继续"通氧"数次（注：按分析仪器"通氧"按钮），将炉头及出气管内的粉尘赶进除尘器，然后将除尘器下方螺丝逆时针旋转，取下除尘管，调换管内的棉花，每燃烧 20 只样品，应进行一次除尘操作。

④ 样品分析：在坩埚内依次装入 0.5g 硅钼粉、0.2～0.4g 锡粒、1.000g 钢样（注：硅钼粉、锡粒、钢样均需均匀地铺平），按下"升降炉"开关，闭合燃烧炉。调试时按下 HQ 型"通氧"按钮，将 HN-2H 型的氧气流量计调至 1L/min 左右停机，按分析仪器使用说明，将分析仪器恢复到"准备"结束状态，按下 HN-2H 的"启动"按钮，即可进行自动跟踪引弧燃烧分析。

⑤ HN-2H 型高速自动引燃炉与容量滴定法、电导法等定碳定硫仪联用时，0.03MPa 氧气直接送入 HN-2H 型后部的"氧气"气路接头，由"通氧"开关控制（注：需另加电磁气阀一只），经过氧气净化器到引燃炉"供氧"进气管，炉气经过除尘、流量控制后，由"炉气"气路接头输入分析仪器。

配容量滴定法、电导法定碳定硫仪使用时，氧气流量为 1～1.5L/min。

⑥ 燃烧结束后，按下"升降炉"开关，取出坩埚，用直角通针搅拌坩埚内壁四周的炉渣，轻轻倒出炉渣，装下一只样品，同法进行燃烧分析。

⑦ 在燃烧分析过程中若需停机时，可按下"停止"按钮，电路即中断，引燃炉停止工作，此时电源指示灯也同时熄灭，放开"停止"按钮，电源指示灯又恢复指示。

（5）注意事项

① 该仪器使用的电源必须是单相三线插座，接地要良好，否则引燃炉不工作。

② 引燃炉体及管道接头必须要密封良好，如有漏气现象，则分析结果偏低。

③ 引燃炉在燃烧样品时是靠瞬间点弧自身热量燃烧样品，故在分析样品前必须先预热

炉体或燃烧废样进行加热，否则会造成测试数据不稳定。

④ 更换除尘器内的棉花后，必须燃烧 2 只废样，使棉花吸附饱和，否则会使结果偏低或不稳定。

⑤ 样品放入坩埚前，一定要把硅钼粉（或添加剂）垫在坩埚底部，然后再放试样。不能将硅钼粉与样品混合加入，否则，会造成样品燃烧不完全，结果偏低。

⑥ 要严格控制硅钼粉、锡粒等助熔剂的用量，应做好氧化铁粉的除尘工作，及时清理，否则也会带来测试结果的不稳定。

⑦ 硅钼粉应平放在坩埚底部，上部均匀地铺放锡粒和样品，在分析生铁、铸铁样品时还应补加 0.5g 左右的高纯铁粉，以防氧气流量过大，引起铁样飞溅，同时也有利于引弧。

二、钢铁中锰、磷、硅的测定

HGA-3B 型锰、磷、硅微机数显高速自动分析仪采用 MCS-51 系列单片机实现程序控制和数据处理，能快速、准确地测出钢铁中锰、磷、硅三种元素的质量分数。该仪器具有自动化程度高、定量加液准确可靠、试剂量少、适用范围广等特点，从而提高了分析的准确度和精密度，并能直接显示及打印有关的数据及曲线，目前是我国钢铁并用的智能化分析仪之一。该仪器的外观如图 5-11 所示。

1. 仪器的用途及技术指标

（1）适用对象　铁（平炉铁、铸造铁、球墨铸铁、低合金铁）和钢（碳钢、低合金钢）中锰、磷、硅三种元素的定量分析。

（2）测量范围　锰，0.100%～2.00%；磷，0.010%～0.600%；硅，0.100%～5.00%。

（3）分析误差　符合国家标准 GB 223.63—88、GB 223.59—87、GB/T 223.5—97 的规定。

（4）分析时间　2min 左右。

（5）分析方法　采用机外溶样、光电比色法，由显示器直接读取质量分数。

图 5-11　HGA-3B 型锰、磷、硅微机数显高速自动分析仪

（6）中央微处理器　采用 8031 单片机，8 位字长，主振 6MHz，存储容量 8K 字节。

（7）采样精度　优于 0.05%。

（8）量程范围　A，0～1.999；T，0～99.99%。

（9）随机曲线　记忆存储≤40 只标样，采用回归方法建立曲线方程。

（10）输入输出方式　42 个专用输入键盘；12 位 LED 数码管显示或打印输出。

（11）控制方法　整机采用微机控制，控制方法灵活多样，能自控，也能手控，能单测一种元素或任意两种元素以及三种元素联测。

（12）工作电源　220V±10%（AC），50Hz。当外界电压变化较多时，需配备 2kW 左右的交流稳压器。

（13）环境温度　0～40℃，相对湿度＜85%。

2. 仪器的结构

该仪器由控制器、测试器、稳压电源三个部分组成。

（1）控制器　该机采用了以 CPU 为核心的控制理论，按键、显示、数据采集与工作过程都由 CPU 来控制。其控制器采用了分板结构，分为主机板、模拟板、键盘显示面板和驱动控制板，以减少交叉干扰。

（2）测试器　测试器整体及固定件为防止腐蚀，均采用塑料和有机玻璃构成。测试器分前后两部分：前部装有水箱、清洗阀、分液器、发色杯、比色盒和废液盒；后部装有试剂箱、各种规格的定量加液器、气泵、蒸气发生器、蒸气指示器等。

（3）稳压电源　采用三端稳压输出。其输出共分以下几种。

① 供比色盒溴钨灯用电源：0～6V（可调）。

② 供微机用电源：+5V。

③ 供比色用电源：±8V、+24V、-12V。

④ 供电磁阀接口用电源：交流，36V、24V；直流，+12V、+5V。

3. 仪器的工作原理

（1）控制器工作原理　微机框图见图5-12。工作流程见表5-1。

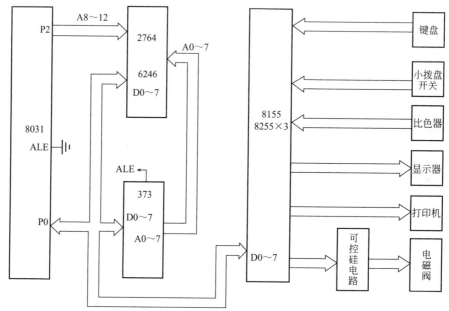

图 5-12　控制器工作原理微机框图

表 5-1　工作流程

步骤	程序名称(t)	充液 L_{14} L_{15} L_{16} L_{17} L_{18} L_{19} K_1	比放 L_{11} L_{12} L_{13}	分放 L_5 L_6 L_7	二清 L_2 L_3 L_4 K_2	搅拌 Y	发放 L_8 L_9 L_{10} K_3	一加 L_{20} L_{21} L_{22} L_{23}	二加 L_{24} L_{25}	补水 L_{26}	一清 L_1	气泵 B	加热 K_4
准备	一、充液（23s）	+	+										※
	二、清洗（12s）			+	+	+						※	※
	三、发放（20s）						+					※	※
分析	四、比放（20s）		+										※
	五、一加（10s）						+						※
	六、分放（30s）			+		+						※	※
	七、二加（7s）					+		+				※	
	八、一清（15s）					+					+		
	九、发放（20s）						+			+			

注："+"表示工作状态；"※"表示手动工作状态。

（2）化学反应原理及其流程

① 化学反应原理

a. 用硝酸作溶样酸，加入过硫酸铵氧化，使磷转化为正磷酸。

b. 锰的测定——硝酸银-过硫酸铵光度法。

锰在钢中主要以 MnS、Mn_3C、$MnSi$ 或 $FeMnSi$ 等状态存在。试样以酸溶解后，以硝酸银作催化剂，以过硫酸铵将二价锰氧化成七价锰，在530nm处进行比色。

c. 磷的测定——抗坏血酸-铋盐光度法。

磷在钢中以固化磷化物（Fe_2P、Fe_3P）形态存在。试样以酸溶解后，砷的干扰用抗坏血酸掩蔽。加入磷显色剂显色，形成稳定的磷钼蓝，在680nm处进行比色。

d. 硅的测定——草酸-硫酸亚铁铵光度法。

硅在钢中主要以固溶体形式存在，还可形成硅化物，其形式有 $MnSi$ 或 $FeMnSi$ 等。试样以酸溶解后，使硅转化为可溶性硅酸。在 pH 为1左右的溶液中，正硅酸与钼酸铵形成硅钼杂多酸（硅钼黄），在草酸存在下，硫酸亚铁铵将硅钼黄还原成硅钼蓝，在680nm处进行比色。

② 工作流程：整个控制过程共有9个流程，分准备和分析两大步骤。"准备"过程有充液（充液、比放）、清洗（分放、二清、搅拌）、发放三个程序，"分析"过程有比放、一加、分放（分放、搅拌）、二加（搅拌、二加）、一清（搅拌、一清）、发放（发放、补水）六个程序。气泵、加热均由开关控制，可随时启动。

a. 准备：当按下"准备"键时，开"加热"，显示器显示"1"，"充液"、"比放"程序开始工作，经接口电路使 L_{14}、L_{15}、L_{16}、L_{17}、L_{18}、L_{19} 及 L_{11}、L_{12}、L_{13} 工作，分别向定量加液器中注入试剂，同时放掉比色皿中的溶液。"充液"程序延时时间一到，自动转入"清洗"程序。显示器显示"2"，开气泵，经接口电路使 L_5、L_6、L_7 工作，将三联分液器中的清洗水放入发色杯内，L_2、L_3、L_4 及 DZ 工作，对发色杯进行搅拌清洗。"清洗"程序延时时间一到，又自动转入"发放"程序。显示器显示"3"，经接口电路使 L_8、L_9、L_{10} 工作，将清洗水放入比色皿中。"发放"程序延时时间一到，显示器显示"End"，表示"准备"过程结束。关气泵，操作人员可将母液倒入三联分液器中，并从键盘输入相应的质量分数，或将拨盘开关拨至试样挡。

b. 分析：按"分析"键后，显示器显示"4"，"比放"程序开始工作，经接口电路使 L_{11}、L_{12}、L_{13} 工作，将比色皿中的溶液放入废液盒。"比放"程序延时时间一到，自动转入"一加"程序。显示器显示"5"，经接口电路驱动 L_{20}、L_{21}、L_{22}、L_{23} 工作，分别将硝酸银、过硫酸铵、磷掩蔽剂和钼酸铵溶液加入相应的发色杯内。"一加"程序延时时间一到，自动转入"分放"程序。显示器显示"6"，开气泵，经接口电路驱动 L_5、L_6、L_7、Y 工作，三联分液器中的母液加入发色杯与一加试剂搅拌反应。同时蒸气对三只发色杯进行加热。当"分放"程序延时时间一到，又自动转入"二加"程序。显示器显示"7"，立即关"加热"，经接口电路驱动 L_{24}、L_{25} 及 Y 工作，将磷显色剂和硅显色剂加入对应的发色杯并搅拌发色。"二加"程序延时时间一到，又自动转入"一清"程序，使 L_1 工作，对三联分液器进行清洗，此时显示器显示"8"，关气泵。当"一清"程序延时时间一到，又自动转到"发放"程序，显示器显示"9"，通过接口电路使 L_8、L_9、L_{10} 工作，三只发色杯中的有色溶液分别放入对应的比色皿中，同时 L_{26} 工作，对蒸气发生器补水。"发放"程序延时时间结束，微机则迅速对比色器采样，并进行数据处理，如果选择开关置于"标样"位置，则显示器显示吸光度值；如果置于"试样"位置，则显示器显示的是样品的质量分数。

化学分析流程如图5-13所示。

4. 试剂及标准溶液的配制

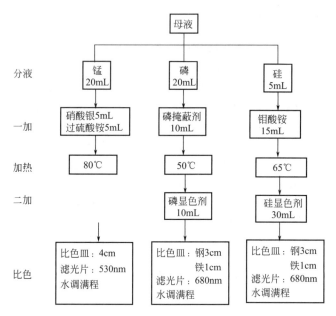

图 5-13　化学分析流程

（1）试剂的配制

① 溶样酸：硝酸（1＋7），或 5％硫酸内含 0.8％硝酸。

② 过硫酸铵溶液：20％（当天配制）。

③ 过氧化氢溶液：1＋9。

④ 钼酸铵溶液：1.6％。16g 钼酸铵溶于 1000mL 水中。

⑤ 草酸溶液：3％。30g 草酸溶于 1000mL 水中。

⑥ 硫酸亚铁铵溶液：2％。20g 硫酸亚铁铵溶于 200mL 水中，边搅拌边加 50mL 浓硫酸，溶解澄明后，再加 750mL 水。

⑦ 硅显色剂：3％草酸溶液与 1％硫酸亚铁铵溶液等体积混合。

⑧ 硝酸银溶液：2％。20g 硝酸银加 20mL 浓硝酸及 980mL 水，溶解混匀，贮于棕色瓶中。

⑨ 磷掩蔽剂：8g 抗坏血酸溶于 800mL 水后，分次加无水碳酸钠固体约 3g，调整 pH 在 6～6.5 之间，然后加 5g 硫代硫酸钠溶解后再加 200mL 无水乙醇，混匀。

⑩ 磷显色剂：90mL 浓硫酸缓慢加至 500mL 水中，再加 5g 硝酸铋及 12g 钼酸铵，溶解后，以水稀释至 1000mL。

（2）标准溶液的配制

① 钢样：称取 0.2000g 钢样，置于 250mL 烧杯中，加 20％过硫酸铵溶液 10mL 后，再加溶样酸 20mL，于电炉上加热溶解后，煮沸，再加过氧化氢溶液（1＋9）2～3 滴，继续煮沸 1～2min，取下，流水冷却至室温，以水定容至 100mL。

② 铁样：称样量改为 0.1000g，其余同钢样操作至以水定容后，用干滤纸（或棉花）过滤除去石墨碳，即得。

5. 使用方法

（1）将试剂箱和水箱中加满试剂和水，检查蒸汽发生器内水容量，水面低于水准线时，用蒸馏水补至水准线。配制好的母液要分别摇荡均匀，做好操作前的各项准备工作。

（2）若使用电子交流稳压器，需提前 10min 打开，确保电压稳定在 220V；再打开仪器稳压电源开关，并将加热开关拨至"加热"位置，15min 后，于三只比色皿中倒入蒸馏水，按"校正"键，将光电盒挡光板向右移到底，分别调节"调零"电位器，使三组数码管显示均在 0.000，然后将挡光板向左移到底，分别调节"满程"电位器，使显示均在 1.850～1.920 之间。待信号稳定后，再按"校正"键，显示器显示"End"，表示校正结束。如果蒸汽发生器内的水沸腾，就可以进行操作分析了。

（3）面板上各按键及开关的作用

① 拨动开关 5 个，分别为加热开关，锰、磷、硅选择开关，标样、试样选择开关。

② A、C、T 分别为吸光度、质量分数、透光率的指示灯。

③ 面板上 42 个键的作用分别介绍如下。

a. "0"～"9"为 10 个数字键，可用来输入质量分数和日期。

b. "锰入"、"磷入"、"硅入"键，用来输入标样的质量分数。如某只标样锰、磷、硅三种元素的质量分数分别为 1.09％、0.35％、2.63％，则依次输入"0"、"1"、"0"、"9"，这时在最右一组数码管位置显示"0109"，按"锰入"键，在锰的一组数码管位置显示以上数据，表明锰的质量分数已存储。然后依次输入磷、硅的质量分数。在按"硅入"键后，在硅的一组数码管位置中断几秒后才显示所输入的数据。

c. 按"准备"键，准备程序自动进行，显示器依次显示 1、2、3、End。

d. 按"分析"键，分析程序自动进行，显示器依次显示 4、5、6、7、8、9。

e. 按"气泵"键，气泵启动，再按则停。工作过程中可任意启停。

f. 按"停止"键，即停止一切工作。

g. 按"清零"键，清除机内所有数据。

h. 按"校正"键，即显示比色信号的电压值，移动挡光板，使光电管处于遮光或受光状态，通过调节"调零"（或"满程"）电位器，进行"零点"（或"满程"）的校正。

i. 按"打印"键，如果选择开关置于"标样"位置，则打印出仪器的型号、日期及标准曲线；如果选择开关置于"试样"位置，则打印出吸光度和经数据处理后得出的质量分数值。

j. 按"日期"键，此键与数字键及"，"键结合使用，即可输入日期。如要输入 2002 年 3 月 30 日，操作如下：依次按"2"、"0"、"0"、"2"、"，"、"0"、"3"、"，"、"3"、"0"，此时，显示器显示"2002××03××30"（×表示不显示），再按"日期"键，显示器显示"End"，表示该日期已经输入并存储。

k. 按"A"、"T"、"C"键，分别显示吸光度、透光率、质量分数，对应的 A、T、C 三只指示灯亮。

l. 按"删除"键，作工作曲线时，由某种原因，造成某一个标样或某种元素的某点偏离，此时可用"删除"键。例如要删除曲线上的第二个标样点，输入"0"、"2"，再按"删除"键，显示器显示"error"，表示该点已被删除，这时机内自动重新编号，后面点的序号依次递前。如果要删除某种元素的某一点，如硅元素的第二点，将其他两元素的选择开关拨至不工作位置，然后按上述操作。

m. 另外 9 个按键是单元流程键，用于调试和单个程序动作；其他均为空白键。

（4）仪器停止使用前，先按"比放"键，放掉比色皿中的溶液，而后按"清洗"键，对发色杯进行洗涤，再按"发放"键，将清洗水放入比色皿。再关掉"加热"开关。最后关电源开关。

（5）该机器内设有断电保护装置，在关机或突然停电后，曲线可长时间留在机内，开机后继续使用曲线。

（6）拨好小拨盘开关；确定好每个流程的时间长短。其调节位置和时间关系如下：

开关位置	程序名称	基准时间	开关位置	程序名称	基准时间
(拨盘 ON)	充液、比放	23s	(拨盘 ON)	二加	7s
	分放、二清	12s		一清	15s
(拨盘 ON)	发放	20s	(拨盘 ON)	发放	20s
	比放	20s			
(拨盘 ON)	一加	10s			
	分放	30s			

小拨盘开关："1"表示开关位置向左；"0"表示开关位置向右

说明：①当开关的拨柄拨向左边为接通，拨到右边为断开；②程序时间计算按基准时间加所拨动时间；③拨动开关中拨柄所指向位置与时间对应表如下。

拨柄位置	1	2	3	4	5	6	7	8	ON
所加时间/s	1	2	4	8	1	2	4	8	0

例如，充液、比放时间为30s的拨动方法为：因充液、比放基准时间为23s，故只需在拨动开关上拨动7s即可，所以本身对应拨动开关拨柄位置需指向3、2、1的位置，这时充液、比放时间为23s+4s+2s+1s=30s。

（7）显示器共分三组，每组四位，三组分别用于显示锰、磷、硅三种元素的数据。其显示内容按功能分有如下几种：电压值、含量值、吸光度值、透光值等。

下面详述各键输入显示标志：

显 示 器 位 置

	Mn	P	Si
a. 准备	$1\times\times\times$,	$\times\times\times\times$,	$\times\times\times\times$
	$\times2\times\times$,	$\times\times\times\times$,	$\times\times\times\times$
	$\times\times3\times$,	$\times\times\times\times$,	$\times\times\times\times$
	$\times\times\times\times$,	$\times\times\times\times$,	$\times$ End(注:准备结束)
b. 分析	$\times\times\times4$,	$\times\times\times\times$,	$\times\times\times\times$
	$\times\times\times\times$,	$5\times\times\times$,	$\times\times\times\times$
	$\times\times\times\times$,	$\times6\times\times$,	$\times\times\times\times$
	$\times\times\times\times$,	$\times\times7\times$,	$\times\times\times\times$
	$\times\times\times\times$,	$\times\times8\times$,	$\times\times\times\times$
	$\times\times\times\times$,	$\times\times\times\times$,	$9\times\times\times$
分析结束	锰数据	磷数据	硅数据

注：如果是分析标样，此数据是吸光度值；如果是分析试样，则是质量分数值。

习　题

1. 钢铁有哪些分类方法及类型？
2. 钢铁成品化学分析用的钢铁试样一般可采用哪些方法采取？应注意哪些问题？
3. 大断面钢材和小断面钢材在采样时有何不同？
4. 钢铁样品的分解试剂一般有哪几种？各有什么特点？
5. 钢铁中的碳一般以什么形式存在？对钢铁的性能产生何种影响？
6. 钢铁中存在的碳形态能不能直接采用现有分析方法测定其含量？应该如何处理？为什么？
7. 试述气体容量法测定钢铁中碳含量的测定原理。应注意哪些方面的问题？
8. 为什么可以采用燃烧-非水酸碱滴定法测定钢铁中的碳？在水溶液中为何不能测定？
9. 在钢铁中碳的测定方法中，为什么要在燃烧后进行除硫操作？
10. 硫在钢铁中的存在形式是什么？硫对钢铁的性能有何影响？
11. 可进行硫含量的分析测定形态有哪些？并简要说明其测定原理。
12. 试述燃烧-碘量法和燃烧-酸碱滴定法的测定原理。各需注意哪些问题？
13. 燃烧-碘量法测定钢铁中的硫时为什么要采用边吸收边滴定的方法？为什么要控制滴定速度？
14. 钢铁中磷的存在形式是什么？磷的存在对钢铁的性能有什么影响？
15. 磷的分析化学形态是什么？并简要说明其测定原理。
16. 锰在钢铁中的存在形式是什么？锰对钢铁的性能有何影响？
17. 试述硝酸铵氧化还原滴定法测定锰的原理。
18. 简述高碘酸钠氧化光度法测定锰的原理。
19. 硅在钢铁中的存在形式是什么？对钢铁的性能有何影响？
20. 试述硅钼蓝法测定硅的原理。

第六章 肥料分析

学习指南

知识目标：

1. 了解肥料的作用和分类。

2. 了解磷肥中磷的存在形式及作用，掌握磷肥分析项目的原理及计算。

3. 了解氮肥中氮的存在形式，掌握氮肥中各种氮的测定原理。

4. 掌握钾肥中钾含量的测定方法及原理。

能力目标：

1. 能采用适当溶剂和方法提取磷肥中的水溶性磷和柠檬酸溶性磷。

2. 能采用磷钼酸喹啉重量法、磷钼酸喹啉容量法或钒钼酸铵分光光度法测定磷肥中有效磷的含量。

3. 能采用酸量法测定农业用碳酸氢铵中氨态氮的含量。

4. 能采用氮试剂重量法测定肥料中硝态氮的含量。

5. 能采用蒸馏后滴定法测定尿素中总氮的含量。

6. 能采用四苯硼酸钠重量法或四苯硼酸钠容量法或火焰光度法测定钾肥中钾的含量。

第一节 概 述

肥料是以提供植物养分为其主要功效的物料，是促进植物生长和提高农作物产量的重要物质。它能为农作物的生长提供必需的营养元素，能调节养料的循环，改良土壤的物理、化学性质，促进农业增产。

作物的营养元素（即植物养分）包括三类：一是主要营养元素，包括碳（C）、氢（H）、氧（O）、氮（N）、磷（P）、钾（K）；二是次要营养元素，包括钙（Ca）、镁（Mg）、硫（S）；三是微量元素，包括铜（Cu）、铁（Fe）、锌（Zn）、锰（Mn）、钼（Mo）、硼（B）、氯（Cl）。这些营养元素对于作物生长和成熟都是不可缺少的，也是不可替代的。

碳、氢、氧三种元素可从空气中或水中获得，一般不需特殊供应。钙、镁、铁、硫等元素在土壤中的量也已足够，只有氮、磷、钾需要不断补充，因而被称为肥料三要素。氮是植物叶和茎生长不可缺少的；磷对植物发芽、生根、开花、结果、使籽实饱满起重要作用；钾能使植物茎秆强壮，促使淀粉和糖类的形成，并增强对病害的抵抗力。

肥料按其来源、存在状态、营养元素的性质等有多种分类方法。从来源上分，有自然肥料与化学肥料；从存在状态上分，有固体肥料与液体肥料；从组成上分，有无机肥料与有机肥料；从性质上分，有酸性肥料、碱性肥料与中性肥料；从所含有效元素上分，有氮肥、磷肥、钾肥；从所含营养元素的数量上分，有单元肥料与复合肥料；从发挥肥效速度上分，有速效肥与缓效肥。

近年来还迅速发展起了部分新型肥料，如叶面肥、微生物肥料。叶面肥又有含氨基酸叶面肥和微量元素叶面肥之分。含氨基酸叶面肥的主要分析检测项目有：氨基酸含量、微量元素（Fe、Mn、Cu、Zn、Mo、B）总量、水不溶物、pH、有害元素（包括砷、镉、铅）。微量元素叶面肥的主要分析检测项目有：微量元素（Fe、Mn、Cu、Zn、Mo、B）总量、水分、水不溶物、pH、有害元素（包括砷、镉、铅）。微生物肥料分成根瘤菌肥料、固氮菌肥料、磷细菌肥料、硅酸盐细菌肥料、复合微生物肥料。这类肥料的主要检测项目是有效活菌数和杂菌含量的测定。

本章根据肥料所含有效元素分类法，分别讨论磷肥、氮肥和钾肥的分析方法。

第二节　磷肥分析

一、磷肥分析简介

含磷的肥料称为磷肥。磷肥包括自然磷肥和化学磷肥。

自然磷肥有磷矿石及农家肥料中的骨粉、骨灰等。草木灰、人畜尿粪中也含有一定量的磷，但是，因其同时含有氮、钾等的化合物，故称为复合农家肥。

化学磷肥主要是以自然矿石为原料，经过化学加工处理的含磷肥料。化学加工生产磷肥，一般有两种途径。一种是用无机酸处理磷矿石制造磷肥，称为酸法磷肥，如过磷酸钙（又名普钙）、重过磷酸钙（又名重钙）等。另一种是将磷矿石和其他配料（如蛇纹石、滑石、橄榄石、白云石）或不加配料，经过高温煅烧分解磷矿石制造的磷肥，称为热法磷肥，如钙镁磷肥。碱性炼钢炉渣也称为热法磷肥，又叫钢渣磷肥或汤马斯磷肥。

本教材主要讨论化学磷肥的分析检验。

二、磷肥中的含磷化合物及其提取

磷肥的组成比较复杂，往往是一种磷肥中同时含有几种不同性质的含磷化合物。磷肥的主要成分是磷酸的钙盐，有的还含有游离磷酸。虽然它们的性质不同，但是大致可以分为以下三类。

1. 水溶性磷化合物及其提取

水溶性磷化合物是指可以溶解于水的含磷化合物，如磷酸、磷酸二氢钙（又称磷酸一钙）$[Ca(H_2PO_4)_2]$。过磷酸钙、重过磷酸钙中主要含水溶性磷化合物，故称为水溶性磷肥。这部分成分可以用水作溶剂，将其中的水溶性磷提取出来。

用水作提取剂时，在提取操作中，水的用量与温度、提取的时间与次数都将影响水溶性磷的提取效果，因此，提取过程中的操作要严格按规定进行。

2. 柠檬酸溶性磷化合物及其提取

柠檬酸溶性磷化合物是指能被植物根部分泌出的酸性物质溶解后吸收利用的含磷化合物。在磷肥的分析检验中，是指能被柠檬酸铵的氨溶液或2%柠檬酸溶液（人工仿制的和植物的根部分泌物性质相似的溶液）溶解的含磷化合物，如结晶磷酸氢钙（又名磷酸二钙）（$CaHPO_4 \cdot 2H_2O$）、磷酸四钙（$Ca_4P_2O_9$ 或 $4CaO \cdot P_2O_5$）。钙镁磷肥和钢渣磷肥中主要含有柠檬酸溶性磷化合物，故称为柠檬酸溶性磷肥。过磷酸钙、重过磷酸钙中也常含有少量结晶磷酸二钙。这部分成分可以用柠檬酸溶性试剂作溶剂，将其中的柠檬酸溶性磷化合物提取出来。

常用的柠檬酸溶性试剂有以下几种。

（1）柠檬酸铵的氨溶液　该试剂又名彼得曼试剂。它有固定的组成，即1L溶液中含有173g未风化的柠檬酸和42g以氨形式存在的氮。

以柠檬酸铵的氨溶液作提取剂可将过磷酸钙和重过磷酸钙中柠檬酸溶性磷提取出来。过滤分离不溶物后，滤液为测定柠檬酸溶性磷的分析试液。

在提取过程中，除提取剂的用量与温度、提取的时间与次数影响提取的效果外，样品试液的酸度也影响提取的效果。

（2）柠檬酸溶液（20g/L）　以柠檬酸溶液作提取剂，可将钙镁磷肥和钢渣磷肥中柠檬酸溶性磷（磷酸四钙中磷）提取出来。过滤分离不溶物后，滤液为测定柠檬酸溶性磷的分析试液。

（3）中性柠檬酸铵溶液　该试剂有固定的组成，使用时用酸或碱溶液调至中性（pH＝7.0）。

以中性柠檬酸铵溶液作提取剂，可将沉淀磷酸钙或含重过磷酸钙与硝酸磷肥的复混肥料中有效磷提取出来。过滤分离不溶物后，滤液为测定柠檬酸溶性磷的分析试液。

该提取剂的使用条件是中性柠檬酸铵提取液用量为 100mL，在 65℃ 的温度下对除去水溶性磷后的剩余残渣提取 1h。过滤后，滤液为测定柠檬酸溶性磷的分析试液。

3. 难溶性磷化合物

难溶性磷化合物是指难溶于水也难溶于有机弱酸的磷化合物，如磷酸三钙 $[Ca_3(PO_4)_2]$、磷酸铁、磷酸铝等。磷矿石几乎全部是难溶性磷化合物。化学磷肥中也常含有未转化的难溶性磷化合物。

在磷肥的分析中，水溶性磷化合物和柠檬酸溶性磷化合物中的磷称为"有效磷"。磷肥中所有含磷化合物中含磷量的总和则称为"全磷"。生产实际中，常分别测定有效磷及全磷含量，测定的结果一律以五氧化二磷（P_2O_5）计。

制备测定有效磷的分析用试液是先用水处理提取其中的水溶性磷，然后用柠檬酸溶性试剂处理提取柠檬酸溶性磷化合物，合并两提取液进行测定。制备测定全磷的分析用试液通常用无机强酸［例如盐酸与硝酸的混合酸，其中盐酸主要是溶解难溶性磷化合物，硝酸在此主要是发挥氧化作用，防止磷被还原生成负三价的磷化合物——磷化氢（PH_3）而挥发损失］处理，这样即可得到含可溶性磷化合物和难溶性磷化合物的提取液。

磷肥分析中磷含量的测定常用的方法有磷钼酸喹啉重量法、磷钼酸喹啉容量法和钒钼酸铵分光光度法。磷钼酸喹啉重量法准确度高，是国家标准规定的仲裁分析法。磷钼酸喹啉容量法和钒钼酸铵分光光度法速度快，准确度也能满足要求，主要用于日常生产的控制分析。

三、磷肥中有效磷的测定

（一）有效五氧化二磷含量的测定——磷钼酸喹啉重量法（仲裁法）

1. 方法原理

用水、碱性柠檬酸铵溶液提取过磷酸钙中的有效磷，提取液中正磷酸根离子在酸性介质中与喹钼柠酮试剂生成黄色磷钼酸喹啉沉淀，过滤、洗涤、干燥和称量所得沉淀，根据沉淀质量换算出五氧化二磷的含量。

正磷酸根离子在酸性介质中与钼酸根离子生成磷钼杂多酸。反应为：

$$H_3PO_4 + 12MoO_4^{2-} + 24H^+ \longrightarrow H_3(PO_4 \cdot 12MoO_3) \cdot H_2O + 11H_2O$$
磷钼杂多酸

磷钼杂多酸属大分子杂多酸，它与大分子有机碱喹啉生成溶解度很小的大分子难溶盐，即磷钼酸喹啉黄色沉淀。

在定量分析中，常使磷酸盐在硝酸的酸性溶液中与钼酸盐、喹啉作用生成磷钼酸喹啉沉淀来进行磷的测定，反应按下式进行：

$$H_3PO_4 + 12MoO_4^{2-} + 3C_9H_7N + 24H^+ \longrightarrow (C_9H_7N)_3 H_3(PO_4 \cdot 12MoO_3) \cdot H_2O\downarrow + 11H_2O$$
磷钼酸喹啉（黄色）

2. 试剂和仪器

（1）试剂

① 硝酸。

② 钼酸钠二水合物。

③ 柠檬酸一水合物。

④ 喹啉（不含还原剂）。

⑤ 丙酮。

⑥ 硝酸溶液：1+1。

⑦ 氨水溶液：2+3。

⑧ 喹钼柠酮试剂

溶液Ⅰ：溶解 70g 钼酸钠二水合物于 150mL 水中。

溶液Ⅱ：溶解 60g 柠檬酸一水合物于 85mL 硝酸和 150mL 水的混合液中，冷却。

溶液Ⅲ：在不断搅拌下，缓慢地将溶液Ⅰ加到溶液Ⅱ中。

溶液Ⅳ：溶解 5mL 喹啉于 35mL 硝酸和 100mL 水的混合液中。

溶液Ⅴ：缓慢地将溶液Ⅳ加到溶液Ⅲ中，混合后放置 24h 再过滤，滤液加入 280mL 丙酮，用水稀释至 1L，混匀，贮存于聚乙烯瓶中，放于避光、避热处。

⑨ 碱性柠檬酸铵溶液（又名彼得曼试剂）：1L 溶液中应含 173g 柠檬酸一水合物和 42g 以氨形式存在的氮（相当于 51g 氨）。

a. 配制。用单标线吸管吸取 10mL 氨水溶液，置于预先盛有 400~450mL 水的 500mL 容量瓶中，用水稀释至刻度，混匀。从 500mL 容量瓶中用单标线吸管吸取 25mL 溶液两份，分别移入预先盛有 25mL 水的 250mL 锥形瓶中，加 2 滴甲基红指示液，用硫酸标准滴定溶液滴定至溶液呈红色。

b. 1L 氨水溶液中，以氨的质量分数表示的氮含量 $w(NH_3)$ 按下式计算：

$$w(NH_3) = \frac{c \times V \times 0.01401 \times 1000}{10 \times \frac{25}{500}} \times 100\% = cV \times 28.02 \times 100\% \qquad (6-1)$$

式中，c 为硫酸标准滴定溶液的浓度，mol/L；V 为测定时，消耗硫酸标准滴定溶液的体积，mL；0.01401 为与 1.00mL 硫酸标准滴定溶液 $\left[c\left(\frac{1}{2}H_2SO_4\right) = 1.000mol/L\right]$ 相当的以 g 表示的氮的质量。

所得结果应表示至小数点后第一位。

c. 配制 V_1（L）碱性柠檬酸铵溶液所需氨水溶液的体积 V_2（L）按下式计算：

$$V_2 = \frac{42V_1}{w(NH_3)} = \frac{42V_1}{cV \times 28.02} = \frac{1.5V_1}{cV} \qquad (6-2)$$

式中，c 为硫酸标准滴定溶液的浓度，mol/L；V 为测定时消耗硫酸标准滴定溶液的体积，mL。

按计算的体积（V_2）量取氨水溶液，将其注入试剂瓶中，瓶上应有欲配的碱性柠檬酸铵溶液体积的标线。仪器装置见图 6-1。

根据配制每升碱性柠檬酸铵溶液需要 173g 柠檬酸，称取计算所需柠檬酸用量。再按每 173g 柠檬酸需用 200~250mL 水溶解的比例，配制成柠檬酸溶液。经分液漏斗将溶液慢慢注入盛有氨水溶液的试剂瓶中，同时瓶外用大量冷水冷却，然后加水至标线，混匀。静置两昼夜后使用。

⑩ 硫酸标准滴定溶液：$c\left(\frac{1}{2}H_2SO_4\right) = 0.1000mol/L$。

⑪ 甲基红指示液：2g/L。称取 0.2g 甲基红溶解于 100mL 60%（体积分数）乙醇溶液中。

（2）仪器 常用实验室仪器及下列仪器：

① 玻璃坩埚式滤器：4 号（滤片平均滤孔 5~15μm），容积为 30mL。

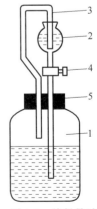

图 6-1 彼得曼试剂瓶
1—试剂瓶；2—分液漏斗；
3—氨气通至漏斗中的管子；
4—旋塞；5—瓶塞

② 恒温干燥箱：能控制温度为（180±2）℃。

③ 恒温水浴：能控制温度为（60±1）℃。

3. 测定步骤

（1）试样制备

① 样品缩分。将每批所选取的样品合并在一起充分混匀，然后用四分法缩分至不少于500g，分装在两个清洁、干燥并具有磨口塞的广口瓶或带盖聚乙烯瓶中。贴上标签，注明生产厂名称、产品名称、批号、采样日期和采样人姓名。一瓶供试样制备，一瓶密封保存2个月以备查检。

② 试样制备。在分析之前，应将所采的一瓶样品粉碎至不超过2mm，混合均匀，用四分法缩分至100g左右，置于洁净、干燥瓶中，作质量分析之用。

（2）有效磷的提取　称取2～2.5g试样（精确至0.001g），置于75mL蒸发皿中，用玻璃研棒将试样研碎，加25mL水重新研磨，将上层清液倾注过滤于预先加入5mL硝酸溶液的250mL容量瓶中。继续用水研磨3次，每次用25mL水，然后将水不溶物转移到滤纸上，并用水洗涤水不溶物至容量瓶中溶液体积为200mL左右为止，用水稀释至刻度，混匀。此为溶液A。

将含水不溶物的滤纸转移到另一个250mL容量瓶中，加入100mL碱性柠檬酸铵溶液，盖上瓶塞，振荡到滤纸碎成纤维状态为止。将容量瓶置于（60±1）℃恒温水浴中保持1h。开始时每隔5min振荡容量瓶1次，振荡3次后再每隔15min振荡1次，取出容量瓶，冷却至室温，用水稀释至刻度，混匀。用干燥的器皿和滤纸过滤，弃去最初几毫升滤液，所得滤液为溶液B。

（3）有效磷的测定　用单标线吸管分别吸取10～20mL溶液A和溶液B（含$P_2O_5 \leqslant$20mg）放于300mL烧杯中，加入10mL硝酸溶液，用水稀释至100mL，盖上表面皿，加热近沸，加入35mL喹钼柠酮试剂，微沸1min或置于80℃左右的水浴中保温至沉淀分层，冷却至室温，冷却过程中转动烧杯3～4次。

用预先在（180±2）℃恒温干燥箱内干燥至恒重的4号玻璃坩埚式滤器抽滤，先将上层清液滤完，用倾泻法洗涤沉淀1～2次（每次约用水25mL），然后将沉淀移入滤器中，再用水继续洗涤，所用水共125～150mL，将带有沉淀的滤器置于（180±2）℃恒温干燥箱内，待温度达到180℃后干燥45min，移入干燥器中冷却至室温，称量。

（4）空白试验　除不加试样外，按照上述相同的测定步骤，使用相同试剂、溶液以相同的用量进行。

4. 结果计算

以五氧化二磷的质量分数表示的有效磷含量$w(P_2O_5)$按下式计算：

$$w(P_2O_5) = \frac{(m_1 - m_2) \times 0.03207}{m \times \dfrac{V}{500}} \times 100\% \qquad (6\text{-}3)$$

式中，m_1为磷钼酸喹啉沉淀的质量，g；m_2为空白试验所得磷钼酸喹啉沉淀的质量，g；m为试样的质量，g；V为吸取试液（溶液A＋溶液B）的总体积，mL；0.03207为磷钼酸喹啉质量换算为五氧化二磷质量的系数。

5. 方法讨论

（1）有效磷的提取

① 有效磷提取必须先用水提取水溶性含磷化合物，再用碱性柠檬酸铵溶液提取柠檬酸溶性含磷化合物。

过磷酸钙中的有效磷，主要是水溶性的H_3PO_4及$Ca(H_2PO_4)_2$，同时也含有少量可溶于柠檬酸铵的氨溶液的$CaHPO_4 \cdot 2H_2O$。因为在磷酸或磷酸二氢钙存在时，柠檬酸铵的氨溶液的酸性增强，提取能力增大，可能溶解其他非有效的含磷化合物，所以，必须先用水处理，提取出游离磷酸及磷酸二氢钙。剩余不溶性残渣，再用柠檬酸铵的氨溶液提取，然后，合并两种提取液，测定有效磷。

②用柠檬酸铵的氨溶液提取时，其提取效率的高低和提取剂的浓度、酸碱度及温度等条件有密切关系，必须严格遵守规程。

(2) 有效磷的测定 本法采用沉淀重量法测定有效磷。沉淀重量法测定结果的准确程度主要取决于沉淀的完全程度和纯净程度。

①沉淀的组成和性质。该法所得沉淀为黄色的磷钼酸喹啉 $(C_9H_7N)_3H_3(PO_4 \cdot 12MoO_3) \cdot H_2O$，这是一种大分子的、溶解度很小的难溶盐。该沉淀在硝酸酸性介质中生成，利用硝酸的氧化性来保证磷和沉淀剂中的钼均以高价状态存在。将磷钼酸喹啉沉淀在 $180℃$ 时干燥一定时间，其结晶水全部失去而达到恒重。但沉淀在过量的碱液中能溶解，且消耗定量的碱。

②沉淀形成的条件

a. 磷钼杂多酸的形成。磷钼杂多酸的形成直接影响磷钼酸喹啉沉淀的生成，而磷钼杂多酸的形成与溶液的酸度、温度和配位酸酐的用量都有关系。这些条件不同时，杂多酸的组成也可能不同。不同组成的杂多酸，其性质也不一样。因此要得到理论上形成的磷钼酸喹啉沉淀，必须首先严格控制磷钼杂多酸形成的条件。

杂多酸比磷酸的酸性要强，它只能存在于酸性或中性溶液中，酸度过高或过低均会影响它的形成。因此，在适当酸度下，加入过量的钼酸铵，方能定量地生成磷钼杂多酸。

b. 磷钼酸喹啉的生成。由沉淀反应方程式看出，酸度大对沉淀的生成有利。但酸度过高时，沉淀的物理性能较差，且不易溶解在碱溶液中。一般控制沉淀体系中硝酸的酸度在 $0.6mol/L$，于微沸的溶液中使沉淀生成。

③沉淀剂的组成与作用。沉淀剂由柠檬酸、钼酸钠、喹啉和丙酮多种物质组成。其中柠檬酸的作用有 3 个。首先，柠檬酸能与钼酸盐生成电离度较小的配合物，以使电离生成的钼酸根离子浓度较小，仅能满足磷钼酸喹啉沉淀形成的需要，不至于使硅形成硅钼酸喹啉沉淀，以排除硅的干扰。但柠檬酸的用量也不宜过多，以免钼酸根离子浓度过低而造成磷钼酸喹啉沉淀不完全。其次，在柠檬酸溶液中，磷钼酸铵的溶解度比磷钼酸喹啉的溶解度大，进而排除铵盐的干扰。第三，柠檬酸还可阻止钼酸盐在加热至沸时水解而析出三氧化钼沉淀。丙酮的作用，一是为了进一步消除铵盐 (NH_4^+) 的干扰，二是改善沉淀的物理性能，使沉淀颗粒粗大、疏松，便于过滤与洗涤。

④干扰及其排除。磷肥是以自然矿物为原料而生产的，它的组成复杂，有效成分含量较低，杂质元素较多，常给测定带来干扰。主要的杂质有以下几种。

a. 硅元素。在测定磷的条件下，硅元素也能生成硅钼杂多酸的喹啉盐沉淀，不论是重量法还是容量法都会给测定带来误差。因此，当试料中硅含量较多时，测定前应分离出硅。分离硅的方法是：准确移取一定量的试样于高形烧杯中，加高氯酸约 10mL，加热、蒸发，待高氯酸冒白烟时，盖上表面皿，继续加热 15～20min。放置冷却后，加入约 50mL 盐酸 (1+10)，并在 70～80℃ 加热几分钟后，立即过滤，除去二氧化硅沉淀后，滤液即为测定液。

b. 铵盐。分析试液的制备中，常用到铵盐的溶液。因此，分析试液中常含有一定量的铵盐。在测定磷的条件下，铵盐 (NH_4^+) 能与磷钼杂多酸形成磷钼酸铵 $[(NH_4)_3PO_4 \cdot 12MoO_3 \cdot 2H_2O]$ 黄色沉淀，使磷的沉淀形式不一，给重量法测定带来偏低的误差；磷钼酸铵沉淀也能溶解在过量的碱溶液中，反应为：

$$(NH_4)_3PO_4 \cdot 12MoO_3 \cdot 2H_2O + 23OH^- \longrightarrow HPO_4^{2-} + 12MoO_4^{2-} + 3NH_4^+ + 13H_2O$$

这样给容量法测定也带来偏低的误差。利用沉淀剂中的丙酮可消除 NH_4^+ 的干扰。

⑤ 沉淀的洗涤。洗涤沉淀的目的是洗去沉淀携带的金属盐类和大量的酸溶液，因为它们会给重量法测定磷和容量法测定磷分别带来误差。当用水洗涤沉淀至近中性时，钼酸盐有可能水解而析出白色的三氧化钼沉淀，使滤液变浑浊，但此现象不影响测定。

（二）有效五氧化二磷含量的测定——磷钼酸喹啉容量法

1. 方法原理

用水、碱性柠檬酸铵溶液提取过磷酸钙中的有效磷，提取液中正磷酸根离子在酸性介质中与喹钼柠酮试剂生成黄色磷钼酸喹啉沉淀，过滤、洗涤所吸附的酸液后将沉淀溶于过量的碱标准滴定溶液中，再用酸标准滴定溶液回滴。根据所用酸、碱溶液的体积换算出五氧化二磷含量。

磷钼酸喹啉容量法的测定原理和磷钼酸喹啉重量法相似，但该法中将所生成的沉淀溶于过量的碱标准滴定溶液中，再用酸标准滴定溶液回滴。反应如下：

$$H_3PO_4 + 12MoO_4^{2-} + 3C_9H_7N + 24H^+ \longrightarrow (C_9H_7N)_3H_3(PO_4 \cdot 12MoO_3) \cdot H_2O \downarrow + 11H_2O$$
磷钼酸喹啉(黄色)

$$(C_9H_7N)_3H_3(PO_4 \cdot 12MoO_3) \cdot H_2O + 26NaOH \longrightarrow Na_2HPO_4 + 12Na_2MoO_4 + 3C_9H_7N + 15H_2O$$
$$NaOH(剩余) + HCl \longrightarrow NaCl + H_2O$$

2. 试剂和仪器

（1）试剂　同磷钼酸喹啉重量法中所用试剂，另需以下试剂。

① 氢氧化钠溶液：4g/L。

② 无二氧化碳的水。

③ 氢氧化钠标准滴定溶液：$c(NaOH) = 0.5mol/L$。

④ 盐酸标准滴定溶液：$c(HCl) = 0.25mol/L$。

⑤ 混合指示液

指示液 a：溶解 0.1g 百里香酚蓝于 2.2mL 氢氧化钠溶液中，用 50%（体积分数）乙醇溶液稀释至 100mL。

指示液 b：溶解 0.1g 酚酞于 100mL 60%（体积分数）乙醇溶液中。

取 3 份体积指示液 a 和 2 份体积指示液 b，混合均匀。

（2）仪器　实验室常用仪器。

① 恒温水浴：能控制温度为 $(60 \pm 1)℃$。

② 25mL 酸式滴定管。

3. 测定步骤

（1）试样制备　同磷钼酸喹啉重量法。

（2）有效磷的提取　同磷钼酸喹啉重量法。

（3）有效磷的测定　按照磷钼酸喹啉重量法相应项下所规定的步骤进行，直至"……冷却过程中转动烧杯 3~4 次"，然后再按下述步骤进行。

用滤器过滤（滤器内可衬滤纸、脱脂棉等），先将上层清液滤完，然后以倾泻法洗涤沉淀 3~4 次，每次用水约 25mL。将沉淀移入滤器中，再用水洗净沉淀直至取滤液约 20mL，加 1 滴混合指示液和 2~3 滴氢氧化钠溶液至滤液呈紫色为止。将沉淀连同滤纸或脱脂棉移入原烧杯中，加入氢氧化钠标准滴定溶液，充分搅拌以溶解沉淀，然后再过量 8~10mL，加入 100mL 无二氧化碳的水，搅匀溶液，加入 1mL 混合指示液，用盐酸标准滴定溶液滴定至溶液从紫色经灰蓝色转变为黄色即为终点。

（4）空白试验　除不加试样外，按照上述测定步骤，使用相同试剂、溶液以相同的用量进行。

4. 结果计算

以五氧化二磷的质量分数表示的有效磷含量 $w(P_2O_5)$ 按下式计算：

$$w(P_2O_5) = \frac{[c_1(V_1-V_3)-c_2(V_2-V_4)]\times 0.002730}{m\times \dfrac{V}{500}} \times 100\% \tag{6-4}$$

式中，V 为吸取试液（溶液 A＋溶液 B）的总体积，mL；V_1 为消耗氢氧化钠标准滴定溶液的体积，mL；V_2 为消耗盐酸标准滴定溶液的体积，mL；V_3 为空白试验消耗氢氧化钠标准滴定溶液的体积，mL；V_4 为空白试验消耗盐酸标准滴定溶液的体积，mL；c_1 为氢氧化钠标准滴定溶液的浓度，mol/L；c_2 为盐酸标准滴定溶液的浓度，mol/L；m 为试样的质量，g；0.002730 为与 1.00mL 氢氧化钠标准滴定溶液 $[c(NaOH)=1.000mol/L]$ 相当的以 g 表示的五氧化二磷的质量。

5. 方法讨论

① 沉淀在酸性溶液中生成，又要在定量的碱液中碱解，因此，沉淀的洗涤十分重要。

② 加过量氢氧化钠溶解磷钼酸喹啉沉淀，则如仍有残余黄色沉淀，可加热至 50℃ 助溶。

（三）有效五氧化二磷含量的测定——钒钼酸铵分光光度法

1. 方法原理

用水、碱性柠檬酸铵溶液提取过磷酸钙中的有效磷，提取液中正磷酸根离子在酸性介质中与钼酸盐及偏钒酸盐反应，生成稳定的黄色配合物，于波长 420nm 处，用示差法测定其吸光度，从而算出五氧化二磷的含量。

测定过程中的反应如下：

$$2H_3PO_4 + 22(NH_4)_2MoO_4 + 2NH_4VO_3 + 46HNO_3 \longrightarrow P_2O_5 \cdot V_2O_5 \cdot 22MoO_3 + 46NH_4NO_3 + 26H_2O$$

（黄色配合物）

2. 试剂和仪器

（1）试剂

① 显色试剂

溶液 a：溶解 1.12g 偏钒酸铵于 150mL 约 50℃ 热水中，加入 150mL 硝酸。

溶液 b：溶解 50.0g 钼酸铵于 300mL 约 50℃ 热水中。

然后边搅拌溶液 a，边缓慢加入溶液 b，再加水稀释至 1000mL，贮存在棕色瓶中。保存过程中如有沉淀生成就不能使用。

② 五氧化二磷标准溶液：称取在 105℃ 干燥 2h 的磷酸二氢钾 19.175g，用少量水溶解，并定量移入 1000mL 容量瓶中，加入 2～3mL 硝酸，用水稀释至刻度，混匀（此溶液含有五氧化二磷 10mg/mL）。再分别取 5.0mL、10.0mL、15.0mL、20.0mL、25.0mL、30.0mL、35.0mL 此溶液于 500mL 容量瓶中，用水稀释至刻度，混匀。配制成 10mL 溶液中分别含 1.0mg、2.0mg、3.0mg、4.0mg、5.0mg、6.0mg、7.0mg 五氧化二磷的标准溶液。

（2）仪器 实验室常用仪器和分光光度计，带 1cm 吸收池。

3. 测定步骤

（1）试样制备 同磷钼酸喹啉重量法。

（2）有效磷的提取 称取 2～2.5g 试样（精确至 0.001g），置于 75mL 蒸发皿中，用玻璃研棒将试样研碎，加 25mL 水重新研磨，将清液倾注过滤于预先加入 10mL 硝酸溶液的 500mL 容量瓶中。继续用水研磨 3 次，每次用 25mL 水，然后将水不溶物转移到滤纸上，并用水洗涤水不溶物至容量瓶中溶液体积为 200mL 左右为止，用水稀释至刻度，混匀。此为溶液 A。

将含水不溶物的滤纸转移到另一个 500mL 容量瓶中，加入 100mL 碱性柠檬酸铵溶液，盖上瓶塞，振荡到滤纸碎成纤维状态为止。将容量瓶置于（60±1）℃恒温水浴中保温 1h。开始时每隔 5min 振荡 1 次，振荡 3 次后再每隔 15min 振荡 1 次，取出容量瓶，冷却至室温，用水稀释至刻度，混匀。用干燥的器皿和滤纸过滤，弃去最初几毫升滤液，所得滤液为溶液 B。

（3）有效磷的测定　用单标线吸管吸取溶液 A 和溶液 B 各 5mL（含 P_2O_5 1.0～6.0mg）于 100mL 烧杯中，加入 1mL 碱性柠檬酸铵溶液、4mL 硝酸溶液和适量水，加热煮沸 5min，冷却，转移到 100mL 容量瓶中，用水稀释至 70mL 左右，准确加入 20.0mL 显色试剂，用水稀释至刻度，混匀，放置 30min 后，在波长 420nm 处，用下述方法测定。

准确吸取五氧化二磷标准溶液两份，其中一份 P_2O_5 含量低于试样溶液，另一份则高于试样溶液（两者浓度相差为 1mg P_2O_5），分别置于 100mL 容量瓶中，加 2mL 碱性柠檬酸铵溶液、4mL 硝酸溶液，与试样溶液同样操作显色，配得标准溶液 a 和标准溶液 b。以标准溶液 a 为对照溶液（以该溶液的吸光度为零），测定标准溶液 b 和试样溶液的吸光度。用比例关系算出试样溶液中五氧化二磷的含量。

4. 结果计算

以五氧化二磷的质量分数表示的有效磷含量 $w(P_2O_5)$ 按下式计算：

$$w(P_2O_5) = \frac{S_1 + (S_2 - S_1) \times \dfrac{A}{A_2}}{m \times \dfrac{10}{1000} \times 1000} \times 100\% \tag{6-5}$$

式中，S_1 为标准溶液 a 中五氧化二磷的含量，mg；S_2 为标准溶液 b 中五氧化二磷的含量，mg；$S_2 - S_1$ 为等于 1mg；A 为试样溶液的吸光度；A_2 为标准溶液 b 的吸光度；m 为试样的质量，g。

5. 方法讨论

① 此法适用于含有磷酸盐的肥料，特别适合于含磷在 10% 以下（以 P_2O_5 计，在 25% 以下）的试样。但含铁较多的试料或因有机物等使溶液带有颜色时，不宜采用此法。

② 在此条件下生成的黄色配合物不太稳定，需要在显色后的 30～120min 内进行测定。

③ 试液中硅（SiO_2）的含量大于磷（P_2O_5）的含量时，会产生干扰。

四、游离酸含量的测定——容量法

过磷酸钙中的游离酸主要是磷酸及少量硫酸。含游离酸较多的过磷酸钙易吸湿、结块并有腐蚀性，尤其是能酸化土壤，不利于植物生长。因此必须严格控制游离酸含量。如果游离酸含量过高，应该加入适量磷矿石粉或碳酸钙中和。

1. 方法原理

用氢氧化钠溶液滴定游离酸，根据消耗的氢氧化钠标准滴定溶液的量，求得游离酸的含量。

过磷酸钙肥料中的游离酸主要有 H_2SO_4 和 H_3PO_4，其滴定反应如下：

$$H_2SO_4 + 2NaOH \longrightarrow Na_2SO_4 + 2H_2O$$
$$H_3PO_4 + NaOH \longrightarrow NaH_2PO_4 + H_2O$$

滴定终点可用酸度计法或指示剂法指示。酸度计法利用酸度计直接指示滴定终点；指示剂法以溴甲酚绿为指示剂指示滴定终点。

2. 试剂和仪器

（1）试剂

① 氢氧化钠标准滴定溶液：$c(NaOH) = 0.1mol/L$。

② 溴甲酚绿指示液：2g/L。称取 0.2g 溴甲酚绿溶解于 6mL 氢氧化钠溶液和 5mL 乙醇中，用水稀释至 100mL。

（2）仪器　实验室常用仪器。

① 酸度计：±0.02pH。

② 磁力搅拌器。

③ 10mL 碱式滴定管：分度值为 0.05mL。

④ 振荡器：约 40r/min。

3. 测定步骤

(1) 试样制备　同磷钼酸喹啉重量法。

(2) 酸度计法（仲裁法）　称取 5g 试样（精确至 0.01g），移入 250mL 容量瓶中，加入 100mL 水，振荡 15min 后，稀释至刻度，混匀，干过滤，弃去最初滤液。

用单标线吸管吸取 50mL 滤液于 250mL 烧杯中，用水稀释至 150mL，置烧杯于磁力搅拌器上，将电极浸入被测溶液中，放入磁针，在已定位的酸度计上一边搅拌，一边用氢氧化钠标准滴定溶液滴定至 pH=4.5。

(3) 指示剂法　吸取上述所得滤液 50mL（如滤液浑浊，则应适当减少吸取量）于 250mL 锥形瓶中，用水稀释至 150mL，加入 0.5mL 溴甲酚绿指示液，用氢氧化钠标准滴定溶液滴定至溶液呈纯绿色为终点。

4. 结果计算

以五氧化二磷的质量分数表示的游离酸含量 $w(P_2O_5)$ 按下式计算：

$$w(P_2O_5) = \frac{cV \times 0.0710}{m \times \frac{V_1}{250}} \times 100\% \tag{6-6}$$

式中，c 为氢氧化钠标准滴定溶液的浓度，mol/L；V 为滴定消耗氢氧化钠标准滴定溶液的体积，mL；V_1 为吸取试液的体积，mL；m 为试样的质量，g；0.0710 为与 1.00mL 氢氧化钠标准滴定溶液 $[c(NaOH)=1.00mol/L]$ 相当的以 g 表示的五氧化二磷的质量。

5. 方法讨论

① 由于滴定终点时生成 NaH_2PO_4，使终点不易判断。另外，该肥料中因为常含有铁盐、铝盐等杂质，在滴定近终点时，由于铁、铝的水解会使试液浑浊，也给终点的判断带来困难。因此，酸度计法较为准确。

② 为了排除铁盐、铝盐水解的干扰，也可以用有机萃取剂（例如丙酮、乙醚）萃取游离酸，然后于 70～80℃ 水浴上蒸发除去有机溶剂，再用水溶解，测定游离酸。

③ 在生产控制分析中，如果要求分别测定磷酸和硫酸，则可根据双指示剂滴定法理论，先以甲基红为指示剂滴定，中和全部硫酸，而磷酸则只中和为 NaH_2PO_4，然后以酚酞为指示剂滴定至终点时，则 NaH_2PO_4 转变为 Na_2HPO_4。由两次滴定消耗的碱量，可以分别计算硫酸及磷酸的含量。

五、水分的测定——烘箱干燥法

1. 方法原理

在一定的温度下，试样干燥 3h 后的失量为水分的含量。

2. 仪器

实验室常用仪器

① 恒温烘箱：温度可控制在 (100±2)℃。

② 称量瓶：直径为 50mm，高为 30mm。

3. 测定步骤

(1) 试样制备　同磷钼酸喹啉重量法。

(2) 测定　称取 10g 试样（精确至 0.01g），均匀散布于预先在 (100±2)℃ 下干燥的称量瓶中，置于恒温烘箱内，称量瓶应接近于温度计的水银球水平位置，干燥 3h 取出，放入干燥器中冷却 30min 后称量。

4. 结果计算

以质量分数表示的水分含量 $w(\mathrm{H_2O})$ 按下式计算：

$$w(\mathrm{H_2O}) = \frac{m - m_1}{m} \times 100\% \tag{6-7}$$

式中，m 为干燥前试样的质量，g；m_1 为干燥后试样的质量，g。

5. 方法讨论

本法适用于稳定性好的无机或有机化工产品、化学试剂、化肥等产品中水分含量的测定。若试样中含有挥发性物质，则其损失量为水分和挥发分之和。减去挥发分后，即是水分的量。本法规定，所取试样中水分含量应不少于 0.001g。测定中强调称量瓶应放在温度计水银球的周围。

第三节　氮肥分析

含氮的肥料称为氮肥。氮肥也可分成自然氮肥和化学氮肥。自然氮肥有人畜尿粪、油饼、腐草等，但是因为肥料中还含有少量磷及钾，所以实际上是复合肥料。

化学氮肥主要是指工业生产的含氮肥料，有铵盐（如硫酸铵、硝酸铵、氯化铵、碳酸氢铵等）、硝酸盐（如硝酸钠、硝酸钙等）、尿素（有机化学氮肥）等。此外，氨水、硝酸铵钙、硝硫酸铵、氰氨基化钙（石灰氮）等，也是常用的化学氮肥。

氮在化合物中，通常以氨态（NH_4^+ 或 NH_3）、硝酸态（NO_3^-）、有机态（—$CONH_2$、＝CN_2）3 种形式存在。由于 3 种状态的性质不同，所以分析方法也不同。

一、氨态氮的测定

（一）方法综述

氨态氮（NH_4^+ 或 NH_3）的测定有 3 种方法。

1. 甲醛法

在中性溶液中，铵盐与甲醛作用生成六亚甲基四胺和相当于铵盐含量的酸。在指示剂存在下，用氢氧化钠标准滴定溶液滴定生成的酸，通过氢氧化钠标准滴定溶液消耗的量，求出氨态氮的含量，反应如下：

$$4NH_4^+ + 6HCHO \longrightarrow (CH_2)_6N_4 + 4H^+ + 6H_2O$$
$$H^+ + OH^- \longrightarrow H_2O$$

此方法适用于强酸性的铵盐肥料，如硫酸铵、氯化铵中氮含量的测定。

2. 蒸馏后滴定法

从碱性溶液中蒸馏出的氨，用过量硫酸标准溶液吸收，以甲基红或甲基红-亚甲基蓝乙醇溶液为指示剂，用氢氧化钠标准滴定溶液返滴定。由硫酸标准溶液的消耗量，求出氨态氮的含量。

$$NH_4^+ + OH^- \longrightarrow NH_3\uparrow + H_2O$$
$$2NH_3 + H_2SO_4 \longrightarrow (NH_4)_2SO_4$$
$$2NaOH + H_2SO_4(剩余) \longrightarrow Na_2SO_4 + 2H_2O$$

此方法适用于含铵盐的肥料和不含有受热易分解的尿素或石灰氮之类的肥料。

3. 酸量法

试液与过量的硫酸标准滴定溶液作用，在指示剂存在下，用氢氧化钠标准滴定溶液返滴定，由硫酸标准滴定溶液的消耗量，求出氨态氮的含量，反应如下：

$$2NH_4HCO_3 + H_2SO_4 \longrightarrow (NH_4)_2SO_4 + 2CO_2\uparrow + 2H_2O$$

$$2NaOH+H_2SO_4（剩余）\longrightarrow Na_2SO_4+2H_2O$$

此方法适用于碳酸氢铵、氨水中氮的测定。

（二）农业用碳酸氢铵中氨态氮的测定——酸量法（GB/T 3559—2001）

1. 方法原理

碳酸氢铵与过量硫酸标准滴定溶液作用，在指示剂存在下，用氢氧化钠标准滴定溶液返滴定过量硫酸。

2. 试剂和仪器

（1）试剂

① 硫酸标准滴定溶液：$c\left(\dfrac{1}{2}H_2SO_4\right)=1mol/L$。

② 氢氧化钠标准滴定溶液：$c(NaOH)=1mol/L$。

③ 甲基红-亚甲基蓝混合指示液。

（2）仪器　实验室常用仪器。

3. 测定步骤

（1）测定　在已知质量的干燥的带盖称量瓶中，迅速称取约 2g 试样，精确至 0.001g，然后立即用水将试样洗入已盛有 40.0～50.0mL 硫酸标准溶液的 250mL 锥形瓶中，摇匀使试样完全溶解，加热煮沸 3～5min，以驱除二氧化碳。冷却后，加 2～3 滴混合指示液，用氢氧化钠标准滴定溶液滴定至溶液呈现灰绿色即为终点。

（2）空白试验　按上述手续进行空白试验。除不加试样外，需与试样测定采用完全相同的分析步骤、试剂和用量（氢氧化钠标准滴定溶液的用量除外）进行。

4. 结果计算

氨态氮含量 $w(N)$ 以质量分数表示，按下式计算：

$$w(N)=\frac{(V_1-V_2)\times c\times0.01401}{m}\times100\% \tag{6-8}$$

式中，V_1 为空白试验时用去氢氧化钠标准滴定溶液的体积，mL；V_2 为测定试样时用去氢氧化钠标准滴定溶液的体积，mL；c 为氢氧化钠标准滴定溶液的实际浓度，mol/L；m 为试样的质量，g；0.01401 为与 1.00mL 氢氧化钠标准滴定溶液 $[c(NaOH)=1.000mol/L]$ 相当的以 g 表示的氮的质量。

二、硝态氮的测定

（一）方法综述

硝态氮（NO_3^-）的测定有 3 种方法。

1. 铁粉还原法

在酸性溶液中铁粉置换出的新生态氢使硝态氮还原为氨态氮，然后加入适量的水和过量的氢氧化钠，用蒸馏法测定。同时对试剂（特别是铁粉）做空白试验。反应如下：

$$Fe+H_2SO_4\longrightarrow FeSO_4+2[H]$$
$$NO_3^-+8[H]+2H^+\longrightarrow NH_4^++3H_2O$$

此方法适用于含硝酸盐的肥料，但是对含有受热分解出游离氨的尿素、石灰氮或有机物之类肥料不适用。当铵盐、亚硝酸盐存在时，必须扣除它们的含量（铵盐可按氨态氮测定方法求出含量；亚硝酸盐可用磺胺-萘乙二胺光度法测定其含量）。

2. 德瓦达合金还原法

在碱性溶液中德瓦达合金（铜+锌+铝=50+5+45）释放出新生态的氢，使硝态氮还原为氨态氮。然后用蒸馏法测定，求出硝态氮的含量。反应如下：

$$Cu+2NaOH+2H_2O\longrightarrow Na_2[Cu(OH)_4]+2[H]$$

$$Al + NaOH + 3H_2O \longrightarrow Na[Al(OH)_4] + 3[H]$$
$$Zn + 2NaOH + 2H_2O \longrightarrow Na_2[Zn(OH)_4] + 2[H]$$
$$NO_3^- + 8[H] \longrightarrow NH_3 + OH^- + 2H_2O$$

此方法适用于含硝酸盐的肥料，但对含有受热易分解出游离氨的尿素、石灰氮或有机物之类肥料，不能采用此法。肥料中有铵盐、亚硝酸盐时，必须扣除它们的含量。

3. 氮试剂重量法

在酸性溶液中，硝态氮与氮试剂作用，生成复合物而沉淀，将沉淀过滤、干燥和称量，根据沉淀的质量，求出硝态氮的含量。反应如下：

（二）肥料中硝态氮含量的测定——氮试剂重量法（GB/T 3597—2002）

1. 方法原理

方法原理见（一）中 3 所述。

2. 试剂和仪器

（1）试剂

① 冰醋酸溶液：28.5%（体积分数）。用水稀释 285mL 冰醋酸至 1000mL。

② 硫酸溶液：1+3。

③ 氮试剂（硝酸灵）：100g/L 溶液。溶解 10g 氮试剂于 95mL 水和 5mL 冰醋酸混合液中，干滤，贮于棕色瓶内。

必须用新配制的试剂，以免空白试验结果偏高。

（2）仪器

① 单刻度容量瓶：容量为 500mL。

② 单刻度移液管：容量范围为 5～50mL。

③ 玻璃过滤坩埚：孔径 4～16mm（或 4 号玻璃过滤坩埚）。

④ 干燥箱：能保持（110±2）℃的温度。

⑤ 烧瓶机械振荡器：能旋转或往复运动。

⑥ 冰浴：能保持 0～0.5℃的温度。

3. 测定步骤

（1）试样的制备　称取 2～5g 试样，称准至 0.001g，移入 500mL 容量瓶中。

① 对可溶于水的产品。加入约 400mL 20℃的水于试样中，用烧瓶机械振荡器将烧瓶连续振荡 30min，用水稀释至刻度，混匀。

② 对含有可能保留有硝酸盐的水不溶的产品。加入 50mL 水和 50mL 乙酸溶液至试样中，混合容量瓶中的内容物，静置至停止释出二氧化碳为止，加入约 300mL 20℃的水，用烧瓶机械振荡器将烧瓶连续振荡 30min，用水稀释至刻度，混匀。

（2）测定　用中速滤纸干滤试液于清洁和干燥的锥形瓶中，弃去初滤出的 50mL 滤液，用移液管吸取 V（mL）滤液（含 11～23mg，最好是 17mg 的硝态氮），移于 250mL 烧杯中，用水稀释至 100mL。

加入 10～12 滴硫酸溶液，使溶液 pH 为 1～1.5，迅速加热至沸点，但不允许溶液沸腾，立即从热源移开，检查有无硫酸钙沉淀，若有时，可加几滴硫酸溶液溶解。一次加入 10～12mL 氮试剂溶液，置烧杯于冰浴中，搅拌内容物 2min，在冰浴中放置 2h，经常添加足够的冰块至冰浴中，以保证内容物的温度保持在 0～0.5℃。

应用抽滤法定量地收集沉淀于已恒重（称准至0.001g）的玻璃过滤坩埚中，坩埚应预先在冰浴中冷却，用滤液将残留的微量沉淀从烧杯转移至坩埚中，最后用0～0.5℃的10～12mL的水洗涤沉淀，将坩埚连同沉淀置于（110±2）℃的干燥箱中，干燥1h。移于干燥器中冷却，称量，重复干燥、冷却和称量，直至连续2次称量差别不大于0.001g为止。

（3）空白试验 取100mL水，如用乙酸溶液溶解试样时，则应取与测定时吸取试样中所含相同量的乙酸溶液，用水稀释至100mL，按照上述手续进行，所得沉淀的质量不应超过1mg，假如超过，需用新试剂，重复空白试验，放置很久的试剂会使空白试验结果偏高。

4. 结果计算

硝态氮含量以氮的质量分数 $w(N)$ 表示，按下式计算：

$$w(N) = \frac{m_1 \times \frac{14.01}{375.3}}{m_0 \times \frac{V}{500}} \times 100\% \qquad (6\text{-}9)$$

式中，V 为测定时吸取试液的体积，mL；m_0 为试样的质量，g；m_1 为沉淀的质量，g；14.01为氮的摩尔质量，g/mol；375.3为氮试剂硝酸盐复合物的摩尔质量，g/mol。

5. 方法讨论

① 该法适于作为参照方法，并能用于所有的肥料。

② 氮试剂需用新配制的试剂，以免空白试验结果偏高。

③ 加热溶液时不允许溶液沸腾。因为如果温度过高，尿素和脲醛的缩聚物在沸酸中会分解。

④ 在冰浴中放置2h，并保证内容物的温度保持在0～0.5℃。温度低于0℃，将导致偏高的结果，而温度高于0.5℃，则导致偏低的结果。

三、有机氮的测定

（一）方法综述

有机态氮以—$CONH_2$、=CN_2 等形式存在，由于含氮官能团不同，有不同的测定方法。

1. 尿素酶法

在一定酸度溶液中，用尿素酶将尿素态氮转化为氨，再用硫酸标准滴定溶液滴定。反应如下：

$$CO(NH_2)_2 + 2H_2O \longrightarrow (NH_4)_2CO_3$$
$$(NH_4)_2CO_3 + H_2SO_4 \longrightarrow (NH_4)_2SO_4 + CO_2 \uparrow + H_2O$$

酰胺态氮的测定常用此法。此方法适用于尿素和含有尿素的复合肥料。

2. 硝酸银法

在碱性试液中加入过量的硝酸银标准滴定溶液，使氰化银完全沉淀，过滤分离后，取一定体积的滤液，在酸性条件下，以硫酸高铁铵作指示剂，用硫氰酸钾标准滴定溶液滴定剩余的硝酸银。根据硝酸银标准滴定溶液的消耗量，求出氮的含量。反应如下：

$$Ca(CN)_2 + 2AgNO_3 \longrightarrow Ag_2(CN)_2 \downarrow + Ca(NO_3)_2$$
$$AgNO_3 + KSCN \longrightarrow \underset{(白色)}{AgSCN \downarrow} + KNO_3$$
$$Fe^{3+} + SCN^- \longrightarrow \underset{(红色)}{[FeSCN]^{2+}}$$

试样溶液中含有能生成碳化物、硫化物等银盐沉淀的物质，不能使用此方法。

3. 蒸馏后滴定法

在硫酸铜存在下，在浓硫酸中加热使试样中酰胺态氮转化为氨态氮，蒸馏并吸收在过量的硫酸标准滴定溶液中，在指示液存在下，用氢氧化钠标准滴定溶液滴定。

$$CO(NH_2)_2 + H_2SO_4(浓) + H_2O \longrightarrow (NH_4)_2SO_4 + CO_2\uparrow$$

$$(NH_4)_2SO_4 + 2NaOH \longrightarrow Na_2SO_4 + 2NH_3\uparrow + 2H_2O$$

$$NH_3 + H_2SO_4 \longrightarrow (NH_4)_2SO_4$$

$$2NaOH + H_2SO_4(剩余) \longrightarrow Na_2SO_4 + 2H_2O$$

该法适用于不含硝态氮的有机氮肥中总氮含量的测定。主要用于由氨和二氧化碳合成制得的工农业用尿素总氮含量的测定。

4. 硫代硫酸钠还原-蒸馏后滴定法

该法先将硝态氮以水杨酸固定，再用硫代硫酸钠还原成氨基物。然后，在硝酸铜等催化剂存在下，用浓硫酸进行消化，使有机物分解，其中氮转化为硫酸铵。消化得到含有硫酸铵的浓硫酸溶液，稀释后加过量碱蒸馏释出氨，用硼酸溶液吸收，以硫酸标准滴定溶液滴定，或用过量硫酸标准滴定溶液吸收，以氢氧化钠标准滴定溶液回滴。

$$C_6H_4 \overset{OH}{\underset{COOH}{}} + HNO_3 \longrightarrow C_6H_3 \overset{OH}{\underset{NO_2}{COOH}} + H_2O$$

$$Na_2S_2O_3 + H_2SO_4 \longrightarrow Na_2SO_4 + H_2S_2O_3 \longrightarrow H_2SO_3 + S$$

$$C_6H_3 \overset{OH}{\underset{NO_2}{COOH}} + H_2SO_3 + H_2O \longrightarrow C_6H_3 \overset{OH}{\underset{NH_2}{COOH}} + H_2SO_4$$

该法适用于含硝态氮的有机氮肥中总氮含量的测定。其中硝态氮按上述反应测定，氨态氮在加碱蒸馏时可以一并蒸出，所以本法测得的结果为总氮量。

（二）尿素中总氮含量的测定——蒸馏后滴定法（GB/T 2441.1—2008）

1. 方法原理

方法原理见（一）中 3 所述。

2. 试剂和仪器

（1）试剂

① 硫酸铜（$CuSO_4 \cdot 5H_2O$）。

② 硫酸。

③ 氢氧化钠溶液：450g/L。称量 45g 氢氧化钠溶于水中，稀释至 100mL。

④ 甲基红。

⑤ 亚甲基蓝。

⑥ 95% 乙醇。

⑦ 混合指示液：甲基红-亚甲基蓝乙醇溶液。在约 50mL 95% 乙醇中，加入 0.10g 甲基红、0.05g 亚甲基蓝，溶解后，用相同规格的乙醇稀释到 100mL，混匀。

⑧ 硫酸标准滴定溶液：$c\left(\dfrac{1}{2}H_2SO_4\right) = 0.5\text{mol/L}$。

⑨ 氢氧化钠标准滴定溶液：$c(NaOH) = 0.5\text{mol/L}$。

⑩ 硅油。

（2）仪器　一般实验室用仪器。

① 蒸馏仪器。最好带标准磨口的成套仪器或能保证定量蒸馏和吸收的任何仪器。蒸馏仪器的各部件用橡皮塞和橡皮管连接，或是采用球形磨砂玻璃接头，为保证系统密封，球形玻璃接头应用弹簧夹子夹紧。

本标准推荐使用的仪器如图 6-2 所示，包括以下各部分。

a. 圆底烧瓶：容积为 1L。

b. 单球防溅球管和顶端开口、容积约 50mL、与防溅球进出口平行的圆筒形滴液漏斗。

c. 直形冷凝管：有效长度约 400mm。

d. 接收器：容积为 500mL 的锥形瓶，瓶侧连接双连球。

② 梨形玻璃漏斗。

3. 测定步骤

（1）试液制备　称量约 5g 试样，精确到 0.001g，移入 500mL 锥形瓶中。在盛有试样的锥形瓶中，加入 25mL 水、50mL 硫酸、0.5g 硫酸铜，插上梨形玻璃漏斗，在通风橱内缓慢加热，使二氧化碳逸尽，然后逐步提高加热温度，直至冒白烟，再继续加热 20min，取下，待冷却后，小心加入 300mL 水，冷却。

把锥形瓶中的溶液，定量地移入 500mL 容量瓶中，稀释至刻度，摇匀。

（2）蒸馏　从容量瓶中移取 50.0mL 溶液于蒸馏烧瓶中，加入约 300mL 水、几滴混合指示液和少许防爆沸石或多孔瓷片。

用滴定管或移液管移取 40.0mL 硫酸标准滴定溶液于接收器中，加水，使溶液能淹没接收器的双连球瓶颈，加 4～5 滴混合指示液。

用硅油涂抹仪器接口，按图 6-2 装好蒸馏仪器，并保证仪器所有连接部分密封。

通过滴液漏斗往蒸馏烧瓶中加入足够量的氢氧化钠溶液，以中和溶液并过量 25mL。应当注意：滴液漏斗中至少存留几毫升溶液。

加热蒸馏，直到接收器中的收集量达到 250～300mL 时停止加热，拆下防溅球管，用水洗涤冷凝管，洗涤液收集在接收器中。

（3）滴定　将接收器中的溶液混匀，用氢氧化钠标准滴定溶液返滴定过量的酸，直至指示液呈灰绿色，滴定时要仔细搅拌，以保证溶液混匀。

（4）空白试验　按上述操作步骤进行空白试验，除不加样品外，操作手续和应用的试剂与测定时相同。

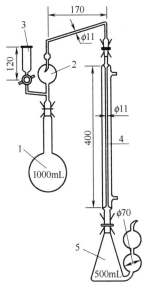

图 6-2　蒸馏装置（单位：mm）
1—蒸馏瓶；2—防溅球管；
3—滴液漏斗；4—冷凝管；
5—带双连球锥形瓶

4. 结果计算

试样中总氮含量以氮含量计，用质量分数表示，按下式计算：

$$w(N) = \frac{(V_2 - V_1) \times c \times 0.01401 \times 100\%}{\frac{50}{500} \times m \times \frac{100 - x_{H_2O}}{100}} \qquad (6-10)$$

式中，V_1 为测定时消耗氢氧化钠标准滴定溶液的体积，mL；V_2 为空白试验时消耗氢氧化钠标准滴定溶液的体积，mL；c 为测定及空白试验时消耗氢氧化钠标准滴定溶液的浓度，mol/L；m 为试样的质量，g；0.01401 为与 1.00mL 氢氧化钠标准滴定溶液 [c(NaOH)=1.000mol/L] 相当的以 g 表示的氮的质量；x_{H_2O} 为试样中水分的含量，%。

所得结果应表示至小数点后第二位。

第四节　钾 肥 分 析

一、钾肥分析简介

钾肥分为自然钾肥和化学钾肥两大类。

自然钾肥有自然矿物，如光卤石（$KCl \cdot MgCl_2 \cdot 6H_2O$）、钾石盐（$KCl \cdot NaCl$）、钾镁矾石（$K_2SO_4 \cdot 2MgSO_4$）等；有农家肥，如草木灰、豆饼、绿肥等。自然钾肥可以直接施用，也可以加工为较纯净的氯化钾或硫酸钾。化学钾肥主要有氯化钾、硫酸钾、硫酸钾镁、磷酸氢钾和硝酸钾等。

钾肥中一般含水溶性钾盐，有少数钾肥中含有弱酸溶性的钾盐〔如窑灰钾肥中的硅铝酸钾（$K_2SiO_3 \cdot K_3AlO_3$）〕及少量难溶性钾盐〔如钾长石（$K_2O \cdot Al_2O_3 \cdot 6SiO_2$）〕。钾肥中水溶性钾盐和弱酸溶性钾盐所含钾量之和，称为有效钾。有效钾与难溶性钾盐所含钾量之和，称为总钾。钾肥的含钾量以 K_2O 表示。

测定有效钾时，通常用热水溶解制备试样溶液，如试样中含有弱酸溶性钾盐，则用加少量盐酸的热水溶解有效钾。测定总钾含量时，一般用强酸溶解或碱熔法制备试样溶液。

钾肥中钾的测定方法有四苯硼酸钠重量法、四苯硼酸钠容量法和火焰光度法。

四苯硼酸钠重量法和容量法简便、准确、快速，适用于含量较高的钾肥含钾量测定。火焰光度法快速、准确，已被广泛用于微量钾的测定。

二、钾肥中钾含量的测定

(一) 四苯硼酸钠重量法

1. 方法原理

试样用稀酸溶解，加入甲醛溶液，使存在的铵离子转变成六亚甲基四胺；加入乙二胺四乙酸二钠（EDTA）消除干扰分析结果的其他阳离子。在微碱性介质中，用四苯硼酸钠沉淀钾，干燥沉淀并称量。

该法适用于氯化钾、硫酸钾和复合肥等进出口化肥中钾含量的测定。

该法主要反应如下：

$$K^+ + NaB(C_6H_5)_4 \longrightarrow KB(C_6H_5)_4 \downarrow + Na^+$$
$$\text{（白色）}$$

2. 试剂和仪器

（1）试剂

① 盐酸：密度为 $1.19g/cm^3$。

② 乙二胺四乙酸二钠（EDTA）溶液：100g/L。溶解 10g EDTA 于 100mL 水中。

③ 氢氧化铝。

④ 氢氧化钠溶液：200g/L。溶解 20g 不含钾的氢氧化钠于 100mL 水中。

⑤ 酚酞指示液：5g/L。溶解 0.5g 酚酞于 100mL 95％的乙醇中。

⑥ 甲醛溶液：密度约 $1.1g/cm^3$。

⑦ 四苯硼酸钠〔$NaB(C_6H_5)_4$〕溶液：25g/L。称取 6.25g 四苯硼酸钠于 400mL 烧杯中，加入约 200mL 水，使其溶解，加入 5g 氢氧化铝，搅拌 10min，用慢速滤纸过滤，如滤液呈浑浊，必须反复过滤直至澄清，收集全部滤液于 250mL 容量瓶中，加入 1mL 氢氧化钠溶液，然后稀释至刻度，混匀备用，必要时，使用前重新过滤。

⑧ 四苯硼酸钠洗液：0.1％（体积分数）。取 40mL 四苯硼酸钠溶液，加水稀释至 1L。

（2）仪器　玻璃坩埚式过滤器（4 号过滤器，滤板孔径 7～16μm）。

3. 测定步骤

（1）试样溶液的制备

① 复合肥等。称取约 5g 试样，精确至 0.0002g，置于 400mL 烧杯中，加入 150mL 水及 10mL 盐酸，煮沸 15min。冷却，移入 500mL 容量瓶中，用水稀释至刻度，混匀后干滤（若测定复合肥中水溶性钾，操作时不加盐酸，加热煮沸时间改为 30min）。

② 氯化钾、硫酸钾等。称取试样 2g，准确至 0.0002g，其他操作同复合肥。

（2）测定　准确吸取上述复合试液 20mL 或氯化钾、硫酸钾试液 10mL 于 100mL 烧杯中，加入 10mL EDTA 溶液、2 滴酚酞指示液，搅匀，逐滴加入氢氧化钠溶液直至溶液的颜色变红为止，再过量 1mL。加入 5mL 甲醛溶液，搅匀（此时溶液的体积约 40mL 为宜）。

在剧烈搅拌下，逐滴加入比理论需要量（10mg K_2O 需 3mL 四苯硼酸钠溶液）多 4mL 的四苯硼酸钠溶液，静置 30min。

用预先在 120℃烘至恒重的 4 号玻璃坩埚抽滤沉淀，将沉淀用四苯硼酸钠洗液全部移入坩埚内，再用该洗液洗涤 5 次，每次用 5mL，最后用水洗涤两次，每次用 2mL。

将坩埚连同沉淀置于 120℃烘箱内，干燥 1h，取出，放入干燥器中冷却至室温，称重，直至恒重。

4. 结果计算

以质量分数表示的氧化钾含量 $w(K_2O)$ 按下式计算：

$$w(K_2O) = \frac{(m_2 - m_1) \times 0.1314}{m} \times 100\% \tag{6-11}$$

式中，m_1 为空坩埚的质量，g；m_2 为坩埚和四苯硼酸钾沉淀的质量，g；m 为所取试液中试样的质量，g；0.1314 为四苯硼酸钾的质量换算为氧化钾质量的系数。

5. 方法讨论

① 在微酸性溶液中，铵离子与四苯硼酸钠反应也能生成沉淀，故测定过程中应注意避免铵盐及氨的影响。如试样中有铵离子，可以在沉淀前加碱，并加热驱除氨，然后重新调节酸度进行测定。

② 由于四苯硼酸钾易形成过饱和溶液，在四苯硼酸钠沉淀剂加入时速度应慢，同时要剧烈搅拌以促使它凝聚析出。考虑到沉淀的溶解度（$K_{sp} = 2.2 \times 10^{-8}$），洗涤沉淀时，应采用预先配制的四苯硼酸钾饱和溶液。

③ 沉淀剂四苯硼酸钠的加入量对测定结果有影响，应予以控制。

④ 四苯硼酸钠可用离子交换法回收，具体方法是用丙酮溶解四苯硼酸钾沉淀，将此溶液通过盛有钠型强酸性阳离子交换树脂的离子交换柱，然后将含有四苯硼酸钠的丙酮流出液蒸馏，收集丙酮，剩余物烘干即为四苯硼酸钠固体，必要时于丙酮中重结晶一次。

（二）四苯硼酸钠容量法（SN/T 0736.7—2010）

1. 方法原理

试样用稀酸溶解，加甲醛溶液和乙二胺四乙酸二钠溶液，消除铵离子和其他阳离子的干扰。在微碱性溶液中，以定量的四苯硼酸钠溶液沉淀试样中的钾，滤液中过量的四苯硼酸钠以达旦黄作指示剂，用季铵盐回滴至溶液自黄色变成明显的粉红色，其化学反应为：

$$B(C_6H_5)_4^- + K^+ \longrightarrow KB(C_6H_5)_4 \downarrow$$

$$Br[N(CH_3)_3 \cdot C_{16}H_{33}] + NaB(C_6H_5)_4 \longrightarrow B(C_6H_5)_4 \cdot N(CH_3)_3 \cdot C_{16}H_{33} \downarrow + NaBr$$

2. 试剂和仪器

① 盐酸：密度为 $1.19g/cm^3$。

② 乙二胺四乙酸二钠（EDTA）溶液：100g/L。溶解 10g EDTA 于 100mL 水中。

③ 氢氧化钠溶液：200g/L。溶解 20g 不含钾的氢氧化钠于 100mL 水中。

④ 甲醛溶液：密度约 $1.1g/cm^3$。

⑤ 四苯硼酸钠（STPB）溶液：12g/L。称取四苯硼酸钠 12g 于 600mL 烧杯中，加水约 400mL，使其溶解，加入 10g 氢氧化铝，搅拌 10min，用慢速滤纸过滤，如滤液呈浑浊，必须反复过滤直至澄清，收集全部滤液于 250mL 容量瓶中，加入 1mL 氢氧化钠溶液，然后稀释至刻度，混匀。静置 48h，按下法进行标定：准确吸取 25mL 氯化钾标准溶液，置于 100mL 容量瓶中，加入 5mL 盐酸、10mL EDTA 溶液、3mL 氢氧化钠溶液和 5mL 甲醛溶液，由滴定管加入 38mL（按理论需要量再多 8mL）四苯硼酸钠溶液，用水稀释至刻度，混匀，放置 5～10min 后，干滤。

准确吸取 50mL 滤液于 125mL 锥形瓶中，加 8～10 滴达旦黄指示剂，用十六烷基三甲基溴化铵（CTAB）溶液滴定溶液中过量的四苯硼酸钠至出现明显的粉红色为止。

按下式计算每毫升四苯硼酸钠标准溶液相当于氧化钾（K_2O）的质量 F：

$$F = \frac{V_0 A}{V_1 - 2V_2 R} \tag{6-12}$$

式中，V_0 为所取氯化钾标准溶液的体积，mL；A 为每毫升氯化钾标准溶液所含氧化钾的质量，g；V_1 为所用四苯硼酸钠标准溶液的体积，mL；2 为沉淀时所用容量瓶的体积与所取滤液体积的比值；V_2 为滴定所耗十六烷基三甲基溴化铵溶液的体积，mL；R 为每毫升十六烷基三甲基溴化铵溶液相当于四苯硼酸钠溶液的体积。

⑥ 达旦黄指示剂：0.4g/L。溶解 40mg 达旦黄于 100mL 水中。

⑦ 十六烷基三甲基溴化铵（CTAB）溶液：25g/L。称取 2.5g 十六烷基三甲基溴化铵于小烧杯中，用 5mL 乙醇润湿，然后加水溶解，并稀释至 100mL，混匀，按下法测定其与四苯硼酸钠溶液的比值。

准确量取 4mL 四苯硼酸钠溶液于 125mL 锥形瓶中，加入 20mL 水和 1mL 氢氧化钠溶液，再加入 2.5mL 甲醛溶液及 8～10 滴达旦黄指示剂，由微量滴定管滴加十六烷基三甲基溴化铵溶液，至溶液呈粉红色为止。按下式计算每毫升相当于四苯硼酸钠溶液的体积 R：

$$R = \frac{V_1}{V_2} \tag{6-13}$$

式中，V_1 为所取四苯硼酸钠标准溶液的体积，mL；V_2 为滴定所耗十六烷基三甲基溴化铵溶液的体积，mL。

3. 测定步骤

（1）试液的制备

① 复合肥等。称取试样 5g（准确至 0.0002g），置于 400mL 烧杯中，加入 200mL 水及 10mL 盐酸煮沸 15min。冷却，移入 500mL 容量瓶中，加水至标线，混匀后，干滤（若测定复合肥中的水溶性钾，操作时不加盐酸，加热煮沸时间改为 30min）。

② 氯化钾、硫酸钾等。称取试样 1.5g（准确至 0.0002g），其他操作同复合肥。

（2）测定　准确吸取 25mL 上述滤液于 100mL 容量瓶中，加入 10mL EDTA 溶液、3mL 氢氧化钠溶液和 5mL 甲醛溶液，由滴定管加入较理论所需量多 8mL 的四苯硼酸钠溶液（10mL K_2O 需 6mL 四苯硼酸钠溶液），用水沿瓶壁稀释至标线，充分混匀，静置 5～10min，干滤。准确吸取 50mL 滤液，置于 125mL 锥形瓶内，加入 8～10 滴达旦黄指示剂，用十六烷基三甲基溴化铵溶液回滴过量的四苯硼酸钠，至溶液呈粉红色为止。

4. 结果计算

以质量分数表示的氧化钾含量 $w(K_2O)$ 按下式计算：

$$w(K_2O) = \frac{(V_1 - 2V_2 R)F}{m} \times 100\% \tag{6-14}$$

式中，V_1 为所取四苯硼酸钠标准滴定溶液的体积，mL；V_2 为滴定所耗十六烷基三甲基溴化铵溶液的体积，mL；2 为沉淀时所用容量瓶的体积与所取滤液体积的比值；R 为每毫升十六烷基三甲基溴化铵溶液相当于四苯硼酸钠溶液的体积，mL；F 为每毫升四苯硼酸钠标准滴定溶液相当于氧化钾的质量，g；m 为所取试液中试样的质量，g。

所得结果应表示至小数点后第二位。

5. 方法讨论

① 四苯硼酸钠水溶液的稳定性较差，易变质产生浑浊，也可能是水中有痕量钾所致。加入氢氧化铝，可以吸附溶液中的浑浊物质，经过滤得澄清溶液。加氢氧化钠使四苯硼酸钠

溶液具有一定的碱度，也可增加其稳定性。配制好的溶液，经放置48h以上，所标定的浓度在一星期内变化不大。

② 加甲醛使铵盐与它反应生成六亚甲基四胺，从而消除铵盐的干扰。溶液中即使不存在铵盐，加入甲醛后亦可使终点明显。

③ 银、铷、铯等离子也产生沉淀反应，但一般钾肥中不含或极少含有这些离子，可不予考虑。钾肥中常见的杂质有钙、镁、铝、铁等硫酸盐和磷酸盐，虽与四苯硼酸钠不反应，但滴定系在碱性溶液中进行，可能会生成氢氧化物、磷酸盐或硫酸盐等沉淀，因吸附作用而影响滴定，故加 EDTA 掩蔽，以消除其影响。

④ 四苯硼酸钾的溶解度大于四苯硼酸季铵盐（CTAB 是一种季铵盐阳离子表面活性剂），故必须滤去，以免在用 CTAB 回滴时产生干扰。

⑤ 四苯硼酸钠水溶液稳定性较差，在配制时加入氢氧化钠，使溶液具有一定的碱度而增强其稳定性。一般需要 48h 老化时间，这样可以使一星期内的标定结果保持基本不变。

⑥ 试样溶液在滴定时，其 pH 必须控制在 12～13 之间。如呈酸性，则无终点出现。

⑦ 十六烷基三甲基溴化铵是一种表面活性剂，用纯水配制溶液时泡沫很多且不易完全溶解，如把固体用乙醇先进行润湿，然后加水溶解，则可得到澄清的溶液，乙醇的用量约为总液量的 5%，乙醇的存在对测定无影响。

三、有机肥料中全钾的测定——火焰光度法

1. 方法原理

有机肥料试样经硫酸-过氧化氢消煮，稀释后用火焰光度法测定。在一定浓度范围内，溶液中钾浓度与发光强度成正比例关系。

2. 试剂和仪器

（1）试剂

① 硫酸。

② 过氧化氢。

③ 钾标准贮备溶液：1mg/mL。称取 1.907g 经 110℃烘 2h 的氯化钾，用水溶解后定容至 1L。该溶液含钾 1mg/mL，贮于塑料瓶中。

④ 钾标准溶液：$100\mu g/mL$。吸取 10.0mL 钾标准贮备溶液放入 100mL 容量瓶中，加水定容。此溶液含钾 $100\mu g/mL$。

（2）仪器　实验室常用仪器设备和以下仪器。

① 分析天平：感量为 0.1mg。

② 可调电炉：1000W。

③ 火焰光度计。

④ 凯氏瓶：50mL 或者 100mL。

⑤ 容量瓶：50mL、100mL、1000mL。

⑥ 移液管：5mL、10mL。

⑦ 弯颈小漏斗：φ2cm。

⑧ 具塞锥形瓶：150mL。

3. 测定步骤

（1）试样的制备　取风干的实验室样品充分混匀后，按四分法缩分至约 100g，粉碎，全部通过 1mm 孔径筛，装入样品瓶中，备用。

（2）试样溶液的制备　称取试样 0.5g（尿液或粪汁等液体肥料直接称取液体质量 1～2g），精确至 0.001g，置于凯氏瓶底部，用少量水冲洗黏附在瓶壁上的样品，加 5.0mL 硫

酸、1.5mL 过氧化氢，小心摇匀，瓶口放一弯颈小漏斗，放置过夜。

在可调压电炉上缓慢升温至硫酸冒烟，取下，稍冷后加 15 滴过氧化氢，轻轻摇动凯氏烧瓶，加热 10min，取下，稍冷后分次再加 5~10 滴过氧化氢并分次消煮，直至溶液呈无色或淡黄色清液后，继续加热 10min，除尽剩余的过氧化氢。取下稍冷，小心加水至 20~30mL，加热至沸，取下冷却，用少量水冲洗弯颈小漏斗，洗液收入原凯氏烧瓶中。将消煮液移入 100mL 容量瓶中，加水定容，静置澄清或用滤纸干过滤到具塞锥形瓶中备用。

同一试验做两个平行测定。

（3）空白溶液的制备　除不加试样外，应用的试剂和操作步骤同上。

（4）校准曲线的绘制　吸取钾标准溶液 0、2.50mL、5.00mL、7.50mL、10.00mL，分别置于 5 个 50mL 容量瓶中，加入与吸取试样溶液等体积的空白溶液，用水定容。此溶液为 1mL 含钾 0、5.00μg、10.00μg、15.00μg、20.00μg 的标准溶液系列。在火焰光度计上，以空白溶液调节仪器零点，以标准溶液系列中最高浓度的标准溶液调节光度至 80 分度处。再依次由低浓度至高浓度测量其他标准溶液，记录仪器示值。根据钾浓度和仪器示值绘制校准曲线或求出直线回归方程。

（5）测定　吸取 5.00mL 试样溶液于 50mL 容量瓶中，用水定容。与标准溶液系列同条件在火焰光度计上测定，记录仪器示值。每测量 5 个样品后需用钾标准溶液校准仪器。

4. 结果计算

全钾含量 $\rho(K)$，以 g/kg 表示，按下式计算：

$$\rho(K) = \frac{cVD}{m} \times 10^{-3} \tag{6-15}$$

式中，c 为由校准曲线查得或由回归方程求得测定溶液的钾浓度，μg/mL；V 为测定体积，本操作为 50.00mL；D 为分取倍数，定容体积与分取体积的比值，为 100/5；m 为称取试样质量，g；10^{-3} 为将 μg/g 换算为 g/kg。

所得结果应表示至小数点后第二位。

习　题

1. 作物成长所需的营养元素有哪些？肥料三要素是指哪三种元素？

2. 肥料有哪几种分类方法？

3. 什么是酸法磷肥？什么是热法磷肥？

4. 磷肥中含有的含磷化合物根据其溶解性能可以分成哪三类？分别可以用什么试剂来提取？

5. 何谓有效磷？何谓全磷？它们都是以何种成分作为计算依据的？

6. 对磷肥中磷的定量方法有哪几种？各方法的测定原理、使用范围和特点如何？

7. 用磷钼酸喹啉法测定磷肥中的有效磷时，所用的喹钼柠酮试剂是由哪些试剂配制成的？各试剂的作用是什么？

8. 磷钼酸喹啉重量法和容量法测定五氧化二磷含量的原理各是什么？比较它们的异同之处。

9. 在进行过磷酸钙中有效磷的测定时，水溶性磷和柠檬酸溶性磷的提取为什么要分步进行？为什么要严格提取时的操作手续？

10. 氮肥中氮的存在状态有几种？分别有哪些测定方法？其测定原理和使用范围如何？

11. 试述四苯硼酸钠重量法和容量法测定氧化钾含量的原理，并比较它们的异同之处。

12. 称取过磷酸钙试样 2.200g，用磷钼酸喹啉重量法测定其有效磷含量。若分别从两个 250mL 的容量瓶中用移液管吸取有效磷提取溶液 A 和 B 各 10.00mL，于 180℃ 干燥后得到磷钼酸喹啉沉淀 0.3842g，求该肥中有效磷的含量。

13. 取氨水（2+3）10.00mL 置于 250mL 容量瓶中，用水稀释至刻度。从中吸取 25mL，用 0.5000 mol/L H_2SO_4 滴定消耗 V_1（mL）。称取 2.000g 柠檬酸配制成 250mL 溶液，吸取 25.00mL，用 0.1000mol/L NaOH 标准滴定溶液滴定，耗去 V_2（mL）。问如果要制备测定有效磷用的碱性柠檬酸铵溶液

V（L），需用氨水（2+3）和柠檬酸的量应如何计算？写出计算式。

14. 称取某钾肥试样 2.5000g，制备成 500mL 溶液。从中吸取 25.00mL，加四苯硼酸钠标准溶液（它对氧化钾的滴定度为 1.189mg/mL）38.00mL，并稀释至 100mL。干过滤后，吸取滤液 50.00mL，用 CTAB 标准滴定溶液（1mL 该溶液相当于四苯硼酸钠标准滴定溶液的体积为 1.05mL）滴定，消耗 10.15mL，计算该肥料中氧化钾的含量。

第七章 气体分析

学习指南

知识目标：

1. 了解工业气体的种类、特点及分析方法。
2. 了解不同状态下气体试样的采取方法。
3. 掌握气体为何种物质的测量方法。
4. 掌握吸收气体体积法的测定原理；燃烧法的测定原理。

能力目标：

1. 能选用不同的装置和设备采取常压、正压和负压下的气体样品。
2. 能选用适当的仪器准确测量气体的体积。
3. 能正确组装气体分析仪器并能熟练使用气体分析仪准确测定气体组分的含量。
4. 能通过实验数据计算可燃性气体组分的含量。
5. 能使用气相色谱法测定半水煤气各组分的含量。

第一节 概　　述

一、工业气体

工业气体种类很多，根据它们在工业上的用途大致可分为以下几种。

（1）气体燃料

① 天然气。煤与石油的组成物质分解的产物，存在于含煤或石油的地层中。主要成分是甲烷。

② 焦炉煤气。煤在 800℃ 以上炼焦的副产物。主要成分是氢和甲烷。

③ 石油气。石油裂解的产物。主要成分是甲烷、烯烃及其他碳氢化合物。

④ 水煤气。由水蒸气作用于赤热的煤而生成。主要成分是一氧化碳和氢气。

（2）化工原料气　除上述的天然气、焦炉煤气、石油气、水煤气等均可作为化工原料气外，还有其他几种。

① 黄铁矿焙烧炉气。主要成分是二氧化硫，用于合成硫酸。

$$4FeS + 7O_2 \longrightarrow 2Fe_2O_3 + 4SO_2 \uparrow$$

② 石灰焙烧窑气。主要成分是二氧化碳，用于制碱工业。

$$CaCO_3 \longrightarrow CaO + CO_2 \uparrow$$

（3）气体产品　以气体形式存在的工业产品种类也很多，如氢气、氮气、氧气、乙炔气和氨气等。

（4）废气　各种工业用炉的烟道气，即燃料燃烧后的产物，主要成分为 N_2、O_2、CO、CO_2、水蒸气及少量的其他气体。在化工生产中排放出来的大量尾气，情况各异，组成较为复杂。

（5）厂房空气　工业厂房内的空气一般多少含有些生产用的气体。这些气体中有些对身体有害，有些能够引起燃烧爆炸。工业厂房空气在分析上是指厂房空气中的这类有害气体。

二、气体分析的意义及特点

在工业生产中，和固体、液体物料一样，必须对各种工业气体进行分析以了解其组成，才能正确地判断这些气体所参与的生产过程进行的情况，并根据分析结果及时地指导生产。进行原料气分析，可以掌握原料成分，以利于正确配料。进行厂房空气分析，可以检查通风情况，确定有无有害气体及含量是否已危及工作人员的健康和厂房的安全。在讨论污染和采取必要的措施之前，必须准确地知道来自不同污染源的各种污染物的浓度及种类。因此，必须进行大气分析后才能进行准确的判断。通过气体分析能及时发现生产中存在的问题，及时采取各种措施，确保生产顺利进行。

气体分析与固体、液体物质的分析方法有所不同，首先是因为气体质轻，流动性大，不易称取质量，所以气体分析中常用测量体积的方法来代替称取质量的操作，并按体积分数来进行计算。因为气体的体积随温度、压力变化而有所变化，所以被测定的气体体积，都必须根据温度和压力来进行校正。

在气体混合物中各部分的温度和压力是均匀的，因此混合气体各组分的含量不随温度及压力的变化而改变。一般进行气体混合物的分析时，如果只根据气体体积的测量来进行气体分析，那么只要在同一温度和压力下测量全部气体及其组成部分的体积就可以了。通常一切测量是在当时的大气温度和压力下进行的。

三、气体分析方法

气体分析方法可分为化学分析法、物理分析法及物理化学分析法。化学分析法是根据气体的某一化学特性进行测定的，如吸收法、燃烧法。物理分析法是根据气体的物理特性，如密度、热导率、折射率、热值等来进行测定的。物理化学分析方法是根据气体的物理化学特性来进行测定的，如电导法、色谱法和红外光谱法等。

当气体混合物中各个组分的含量为常量时，一般采用体积分数来表示，如合成氨中煤气的分析。气体混合物中各组分的含量是微量时，一般采用每升或每立方米中所含的质量（mg）或体积（μL）来表示，如空气中有害物质（SO_2、NH_3、NO_2）的分析。气体中被测物质是固体或液体（各种灰尘、烟、各种金属粉末）时，这些杂质的浓度用它们的质量单位来表示最为方便。

第二节　气体试样的采取

气体的取样与其他试样的采取具有相同的重要性，取样不正确，进一步分析就毫无意义。气体由于扩散作用，比较易于混匀，但因气体存在的形式不同而使情况复杂，如静态的气体与动态的气体取样方法都有所区别。由于气体的各种特点，取样如不加注意，也易于混入杂质，致使分析数据不能指导生产。

从气体组成不一致的某一点取样，则所采取的试样不能代表其平均组成。在气体组成急剧变化的气体管路中迅速取得的试样也不能代表原气体的一般组成。因此，必须根据分析目的而决定采取何种气体试样。在化工厂中最常采取的有下列各种气体试样。

（1）平均试样　用一定装置使取样过程能在一个相当时间内或整个生产循环中，或者在某生产过程的周期内进行，所取试样可以代表一个过程或整个循环内气体的平均组成。

（2）定期试样　经过一定时间间隔所采取的试样。

（3）定位试样　在设备中不同部位（如上部、中部、下部）所采取的试样。

（4）混合试样　是几个试样的混合物，这些试样取自不同对象或在不同时间内取自同一对象。

一、采样方法

自气体容器中取样时，可在该容器上装入一个取样管，再用橡皮管与准备盛试样的容器相连，开启取样管的活塞后，气体用本身的压力或借助一种抽吸方法，而使气体试样进入取样容器中，或者直接进入气体分析器中。

　　自气体管路中取样时，可在该管道的取样点处，装一支玻璃管或金属的取样管，如用金属管，金属不应与气体发生作用。取样管应装入管道直径的 1/3 处，如图 7-1（a）所示。气体中如有机械杂质，应在取样管与取样容器间装过滤器（如装有玻璃纤维的玻璃瓶）。气体温度超过 200℃ 时，取样管必须带有冷却装置，如图 7-1（b）所示。

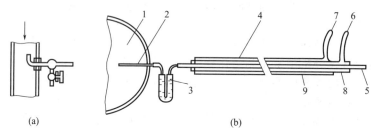

图 7-1　气体采样装置
1—气体管道；2—采样管；3—过滤管；4—冷却管；5—导气管；
6—冷却水入口；7—冷却水出口；8,9—冷却管

1. 常压下取样

　　当气体压力近于大气压或等于大气压时，常用封闭液改变液面位置以引入气体试样；当感到气体压力不足时，可以利用流水抽气泵抽取气体试样。

　　（1）用取样瓶采取气体试样　如图 7-2 所示，此仪器系由两个大玻璃瓶组成，其中瓶 1 是取样容器，经过活塞 4 与取样管 3 相连，瓶 2 为水准瓶，用以产生真空（负压）。先应用封闭液将瓶 1 充满至瓶塞，打开夹子 5，使封闭液流入瓶 2，而使气体自管 3 经活塞 4 引入；关闭活塞 4，提升瓶 2 后，再使活塞 4 与大气相通，将气体自活塞 4 排入大气中。如此 3～4次。旋转活塞 4 再使管 3 与瓶 1 相通开始取样。用夹子 5 调节瓶中液体流速，使取样过程在规定时间内完成（从数分钟至数天）。取样结束后，关闭活塞 4 和夹子 5，取下取样管 3，并把试样送至化验室进行分析，所取试样的体积随流入瓶 2 的封闭液的数量而定。到化验室后，将活塞 4 与气体分析器的引气管相连，升高瓶 2，打开夹子 5 即有气体自瓶 1 排入气体分析器中。

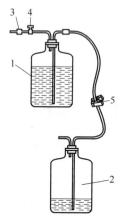

图 7-2　取样瓶
1—气样瓶；2—封闭液瓶；3—胶皮管；
4—三通活塞；5—夹子

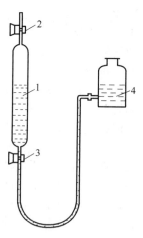

图 7-3　取样管
1—采样管；2,3—活塞；
4—水准瓶

（2）用取样管采取气体试样　如图 7-3 所示，取样管的一端与水准瓶相连，瓶中注有封闭液。当取样管两端旋塞打开时，将水准瓶提高使封闭液充满至取样管的上旋塞，此时将取样管上端与取样点上的金属管相连，然后放低水准瓶，打开旋塞，则气体试样进入取样管中，然后关闭旋塞 2，将取样管与取样点上的金属管分开，提高水准瓶，打开旋塞将气体排出，如此重复 3～4 次，最后吸入气体，关闭旋塞。分析时将取样管上端与分析器的引气管相连，打开活塞提高水准瓶，将气体压入分析器中。

（3）用抽气泵采取气体试样　当用封闭液吸入气体仍感压力不足时，可采用流水抽气泵抽取，取样管上端与抽气泵相连，下端与取样点上的金属管相连，如图 7-4 所示，将气体试样抽入。分析时将取样管上端与气体分析器的引气管相连，下端插入封闭液中，然后可以利用气体分析器中的水准瓶将气体试样吸入气体分析器中。

2. 正压下取样

当气体压力高于大气压力时，只需放开取样点上的活塞，气体即可自动流入气体取样器中。如果气体压力过大，应在取样点上的金属管与取样容器之间接入缓冲器。常用的正压取样容器有球胆等。取样时必须用气体试样置换球胆内的空气 3～4 次。

3. 负压下取样

气体压力小于大气压力为负压。如果负压不太高，可以利用流水抽气泵抽取。当负压高时，可用抽空容器取样，此容器是 0.5～3L 的各种瓶子，如图 7-5 所示，瓶上有活塞，在取样前用泵抽出瓶内空气，使压力降至 8～13kPa，然后关闭活塞，称出质量，再至取试样地点，将试样瓶上的管头与取样点上的金属管相连，打开活塞取样，取试样后关闭活塞称出质量，前后两次质量之差即为试样的质量。

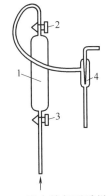

图 7-4　流水抽气泵采样装置

1—取样管；2,3—活塞；4—水流泵

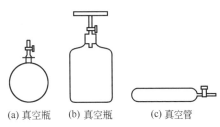

图 7-5　负压采样容器

二、气体体积的测量

1. 量气管

量气管的类型有单臂式和双臂式两类，如图 7-6 所示。

（1）单臂式量气管　单臂式量气管分直式、单球式、双球式 3 种。最简单的量气管是直式，是一支容积为 100mL 的有刻度的玻璃管，分度值为 0.2mL，可读出在 100mL 体积范围内的所示体积；单球式量气管的下端细长部分一般有 40～60mL 的刻度，分度值为 0.1mL，上部球状的部分也有体积刻度，一般较少使用，精度也不高；双球式量气管在上部有 2 个球状部分，其中上球的体积为 25mL，下球的体积为 35mL，下端为细长部分，一般刻有 40mL 刻度线，分度值为 0.1mL，是常用于测量气体体积的部分，而球形部分的体积用于固定体积的测量，如量取 25.0mL 气体体积，用于燃烧法实验等。量气管的末端用橡皮管与水准瓶相连，顶端是引入气体与赶出气体的出口，可与取样管相通。

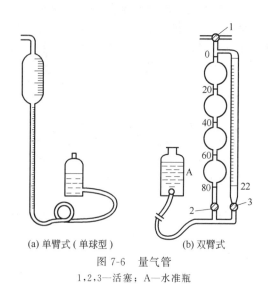

(a) 单臂式（单球型）　　(b) 双臂式

图 7-6　量气管

1,2,3—活塞；A—水准瓶

（2）双臂式量气管　　总体积也是 100mL，左臂由 4 个 20mL 的玻璃球组成，右臂是分度值为 0.05mL、体积为 20mL 的细管（加上备用部分共 22mL）。可以测量 100mL 以内的气体体积。量气管顶端通过活塞 1 与取样器、吸收瓶相连，下端有活塞 2、活塞 3 用以分别量取气体体积，末端用橡皮管与水准瓶相连。当打开活塞 2、活塞 3 并使活塞 1 与大气相通，升高水准瓶时，液面上升，将量气管中原有气体赶出，然后旋转活塞 1 使之与取样器或气体贮存器相连，先关上活塞 3，放下水准瓶，将气体自活塞 1 引入左臂球形管中，测量一部分气体体积，然后关上活塞 2，打开活塞 3，气体流入细管中，关上活塞 1，测量出细管中气体的体积，两部分体积之和即为所取气体的体积。如测量 42.75mL 气体时，用左臂量取 40mL，右臂量取 2.75mL，总体积即为 42.75mL。

（3）量气管的使用　　当水准瓶升高时，液面上升，可将量气管中的气体赶出。当水准瓶放低时，液面下降，将气体吸入量气管。量气管和进气管、排气管配合使用，可完成排气和吸入样品的操作，收集足够的气体以后，关闭气体分析器上的进样阀门。将量气管的液面与水准瓶的液面对齐（处在同一个水平面上），读出量气管上的读数，即为气体的体积。

（4）量气管的校正　　量气管上虽然有刻度，但不一定与标明的体积相等。对于精确的测量，必须进行校正。

在需要校正的量气管下端，用橡皮管套上一个玻璃尖嘴，再用夹子夹住橡皮管。在量气管中充满水至刻度的零点，然后放水于烧杯中，各为 0～20mL、0～40mL、0～60mL、0～80mL、0～100mL，精确称量出水的质量，并测量水温，查出在此温度下水的密度，通过计算得出准确的体积。若干毫升水的真实体积与实际体积（刻度）之差即为此段间隔（体积）的校正值。

2. 气量表

分析高浓度的气体含量时，以量气管取 100mL 混合气体就已足够使用。但在测定微量气体含量时，取 100mL 混合气体就太少了。例如，在 100mL 空气中只含有 0.03mL CO_2，这种分析就必须取混合气体若干升或若干立方米；而且在动态的情况下测量大体积的气体时，即测量在某一定时间内（例如 1h）、以一定的流速通过的气体体积，就必须使用气体流速计或气量表，测量通过吸收剂的大量气体的体积。

（1）气体流量计　　常称湿式流量计，由金属筒构成，其中盛半筒水，在筒内有一金属鼓轮将圆筒分割为四个小室。鼓轮可以绕着水平轴旋转，当空气通过进气口进入小室时，推动鼓轮旋转，鼓轮的旋转轴与筒外刻度盘上的指针相连，指针所指示的读数，即为采集气体试样的体积。刻度盘上的指针每转一圈一般为 5L，也有 10L 的。流量针上附有水平仪，底部装有螺旋，以便调节流量针的水平位置。另外还有压力计和温度计，其中温度计用以测量通过气体的温度，压力计用以调节通过气体的压力与大气的压力相等，便于体积换算。

湿式流量计的准确度高，但测量气体的体积有一定限额，并且不易携带。常用于其他流量计的校正或化验室固定使用。

（2）气体流速计 是化验室中使用最广泛的仪器，如图7-7所示。用以测量气体流速，从而计算出气体的体积。其原理是当气体通过毛细管时由于管子狭窄部分的阻力，在此管中产生气压降低，在阻力前后压力之差由装某种液体的U形管中两臂的液面差表示出来。气体流速越大，液面差越大。

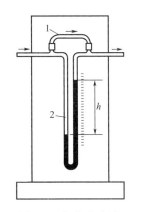

图7-7 气体流速计

1—毛细管；2—U形管；h—液位差

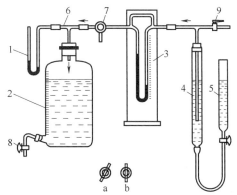

图7-8 流速计校准装置

1—压力计；2—玻璃测量瓶；3—流速计；
4—压力调节器；5—平衡管；6—三通管；
7—三通活塞；8，9—活塞

使用之前，首先应将流速计校准，即找出液面差与流速之间的关系。校准装置如图7-8所示，4为压力调节器，2为测量瓶，在2与4之间连入要校准的流速计3，7是三通活塞，可使流速计与大气相通，也可使流速计与瓶2相连。瓶2是带有下口的10～20L的玻璃瓶，内装水。可用量筒量出由下口流出水的体积，竖贴一张纸条于瓶的侧面，每量出200mL记一格，制成标尺，伸入瓶塞内管6的左端与盛水压力计1相连。旋转活塞至a位置，用泵自活塞9送入空气，使压力调节器4内的过量空气或气体逸出，升降平衡管5（校正时与测量时液面应放在相同位置）以调节流速计3内所需的液面差。然后将活塞7转到b位置，打开活塞8使空气进入瓶2，空气的体积等于由瓶2内流出水的体积（可由压力计1内两液面不变时量得）。用秒表记下200mL水的流出时间，计算出1min内流出的水量，即通过流速计3的空气体积，由流速计标尺记下该速度下两液面差（h）值。

改变空气流速多次，可以得出许多液面差，即不同的h数值。以h值为横坐标，每分钟流速为纵坐标，可以画出曲线，由曲线可以近似算出中间的速度。为使流速计能测量出1min内流过0.1～100mL的气体，可以更换使用不同直径的毛细管或U形管内不同密度的液体（如水、硫酸、汞等）。

使用时将此流速计连于要测定气体的吸收剂装置的前面或后部，当气体流过时，由于速度不同，在U形管上所引起的h值也不同，由h值读出气体的流速，再乘以所流过的时间，就可以得出通过吸收剂的气体体积。

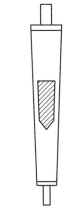

图7-9 转子
流量计

（3）转子流量计 如图7-9所示，由上粗下细的锥形玻璃管与上下浮动的转子组成。转子一般用铜或铝等金属及有机玻璃和塑料制成。气流越大，转子升得越高。转子流量计在生产现场使用比较方便。但用吸收管采样时，在吸收管与转子流量计之间须接一个干燥管，否则湿气凝结在转子上，将改变转子的质量而产生误差。转子流量计的准确性比流速计差，校准的方法与流速计相同。

第三节　气体化学分析方法

在气体分析工作中，特别是对复杂气体混合物的分析中，必须随时注意到混合物中的气体相容性和不相容性。空气的组分，如氮、氧、二氧化碳等是气体混合物中的相容组成，因为它们在普通温度和压力条件下彼此并不反应，这种相容气体的混合物在保存时非常稳定。混合物中不相容的气体，为气体混合物中一般情况下能够相互化合的那些组分，如氨气和氯化氢气，这样的组分相遇时，很容易相互作用而形成新的化合物。所以在分析复杂的气体混合物时，必须注意到气体不相容的可能性。因为这样就可以避免不必要的工作，并使在混合物中意外组分的存在能够获得解释。

在用化学分析法对气体混合物各组分的测定中，根据它们的化学性质来决定所采用的方法。常用的有吸收法和燃烧法。吸收法常用于简单的气体混合物的分析，而燃烧法主要是在吸收法不能使用或得不出满意的结果时才使用。但在实际工作中，往往是两种方法联合使用。

一、吸收法

气体化学吸收法应包括气体吸收体积法、气体吸收滴定法、气体吸收重量法和气体吸收比色法等。

（一）吸收体积法

利用气体的化学特性，使气体混合物和特定的吸收剂接触。此种吸收剂能对混合气体中所测定的气体定量地发生化学吸收作用（而不与其他组分发生任何作用）。如果在吸收前、后的温度及压力保持一致，则吸收前、后的气体体积之差即为待测气体的体积。此法主要用于常量气体的测定。

例如，CO_2、O_2、N_2 的混合气体，当与氢氧化钾溶液接触时，CO_2 被吸收，吸收产物为 K_2CO_3，其他组分不被吸收。

$$2KOH + CO_2 \longrightarrow K_2CO_3 + H_2O$$

对于液态或固态的物料，也可利用同样的原理来进行分析测定。只要使各种物料中的待测组分经过化学反应转化为气体，然后用特定的吸收剂吸收，即可根据气体的体积变化，进行定量测定。如钢铁分析中，用气体体积（或容量）法测定总碳含量就是一个很好的实例。

1. 气体吸收剂

用来吸收气体的化学试剂称为气体吸收剂。由于各种气体具有不同的化学特性，因此所选用的吸收剂也不相同。吸收剂可分为液态和固态两种，在大多数情况下，都以液态吸收剂为主。下面是几种常见的气体吸收剂。

（1）氢氧化钾溶液　KOH 是 CO_2 的吸收剂。

$$2KOH + CO_2 \longrightarrow K_2CO_3 + H_2O$$

通常用 KOH 而不用 NaOH，因为浓的 NaOH 溶液易起泡沫，并且析出难溶于本溶液中的 Na_2CO_3 而堵塞管路。一般常用 33% 的 KOH 溶液，此溶液 1mL 能吸收 40mL 的 CO_2，适用于中等浓度及高浓度（2%～3%以上）CO_2 的测定。

氢氧化钾溶液也能吸收 H_2S、SO_2 和其他酸性气体，在测定 CO_2 时必须预先除去这些气体。

（2）焦性没食子酸的碱溶液　焦性没食子酸（1,2,3-三羟基苯）的碱溶液是 O_2 的吸收剂。

焦性没食子酸与氢氧化钾作用生成焦性没食子酸钾。

$$C_6H_3(OH)_3 + 3KOH \longrightarrow C_6H_3(OK)_3 + 3H_2O$$

焦性没食子酸钾被氧化生成六氧基联苯钾。

$$2C_6H_3(OK)_3 + \frac{1}{2}O_2 \longrightarrow (KO)_3H_2C_6C_6H_2(OK)_3 + H_2O$$

配制好的此种溶液 1mL 能吸收 8～12mL 氧，在温度不低于 15℃、含氧量不超过 25% 时，吸收效率最好。焦性没食子酸的碱性溶液吸收氧的速度，随温度降低而减慢，在 0℃ 时几乎不吸收。所以用它来测定氧时，温度最好不要低于 15℃。因为吸收剂是碱性溶液，酸性气体和氧化性气体对测定都有干扰，在测定前应使之除去。

（3）亚铜盐溶液 亚铜盐的盐酸溶液或亚铜盐的氨溶液是一氧化碳的吸收剂。

一氧化碳和氯化亚铜作用生成不稳定的配合物 $Cu_2Cl_2 \cdot 2CO$。

$$Cu_2Cl_2 + 2CO \longrightarrow Cu_2Cl_2 \cdot 2CO$$

在氨性溶液中，进一步发生反应。

$$Cu_2Cl_2 \cdot 2CO + 4NH_3 + 2H_2O \longrightarrow Cu_2(COONH_4)_2 + 2NH_4Cl$$

二者之中以亚铜盐氨溶液的吸收效率最好，1mL 亚铜盐氨溶液可以吸收 16mL 一氧化碳。

因氨水的挥发性较大，用亚铜盐氨溶液吸收一氧化碳后的剩余气体中常混有氨气，影响气体的体积，故在测量剩余气体体积之前，应将剩余气体通过硫酸溶液以除去氨气（即进行第二次吸收）。亚铜盐氨溶液也能吸收氧、乙炔、乙烯、高级碳氢化合物及酸性气体，故这些气体在测定一氧化碳之前均应加以除去。

（4）饱和溴水或硫酸汞、硫酸银的硫酸溶液 它们是不饱和烃的吸收剂。在气体分析中，不饱和烃通常是指乙烯、丙烯、丁烯、乙炔、苯、甲苯等。溴能和不饱和烃发生加成反应并生成液态的各种饱和溴化物。

$$CH_2 \!=\! CH_2 + Br_2 \longrightarrow CH_2Br\!-\!CH_2Br$$
$$CH \!\equiv\! CH + 2Br_2 \longrightarrow CHBr_2\!-\!CHBr_2$$

在实验条件下，苯不能与溴反应，但能缓慢地溶解于溴水中，所以苯也可以一起被测定出来。

硫酸在有硫酸银（或硫酸汞）作为催化剂时，能与不饱和烃作用生成烃基磺酸、亚烃基磺酸、芳烃磺酸等。

$$CH_2 \!=\! CH_2 + H_2SO_4 \longrightarrow CH_3\!-\!CH_2OSO_2OH$$
$$CH \!\equiv\! CH + 2H_2SO_4 \longrightarrow CH_3\!-\!CH(OSO_2OH)_2$$
$$C_6H_6 + H_2SO_4 \longrightarrow C_6H_5SO_3H + H_2O$$

（5）硫酸、高锰酸钾溶液、氢氧化钾溶液 它们是二氧化氮的吸收剂。

$$2NO_2 + H_2SO_4 \longrightarrow HO(ONO)SO_2 + HNO_3$$
$$10NO_2 + 2KMnO_4 + 3H_2SO_4 + 2H_2O \longrightarrow 10HNO_3 + K_2SO_4 + 2MnSO_4$$
$$2NO_2 + 2KOH \longrightarrow KNO_3 + KNO_2 + H_2O$$

2. 混合气体的吸收顺序

在混合气体中，每一种成分并没有一种特效的吸收剂，也就是某一种吸收剂所能吸收的气体组分并非仅一种气体。因此，在吸收过程中，必须根据实际情况，合理安排吸收顺序，才能消除气体组分间的相互干扰，得到准确的结果。

例如，煤气中的主要成分是 CO_2、O_2、CO、CH_4、H_2 等。根据所选用的吸收剂性质，在作煤气分析时，它们应按如下吸收顺序进行。

① 氢氧化钾溶液。它只吸收二氧化碳，其他组分不干扰。应排在第一。

② 焦性没食子酸的碱性溶液。试剂本身只能吸收氧气。但因为是碱性溶液，也能吸收酸性气体。因此，应排在氢氧化钾吸收液之后，故排在第二。

③ 氯化亚铜的氨性溶液。它不但能吸收一氧化碳，同时还能吸收二氧化碳、氧等。因

此，只能把这些干扰组分除去之后才能使用，故排在第三。

甲烷和氢用燃烧法测定。

所以煤气分析的顺序应为：KOH溶液吸收CO_2，焦性没食子酸的碱性溶液吸收O_2，氯化亚铜的氨溶液吸收CO；用燃烧法测定CH_4及H_2；剩余气体为N_2。

3. 吸收仪器——吸收瓶

吸收瓶如图7-10所示，是对气体进行吸收作用的设备，瓶中装有吸收剂，气体分析时吸收作用即在此瓶中进行。吸收瓶分为两部分，一部分是作用部分，另一部分是承受部分。每部分的体积应比量气管大，为120~150mL，二者可以并列，也可以上下排列，还可以一部分置于另一部分之内。作用部分经活塞与梳形管相连，承受部分与大气相通。使用时，将吸收液吸至作用部分的顶端，当气体由量气管进入吸收瓶时，吸收液由作用部分流入承受部分，气体与吸收液发生吸收作用。为了增大气体与吸收剂的接触面积以提高吸收效率，在吸收部分内装有许多直立的玻璃管，称为接触式吸收瓶。另一种名为鼓泡式吸收瓶，气体经过几乎伸至瓶底的气泡发生细管而进入吸收瓶中，由此细管出来的气体被分散成细小的气泡，不断地经过吸收液上升，然后集中在作用部分的上部，此种吸收瓶吸收效果最好。

（二）吸收滴定法

综合应用吸收法和滴定分析法来测定气体（或可以转化为气体的其他物质）含量的分析方法称为吸收滴定法。其原理是使混合气体通过特定的吸收剂溶液，则待测组分与吸收剂发生反应而被吸收，然后在一定的条件下，用特定的标准溶液滴定，根据消耗的标准溶液的体积，计算出待测气体的含量。吸收滴定法广泛地用于气体分析中。此法中，吸收可作为富集样品的手段，主要用于微量气体组分的测定，也可以进行常量气体组分的测定。

焦炉煤气中少量H_2S的滴定，就是使一定量的气体试样通过醋酸镉溶液，硫化氢被吸收生成黄色的硫化镉沉淀。

$$H_2S + Cd(Ac)_2 \longrightarrow CdS\downarrow（黄色）+ 2HAc$$

然后将溶液酸化，加入过量的碘标准溶液，负二价的硫被氧化为零价的硫。

$$CdS + 2HCl + I_2 \longrightarrow 2HI + CdCl_2 + S\downarrow$$

剩余的碘用硫代硫酸钠标准溶液滴定，淀粉为指示剂。

$$I_2 + 2Na_2S_2O_3 \longrightarrow Na_2S_4O_6 + 2NaI$$

由碘的消耗量计算出硫化氢的含量。

（三）吸收重量法

综合应用吸收法和重量法来测定气体物质（或可以转化为气体的其他物质）含量的分析方法称为吸收重量法。其原理是使混合气体通过固体（或液体）吸收剂，待测气体与吸收剂发生反应（或吸附），而吸收剂增加一定的质量，根据吸收剂增加的质量，计算出待测气体的含量。此法主要用于微量气体组分的测定，也可进行常量气体组分的测定。

例如，测定混合气体中的微量二氧化碳时，使混合气体通过固体的碱石灰（一份氢氧化钠和两份氧化钙的混合物，常加一点酚酞，故呈粉红色，亦称钠石灰）或碱石棉（50%氢氧化钠溶液中加入石棉，搅拌成糊状，在150~160℃烘干，冷却研成小块即为碱石棉），二氧化碳被吸收。

$$2NaOH + CO_2 \longrightarrow Na_2CO_3 + H_2O$$
$$CaO + CO_2 \longrightarrow CaCO_3\downarrow$$

精确称量吸收剂吸收气体前、后的质

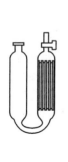

(a) 接触式吸收瓶

(b) 鼓泡式吸收瓶

(c) 接触式吸收瓶

图7-10 吸收瓶

量，根据吸收剂前、后质量之差，即可计算出二氧化碳的含量。

吸收重量法常用于有机化合物中的碳、氢等元素的含量测定。将有机物在管式炉内燃烧后，氢燃烧后生成水蒸气，碳则生成二氧化碳。将生成的气体导入已准确称量的装有高氯酸镁的吸收管中，水蒸气被高氯酸镁吸收，质量增加，称取高氯酸镁吸收管的质量，可计算出氢的含量。从高氯酸镁吸收管流出的剩余气体则导入装有碱石棉的吸收管中，吸收二氧化碳后称取质量，可计算出碳的含量。实际实验过程中，将装有高氯酸镁的吸收管和装有碱石棉的吸收管串联连接，高氯酸镁吸收管在前，碱石棉吸收管在后。

（四）吸收比色法

综合应用吸收法和比色法来测定气体物质（或可以转化为气体的其他物质）含量的分析方法称为吸收比色法。其原理是使混合气体通过吸收剂（固体或液体），待测气体被吸收，而吸收剂产生不同的颜色（或吸收后再作显色反应），其颜色的深浅与待测气体的含量成正比，从而得出待测气体的含量。此法主要用于微量气体组分含量的测定。

例如，测定混合气体中的微量乙炔时，使混合气体通过吸收剂——亚铜盐的氨溶液，乙炔被吸收，生成乙炔铜的紫红色胶体溶液。

$$2C_2H_2 + Cu_2Cl_2 \longrightarrow 2CH\equiv CCu + 2HCl$$

其颜色的深浅与乙炔的含量成正比。可进行比色测定，从而得出乙炔的含量。大气中的二氧化硫、氮氧化物等均是采用吸收比色法进行测定的。

在吸收比色法中还常用检气管法，其特点是仪器简单、操作容易、携带方便、对微量气体能迅速检出、有一定的准确度、气体的选择性也相当高，但一般不适用于高浓度气体组分的定量测定。

检气管是一根内径为 $2\sim4mm$ 的玻璃管，以多孔性固体（如硅胶、氧化铝、瓷粉、玻璃棉等）颗粒为载体，吸附了化学试剂所制成的检气剂填充于该玻璃管中，管两端封口，如图 7-11 所示。使用时，在现场将检气管的两端锯断，一端连接气体采样器，使气体以一定速度通过检气管，在管内检气剂即与待测气体发生反应而形成一着色层，根据色层的深浅或色层的长度，与标准检气管相比来进行含量测定。

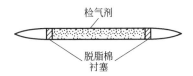

检气剂

脱脂棉衬塞

图 7-11　气体检测管

例如，空气中硫化氢含量的测定，用 $40\sim60$ 目的硅胶作载体，吸附一定量的醋酸铅试剂制成检气剂填充于检气管中，当待测空气通过检气管时，空气中的硫化氢被吸收，生成黑色层。

$$Pb(Ac)_2 + H_2S \longrightarrow PbS\downarrow（黑色）+ 2HAc$$

其变色的长度与空气中硫化氢的含量成正比，再与标准检气管进行比较，就可以获得空气中硫化氢的含量。

又如，空气中一氧化碳含量的测定，用 $40\sim60$ 目的硅胶作载体，吸附酸性硫酸钯和钼酸铵的混合溶液，在真空中干燥，呈淡黄色的硅钼酸配盐，填充于检气管中。当待测空气通过检气管时，空气中的一氧化碳被吸收生成蓝色化合物。

$$H_8[Si(Mo_2O_7)_6] + 2CO \longrightarrow H_8[Si(Mo_2O_7)_5(Mo_2O_5)] + 2CO_2$$

其颜色的深浅与空气中一氧化碳的含量成正比，再与标准检气管比较，就可获得空气中一氧化碳的含量。

二、燃烧法

有些可燃性气体没有很好的吸收剂，如氢和甲烷。因此，不能用吸收法进行测定，只有用燃烧法来进行测定。当可燃性气体燃烧时，其体积发生缩减，并消耗一定体积的氧气，产生一定体积的二氧化碳。它们都与原来的可燃性气体有一定的比例关系，可根据它们之间的这种定量关系，分别计算出各种可燃性气体组分的含量。这就是燃烧法的主要理论依据。

氢燃烧，按下式进行：

$$2H_2 \quad + \quad O_2 \longrightarrow 2H_2O$$
$$\text{（2体积）} \quad \text{（1体积）} \quad \text{（0体积）}$$

2体积的氢与1体积的氧经燃烧后，生成0体积的水（在室温下，水蒸气冷凝为液态的水，其体积可以忽略不计），在反应中有3体积的气体消失，其中2体积是氢，故氢的体积是缩小体积数的2/3。以$V_缩$代表缩小的体积数，$V(H_2)$代表燃烧前氢的体积，则

$$V(H_2) = \frac{2}{3}V_缩$$

或

$$V_缩 = \frac{3}{2}V(H_2)$$

在氢燃烧过程中，消耗氧的体积是原有氢体积的1/2，以$V_{耗氧}$代表消耗氧的体积，则

$$V(H_2) = 2V_{耗氧}$$

甲烷燃烧，按下式进行，其中水在常温下是液体，其体积和气体相比可以忽略不计。

$$CH_4 \quad + \quad 2O_2 \longrightarrow CO_2 \quad + \quad 2H_2O$$
$$\text{（1体积）} \quad \text{（2体积）} \quad \text{（1体积）} \quad \text{（0体积）}$$

1体积的甲烷与2体积的氧燃烧后，生成1体积的二氧化碳和0体积的液态水，由原有3体积的气体变成1体积的气体，缩小2体积。即缩小的体积相当于原甲烷体积的2倍。以$V(CH_4)$代表燃烧前甲烷的体积，则

$$V(CH_4) = \frac{1}{2}V_缩$$

或

$$V_缩 = 2V(CH_4)$$

在甲烷燃烧中消耗氧的体积是甲烷体积的2倍。则

$$V(CH_4) = \frac{1}{2}V_{耗氧}$$

或

$$V_{耗氧} = 2V(CH_4)$$

甲烷燃烧后，产生与甲烷同体积的二氧化碳。以$V_生(CO_2)$代表燃烧后生成的二氧化碳体积，则

$$V_生(CO_2) = V(CH_4)$$

一氧化碳燃烧，按下式进行：

$$2CO \quad + \quad O_2 \longrightarrow 2CO_2$$
$$\text{（2体积）} \quad \text{（1体积）} \quad \text{（2体积）}$$

2体积的一氧化碳与1体积的氧燃烧后，生成2体积的二氧化碳，由原来的3体积变为2体积，减少1体积，即缩小的体积相当于原来的一氧化碳体积的1/2。以$V(CO)$代表燃烧前一氧化碳的体积，则

$$V(CO) = 2V_缩$$

或

$$V_缩 = \frac{1}{2}V(CO)$$

在一氧化碳燃烧中消耗氧气的体积是一氧化碳体积的1/2，则

$$V_{耗氧} = \frac{1}{2}V(CO)$$

或

$$V(CO)=2V_{耗氧}$$

一氧化碳燃烧后，产生与一氧化碳同体积的二氧化碳，则

$$V_{生}(CO_2)=V(CO)$$

由此可见，在某一可燃性气体内通入氧气，使之燃烧，测量其体积的缩减、消耗氧气的体积及在燃烧反应中所生成的二氧化碳体积，就可以计算出原可燃性气体的体积，并可进一步计算出所在混合气体中的体积分数。常见可燃性气体的燃烧反应和各种气体的体积之间的关系见表 7-1。

表 7-1　可燃性气体燃烧反应与各体积关系

气体名称	燃　烧　反　应	可燃性气体体积	消耗 O_2 体积	缩减体积	生成二氧化碳体积
氢	$2H_2+O_2 \longrightarrow 2H_2O$	$V(H_2)$	$\frac{1}{2}V(H_2)$	$\frac{3}{2}V(H_2)$	0
一氧化碳	$2CO+O_2 \longrightarrow 2CO_2$	$V(CO)$	$\frac{1}{2}V(CO)$	$\frac{1}{2}V(CO)$	$V(CO)$
甲烷	$CH_4+2O_2 \longrightarrow CO_2+2H_2O$	$V(CH_4)$	$2V(CH_4)$	$2V(CH_4)$	$V(CH_4)$
乙烷	$2C_2H_6+7O_2 \longrightarrow 4CO_2+6H_2O$	$V(C_2H_6)$	$\frac{7}{2}V(C_2H_6)$	$\frac{5}{2}V(C_2H_6)$	$2V(C_2H_6)$
乙烯	$C_2H_4+3O_2 \longrightarrow 2CO_2+2H_2O$	$V(C_2H_4)$	$3V(C_2H_4)$	$2V(C_2H_4)$	$2V(C_2H_4)$

（一）一元可燃性气体燃烧后的计算

当气体混合物中只含有一种可燃性气体时，测定过程和计算都比较简单。先用吸收法除去其他组分（如二氧化碳、氧），再取一定量的剩余气体（或全部），加入一定量的空气使之进行燃烧。经燃烧后，测出其体积的缩减及生成的二氧化碳体积。根据燃烧法的基本原理，计算出可燃性气体的含量。

【例 7-1】　有 O_2、CO_2、CH_4、N_2 的混合气体 80.00mL，经用吸收法测定 O_2、CO_2 后的剩余气体中加入空气，使之燃烧，经燃烧后的气体用氢氧化钾溶液吸收，测得生成的 CO_2 的体积为 20.00mL，计算混合气体中甲烷的体积分数。

解　根据燃烧法的基本原理

$$CH_4+2O_2 \longrightarrow CO_2+2H_2O$$

甲烷燃烧时，所生成的 CO_2 体积等于混合气体中甲烷的体积，即

$$V(CH_4)=V_{生}(CO_2)$$

所以

$$V(CH_4)=20.00mL$$

$$\varphi(CH_4)=\frac{20.00}{80.00}\times100\%=25.0\%$$

【例 7-2】　有 H_2 和 N_2 的混合气体 40.00mL，加空气经燃烧后，测得其总体积减少 18.00mL，求 H_2 在混合气体中的体积分数。

解　根据燃烧法的基本原理

$$2H_2+O_2 \longrightarrow 2H_2O$$

H_2 燃烧时，体积的缩减为 H_2 体积的 $\frac{3}{2}$，即

$$V_{缩}=\frac{3}{2}V(H_2)$$

所以

$$V(H_2)=\frac{2}{3}\times18.00=12.00(mL)$$

$$\varphi(H_2)=\frac{12.00}{40.00}\times100\%=30.0\%$$

（二）二元可燃性气体混合物燃烧后的计算

如果气体混合物中含有两种可燃性气体组分，先用吸收法除去干扰组分，再取一定量的剩余气体（或全部）加入过量的空气，使之进行燃烧。经燃烧后，测量其体积缩减、生成二氧化碳的体积、用氧量等，根据燃烧法的基本原理，列出二元一次方程组，解方程组，即可得出可燃性气体的体积。并计算出混合气体中可燃性气体的体积分数。

例如，一氧化碳和甲烷的气体混合物燃烧后，求原可燃性气体的体积。

它们的燃烧反应为：

$$2CO+O_2\longrightarrow2CO_2$$
$$CH_4+2O_2\longrightarrow CO_2+2H_2O$$

设一氧化碳的体积为 $V(CO)$，甲烷的体积为 $V(CH_4)$。经燃烧后，由一氧化碳所引起的体积缩减应为原一氧化碳体积的 1/2，由甲烷所引起的体积缩减应为原甲烷体积的 2 倍。而经燃烧后，测得的应为其总体积缩减 $V_缩$。所以

$$V_缩=\frac{1}{2}V(CO)+2V(CH_4) \tag{1}$$

由于一氧化碳和甲烷燃烧后，生成与原一氧化碳和甲烷等体积的二氧化碳，而经燃烧后，测得的应为总二氧化碳的体积 $V_生(CO_2)$。所以

$$V_生(CO_2)=V(CO)+V(CH_4) \tag{2}$$

联立方程（1）、（2），解得

$$V(CO)=[4V_生(CO_2)-2V_缩]/3$$
$$V(CH_4)=[2V_缩-V_生(CO_2)]/3$$

【例 7-3】 有 CO、CH_4、N_2 的混合气体 40.00mL，加入过量的空气，经燃烧后，测得其体积缩减 42.00mL，生成 CO_2 36.00mL。计算混合气体中各组分的体积分数。

解 根据燃烧法的基本原理及题意得

$$V_缩=\frac{1}{2}V(CO)+2V(CH_4)=42.00$$

$$V_生(CO_2)=V(CO)+V(CH_4)=36.00$$

解方程组得

$$V(CH_4)=16.00mL$$
$$V(CO)=20.00mL$$
$$V(N_2)=40.00-(16.00+20.00)=4.00(mL)$$

则

$$\varphi(CO)=\frac{20.00}{40.00}\times100\%=50.0\%$$

$$\varphi(CH_4)=\frac{16.00}{40.00}\times100\%=40.0\%$$

$$\varphi(N_2)=\frac{4.00}{40.00}\times100\%=10.0\%$$

又如，氢气和甲烷气体混合物燃烧后，求原可燃性气体的体积。

它们的燃烧反应为：

$$2H_2+O_2\longrightarrow2H_2O$$
$$CH_4+2O_2\longrightarrow CO_2+2H_2O$$

设氢气的体积为 $V(H_2)$，甲烷的体积为 $V(CH_4)$。经燃烧后，由氢气所引起的体积缩

减应为原氢气体积的 $3/2$，由甲烷所引起的体积缩减应为原甲烷体积的 2 倍。而燃烧后测得的应为其总体积缩减 $V_{缩}$。所以

$$V_{缩}=\frac{3}{2}V(H_2)+2V(CH_4) \tag{3}$$

由于甲烷在燃烧时生成与原甲烷等体积的二氧化碳，而氢气则生成水，所以

$$V_{生}(CO_2)=V(CH_4) \tag{4}$$

联立方程（3）、（4），解得

$$V(CH_4)=V_{生}(CO_2)$$

$$V(H_2)=\frac{2V_{缩}-4V_{生}(CO_2)}{3}$$

【**例 7-4**】　有 H_2、CH_4、N_2 组成的气体混合物 20.00mL，加入空气 80.00mL，混合燃烧后，测量体积为 90.00mL，经氢氧化钾溶液吸收后，测量体积为 86.00mL，求各种气体在原混合气体中的体积分数。

解　根据燃烧法的基本原理及题意得

混合气体的总体积应为：

$$80.00+20.00=100.00（mL）$$

总体积缩减应为：

$$V_{缩}=100.00-90.00=10.00（mL）$$

生成 CO_2 的体积应为：

$$V_{生}(CO_2)=90.00-86.00=4.00（mL）$$

$$V_{缩}=\frac{3}{2}V(H_2)+2V(CH_4)$$

$$V_{生}(CO_2)=V(CH_4)$$

代入数据，解方程得

$$V(CH_4)=V_{生}(CO_2)=4.00mL$$

$$V(H_2)=\frac{2}{3}\big[V_{缩}-2V(CH_4)\big]=\frac{2}{3}\times(10.00-2\times4.00)=1.33（mL）$$

$$V(N_2)=20.00-4.00-1.33=14.67（mL）$$

$$\varphi(CH_4)=\frac{4.00}{20.00}\times100\%=20.0\%$$

$$\varphi(H_2)=\frac{1.33}{20}\times100\%\approx6.7\%$$

$$\varphi(N_2)=\frac{14.67}{20}\times100\%\approx73.3\%$$

（三）三元可燃性气体混合物燃烧后的计算

如果气体混合物中含有三种可燃性气体组分，先用吸收法除去干扰组分，再取一定量的剩余气体（或全部），加入过量的空气，使之进行燃烧。经燃烧后，测量其体积的缩减、消耗氧量及生成二氧化碳的体积。根据燃烧法的基本原理，列出三元一次方程组，解方程组，即可求得可燃性气体的体积，并计算出混合气体中可燃性气体的体积分数。

例如，一氧化碳、甲烷、氢气的气体混合物燃烧后，求原可燃性气体的体积。

它们的燃烧反应为：

$$2CO+O_2\longrightarrow 2CO_2$$

$$CH_4+2O_2\longrightarrow CO_2+2H_2O$$

$$2H_2+O_2\longrightarrow 2H_2O$$

设一氧化碳的体积为 $V(CO)$，甲烷的体积为 $V(CH_4)$，氢气的体积为 $V(H_2)$。经燃烧后，由一氧化碳所引起的体积缩减应为原一氧化碳体积的 1/2；甲烷所引起的体积缩减应为原甲烷体积的 2 倍；氢气所引起的体积缩减应为原氢气体积的 3/2。而经燃烧后所测得的应为其总体积缩减 $V_缩$。所以

$$V_缩 = \frac{1}{2}V(CO) + 2V(CH_4) + \frac{3}{2}V(H_2) \tag{5}$$

由于一氧化碳和甲烷燃烧后生成与原一氧化碳和甲烷等体积的二氧化碳，氢则生成水。而燃烧后测得的是总生成的二氧化碳体积 $V_生(CO_2)$。所以

$$V_生(CO_2) = V(CO) + V(CH_4) \tag{6}$$

当一氧化碳燃烧时所消耗的氧气为原一氧化碳体积的 1/2，甲烷燃烧时所消耗的氧气为原甲烷体积的 2 倍，氢气燃烧时所消耗的氧气为原氢气体积的 1/2。经燃烧后，测得的是总消耗氧气的体积 $V_{耗氧}$。所以

$$V_{耗氧} = \frac{1}{2}V(CO) + 2V(CH_4) + \frac{1}{2}V(H_2) \tag{7}$$

设 a 代表耗氧体积，b 代表生成二氧化碳的体积，c 代表总体积缩减。它们的数据可通过燃烧后测得。

联立方程（5）、（6）、（7）组成三元一次方程组，并解该方程组得到

$$V(CH_4) = \frac{3a - b - c}{3}$$

$$V(CO) = \frac{4b - 3a + c}{3}$$

$$V(H_2) = c - a$$

【例 7-5】 有 CO_2、O_2、CH_4、CO、H_2、N_2 的混合气体 100.00mL。用吸收法测得 CO_2 体积为 6.00mL，O_2 体积为 4.00mL，用吸收后的剩余气体 20.00mL，加入氧气 75.00mL，进行燃烧，燃烧后其体积缩减 10.11mL，后用吸收法测得 CO_2 体积为 6.22mL，O_2 体积为 65.31mL。求混合气体中各组分的体积分数。

解 根据燃烧法的基本原理和题意得

吸收法测得

$$\varphi(CO_2) = \frac{6.00}{100.00} \times 100\% = 6.00\%$$

$$\varphi(O_2) = \frac{4.00}{100.00} \times 100\% = 4.00\%$$

燃烧法部分进行如下计算：

$$a = 75.00 - 65.31 = 9.69(mL)$$

$$b = 6.22mL$$

$$c = 10.11mL$$

吸收法吸收 CO_2 和 O_2 后的剩余气体体积为：

$$100.00 - 6.00 - 4.00 = 90.00(mL)$$

燃烧法是取其中的 20.00mL 进行测定的，在 90.00mL 剩余气体中各气体的体积为：

$$V(CH_4) = \frac{3a - b - c}{3} \times \frac{90}{20} = \frac{3 \times 9.69 - 6.22 - 10.11}{3} \times \frac{90}{20} = 19.1(mL)$$

$$V(CO) = \frac{4b - 3a + c}{3} \times \frac{90}{20} = \frac{4 \times 6.22 - 3 \times 9.69 + 10.11}{3} \times \frac{90}{20} = 8.9(mL)$$

$$V(H_2) = (c - a) \times \frac{90}{20} = (10.11 - 9.69) \times \frac{90}{20} = 1.9(mL)$$

所以

$$\varphi(CH_4) = \frac{19.1}{100.00} \times 100\% = 19.1\%$$

$$\varphi(CO) = \frac{8.9}{100.00} \times 100\% = 8.9\%$$

$$\varphi(H_2) = \frac{1.9}{100.00} \times 100\% = 1.9\%$$

（四）燃烧方法

为使可燃烧性气体燃烧，常用的方法有以下 3 种。

1. 爆炸法

可燃性气体与空气或氧气混合，当其比例达到一定限度时，受热（或遇火花）能引起爆炸性的燃烧。气体爆炸有两个极限，即上限与下限。上限指可燃性气体能引起爆炸的最高含量；下限指可燃性气体能引起爆炸的最低含量。如 H_2 在空气中的爆炸上限是 74.2%（体积分数），爆炸下限是 4.1%，即当 H_2 在空气体积中占 4.1%～74.2% 之内时，它具有爆炸性。

此法是将可燃性气体与空气或氧气混合，其比例能使可燃性气体完全燃烧，并在爆炸极限之内，在一特殊的装置中点燃，引起爆炸，所以常叫爆燃法（或称爆炸法）。此法的特点是分析所需的时间最短。

2. 缓燃法

可燃性气体与空气或氧气混合，经过炽热的铂质螺旋丝而引起缓慢燃烧，所以称之为缓燃法。可燃性气体与空气或氧气的混合比例应在可燃性气体的爆炸下限以下，故可避免爆炸危险。若在爆炸上限以上，则氧气量不足，可燃性气体不能完全燃烧。此法所需时间较长。各种气体的爆炸极限见表 7-2。

表 7-2　常压下可燃性气体或蒸气在空气中的爆炸极限（体积分数）　　　单位：%

气体名称	分子式	下　限	上　限	气体名称	分子式	下　限	上　限
甲烷	CH_4	5.0	15.0	丁烯	C_4H_8	1.7	9.0
一氧化碳	CO	12.5	74.2	戊烷	C_5H_{12}	1.4	8.0
甲醇	CH_3OH	6.0	37.0	戊烯	C_5H_{10}	1.6	—
二硫化碳	CS_2	1.0	—	己烷	C_6H_{14}	1.3	—
乙烷	C_2H_6	3.2	12.5	苯	C_6H_6	1.4	8.0
乙烯	C_2H_4	2.8	28.6	庚烷	C_7H_{16}	1.1	—
乙炔	C_2H_2	2.6	80.5	甲苯	C_7H_8	1.2	7.0
乙醇	C_2H_5OH	3.5	19.0	辛烷	C_8H_{18}	1.0	—
丙烷	C_3H_8	2.4	9.5	氢气	H_2	4.1	74.2
丙烯	C_3H_6	2.0	11.1	硫化氢	H_2S	4.3	45.5
丁烷	C_4H_{10}	1.9	8.5				

3. 氧化铜燃烧法

此法的特点在于被分析的气体中不必加入为燃烧所需的氧气，所用的氧可自氧化铜被还原放出。

氢在 280℃ 左右可在氧化铜上燃烧，甲烷在此温度下不能燃烧，高于 290℃ 时才开始燃烧，一般浓度的甲烷在 600℃ 以上时在氧化铜上可以燃烧完全。反应如下：

$$H_2 + CuO \longrightarrow Cu + H_2O$$

$$CH_4 + 4CuO \longrightarrow 4Cu + CO_2 + 2H_2O$$

氧化铜使用后，可在 400℃ 通入空气使之氧化即可再生。反应如下：

$$2Cu + O_2 \longrightarrow 2CuO$$

此法的优点是因为不通入氧气，可以减少体积测量的次数，从而减少误差，并且测定后的计算也因不加入氧气而简化。

（五）燃烧所用的仪器

1. 爆炸瓶

爆炸瓶是一个球形厚壁的玻璃容器，如图7-12所示。在球的上端熔封两条铂丝，铂丝的外端经导线与电源连接。球的下端管口用橡皮管连接水准瓶。使用前用封闭液充满到球的顶端，引入气体后封闭液至水准瓶中，用感应线圈在铂丝间得到火花（目前使用较为方便的是压电陶瓷火花发生器，其原理是借助两只圆柱形特殊陶瓷受到相对冲击后产生10^4V以上高压脉冲电流，火花发生率高，可达100%，不用电源，安全可靠，发火次数可达五万次以上。有手枪式和盒式两种，使用非常简单），以点燃混合气体。

2. 缓燃管

缓燃管的样式与吸收瓶相似，也分作用部分与承受部分，上下排列，如图7-13所示。可燃性气体在作用部分中燃烧，承受部分用以承受自作用部分排出的封闭液。管中作为加热用的一段铂质螺旋丝，铂质的两端与熔封在玻璃管中的两条铜丝相连，铜丝的另一端通过一个适当的变压器及变阻器与电源相连，混合气体引入作用部分，通电后铂丝炽热，混合气体在铂丝的附近缓慢燃烧。

3. 氧化铜燃烧管

在石英管中用氧化铜进行燃烧，形状如图7-14所示。将氧化铜装在管的中部，用电炉或煤气灯加热，然后使气体往返通过而进行燃烧。燃烧空间长度约为10cm，管内径为6mm。

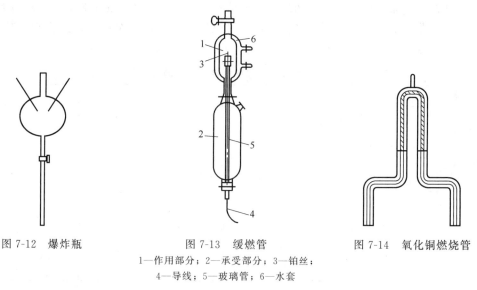

图7-12　爆炸瓶　　　　　图7-13　缓燃管　　　　　图7-14　氧化铜燃烧管

1—作用部分；2—承受部分；3—铂丝；
4—导线；5—玻璃管；6—水套

三、其他气体分析法

1. 电导法

测定电解质溶液导电能力的方法，称为电导法。当溶液的组成发生变化时，溶液的电导率也发生相应的变化，利用电导率与物质含量之间的关系，可测定物质的含量。如合成氨生产中微量一氧化碳和二氧化碳的测定，环境分析中的二氧化碳、一氧化碳、二氧化硫、硫化氢、氧气、盐酸蒸气等，都可以用电导法来进行测定。

2. 库仑法

以测量通过电解池的电量为基础而建立起来的分析方法，称为库仑法。库仑滴定是通过测量电量的方法来确定反应终点。库仑法用于痕量组分的分析中，如金属中碳、硫等的气体分析；环境分析中的二氧化硫、臭氧、二氧化氮等都可以用库仑滴定法来进行测定。

3. 热导气体分析

各种气体的导热性是不同的。如果把两根相同的金属丝（如铂丝）用电流加热到同样的温度，将其中一根金属丝插在某一种气体中，另一根金属丝插在另一种气体中，由于两种气体的导热性不同，这两根金属丝的温度改变就不一样。随着温度的变化，电阻也相应地发生变化，所以，只要测出金属丝的电阻变化值，就能确定待测气体的含量。如在氧气厂（空气分馏）中就广泛采用此种方法。

4. 激光雷达技术

激光雷达是激光用于远距离大气探测方面的新成就之一。激光雷达就是利用激光光束的背向散射光谱，检测大气中某些组分浓度的装置。这种方法在环境分析中得到广泛的应用，经常检测的组分有 SO_2、NO_2、C_2H_4、CO_2、H_2、NO、H_2S、CH_4、H_2O 等。所达到浓度的灵敏度在 1km 内为 $2\sim3\mu L/L$；个别工作利用共振拉曼效应曾在 $2\sim3km$ 高空中测得 O_3 和 SO_2 的浓度，灵敏度分别为 $0.005\mu L/L$ 和 $0.05\mu L/L$。

除以上这些方法之外，还有气相色谱法、红外线气体分析法和化学发光分析法等。它们在工业生产和环境分析中已得到广泛的应用，而且也有定型的仪器。

第四节　气体分析仪器

气体的化学分析法所使用的仪器，通常有奥氏（QF）气体分析仪和苏式 BTИ 型气体分析仪。由于用途和仪器的型号不同，其结构或形状也不相同，但是它们的基本原理却是一致的。

一、仪器的基本部件

① 量气管（见气体测量中的量气管）。

② 水准瓶（见气体测量中用胶皮管与量气管相连接的部件）。

③ 吸收瓶（见吸收所用水准瓶）。

④ 梳形管（如图 7-15 所示，将量气管和吸收瓶及燃烧瓶连接起来的装置）。

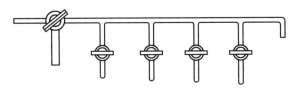

图 7-15　梳形管

⑤ 燃烧瓶（见燃烧仪器中的燃烧瓶）。

二、气体分析仪器

1. 改良式奥氏（QF-190 型）气体分析仪

改良式奥氏气体分析仪如图 7-16 所示，是由 1 支量气管、4 个吸收瓶和 1 个爆炸瓶组成的。它可进行 CO_2、O_2、CH_4、H_2、N_2 混合气体的分析测定。其优点是构造简单、轻便，操作容易，分析快速。缺点是精度不高，不能适应更复杂的混合气体分析。

2. 苏式 BTИ 型气体分析仪

苏式 BTИ 气体分析仪如图 7-17 所示，是由 1 支双臂式量气管、7 个吸收瓶、1 个氧化铜燃烧管和 1 个缓燃管等组成的。它可进行煤气全分析或更复杂的混合气体分析。仪器构造复杂，分析速度较慢；但精度较高，实用性较广。

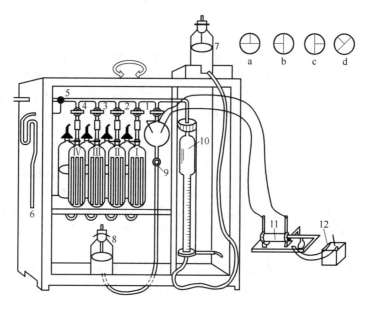

图 7-16　改良式奥氏气体分析仪

1～4,9—活塞；5—三通活塞；6—进样口；7,8—水准瓶；10—量气管；
11—点火器（感应线圈）；12—电源；Ⅰ,Ⅱ,Ⅲ,Ⅳ—吸收瓶

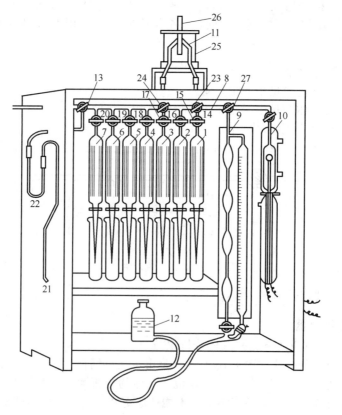

图 7-17　苏式 BTИ 型气体分析仪

1～7—吸收瓶；8—梳形管；9—量气管；10—缓燃管；11—氧化铜燃烧管；
12—水准瓶；13,23,24,27—三通活塞；14～20—活塞；
21—进样口；22—过滤管；25—加热器；26—热电偶

第五节　气体分析实例——半水煤气分析

半水煤气是合成氨的原料，它是由焦炭、水蒸气和空气等制成的。它的全分析项目有CO_2、O_2、CO、CH_4、H_2 及 N_2 等，可以利用化学分析法，也可利用气相色谱法来进行分析。当用化学分析法时，CO_2、O_2、CO 可用吸收法来测定，CH_4 和 H_2 可用燃烧法来测定，剩余气体为 N_2。它们的含量一般为：CO_2，7％～11％；O_2，0.5％；CO，26％～32％；H_2，38％～42％；CH_4，1％；N_2，18％～22％。测定半水煤气各成分的含量，可作合成氨造气工段调节水蒸气和空气比例的根据。

一、化学分析法

1. 原理

吸收法、燃烧法，前面已讲述。

2. 试剂

① 氢氧化钾溶液：33％。称取 1 份质量的氢氧化钾，溶解于 2 份质量的蒸馏水中。

② 焦性没食子酸碱性溶液：称取 5g 焦性没食子酸溶于 15mL 水中，另称取 48g 氢氧化钾溶于 32mL 水中，使用前将两种溶液混合，摇匀，装入吸收瓶中。

③ 氯化亚铜氨性溶液：称取 250g 氯化铵溶于 750mL 水中，再加入 200g 氯化亚铜，把此溶液装入试剂瓶，放入一定量的铜丝，用橡皮塞塞紧，溶液应为无色。在使用前加入密度为 0.9g/mL 的氨水，其量是 2 体积的氨水与 1 体积的亚铜盐混合。

④ 封闭液：在 10％的硫酸溶液中加入数滴甲基橙。

3. 仪器

改良式奥氏气体分析仪。

4. 测定步骤

(1) 准备工作　首先将洗涤洁净并干燥好的气体分析仪各部件按图 7-16 所示，用橡皮管连接安装好。所有旋转活塞都必须涂抹润滑剂，使其转动灵活。

依照拟好的分析顺序，将各吸收剂分别自吸收瓶的承受部分注入吸收瓶中。为进行煤分析，吸收瓶 Ⅰ 中注入 33％的 KOH 溶液；吸收瓶 Ⅱ 中注入焦性没食子酸碱性溶液，吸收瓶 Ⅲ、Ⅳ 中注入氯化亚铜氨性溶液。在氢氧化钾吸收液和氯化亚铜氨吸收液上部可倒入 5～8mL 液体石蜡，防止这些吸收液吸收空气中的相关组分及吸收剂自身的挥发，在水准瓶中注入封闭液。

注：不能进入吸收部分，可从承受部分的支管口 [图 7-10 (c) 所示的吸收瓶] 或上口 [图 7-10 (a)、(b) 所示的吸收瓶]。

① 排除仪器内的空气并检查仪器是否漏气。先排出量气管中的废气，再关闭所有吸收瓶和燃烧瓶上的旋塞，将三通活塞旋至和排气口相通，提高水准瓶，排除气体至液面升至量气管的顶端标线为止（不能将封闭液排至吸收液中去）并关闭排气口旋塞。

② 排出吸收瓶内的空气。放低水准瓶，同时打开吸收瓶 Ⅰ 的旋塞，吸出吸收瓶 Ⅰ 中的空气，当使吸收瓶中的吸收液液面上升至标线（若一次不能吸出吸收瓶内的气体，可分两次进行，即关闭吸收瓶 Ⅰ 的旋塞，排出量气管内的气体后再进行吸气。但不能将吸收液吸入梳形管及量气管内）时，关闭活塞。再将量气管的气体排出，用同样方法依次使吸收瓶 Ⅱ、Ⅲ、Ⅳ 及爆炸球等的液面均升至标线。再将三通活塞旋至排空位置，提高水准瓶，将量气管内的气体排出，并使液面升至标线，然后将三通活塞旋至接通梳形管位置，将水准瓶放在底板上，如量气管内液面开始稍微移动后即保持不变，并且各吸收瓶及爆炸球等的液面也保持不变，表示仪器已不漏气。如果液面下降，则有漏气之处（一般常在橡皮管连接处或者活塞），应检查出，并重新处理。

（2）取样

① 洗涤量气管。各吸收瓶及爆炸球等的液面应在标线上。气体导入管与取好试样的球胆相连。将三通活塞旋至和进样口连接（各吸收瓶的旋塞不得打开），打开球胆上的夹子，同时放低水准瓶，当气体试样吸入量气管少许后，旋转三通活塞旋至和进样口断开，升高水准瓶，同时将三通活塞旋至和排气口连接，将气体试样排出，如此操作（洗涤）2～3 次。

② 吸入样品。打开进样口旋塞，旋转三通活塞至和进样口连接，放低水准瓶，将气体试样吸入量气管中。当液面下降至刻度 "0" 以下少许时，关闭进样口旋塞。

③ 测量样品体积。旋转三通活塞至排空位置，小心升高水准瓶使多余的气体试样排出（此操作应小心、快速、准确，以免空气进入），而使量气管中的液面至刻度为 "0" 处（两液面应在同一水平面上）。最后将三通活塞旋至关闭位置，这样，采取气体试样完毕。即采取气体试样为 100.0mL（V_0）。

（3）测定　当整套仪器不漏气时可进行气体含量的测定。

① 吸收法测定。升高水准瓶，同时打开 KOH 吸收瓶 I 上的活塞，将气体试样压入吸收瓶 I 中，直至量气管内的液面快到标线为止。然后放低水准瓶，将气体试样抽回，如此往返 3～4 次，最后一次将气体试样自吸收瓶中全部抽回，当吸收瓶 I 内的液面升至顶端标线时，关闭吸收瓶 I 上的活塞，将水准瓶移近量气管，使水准瓶的封闭液面和量气管的液面对齐，等 30s 后，读出气体体积（V_1），吸收前后体积之差（$V_0 - V_1$）即为气体试样中所含 CO_2 的体积。在读取体积后，应检查吸收是否完全，为此再重复上述操作手续一次，如果体积相差不大于 0.1mL 即认为已吸收完全。

按同样的操作方法依次吸收 O_2、CO 等气体，依次记录 V_2、V_3 等。

② 燃烧法测定。完成了吸收法测定的项目后，继续作燃烧法测定（以爆炸法为例）。

对只设一个水准瓶的气体分析仪，操作如下。

a. 留取部分试样，吸入足量的氧气。上升水准瓶，同时打开三通旋塞至和排空旋塞使量气管和排气口相通，将量气管内的剩余气体排至 25.0mL 刻度线，关闭排空口旋塞，打开氧气或空气进口旋塞，吸入纯氧气或新鲜无二氧化碳的空气 75.0mL 至量气管的体积到 100.0mL。关闭氧气进气口旋塞，上升水准瓶，打开爆炸瓶的旋塞，将量气管内所有气体送至爆炸瓶中，又吸回量气管中，再送至爆炸瓶中，往返几次以混匀气体样品，关闭爆炸瓶上的旋塞。

b. 点火燃烧。接上感应圈开关，慢慢转动感应圈上的旋钮，至爆炸瓶内产生火花，使混合气体爆燃（目前气体分析仪上配备磁火花点火器，手枪式的点火器只需扣下扳机，盒式的点火器是转动点火旋钮，可在铂丝电极上产生 10^4 V 的瞬间高压，击穿空气后产生电火花，即可点燃气体）。若点火后没有发生爆燃，则重新点火。燃烧后将气体吸回量气管中，按吸收法的操作测量并记录体积的缩减、耗氧体积和生成二氧化碳的体积。

对于设置两个水准瓶的气体分析仪，操作如下：

a. 留存样品。打开吸收瓶 II 上的活塞，将剩余气体全部压入吸收瓶 II 中贮存，关闭活塞。

b. 爆燃。先升高连接爆炸球的水准瓶，并打开相应活塞，旋转三通活塞至通排气口，使爆炸球内残气排出，并使爆炸球内的液面升至球顶端的标线处，关闭活塞（对于只有一个水准瓶的气体分析仪，在排出仪器内的残气时已经完成，可直接进行下一步的操作）。放低连接量气管的水准瓶引入空气冲洗梳形管，再升高水准瓶 7 将空气排出，如此用空气冲洗 2～3 次，最后引入 80.00mL 空气（准确体积），并将三通活塞旋至和梳形管相通，打开吸收瓶 II 上的活塞，放低水准瓶（注意空气不能进入吸瓶 II 内），量取约 10mL 剩余气体，关闭活塞，准确读数，此体积为进行燃烧时气体的总体积。打开爆炸球上的活塞，将混合气体压入爆炸球内，并来回抽压 2 次，使之充分混匀，最后将全部气体压入爆炸球内。关闭爆炸球上的活塞，将爆炸球的水准瓶放在桌上（切记爆炸球下的活塞9是开着的！）。接上感应圈开关，再慢慢转动感应圈上的旋钮，则爆炸球的两铂丝间有火花产生，使混合气体爆燃，燃烧完后，把剩余气体（燃烧后的剩余气体）压回量气管中，量取体积。前后体积之差为燃烧缩减的体积（$V_缩$）。再将气体压入 KOH 吸收瓶 I 中，吸收生成 CO_2 的体积 $[V_生(CO_2)]$。每次测量体积时记下温度与压力，需要时，可以在计算中用以进行校正。实验完毕，做好清理工作。

5. 计算

如果在分析过程中，气体的温度和压力有所变动，则应将测得的全部气体体积换算成原来试样的温度和压力下的体积。但在通常情况下，一般温度和压力是不会改变（在室温常压下）的，故可省去换算工作。直接用各测得的结果（体积）来计算出各组分的含量。

（1）吸收部分

$$\varphi(CO_2) = \frac{V_1}{V_0} \times 100\%$$

$$\varphi(O_2) = \frac{V_2}{V_0} \times 100\%$$

$$\varphi(CO) = \frac{V_3}{V_0} \times 100\%$$

式中，V_0 为采取试样的体积，mL；V_1 为试样中含 CO_2 的体积（用 KOH 溶液吸收前后气体体积之差），mL；V_2 为试样中含 O_2 的体积，mL；V_3 为试样中含 CO 的体积，mL。

（2）燃烧部分　可根据所测的数据进行相关的计算。在所取的 25.0mL 样品中氢气和甲烷体积的计算：

$$V_生(CO_2) = V(CH_4) = a$$

$$V_缩 = \frac{3}{2}V(H_2) + 2V(CH_4) = b$$

解得

$$V(CH_4) = a$$

$$V(H_2) = \frac{2}{3}(b - 2a)$$

换算至 V_3 体积中的氢气和甲烷的体积：

$$V'(CH_4) = \frac{V_3 a}{25.0}$$

$$V'(H_2) = \frac{V_3 \times \frac{2}{3}(b - 2a)}{25.0}$$

$$\varphi(CH_4) = \frac{V'(CH_4)}{V_0} \times 100\%$$

$$\varphi(H_2) = \frac{V'(H_2)}{V_0} \times 100\%$$

6. 讨论及注意事项

① 必须严格遵守分析程序，各种气体的吸收顺序不得更改。

② 读取体积时，必须保持两液面在同一水平面上。

③ 在进行吸收操作时，应始终观察上升液面，以免吸收液、封闭液冲到梳形管中。水准瓶应匀速上下移动，不得过快。

④ 仪器各部件均为玻璃制品，转动活塞时不得用力过猛。

⑤ 如果在工作中吸收液进入活塞或梳形管中，则可用封闭液清洗，如封闭液变色，则应更换。新换的封闭液，应用分析气体饱和。

⑥ 如仪器短期不使用，应经常转动碱性吸收瓶的活塞，以免粘住。如长期不使用，应清洗干净，干燥保存。

二、气相色谱法

半水煤气是合成氨的原料气，它的主要成分为 H_2、CO_2、CO、N_2、CH_4 等，在常温下 CO_2 在分子筛柱上不出峰，所以，用一根色谱柱难以对半水煤气进行全分析。本实验以氢气为载气，利用 GDX-104 和 13X 分子筛双柱串联热导池检测器，一根色谱柱用于测定 CO_2、CO、O_2、N_2、CH_4；另一根色谱柱用于测定 CO_2。一次进样，用外标法测得 CO_2、CO、O_2、N_2、CH_4 等的含量，H_2 的含量用差减法计算。本法对半水煤气中主要成分进行分析的特点是快速、准确、操作简单、易于实现自动化，现已广泛应用于合成氨生产的中间控制分析。

1. 仪器设备

简易热导池色谱仪一台，色谱柱和热导池部分气路如图 7-18 所示，采用六通阀进样，六通阀气路如图 7-19 所示。

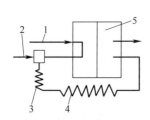

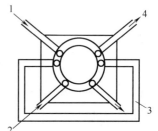

图 7-18　色谱柱和热导池部分气路图
1—载气；2—气样；3—GDX-104
色谱柱；4—13X 分子筛色谱柱；5—热导池

图 7-19　六通阀气路图
1—载气；2—气样；3—定量管；4—进柱

注：此仪器为简易型专用色谱仪，分析中若采用其他型号的气相色谱仪，则参考该仪器说明书进行操作。

2. 色谱柱的制备

筛选 40～60 目 13X 分子筛 10g，于 550～600℃高温炉中灼烧 2h。筛选 60～80 目 GDX-104（高分子多孔小球）5g 于 80℃氢气流中活化 2h（可直接装入色谱柱中在恒温下活化）备用。

取内径为 4mm、长分别为 2m 和 1m 的不锈钢色谱柱各 1 支。用 5%～10%热氢氧化钠溶液浸泡，洗去油污，用清水洗净烘干。将处理好的固定相装入色谱柱中，1m 柱装 GDX-104，2m 柱装 13X 分子筛。

将制备好的色谱柱按流程图安装在指定位置。注意各管接头要密封好。

3. 仪器启动

（1）检查气密性　慢慢打开钢瓶总阀、减压阀及针形阀。将柱前载气压力调到 0.15MPa（表压），放空口应有气体流出（通室外）。用皂液检查接头是否漏气，如果漏气要及时处理好。

（2）调节载气流速　用针形阀调节载气流速为 60mL/min。

（3）恒温　检查电气单元接线正常后，开动恒温控制器电源开关，将定温旋钮放在适当位置，让色谱柱和热导池都恒温在 50℃。

（4）加桥流　打开热导检测器电气单元总开关，用"电流调节"旋钮将桥流加到 150mA，同时启动记录仪，记录仪的指针应指在零点附近某一位置。

（5）调零　按仪器使用说明书的规定，用热导池电气单元上的"调零"和"池平衡"旋钮将电桥调平衡，用"记录调零"的旋钮将记录器的指针调至量程中间位置，待基线稳定后即可进行分析测定。

4. 测定手续

（1）进样　将装有气体试样的球胆（使用球胆取样应在取样后立即分析，以免试样发生变化，造成误差）经过滤管进入六通阀气样进口，六通阀旋钮旋到头为取样位置，这时气体试样进入定量管（可用 1mL 定量管），然后将六通阀右旋 $60°$，到头为进样位置，气样即随载气进入色谱柱，观察记录仪上出现的色谱峰。

（2）定性　半水煤气在本实验条件下的色谱图如图 7-20 所示，可利用秒表记录下各组分的保留时间，然后用纯气一一对照。

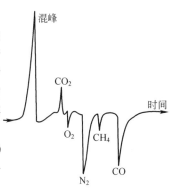

图 7-20　半水煤气色谱图

（3）定量　在上述桥流、温度、载气流速等操作条件恒定的情况下，取未知试样和标准试样，分别进样 1mL，记录其色谱图。注意在各组分出峰前，应根据其大致的含量和记录仪的量程把衰减旋钮放在适当的位置（挡）。

由得到的色谱图测量各组分的峰面积。同时做重复实验取其平均结果。

（4）停机　仪器使用完毕，依次关闭记录仪、热导电气单元、恒温控制器、电源开关，然后再停载气。

5. 数据处理

（1）采用峰高乘半峰宽的方法计算峰面积。

（2）各组分的校正系数 K_i 的求法　半水煤气标样，用化学分析法作全分析，测出其中各组分的体积分数（φ_{i_b}）之后，除以相应的峰面积（A_{i_b}）求出各组分的 K_i 值。

$$K_i = \frac{\varphi_{i_b}}{A_{i_b}}$$

（3）未知试样中出峰组分的体积分数　按下式计算：

$$\varphi(样) = K_i A_i(样) \times 100\%$$

式中，$\varphi(样)$ 为试样中组分的体积分数；K_i 为校正系数；$A_i(样)$ 为试样中组分的峰面积。

H_2 的含量用差减法求出：

$$\varphi(H_2) = 1 - [\varphi(CO_2) + \varphi(O_2) + \varphi(N_2) + \varphi(CH_4) + \varphi(CO)]$$

6. 讨论及注意事项

① 如果利用双气路国产 SP2302 型或 SP2305 型成套仪器进行半水煤气分析，可在一柱中装 GDX-104，另一柱中装 13X 分子筛，分别测定 CO_2 及其他组分，这种方法由于需要两次进样，误差较大。

② 各种型号仪器的实际电路和调节旋钮名称不完全相同，具体操作步骤应看有关仪器说明书。

③ 如果热导池电气单元输出信号线路上装有"反向开关"，可将基线调至记录仪的一端，待 CO_2 出峰完毕后，改变输出信号方向，这样可以利用记录仪的全量程，提高测量精度。

习　题

1. 气体分析的特点是什么？在正压、常压和负压下可采用何种装置采取气体样品？
2. 吸收体积法、吸收滴定法、吸收重量法、吸收比色法及燃烧法的基本原理是什么？各举一例说明。
3. 气体分析仪中的吸收瓶有几种类型？各有何用途？
4. 气体分析仪中的燃烧装置有几种类型？各有何用途？

5. CO_2、O_2、C_nH_m、CO 可采用什么吸收剂吸收？若混合气体中同时含有以上 4 种组分，其吸收顺序应如何安排？为什么？

6. CH_4、CO 在燃烧后其体积的缩减、消耗的氧气和生成的 CO_2 体积与原气体有何关系？

7. 含有 CO_2、O_2、CO 的混合气体 98.7mL，依次用氢氧化钾、焦性没食子酸-氢氧化钾、氯化亚铜-氨水吸收液吸收后，其体积依次减少至 96.5mL、83.7mL、81.2mL，求以上各组分的原体积分数。

8. 某组分中含有一定量的氢气，经加入过量的氧气燃烧后，气体体积由 100.0mL 减少至 87.9mL，求氢气的原体积。

9. 16.0mL CH_4 和 CO 在过量的氧气中燃烧，体积的缩减是多少？生成的 CO_2 体积是多少？

10. 含有 H_2、CH_4 的混合气体 25.0mL，加入过量的氧气进行燃烧，体积缩减了 35.0mL，生成的 CO_2 体积为 17.0mL，求各气体在原试样中的体积分数。

11. 含有 CO_2、O_2、CO、CH_4、H_2、N_2 等成分的混合气体 99.6mL，用吸收法吸收 CO_2、O_2、CO 后体积依次减少至 96.3mL、89.4mL、75.8mL；取剩余气体 25.0mL，加入过量的氧气进行燃烧，体积缩减了 12.0mL，生成 5.0mL CO_2，求气体中各成分的体积分数。

第八章 化工产品质量检验

第一节 概　　述

化工产品品种繁多，一般可分为有机化工产品和无机化工产品两大类。按行业属性的不同也可分为无机化工产品、有机化工产品、涂料与颜料、塑料与塑料制品、橡胶原材料、橡胶与橡胶制品、化学试剂、染料与染料中间体、农药、化肥、食品添加剂、化学气体等。一些典型的化工产品，如无机化工产品中的合成氨、硫酸、纯碱、烧碱等，有机化工产品中的乙酸乙酯、乙醇、丙酮等，在国民经济中占有十分重要的地位。

在化工生产的各个环节，其生产的任务和要求不同，分析的目的也各不相同，化工生产分析涉及原材料分析、中间产品分析、产品和副产品分析等。

一、原材料分析

原材料是指企业生产加工的对象，可以是原始的矿产物，也可以是其他企业的产品。对以原始矿产资源作为原材料的分析而言，主要是测定原材料的成分是否符合生产的要求，主要成分是不是符合生产工艺的要求，所含的杂质对生产工艺产生的影响，是否含有影响生产工艺的有害物质等。原始矿产的成分是固有的，企业应根据原料的组成确定生产工艺或根据工艺的要求选择原材料，各原材料的成分分析通常采用标准方法进行检验。而用其他企业的产品作为原材料，其质量指标应符合相关标准的规定，其检验方法也应按照相关技术标准进行分析检验。

对原材料的检验结果应送交企业质检部门和生产指挥控制部门，以便确定生产工艺条件和投料配比等，以确保生产的正常进行。

二、中间控制分析

对中间产品而言，则没有质量指标的限制，只要符合生产工艺的要求即可。中间产品的分析在化工行业中称为中间控制分析（简称中控分析）。中间控制分析采用快速分析法进行，可以采用快速的化学分析方法进行，现代化的化工企业更多的是采用自动分析仪器完成，通过网络系统和计算机处理系统，将各分析控制点获得的数据发送到控制中心，由控制中心根据分析结果进行处理，并将处理结果及时反馈到各个生产控制点，自动调整工艺条件和参数，完成自动化生产。这在现代化的化工企业中称为在线分析。中间控制分析对分析结果的精度要求相对较低，但对分析的速度要求比较高，在几分钟内甚至更短的时间内必须获得分析结果。

在化工生产中，在线分析使用的自动分析仪器通常有光学分析仪器、热学分析仪器、电化学分析仪器、色谱仪等。按分析对象的不同，一般又可称为气体分析仪器、液体分析仪器、湿度计等。

虽然自动分析仪器的工作原理和结构、组成各有差异，但均由共同的部件和基本的环节所组成。通常包括以下几方面。

1. 发送部分

发送器（也称传送器）是仪器的主要部件，其主要任务是将被测组分浓度的变化或物质性质的变化变成某种电参数的变化，这种变化通过一定的测量电路转变为相应的电压或电流输出。在自动分析仪器中，发送器常常是检测部分和测量电路的总称。

2. 放大器部分

发送器输出的信号往往比较微弱，不足以推动二次仪表工作，需要配置放大器。放大器的作用是把发送器输出的信号放大后供给二次仪表。有些发送器输出的信号可以直接推动二次仪表，不需要设置专门的放大器。

3. 二次仪表

指示仪表、记录器等显示装置统称为二次仪表，自动分析仪器大多采用电流表或电子电位差计作为二次仪表。目前采用小型数据处理装置的数字指示型二次仪表以及计算机控制技术已被广泛使用。

4. 取样和预处理装置

自动分析仪器取样装置的任务是将被测样品自动、连续地送入发送器中。取样装置主要包括减压、稳流、预处理和流路切换等。

5. 辅助装置

自动分析仪器除以上基本部件外，根据其工作原理和使用场合的不同，还需要设置一些辅助装置，如恒温控制器、电源稳定装置以及防震防爆装置等。

中控分析要求在较短的时间内获得分析结果，所以一般均采用自动分析仪器进行测定，并应将所得的检验结果立即报送生产指挥部门，以便及时调整生产工艺条件或确定是否可以继续生产等。

三、产品质量分析

产品在经过不同工艺加工生产后，其质量指标是有严格限制的，应符合国家或行业等技术标准的规定，否则就不是合格品，不能进行流通。

产品质量分析是指对产品中各个技术指标进行分析测定，一般包含两大任务：一是对主成分进行检验；二是对杂质含量、外观和物理指标进行检验。砷、氯化物、铁、重金属、水分等是化工产品中常规性的检测指标，有的产品要求测定浊度、色度、澄清度等物理指标；有机化工产品还要求测定相关的物理性质如熔点、沸点、密度等指标。

对主成分分析而言，必须采用标准分析法进行分析测定，精确度要求比较高；对杂质分析而言，也应按技术标准规定的方法进行，对不同的分析项目有不同的精度要求。有些分析项目因其含量较低，对该项目的控制指标以不超过某一标准值为目的，所以称为限量分析；在现行的国家标准中要求检验出该成分的含量，和标准规定的指标相对照，高于标准值则为不合格。尽管杂质的实际含量很小，但和主成分含量具有同样重要的作用，主成分含量达到标准规定的要求，但只要有一项杂质含量不能达到标准规定的要求，同样应判为不合格产品。

第二节　工业碳酸钠质量分析

碳酸钠（Na_2CO_3），俗称纯碱，又称苏打或碱灰，为白色粉末，相对密度2.533，熔点

$845\sim852℃$，易溶于水，水溶液呈碱性。碳酸钠与水生成 $Na_2CO_3\cdot H_2O$、$Na_2CO_3\cdot 7H_2O$ 和 $Na_2CO_3\cdot 10H_2O$（又称晶碱或洗涤碱）三种水合物。工业纯碱纯度为 $98\%\sim99\%$，依颗粒大小、堆积密度不同，可分为超轻质纯碱（堆积密度 $300\sim440kg/m^3$）、轻质纯碱（堆积密度 $450\sim600kg/m^3$）和重质纯碱（堆积密度 $800\sim1100kg/m^3$）。

纯碱是重要的基础化工原料，在国民经济中有着重要的地位。主要用于生产各种玻璃，制取各种钠盐和金属碳酸盐，其次用于造纸、肥皂和洗涤剂、染料、陶瓷、冶金、食品工业及日常生活。由于其用途广泛、用量大，到 1985 年世界生产能力就已达到 37.1Mt，因为我国制碱的原材料丰富，到 1987 年，年生产能力就达到了 2.37Mt，居世界第三位。

纯碱的生产方法很多，1787 年，法国人路布兰首先提出以食盐、硫酸、石灰石、煤灰为原料的生产纯碱的方法，称为路布兰制碱法；1861 年，索尔维提出用海盐和石灰石为原料的索尔维制碱法（即氨碱法）；1932 年我国科学家侯德榜将制碱工业和合成氨工业联合起来，提出联合制碱法，该方法使制碱工业对原材料的利用有了大幅度的提高，后来被中国化学会命名为侯氏制碱法。氨碱法是当前应用最广泛的纯碱生产方法，具有生产工艺成熟、原料来源方便、适于大规模连续作业、产品纯度高、成本低等优点。

一、生产工艺简介

氨碱法生产过程可分为以下几个步骤。

1. 石灰石的煅烧和石灰乳的制备

将石灰石在窑内煅烧，分解为氧化钙和二氧化碳，二氧化碳经过除尘，然后再用于碳酸化；石灰用水消化制成石灰乳。其反应如下：

$$CaCO_3\longrightarrow CaO+CO_2\uparrow-Q$$
$$CaO+H_2O\longrightarrow Ca(OH)_2+Q$$

2. 盐水的精制

地下卤水或用原盐制成的饱和盐水，需除去钙、镁等杂质，通常选用石灰碳铵法和石灰纯碱法除去。反应如下：

$$Mg^{2+}+Ca(OH)_2\longrightarrow Mg(OH)_2\downarrow+Ca^{2+}$$
$$Ca^{2+}+(NH_4)_2CO_3\longrightarrow CaCO_3\downarrow+2NH_4^+$$
$$Ca^{2+}+Na_2CO_3\longrightarrow CaCO_3\downarrow+2Na^+$$

3. 盐水的氨化和碳酸化

用精盐水吸收氨后，再进行碳酸化生产重碱（$NaHCO_3$），其反应如下：

$$NaCl+NH_3+CO_2+H_2O\longrightarrow NaHCO_3\downarrow+NH_4Cl+Q$$

滤出的重碱用水洗涤以除去盐分，送去煅烧，滤液送去蒸馏。

4. 重碱的煅烧

洗涤后的重碱，送至煅烧炉内经煅烧制成轻质纯碱，并回收近一半的二氧化碳再供碳酸化用，其反应如下：

$$2NaHCO_3\longrightarrow Na_2CO_3+CO_2\uparrow+H_2O\uparrow-Q$$

5. 蒸馏回收氨

将碳酸化过滤母液加石灰乳分解，然后将分解出来的氨用蒸馏方法回收，其反应如下：

$$2NH_4Cl+Ca(OH)_2\longrightarrow 2NH_3\uparrow+CaCl_2+2H_2O-Q$$

二、生产工艺流程

氨碱法生产纯碱的工艺流程如图 8-1 所示。

三、工业碳酸钠的技术要求

工业碳酸钠指标应符合表 8-1 的要求（GB/T 210—2007）。

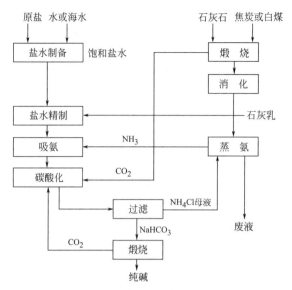

图 8-1 氨碱法生产纯碱的工艺流程示意图

表 8-1 工业碳酸钠的技术指标

指标项目		Ⅰ类	Ⅱ类		
		优 等 品	优 等 品	一 等 品	合 格 品
总碱量(以干基的 $NaCO_3$ 的质量分数计)/%	≥	99.4	99.2	98.8	98.0
总碱量(以湿基的 $NaCO_3$ 的质量分数计)[①]/%	≥	98.1	97.9	97.5	96.7
氯化钠(以干基的 NaCl 的质量分数计)/%	≤	0.30	0.70	0.90	1.20
铁(Fe)的质量分数(干基计)/%	≤	0.003	0.0035	0.006	0.010
硫酸盐(以干基的 SO_4 的质量分数计)/%	≤	0.03	0.03[②]		
水不溶物的质量分数/%	≤	0.02	0.03	0.10	0.15
堆积密度[③]/(g/mL)	≥	0.85	0.90	0.90	0.90
粒度[③],筛余物/% $180\mu m$	≥	75.0	70.0	65.0	60.0
粒度[③],筛余物/% 1.18mm	≤	2.0			

① 为包装时含量,交货时产品中总碱量乘以交货产品的质量再除以交货清单上产品的质量之值不得低于此数值。

② 为氨碱产品控制指标。

③ 为重质碳酸钠控制指标。

四、工业碳酸钠成品分析

(一) 总碱度的测定

碱度的测定方法很多,主要采用酸碱滴定法。酸碱滴定法中若选用常用的酸碱指示剂,如甲基橙、酚酞等,往往会使滴定终点和化学计量点相差较远,给测定结果带来较大的误差,因此常采用混合指示剂来指示终点,以减小测定误差。

1. 方法原理

工业碳酸钠可以和酸反应放出 CO_2 和 H_2O,反应式为:

$$Na_2CO_3 + 2HCl \longrightarrow 2NaCl + CO_2 \uparrow + H_2O$$

以 HCl 标准溶液作为滴定剂,以溴甲酚绿-甲基红混合指示剂作为指示剂,在室温下滴定至试样溶液由绿色变为暗红色,即为终点。根据滴定所消耗 HCl 标准溶液的体积和浓度即可求得工业碳酸钠中碳酸钠的含量。

2. 试剂和仪器

(1) 试剂

① HCl 标准滴定溶液：$c(\text{HCl}) \approx 1\text{mol/L}$。量取 90mL 浓盐酸，注入 1000mL 水，用无水碳酸钠作基准物进行标定，得到其准确浓度。

② 溴甲酚绿-甲基红混合指示液（pH＝5.1）：将溴甲酚绿乙醇溶液（1g/L）与甲基红乙醇溶液（2g/L）按 3：1 体积比混合，摇匀。

③ 试样：工业碳酸钠产品，在 250～270℃下干燥至恒重，精确至 0.0002g。

（2）仪器

① 实验室中各种玻璃仪器。

② 分析天平、称量瓶。

③ 电炉。

3. 测定步骤

① 用分析天平准确称取已恒重的试样 1.7g 左右，置于 250mL 锥形瓶中。

② 用 50mL 蒸馏水溶解。

③ 向锥形瓶中加入 10 滴溴甲酚绿-甲基红指示剂，用 1mol/L 的 HCl 标准滴定溶液滴定至溶液刚刚变色时，暂停滴定，于电炉上煮沸 2min，冷却后继续滴定至溶液呈暗红色为终点。

④ 平行测定三次，计算总碱度，取算术平均值作为测定结果。

同时做空白试验。

4. 结果计算

以质量分数表示的总碱度（以 Na_2CO_3 计）w 可按下式计算：

$$w = \dfrac{c(V_1 - V_0) \times \dfrac{M\left(\frac{1}{2}\text{Na}_2\text{CO}_3\right)}{1000}}{m} \times 100\% \tag{8-1}$$

式中，c 为盐酸标准滴定溶液的物质的量浓度，mol/L；V_1 为滴定试样消耗盐酸标准滴定溶液的体积，mL；V_0 为空白试验消耗盐酸标准滴定溶液的体积，mL；m 为试样的质量，g；

$M\left(\frac{1}{2}\text{Na}_2\text{CO}_3\right)$ 为 $\frac{1}{2}\text{Na}_2\text{CO}_3$ 的摩尔质量，g/mol。

5. 方法讨论

① 溴甲酚绿-甲基红指示剂是一种常用的混合指示剂，其变色点在 pH＝5.1，颜色为灰色，其酸式色为酒红色，碱式色为绿色，变色范围很窄，方法误差小。

② 为什么在滴定至近终点时须煮沸溶液后再继续滴定，不这样做对测定结果会造成什么样的影响？

③ 该测定中使用的指示剂为什么没有选用甲基橙、酚酞等常用的酸碱指示剂？

（二）氯化物含量的测定

纯碱的生产是以食盐水为主要原料，虽然在工艺过程中对食盐水进行过精制，除去了 Ca^{2+}、Mg^{2+} 等杂质，但 Cl^- 作为杂质之一，对纯碱的质量仍起着重要的影响。氯化物含量的测定一般采用莫尔法，该法适合于常量组分的分析；对于低含量 Cl^- 的测定，可采用电化学分析法。这里采用莫尔法测定氯化物含量。

1. 方法原理

在含有 Cl^- 的中性或弱碱性溶液中，以 K_2CrO_4 作为指示剂，用 AgNO_3 标准滴定溶液直接滴定，生成砖红色的沉淀即为达到终点。反应式为：

$$\text{Ag}^+ + \text{Cl}^- \longrightarrow \text{AgCl} \downarrow （白色）$$

当达到化学计量点后，继续滴定使 Ag^+ 过量：

$$2Ag^+ + CrO_4^{2-} \longrightarrow Ag_2CrO_4 \downarrow (砖红色)$$

由于 AgCl 的溶解度小于 Ag_2CrO_4 的溶解度，溶液首先析出 AgCl 沉淀，当 AgCl 完全沉淀后，稍过量的 Ag^+ 会和溶液中少量的 CrO_4^{2-} 反应生成砖红色的 Ag_2CrO_4 沉淀，指示滴定终点。

2. 试剂和仪器

（1）试剂

① $AgNO_3$ 标准滴定溶液：$c(AgNO_3) = 0.05mol/L$。粗配后，用 NaCl 作为基准物标定其浓度。

② K_2CrO_4 指示剂：50g/L。

③ 甲基橙指示剂：1g/L。

④ 试样：工业碳酸钠产品，在 250~270℃ 下干燥至恒重，精确至 0.0002g。

⑤ 碳酸钙粉末。

⑥ 硫酸溶液。

（2）仪器

① 实验室常用的玻璃仪器。

② 分析天平、称量瓶。

3. 测定步骤

称取纯碱试样 2g，精确至 0.0002g，置于 250mL 的锥形瓶中，加 50mL 蒸馏水溶解后，加入 1 滴甲基橙指示剂，用硫酸溶液中和至橙色，加入少量的碳酸钙粉末，加 0.5mL 铬酸钾指示剂，用硝酸银标准滴定溶液滴定至溶液出现砖红色即为终点。

4. 结果计算

以质量分数表示的氯化物（以 NaCl 计）的含量 w 可按下式计算：

$$w = \frac{cVM(NaCl)}{m \times 1000} \times 100\% \tag{8-2}$$

式中，c 为硝酸银标准溶液的浓度，mol/L；V 为消耗硝酸银溶液的体积，mL；m 为试样的质量，g；$M(NaCl)$ 为 NaCl 的摩尔质量，g/mol。

5. 方法讨论

① 莫尔法直接滴定法主要测定 Cl^-、Br^-，不适合测定 I^- 和 SCN^-。因为 AgI 和 AgSCN 沉淀强烈吸附 I^- 和 SCN^-，使终点过早出现而且变色不明显。莫尔法返滴定法可以测定 Ag^+。在滴定过程中应充分摇动锥形瓶，尽量减小沉淀对溶液中离子的吸附。

② 测定必须在中性或弱碱性溶液中进行，最适宜的 pH 范围为 6.5~10.5，如果有铵盐存在，pH 应保持在 6.5~7.2 之间。本实验中采用硫酸调节 pH 至甲基橙指示橙色，溶液为 pH=4 左右，再加入少量的 $CaCO_3$ 粉末，可使溶液获得适宜的 pH。

③ 指示剂 K_2CrO_4 的加入量应适量，过多或过少都会对实验结果产生影响。

（三）铁含量的测定

铁含量的测定方法很多，常量组分的铁可采用配位滴定法、氧化还原滴定法等进行测定；微量组分铁含量的测定通常采用光化学分析法，如分光光度法、原子吸收法等。纯碱中铁含量的测定采用邻菲啰啉分光光度法，其具体内容见第二章第二节工业用水分析中"五、总铁含量的测定"。这里仅对试样的预处理过程作如下两点说明。

① 铁含量的测定中选择了抗坏血酸作为还原剂，将 Fe^{3+} 还原为 Fe^{2+}。能将 Fe^{3+} 还原为 Fe^{2+} 的还原剂很多，如盐酸羟胺等，它们的还原能力适中，无色，对显色反应无影响。

② 邻菲啰啉分光光度法是测定微量铁的最常用的方法，适合测定各种样品，只需根据具体情况进行适当的预处理。

例如，测定液体或固体烧碱中的铁时，将样品溶于水，以对硝基酚为指示剂，用

6mol/L 的盐酸中和至黄色消失（pH 为 5～6），再过量 2mL，然后用抗坏血酸还原，加邻菲啰啉发色。

测定有机液体中的铁，通常是把有机液体蒸发后，用盐酸溶解残渣，然后加盐酸羟胺还原，再加邻菲啰啉发色，醋酸和醋酸酐中的铁都是这样测定。

对于固体有机产品，通常是把样品灰化灼烧，将有机物都转变成二氧化碳和水，铁则转变成氧化铁留在灰分中。灰分用盐酸溶解后，再用盐酸羟胺还原，邻菲啰啉显色。

（四）硫酸盐含量的测定

硫酸盐含量的测定通常采用重量法，即硫酸钡沉淀法。

1. 方法原理

在待测溶液中加入过量的 $BaCl_2$ 溶液，使 SO_4^{2-} 全部生成 $BaSO_4$ 沉淀，反应如下：

$$Ba^{2+} + SO_4^{2-} \longrightarrow BaSO_4 \downarrow$$

过滤、洗涤、干燥后，称量沉淀的质量，利用称量所获得的质量即可计算 SO_4^{2-} 的含量。

2. 测定步骤

称取约 20g 试样，精确至 0.01g，置于烧杯中，加 50mL 水，搅拌，滴加 70mL 盐酸（1+1）中和试样并使之酸化，用中速定量滤纸过滤。滤液和洗涤液收集于烧杯中，控制试样溶液体积约为 250mL。滴加 3 滴甲基橙指示剂，用氨水中和后再加 6mL 盐酸溶液酸化，煮沸，在不断搅拌下滴加 25mL 100g/L 的氯化钡溶液（约 90s 加完），在不断搅拌下继续煮沸 2min。在沸水浴上放置 2h，停止加热，静置 4h，用慢速定量滤纸过滤，用热水洗涤沉淀，直到取 10mL 滤液与 1mL 5g/L 的硝酸银溶液混合，5min 后仍保持透明为止。

将滤纸连同沉淀一起移入预先在（800±25）℃下恒重的瓷坩埚中，灰化后移入高温炉中，于（800±25）℃下灼烧至恒重。

3. 结果计算

以质量分数表示的硫酸盐（以 SO_4^{2-} 计）的含量 w 可按下式计算：

$$w = \frac{m_1 \times \dfrac{M(SO_4^{2-})}{M(BaSO_4)}}{m \times \dfrac{100 - w_0}{100}} \times 100\% \tag{8-3}$$

式中，m_1 为灼烧硫酸钡的质量，mg；m 为试样的质量，g；w_0 为按烧失量测定方法测得的烧失量，%；$M(SO_4^{2-})$，$M(BaSO_4)$ 分别为硫酸根离子、硫酸钡的摩尔质量。

（五）烧失量的测定

通常采用重量法测定烧失量。

1. 方法原理

将试样于 950℃灼烧，根据失去的质量多少即可计算烧失量。

2. 试剂和仪器

① 试样：将纯碱于 105～110℃干燥 2h 以上，置于干燥器中冷却至室温。

② 高温炉：带温度自动控制器，可保持（950±25）℃。

③ 分析天平、称量瓶。

④ 干燥器、坩埚若干。

3. 测定步骤

称取约 2g 试样，精确至 0.0001g，置于预先已灼烧至恒重的瓷坩埚内，移入烘箱或高温炉中，从低到高逐渐升温至 250～270℃下加热 30min。取出坩埚，稍冷后，置于干燥器中冷却 30min，称量。重复灼烧 20min，直至恒重。

4. 结果计算

以质量分数表示的烧失量 w 可按下式计算：

$$w = \frac{m_1 - m_2}{m} \times 100\% \tag{8-4}$$

式中，m_1 为灼烧前试样和坩埚的质量，g；m_2 为灼烧后试样和坩埚的质量，g；m 为试样的质量，g。

（六）水不溶物含量的测定

水不溶物含量用重量法测定。

1. 方法原理

用水溶解样品，将不溶物滤出，用水洗涤残渣，使之与样品完全分离，烘干后用分析天平称出不溶物的质量。

2. 测定步骤

称取 20～40g 试样，精确至 0.01g，加入 200～400mL 约 40℃的水溶解，维持试样溶液温度在（50±5）℃。用已恒重的古氏坩埚过滤，以（50±5）℃的水洗涤不溶物，直至在 20mL 洗涤液与 20mL 水中加 2 滴酚酞指示剂后所呈现的颜色一致为止，将古氏坩埚连同不溶物一并移入干燥箱中，在（110±5）℃下干燥至恒重。

3. 结果计算

以质量分数表示的水不溶物含量 w 可按下式计算：

$$w = \frac{m_1}{m \times \dfrac{100 - w_0}{100}} \times 100\% \tag{8-5}$$

式中，w_0 为按烧失量测定方法测得的烧失量，%；m_1 为水不溶物的质量，g；m 为试样的质量，g。

（七）堆积密度的测定

堆积密度是指在特定条件（特定条件是指自然堆积、振动或敲击或施加一定压力的堆积等）下，在既定容积的容器内，疏松状（小块、颗粒、纤维）材料的质量与所占体积之比值。

测定堆积密度的装置见第十章图 10-16。

1. 测定步骤

称量料罐质量，精确至 1g。关好漏斗下底，将试样自然倒满，用直尺刮去高出部分，放好已知质量的料罐，打开漏斗下底，使试料全部自动流入料罐中，用直尺刮去高出部分（刮平前勿移动料罐），称量试料和料罐的质量，精确至 1g。

2. 结果计算

以单位体积的质量表示的堆积密度 ρ（kg/m³）可用下式进行计算：

$$\rho = \frac{m_1 - m_2}{V} \tag{8-6}$$

式中，m_1 为料罐和试料的质量，kg；m_2 为料罐的质量，kg；V 为料罐的容积，m³。

（八）粒度的测定

通常采用筛分法将纯碱试样通过一定孔径的筛孔，计算筛余物的含量。

1. 测定步骤

称量约 50g 试样，精确至 0.1g，放入装好筛底的分析筛中（分析筛孔径 180μm），盖好筛盖，手工水平振筛 2min，每分钟振动 80 次，或以振筛机筛分 5min，称取筛余物质量，精确至 0.1g。

2. 结果计算

以质量分数表示的筛余物含量 w 可按下式计算：

$$w = \frac{m_1}{m} \times 100\% \tag{8-7}$$

式中，m_1 为筛余物的质量，g；m 为试样的质量，g。

第三节 双氧水生产工艺分析

工业过氧化氢，俗称双氧水，它是一种无色透明的液体，高浓度时具有轻微的刺激性气味。其相对密度为 1.4067（25℃），熔点为 −0.41℃，沸点为 150.2℃。具有较强的氧化能力，但遇到更强的氧化剂如高锰酸钾等，则呈还原性。可参加分解、加成、取代、还原、氧化等反应。过氧化氢是较不稳定的物质，当接触光、热、粗糙表面时，会分解为水及氧气，并放出大量的热。在阳光直射的情况下，可导致剧烈分解甚至爆炸。在有酸存在的情况下较稳定，浓品（40%）具有腐蚀性，对皮肤有漂白及灼伤作用。

双氧水是一种重要的化工产品，被广泛应用于国民经济中。该产品主要用于织物、纸浆、草藤制品的漂白剂；用于有机合成及高分子合成的氧化剂；在电镀工业、电子工业用作清洗剂；还能用于生产各种过氧化物。在化工、纺织、"三废"处理、食品加工、医药工业、建材、军工工业等行业被广泛应用。

常用的生产双氧水的方法有电解法和蒽醌法，目前过氧化氢生产以蒽醌法为主。目前国内共有 70 多家生产双氧水的企业，年生产能力可达 90 多万吨。

一、生产工艺简介

蒽醌法生产双氧水的工艺过程如下：

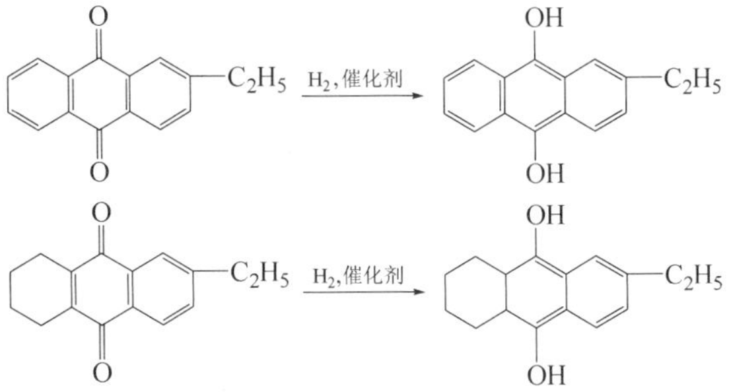

1. 工作液的氢化

蒽醌法生产双氧水是以 2-乙基蒽醌为载体，以重芳烃及磷酸三辛酯为混合溶剂，配成具有一定组成的溶液，称为工作液。在催化剂存在下，在压力为 0.25～0.35MPa、温度为 70～88℃条件下，工作液中的蒽醌与氢气进行氢化反应，得到相应的氢蒽醌溶液（简称氢化液）。

2. 氢化液的氧化

氢化液与空气在压力为 0.25～0.35MPa、温度为 45～65℃条件下进行氧化，氢蒽醌重新恢复成原来的蒽醌。

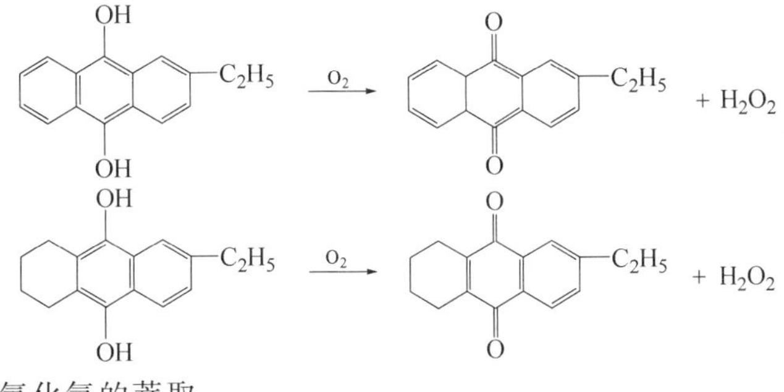

3. 氧化液中过氧化氢的萃取

利用工作液或过氧化氢与水的相对密度差，使纯水与氧化液成逆流萃取操作，经过一次次重新凝聚与重新分散的过程，使水相中的过氧化氢浓度逐渐增高，最后达到 27.5％ 以上。

4. 过氧化氢的净化

将萃取所得的粗双氧水与重芳烃进行逆流萃取操作，以除去粗双氧水中的有机物。

5. 工作液的后处理

将经过萃取操作后的氧化液即萃余液与碳酸钾溶液进行逆流操作，以中和氧化时产生的酸性氧化物，除去工作液中多余的水分，分解一部分多余的过氧化氢。

二、生产工艺流程

蒽醌法生产双氧水的工艺流程如图 8-2 所示。

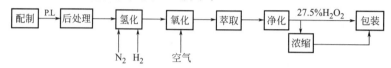

图 8-2　蒽醌法生产双氧水的工艺流程图

控制点分析项目：氢化效率、氧化效率、氧化液酸度、工作液碱度、萃余液双氧水含量、萃取液双氧水含量、萃取液酸度、后处理工作液碱度、工作液组分、蒽醌含量、双氧水成品分析。

三、工业过氧化氢的技术要求

工业过氧化氢的技术指标符合 GB/T 1616—2014，见表 8-2。

表 8-2　工业过氧化氢的技术指标（GB/T 1616—2014）

项　　目		指　　标					
		27.5％		35％	50％	60％	70％
		优等品	合格品				
过氧化氢（H_2O_2）的质量分数/％	≥	27.5	27.5	35.0	50.0	60.0	70.0
游离酸（以 H_2SO_4 计）的质量分数/％	≤	0.040	0.050	0.040	0.040	0.040	0.050
不挥发物的质量分数/％	≤	0.06	0.10	0.08	0.08	0.06	0.06
稳定度/％	≥	97.0	90.0	97.0	97.0	97.0	97.0
总碳（以 C 计）的质量分数/％	≤	0.030	0.040	0.025	0.035	0.045	0.050
硝酸盐（以 NO_3 计）的质量分数/％	≤	0.020	0.020	0.020	0.025	0.028	0.030

四、工业过氧化氢成品分析

（一）过氧化氢含量的测定

1. 方法原理

在酸性介质中，过氧化氢与高锰酸钾发生氧化还原反应。根据高锰酸钾标准滴定溶液的消耗量，计算过氧化氢的含量。反应式如下：

$$2KMnO_4 + 3H_2SO_4 + 5H_2O_2 \longrightarrow K_2SO_4 + 2MnSO_4 + 5O_2 \uparrow + 8H_2O$$

2. 试剂和仪器

（1）试剂

① $KMnO_4$ 标准滴定溶液：$c\left(\dfrac{1}{5}KMnO_4\right) = 0.1\text{mol/L}$。称取 3.3g 高锰酸钾，溶于 1050mL 水中，缓缓煮沸 15min，冷却后贮于棕色瓶中于暗处密闭放置 1～2 个星期，用微孔玻璃滤坩过滤除去沉淀物，摇匀后用基准物 $Na_2C_2O_4$ 标定。

② H_2SO_4 溶液：1＋15。量取 30mL 硫酸缓慢加入到盛有 450mL 蒸馏水的烧杯中，边加入边搅拌，配好的溶液盛于试剂瓶中备用。

③ 试样：27.5％ 的成品双氧水若干。

（2）仪器

① 实验室常用玻璃仪器。

② 分析天平、滴瓶（10mL 或 25mL）。

③ 棕色滴定管：50mL。

3. 测定步骤

（1）高锰酸钾标准滴定溶液的配制与标定

（2）称量　用滴瓶以减量法称量试样 0.15～0.20g，精确到 0.0002g。

（3）滴定　将称好的试样置于一盛有 100mL 的硫酸溶液的锥形瓶中，用高锰酸钾标准滴定溶液滴定至溶液呈粉红色，并在 30s 内不消失即为终点。平行测定两次，取平均值。

4. 结果计算

以质量分数表示的过氧化氢（以 H_2O_2 计）的含量 w 按下式计算：

$$w = \frac{cV \times 0.01701}{m} \times 100\%$$ (8-8)

式中，V 为滴定中消耗的高锰酸钾标准滴定溶液的体积，mL；c 为高锰酸钾标准滴定溶液的浓度，mol/L；m 为过氧化氢试样的质量，g；0.01701 为与 1.00mL 高锰酸钾溶液 $\left[c\left(\frac{1}{5}KMnO_4\right) = 1.000mol/L \right]$ 相当的以 g 表示的过氧化氢的质量。

5. 方法讨论

① 在该测定中，利用分析天平练习液体试样的称取方法。

② 开始滴定时滴加速度应特别慢，当第 1 滴 $KMnO_4$ 颜色消失后，再滴定时可快速进行。这是因为反应生成的 Mn^{2+} 起催化作用，可以促进该氧化还原反应的进行。

（二）游离酸含量的测定

双氧水在生产过程中，必须控制一定的酸度，以增加双氧水的稳定性，避免双氧水发生分解，造成危险。游离酸含量的测定采用酸碱滴定法。

1. 方法原理

以甲基红-亚甲基蓝为指示剂，用氢氧化钠标准滴定溶液与试样中的游离酸发生中和反应，从而测定试样中游离酸的含量。

2. 测定步骤

称取约 30g 试样，精确到 0.01g，用 100mL 不含二氧化碳的中性水将试样全部移入 250mL 的锥形瓶中，加入 2～3 滴甲基红-亚甲基蓝混合指示剂，用氢氧化钠标准滴定溶液滴定溶液由紫红色变为暗蓝色，即为终点。

3. 结果计算

以质量分数表示的游离酸（以 H_2SO_4 计）的含量 w 可按下式计算：

$$w = \frac{cV \times 0.04904}{m} \times 100\%$$ (8-9)

式中，c 为氢氧化钠标准滴定溶液的浓度，mol/L；V 为滴定中消耗的氢氧化钠标准滴定溶液的体积，mL；m 为过氧化氢试样的质量，g；0.04904 为与 1.00mL 氢氧化钠标准滴定溶液 $[c(NaOH) = 1.000mol/L]$ 相当的以 g 表示的硫酸的质量。

（三）不挥发物含量的测定

1. 方法原理

在一定温度下，将一定量的试样在水浴上蒸发，再烘干至恒重，从而测定不挥发物含量。

2. 试剂和仪器

（1）试剂　27.5％的双氧水若干。

（2）仪器

① 实验室常用的玻璃仪器。

② 沸水浴。

③ 化学天平、砝码、铂片或铂丝。

④ 瓷蒸发皿：75mL。

3. 测定步骤

称量20g试样，精确至0.01g，置于已恒重的瓷蒸发皿中，加入少许铂片或铂丝，在沸水浴上蒸干后，于105～110℃的烘箱中烘干至恒重。

4. 结果计算

以质量分数表示的不挥发物含量 w 可按下式计算：

$$w = \frac{m_1}{m} \times 100\%$$ 　　　　　　　　（8-10）

式中，m_1 为蒸发后残渣的质量，g；m 为试样的质量，g。

（四）稳定度的测定

过氧化氢在中性或碱性条件下不稳定，其稳定程度还受温度、杂质成分和含量等其他因素的影响，给使用和保存过程带来很多的不便，因此对双氧水的稳定度有一定的要求。其测定常用如下方法。

1. 方法原理

把一定量的试样置于沸水浴上，加热一定时间，冷却后，加水至原体积，然后测定过氧化氢的含量。

2. 试剂和仪器

（1）试剂

① 氢氧化钠溶液：100g/L。

② 硝酸溶液：3＋5。

（2）仪器

① 烧杯：5mL 或 10mL。

② 硬质玻璃瓶：50mL，带刻度（可用硬质容量瓶代替）。

3. 测定步骤

将试样移入洗净的50mL刻度的硬质玻璃瓶中，至刻度，瓶颈上部依次紧套上滤纸和聚乙烯塑料薄膜，用5～10mL烧杯盖在瓶口上，然后置于100℃水浴中（瓶内的液面应保持在水浴水面以下），加热5h，迅速冷却至室温，加水至刻度，摇匀。测定其中过氧化氢的含量。

4. 结果计算

以质量分数表示的过氧化氢的稳定度 w 可用下式计算：

$$w = \frac{B}{A} \times 100\%$$ 　　　　　　　　（8-11）

式中，B 为加热后的过氧化氢含量，％；A 为加热前的过氧化氢含量，％。

5. 方法讨论

① 50mL刻度的硬质玻璃瓶和烧杯的处理方法：用水充分洗净后，注满10％的氢氧化钠溶液，放置1h，再用水充分洗净后，注满30％硝酸溶液，放置3h，然后用蒸馏水充分洗净，最后用过氧化氢试样洗净。

② 双氧水在保存过程中需添加一定数量的稳定剂，它的存在会对双氧水稳定度的测定产生影响。

（五）总碳的测定

总碳的测定采用红外气体分析仪进行。

1. 方法原理

试样中的含碳物质（有机碳和无机碳）在催化剂三氧化二铬和钯石棉的作用下，于900℃的氧气流中均被氧化成二氧化碳，此二氧化碳由氧气流带入红外气体分析仪，测定其总碳含量。

2. 试剂和仪器

（1）试剂

① 邻苯二甲酸氢钾。

② 三氧化二铬。

③ 钯石棉。

④ 碱石灰。

⑤ 无水氯化钙。

⑥ 盐酸溶液：1+2。

（2）仪器

① 红外气体分析仪：如图8-3所示。

② 恒温干燥箱：0～300℃。

③ 氧气：钢瓶装。

④ 管式电阻炉：0～1000℃。

⑤ 半导体冷阱。

⑥ 微量注射器：50μL。

⑦ 石英管。

⑧ 干燥管。

⑨ 硅橡胶垫：厚度为5mm。

3. 测定步骤

（1）催化剂的制备 取数克三氧化二铬于瓷蒸发皿（或小烧杯）中，用少量二次蒸馏水浸湿，使粉状三氧化二铬黏合在一起，在小型压片机上成型，然后粉碎成3～4mm的不规则颗粒，于900℃下焙烧2h后，放入干燥器中冷却，备用。

（2）填装石英管 按照仪器说明添装，将干燥洁净的石英碎片、三氧化二铬催化剂、钯石棉依次装入管内，要求添装紧密均匀。最后将与石英管直径大小相同的硅橡胶垫塞好，并用细铁丝固定好，以防高温下气体压力剧增而弹出。将装好的石英管放入管式电阻炉内。

（3）碳标准溶液的制备 准确称取2.125g在110℃下干燥2h的邻苯二甲酸氢钾，置于1000mL容量瓶中，用不含二氧化碳的水稀释至刻度。用移液管移取上述溶液0、5mL、12.5mL、25mL、37.5mL分别置于5个50mL容量瓶中定容，即可得到0、100mg/L、250mg/L、500mg/L、750mg/L的碳标准溶液。

（4）测定

① 按红外气体分析仪使用说明开启仪器，控制氧气流速为200mL/min，稳定4～5h，使仪器处于工作状态。

② 开启半导体冷阱的冷却水和电源，控制冷阱温度在－15～－12℃范围之内。

③ 开启管式电阻炉，使温度恒定于900℃。

④ 工作曲线的绘制。用微量注射器刺

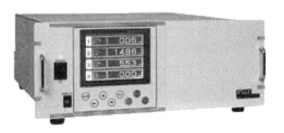

图8-3 ZRJ型红外气体分析仪

过硅橡胶垫向石英管内分别注入 $15\mu L$ 的碳标准溶液，得到与标准溶液相应的峰值，以碳含量（mg/L）为横坐标，峰值为纵坐标，绘制工作曲线。

⑤ 试样中总碳含量的测定。用微量注射器将 $15\mu L$ 试样注入石英管中，仪器显示出响应的峰值，在工作曲线上查出总碳含量。

4. 结果计算

总碳的质量分数 w 可用下式计算：

$$w = \frac{T \times 10^{-3}}{\rho} \times 100\% \tag{8-12}$$

式中，T 为试样测定显示的峰值在工作曲线上查出的总碳量，mg/L；ρ 为试样的密度，g/mL。

第四节　硝酸生产工艺分析

纯硝酸是无色液体，带有刺鼻的窒息性气味，相对密度1.51。它极不稳定，一旦受热就会分解出二氧化氮（红棕色）而溶于硝酸，所以工业用的硝酸多呈黄色。溶有多量二氧化氮的纯硝酸呈棕红色，称为发烟硝酸。硝酸易溶于任何数量的水，溶于水时放出热量。

硝酸的沸点为86℃，其水溶液的沸点随着硝酸含量的增加而增加，当硝酸的浓度为68.4%时，其沸点达到最高（为121.9℃），然后又重新降低。含68.4%的硝酸水溶液为恒沸混合物，因此，如将稀硝酸蒸馏时，所得硝酸浓度最高为68.4%。工业上只有在用含42%以下的硝酸来制得含59%~63%的硝酸时，才用直接蒸馏法。硝酸是强酸和强氧化剂，可溶解多种金属，氧化除金、铑、铂、铱之外的所有金属，其腐蚀性与其浓度、温度有关。

硝酸是化学工业中重要的产品之一，化肥生产中大量使用硝酸来制造硝酸铵、硝酸钾、硝酸钙等，也用于生产硝酸磷肥和氮磷钾复合肥料。浓硝酸则广泛用于有机化学工业，是生产三硝基甲苯（TNT）、苦味酸、硝化纤维和雷汞的原料。浓硝酸和一些有机化合物反应生成的产品或半成品，则是有机化工重要的原料，如硝酸将苯硝化并经还原可制得苯胺，萘在硝酸作用下可转变为邻苯二甲酸，苯胺、邻苯二甲酸的酸酐在染料生产中都是不可缺少的中间体。此外，医药、塑料、有色金属冶炼、国防和原子能等方面也都需用硝酸。

目前，工业稀硝酸的生产均以氨为原料，采用催化氧化法；浓硝酸的生产方法有将稀硝酸浓缩的间接法，利用氮氧化物、氧和水合成的直接法，以及直接精馏法。

一、稀硝酸的生产工艺简介

氨催化氧化法生产稀硝酸可分三步进行。

1. 氨催化氧化

由于催化剂和反应条件的不同，氨与氧的反应如下：

$$4NH_3 + 5O_2 \longrightarrow 4NO + 6H_2O$$
$$4NH_3 + 4O_2 \longrightarrow 2N_2O + 6H_2O$$
$$4NH_3 + 3O_2 \longrightarrow 2N_2 + 6H_2O$$

NO是硝酸生产的中间产物，故希望反应能尽量按第一个反应进行。

2. 一氧化氮的氧化

氨催化氧化后的一氧化氮可继续氧化，得到氮的高价氧化物二氧化氮、三氧化二氮和四氧化二氮。其反应如下：

$$2NO + O_2 \longrightarrow 2NO_2$$
$$NO + NO_2 \longrightarrow N_2O_3$$
$$2NO_2 \longrightarrow N_2O_4$$

3. 氮氧化物的吸收

经一氧化氮氧化后的气体含有 NO、N_2O_3、NO_2、N_2O_4 等，除 NO 外，其他氮氧化物均能与水发生反应，其反应如下：

$$2NO_2 + H_2O \longrightarrow HNO_3 + HNO_2$$
$$N_2O_4 + H_2O \longrightarrow HNO_3 + HNO_2$$
$$N_2O_3 + H_2O \longrightarrow 2HNO_2$$

亚硝酸只有在温度低于 0℃、浓度极小的情况下才稳定，在工业条件下会迅速分解。

$$3HNO_2 \longrightarrow HNO_3 + 2NO\uparrow + H_2O$$

二、稀硝酸的生产工艺流程

氨催化氧化法生产稀硝酸的工艺流程如图 8-4 所示。

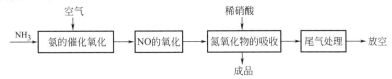

图 8-4　氨催化氧化法生产稀硝酸的工艺流程

三、浓硝酸的技术要求

浓硝酸的技术要求见表 8-3。

表 8-3　浓硝酸的技术要求（GB/T 337.1—2014）

项　　目		指　　标	
		98 酸	97 酸
硝酸（HNO_3）的质量分数/%	≥	98.0	97.0
亚硝酸（HNO_2）的质量分数/%	≤	0.50	
硫酸[①]（H_2SO_4）的质量分数/%	≤	0.08	0.10
灼烧残渣的质量分数/%	≤	0.02	

① 硫酸浓缩法制得的浓硝酸应控制硫酸的含量，其他工艺可不控制

四、工业浓硝酸成品分析

（一）硝酸含量的测定

硝酸是强酸，可采用酸碱滴定法直接进行测定。

1. 方法原理

将样品加入过量的氢氧化钠标准滴定溶液中，在甲基橙存在的情况下，用硫酸标准滴定溶液返滴定。

2. 试剂和仪器

（1）试剂

① 氢氧化钠标准滴定溶液：$c(NaOH) \approx 1mol/L$。称取 40g 氢氧化钠，溶于1000mL无 CO_2 的蒸馏水中，用邻苯二甲酸氢钾作为基准物标定后备用。

② 硫酸标准滴定溶液：$c\left(\dfrac{1}{2}H_2SO_4\right) \approx 1mol/L$。量取 30mL 浓 H_2SO_4 注入1000mL水中，冷却摇匀，用无水碳酸钠作为基准物标定后备用。

③ 甲基橙指示剂：1g/L。称取 0.1g 甲基橙溶于 100mL 水中，混匀。

（2）仪器

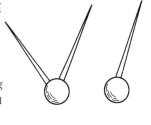

图 8-5　安瓿球

① 安瓿球：直径约 20mm，毛细管端长约 60mm，如图 8-5 所示。

② 锥形瓶：容量 500mL，带有磨口玻璃塞，颈部内径约为 30mm。

3. 测定步骤

① 将安瓿球预先称准至 0.0002g，然后在火焰上微微加热安瓿球的球泡。将安瓿球的毛细管端浸入盛有样品的瓶中，并使之冷却，待样品充至 1.5～2.0mL 时，取出安瓿球。用滤纸仔细擦净毛细管端，在火焰上使毛细管端密封，不使玻璃损失。称量含有样品的安瓿球，精确至 0.0002g，并根据差值计算样品质量。

② 将盛有样品的安瓿球小心置于预先盛有 100mL 水和用移液管移入 50mL 氢氧化钠标准滴定溶液的锥形瓶中，塞紧磨口塞。然后剧烈振荡，使安瓿球破裂，并冷却至室温，摇动锥形瓶，直至酸雾全部吸收为止。

③ 取下塞子，用水洗涤，洗涤液并入同一锥形瓶内，用玻璃棒捣碎安瓿球，研碎毛细管，取出玻璃棒，用水洗涤，将洗液并入同一锥形瓶内。加 1～2 滴甲基橙指示剂，然后用硫酸标准滴定溶液将过量的氢氧化钠标准滴定溶液滴定至溶液呈现橙色为终点。记录硫酸标准滴定溶液消耗的体积。

4. 结果计算

以质量分数表示的硝酸含量 w 按下式计算：

$$w = \frac{(c_1 V_1 - c_2 V_2)M}{m \times 1000} \times 100\% - 1.34 w_1 - 1.29 w_2 \qquad (8\text{-}13)$$

式中，c_1 为氢氧化钠标准滴定溶液的浓度，mol/L；c_2 为硫酸标准滴定溶液的浓度，mol/L；V_1 为加入氢氧化钠标准滴定溶液的体积，mL；V_2 为滴定所消耗的硫酸标准滴定溶液的体积，mL；m 为试样的质量，g；M 为硝酸的摩尔质量，$M = 63.02$ g/mol；w_1 为硝酸中亚硝酸的质量分数；w_2 为硝酸中硫酸的质量分数；1.34 为将亚硝酸换算为硝酸的系数；1.29 为将硫酸换算为硝酸的系数。

5. 方法讨论

① 因硝酸具有挥发性，故采用安瓿球取样，并采用返滴定的滴定方式，以保证分析的准确性。

② 样品加入到过量的氢氧化钠标准滴定溶液中时，不但 HNO_3 被 NaOH 吸收，而且硝酸中的 HNO_2 和 H_2SO_4 也被 NaOH 吸收，因此在结果中要减去 HNO_2 和 H_2SO_4 消耗 NaOH 的量。

③ 该测定中选用甲基橙（pH 变色范围 3.1～4.4）作为指示剂，而没有选用酚酞（pH 变色范围 8～10），这样可以减少 CO_2 的影响。若选用酚酞作指示剂，虽然其变色范围也部分地落入滴定的突跃范围（4.3～9.7）内，但由于终点时 CO_2 也被滴定到 HCO_3^-，多消耗了标准滴定溶液，使分析结果偏高；用甲基橙作指示剂时，终点时 CO_2 未被滴定，故 CO_2 影响很小。

（二）亚硝酸含量的测定

HNO_2 是硝酸生产过程中的一种中间产物，虽然其稳定性非常差，极易被氧化成硝酸，或者被还原，但在硝酸产物中 HNO_2 仍然存在。亚硝酸盐常量组分的分析常采用氧化还原滴定法，而对于微量组分的分析可采用 N-(1-萘基)-乙二胺分光光度法。这里介绍氧化还原滴定法测定亚硝酸的含量。

1. 方法原理

用高锰酸钾标准滴定溶液氧化样品中的亚硝酸盐为硝酸盐，再加入过量的硫酸亚铁铵溶液，然后用高锰酸钾标准滴定溶液滴定过量的硫酸亚铁铵溶液。

2. 试剂和仪器

（1）试剂

① 硫酸溶液：1+8。

② 硫酸亚铁铵溶液：40g/L。称取硫酸亚铁铵 [$(NH_4)_2Fe(SO_4)_2 \cdot 6H_2O$] 40g 溶于 300mL 硫酸溶液（20%）中，加 700mL 水稀释，摇匀，使用前用 $KMnO_4$ 标准滴定溶液标定。

③ 高锰酸钾标准滴定溶液：$c\left(\dfrac{1}{5}KMnO_4\right) \approx 0.1mol/L$。称取 3.3g 高锰酸钾，溶于 1050mL 水中，缓缓煮沸 15min，冷却后置于暗处密闭放置 1～2 个星期，取上清液置于（或用 4 号玻璃滤坩过滤）棕色瓶中，摇匀待标定。

（2）仪器

① 锥形瓶：容量为 500mL，带磨口玻璃塞。

② 密度计。

3. 测定步骤

① 用被测样品清洗量筒后，注入样品，插入密度计，测得密度 ρ。

② 于 500mL 锥形瓶中，加入 100mL 低于 25℃的水、20mL 低于 25℃的硫酸溶液（1+8），再用滴定管加入一定体积（V_0）的高锰酸钾标准滴定溶液，该体积比测定样品消耗高锰酸钾标准滴定溶液的体积过量 10mL 左右。

③ 用移液管移取 10mL 样品，迅速加入锥形瓶中，立即塞紧锥形瓶，用水冷却至室温，立即摇动至酸雾完全消失为止（约 5min），用移液管加入 20mL 硫酸亚铁铵溶液，以高锰酸钾标准滴定溶液滴定，直至呈现粉红色于 30s 内不消失为止，记录滴定消耗高锰酸钾标准滴定溶液的体积（V_1）。

④ 为了确定在测定条件下，两种溶液的计量关系，用移液管加入 20mL 硫酸亚铁铵溶液，以高锰酸钾标准滴定溶液滴定，直至溶液呈现粉红色于 30s 内不消失为止，记录滴定消耗高锰酸钾标准滴定溶液的体积（V_2）。

4. 结果计算

以质量分数表示的亚硝酸含量 w 可用下式计算：

$$w(HNO_2) = \frac{[(V_0+V_1)-V_2]cM}{\rho V \times 1000} \times 100\% \tag{8-14}$$

式中，c 为高锰酸钾标准滴定溶液的浓度，mol/L；V_0 为开始加入高锰酸钾标准滴定溶液的体积，mL；V_1 为第一次滴定消耗高锰酸钾标准滴定溶液的体积，mL；V_2 为第二次滴定消耗高锰酸钾标准滴定溶液的体积，mL；V 为移取试料的体积，mL；ρ 为试料溶液的密度，g/mL；M 为亚硝酸的摩尔质量，$M=23.50g/mol$。

5. 方法讨论

① 本实验采用的是氧化还原反应中的高锰酸钾法，其采用自身指示剂来指示终点，滴定过程应符合定量分析方法中的要求。

② 为使 HNO_2 与 $KMnO_4$ 反应完全，可加热至 40℃，但必须控制溶液温度不超过 40℃，否则过量的 $KMnO_4$ 会分解，造成结果偏高。

③ 在实验过程中，虽然 HNO_2 本身就具有还原性，但并没有采用直接滴定法，而是以硫酸亚铁铵为中间媒介，最后归结于 $KMnO_4$ 滴定 $(NH_4)_2Fe(SO_4)_2$ 的反应，其目的主要是增加滴定终点的灵敏度，使滴定结果更准确。

（三）硫酸含量的测定

1. 方法原理

样品蒸发后，剩余硫酸在甲基红-亚甲基蓝混合指示剂存在下，用氢氧化钠标准滴定溶液滴定至终点。

2. 测定步骤

用移液管移取 25mL 样品置于瓷蒸发皿中并置于沸水浴上，蒸发到硝酸除尽（直到获得油状残渣为止）。为使硝酸全部除尽，加 2～3 滴甲醛溶液，继续蒸发至干。待蒸发皿冷却后，用水冲洗蒸发皿内的油状物，定量移入 250mL 锥形瓶中，加 2 滴甲基红-亚甲基蓝混合指示剂，用氢氧化钠标准滴定溶液滴定至溶液呈现灰色为终点，记录氢氧化钠消耗的体积。

3. 结果计算

以质量分数表示的硫酸（以 H_2SO_4 计）含量 w 可按下式计算：

$$w = \frac{cV_1M\left(\frac{1}{2}H_2SO_4\right)}{\rho V \times 1000} \times 100\%$$ (8-15)

式中，c 为氢氧化钠标准滴定溶液的浓度，mol/L；V_1 为滴定试样溶液所消耗的氢氧化钠标准滴定溶液的体积，mL；V 为移取试样的体积，mL；ρ 为试样溶液的密度（利用密度计测得），g/mL；$M\left(\frac{1}{2}H_2SO_4\right)$ 为 $\frac{1}{2}H_2SO_4$ 的摩尔质量，其数值为 49.01g/mol。

（四）灼烧残渣含量的测定

1. 方法原理

将样品蒸发后，残渣经高温灼烧至恒重，利用重量法测定。

2. 测定步骤

用移液管取 50mL 样品，置于预先在 (800±25)℃ 高温炉中灼烧至恒重的蒸发皿中，将蒸发皿置于沙浴上蒸干。然后将蒸发皿移入高温炉内，于 (800±25)℃ 灼烧至恒重。

3. 结果计算

以质量分数表示的灼烧残渣含量 w 可按下式计算：

$$w = \frac{m_2 - m_1}{\rho V} \times 100\%$$ (8-16)

式中，m_1 为蒸发皿的质量，g；m_2 为盛有灼烧残渣蒸发皿的质量，g；V 为移取试样的体积，mL；ρ 为试样的密度，g/mL。

第五节 工业乙酸乙酯生产分析

一、乙酸乙酯的生产现状和主要用途

乙酸乙酯（EA），又名醋酸乙酯。乙酸乙酯是应用最广泛的脂肪酸酯之一，具有优良的溶解性能，是一种快干性极好的工业溶剂，被广泛用于醋酸纤维、乙基纤维、氯化橡胶、乙烯树脂、乙酸纤维树脂、合成橡胶等生产中；也可用于生产复印机用液体硝基纤维墨水；在纺织工业中用作清洗剂；在食品工业中用作特殊改性酒精的香味萃取剂；在香料工业中是最重要的香料添加剂，可作为调香剂的组分。此外，乙酸乙酯也可用作黏合剂的溶剂、油漆的稀释剂以及制造药物、染料的原料。

二、乙酸乙酯的生产工艺

目前，乙酸乙酯的制备方法有乙酸酯化法、乙醛缩合法、乙醇脱氢法和乙烯加成法等。其主要的工艺路线如下。

(1) 乙酸酯化法　乙酸酯化法是传统的乙酸乙酯生产方法，在催化剂存在下，由乙酸和乙醇发生酯化反应而得。

$$CH_3CH_2OH + CH_3COOH \longrightarrow CH_3COOCH_2CH_3 + H_2O$$

反应除去生成水，可得到高收率。该法生产乙酸乙酯的主要缺点是成本高、设备腐蚀性强，在国际上属于被淘汰的工艺路线。

(2) 乙醛缩合法　在催化剂乙醇铝的存在下，两个分子的乙醛自动氧化和缩合，重排形成一分子的乙酸乙酯。

$$2CH_3CHO \longrightarrow CH_3COOCH_2CH_3$$

该方法 20 世纪 70 年代在欧美、日本等地已形成了大规模的生产装置，在生产成本和环境保护等方面都有着明显的优势。

（3）乙醇脱氢法　采用铜基催化剂使乙醇脱氢生成粗乙酸乙酯，经低压蒸馏除去共沸物，得到纯度为 99.8% 以上的乙酸乙酯。

$$2C_2H_5OH \longrightarrow CH_3COOCH_2CH_3 + 2H_2 \uparrow$$

（4）乙烯加成法　在以附载在二氧化硅等载体上的杂多酸金属盐或杂多酸为催化剂的条件下，乙烯气相水合后与汽化乙酸直接酯化生成乙酸乙酯。

$$CH_2 = CH_2 + CH_3COOH \longrightarrow CH_3COOCH_2CH_3$$

该反应乙酸的单程转化率为 66%，以乙烯计乙酸乙酯的选择性为 94%。

三、乙酸乙酯的技术要求

乙酸乙酯的技术要求见表 8-4。

表 8-4　乙酸乙酯的技术要求

项　目		指　标		
		优等品	一等品	合格品
乙酸乙酯的质量分数/%	≥	99.7	99.5	99.0
乙醇的质量分数/%	≤	0.10	0.20	0.50
水的质量分数/%	≤	0.05	0.10	
酸的质量分数（以 CH₃COOH 计）/%	≤	0.004	0.005	
色度/Hazen 单位（铂-钴色号）	≤	10		
密度（ρ_{20}）/（g/cm³）		0.897~0.902		
蒸发残渣的质量分数/%	≤	0.001	0.005	
气味①		符号特征气味，无异味，无残留气味		

① 为可选项目。

四、工业乙酸乙酯成品分析

（一）乙酸乙酯含量及水分的测定——气相色谱法（GB/T 3728—2007）

1. 方法原理

样品及其被测组分被汽化后，随载气同时进入色谱柱，利用被测定的组分与固定相进行气固两相间的吸附、脱附等物理化学性质的差异，在柱内形成组分迁移速度的差别而进行分离。分离后的各组分先后流出色谱柱，进入检测器，由记录仪绘制相应的色谱图。各组分的保留值和色谱峰面积或峰高值分别作为定性和定量的依据。

2. 色谱条件

（1）检测器　热导池检测器。

（2）固定相

① 固定液：聚己二酸乙二醇酯（溶剂丙酮）。

② 载体：401 有机载体（60~80 目）。

③ 配比：载体：固定液=100：10（质量比）。

④ 老化方法：通氮气，先于 80℃ 老化 2h，再逐渐升温至 120℃ 老化 2h，然后升温至 180℃ 老化 4h。

（3）色谱柱　长 2m，直径 4mm。

(4) 载气　氢气，流速为 40mL/min。

(5) 柱温　130℃。

(6) 检测室温度　130℃。

(7) 汽化室温度　165℃。

(8) 进样量　2～4μL。

3. 测定步骤

(1) 仪器的准备和参数设置　通入载气，调节载气流量为 40mL/min。打开色谱仪电源，设置实验条件如下：柱温 130℃，汽化室温度 165℃，检测室温度 130℃。打开色谱数据记录仪。

(2) 乙酸乙酯中水、乙醇的质量校正因子的测定。

(3) 样品的测定。

4. 数据处理

(1) 定性方法　采用调整保留值定性。

(2) 定量方法　乙酸乙酯的测定常采用面积归一化法和外标法进行定量。

① 归一化法。当试样中所有组分均能流出色谱柱，并在检测器上都能产生信号时，可用归一化法计算组分含量。所谓归一化法，就是以样品中被测组分经校正过的峰面积（或峰高）占样品中各组分经校正过的峰面积（或峰高）的总和的比例来表示样品中各组分含量的定量方法。

设试样中有 n 个组分，各组分的质量分别为 m_1、m_2、$\cdots$、m_n，在一定条件下测得各组分峰面积分别为 A_1、A_2、$\cdots$、A_n，各组分峰高分别为 h_1、h_2、$\cdots$、h_n，则组分 i 的质量分数 w_i 为：

$$w_i = \frac{m_i}{m} = \frac{m_i}{m_1 + m_2 + \cdots + m_n} = \frac{f'_i A_i}{f'_1 A_1 + f'_2 A_2 + \cdots + f'_n A_n} = \frac{f'_i A_i}{\sum f'_i A_i} \qquad (8\text{-}17)$$

或

$$w_i = \frac{m_i}{m} = \frac{m_i}{m_1 + m_2 + \cdots + m_n} = \frac{f'_{i(h)} h_i}{f'_{1(h)} h_1 + f'_{2(h)} h_2 + \cdots + f'_{n(h)} h_n} = \frac{f'_{i(h)} h_i}{\sum f'_{i(h)} h_i} \qquad (8\text{-}18)$$

式中，f'_i 为 i 的相对质量校正因子；A_i 为组分 i 的峰面积；h_i 为峰高。

工业乙酸乙酯中的各组分均可流出色谱柱，故可采用面积归一化法来确定含量。可只对水、乙醇的质量校正因子进行校正，其他组分可不予校正。这是因为乙酸乙酯样品中其他酯类杂质与乙酸乙酯含碳数相差不大，响应值接近。

② 外标法。外标法又叫标准曲线法或直接比较法，是一种简便、快速的定量方法。其基本方法是：用标准样品配制成不同浓度的标准系列，在与待测组分相同的色谱条件下，等体积准确进样，测量各峰的峰面积和峰高，用峰面积或峰高对样品浓度绘制标准曲线，此标准曲线的斜率即为绝对校正因子。当待测组分含量变化不大，并已知其大概浓度时，也可采用直接比较法进行定量，用下式计算：

$$w_i = \frac{w_s}{A_s} A_i \qquad (8\text{-}19)$$

$$w_i = \frac{w_s}{h_s} h_i \qquad (8\text{-}20)$$

式中，w_s 为标准样品溶液的质量分数；w_i 为样品溶液中待测组分的质量分数；A_s（h_s）为标准样品的峰面积（峰高）；A_i（h_i）为样品中组分的峰面积（峰高）。

当乙酸乙酯样品中只有水和乙醇存在时，可以采用外标法来进行定量。

（二）密度的测定

密度的测定在第十章中有详细的说明。

（三）游离酸含量的测定

在乙酸酯化法生产乙酸乙酯的方法中，乙酸作为一种原料被带入到产品中。其含量应严格控制，否则会影响产品的质量。酸的测定方法很多，大多采用酸碱滴定法来进行测定。

1. 测定步骤

用量筒量取 10mL 95％乙醇置于 250mL 锥形瓶中，加 2 滴 1％酚酞指示剂，摇匀，用 0.02mol/L 氢氧化钠标准溶液滴定至溶液呈粉红色。然后准确量取 10.0mL 样品，加入到锥形瓶中，摇匀，用 0.02mol/L 的氢氧化钠标准溶液滴定至溶液呈粉红色，保持 15s 不褪色即为达到终点，记录氢氧化钠所消耗的体积。

2. 结果计算

游离酸的质量分数可用下式计算：

$$w = \frac{\frac{V}{1000} \times c \times 60}{10 \times d} \times 100\% \tag{8-21}$$

式中，V 为样品所消耗的氢氧化钠标准溶液的体积，mL；c 为氢氧化钠标准溶液的浓度，mol/L；d 为样品的浓度，g/L；60 为乙酸（CH_3COOH）的摩尔质量，g/mol。

（四）不挥发物含量的测定

不挥发物含量的测定通常采用重量法进行。

1. 测定步骤

准确量取 100mL 样品，置于 150mL 已恒重的玻璃蒸发皿中，在水浴上蒸发至干，将蒸发皿转入高温炉中，于 105～110℃烘至恒重。

2. 结果计算

不挥发物的质量分数可用下式计算：

$$w = \frac{m_1 - m_2}{100 \times d} \times 100\% \tag{8-22}$$

式中，m_1 为烘干后蒸发皿与残渣的总质量，g；m_2 为蒸发皿恒重后的质量，g；d 为乙酸乙酯的密度，g/mL。

（五）色度的测定

液体化学产品颜色的测定采用 GB/T 3143—1982 所述的方法进行，本标准适用于测定透明或接近于参比的铂-钴色号的液体化学产品的颜色，该颜色特征通常为"棕黄色"。

1. 方法原理

试样的颜色与标准铂-钴的颜色比较，并以 Hazen（铂-钴）颜色单位表示结果。Hazen（铂-钴）颜色单位的定义为：每升溶液含 1mg 铂（以氯铂酸计）和 2mg 六水合氯化钴溶液的颜色。

2. 试剂和仪器

（1）试剂

① 盐酸。

② 六水合氯化钴（$CoCl_2 \cdot 6H_2O$）。

③ 氯铂酸（H_2PtCl_6）：在玻璃皿或瓷皿中用沸水浴上加热法，将 1.00g 铂溶于足量的王水中，当铂溶解后，蒸发溶液至干，加 4mL 盐酸溶液再蒸发至干，重复此操作两次以上，即可得。

④ 氯铂酸钾（K_2PtCl_6）。

（2）仪器

① 分光光度计。

② 纳氏比色管：50mL 或 100mL。

③ 比色管架：底部有反光镜，可提高观察的效果。

3. 测定步骤

（1）准备工作

① 标准比色母液的制备（500Hazen单位）：称取 1.00g 六水合氯化钴（$CoCl_2 \cdot 6H_2O$）和相当于 1.05g 的氯铂酸或 1.245g 氯铂酸钾于烧杯中加水溶解，加入 100mL 盐酸，转移至 1000mL 容量瓶中并稀释至刻度，混匀。

该标准比色母液用分光光度计以 1cm 比色皿在下列波长下进行检查，其吸光度范围是：

波长/nm	吸光度	波长/nm	吸光度
430	0.110～0.120	480	0.105～0.120
455	0.130～0.145	510	0.055～0.065

② 标准铂-钴对比溶液的配制：在 10 个 500mL 及 14 个 250mL 的两组容量瓶中，分别加入表 8-5 所示的标准比色母液的体积，用蒸馏水稀释至刻度并混匀。

表 8-5　标准铂-钴对比溶液与色号对照表

500mL 容量瓶		250mL 容量瓶	
标准比色母液的体积/mL	相应颜色/Hazen单位 铂-钴色号	标准比色母液的体积/mL	相应颜色/Hazen单位 铂-钴色号
5	5	30	60
10	10	35	70
15	15	40	80
20	20	45	90
25	25	50	100
30	30	62.5	125
35	35	75	150
40	40	87.5	175
45	45	100	200
50	50	125	250
		150	300
		175	350
		200	400
		225	450

③ 贮存：标准比色母液和稀释溶液放入具塞棕色玻璃瓶中，置于暗处，标准比色母液可以保存一年，稀释溶液可以保存一个月，但最好应用新配制的。

（2）测定　取一支纳氏比色管，加入试样至刻度线，另取一组若干支纳氏比色管（可根据颜色深浅取一支或几支），加入不同颜色的标准铂-钴对比液至刻度线。

在光照下正对白色背景，从上往下观察，比较试样和对比液的颜色，接近哪一色号的颜色或在哪两个色号的颜色之间，并给出判断结果。

4. 结果表示

试样的颜色以最接近于试样的标准铂-钴对比液的 Hazen（铂-钴）颜色单位表示。如果试样的颜色与任何标准铂-钴对比溶液不相符合，则根据可能估计一个接近的铂-钴色号，并描述观察到的颜色。

习　题

1. 简述氨碱法生产纯碱的生产工艺流程。
2. 简述总碱度的测定原理。
3. 水不溶物、灼烧残渣、不挥发物、固形物、烧失量、色度等指标各代表了产品哪一方面的性质？
4. 简述蒽醌法生产双氧水的工艺流程。

5. 简述双氧水含量的测定方法。

6. 简述红外气体分析仪，并给出利用该仪器测定双氧水中总碳含量的过程。

7. 简述硝酸生产的工艺流程。

8. 浓硝酸试样为什么必须用安瓿球采取？安瓿球采取试样应如何操作？

9. 具体说明浓硝酸成品分析中硝酸含量的测定过程。

10. 在什么样的条件下，可用归一化法和外标法测定各组分的含量？

11. 质量校正因子应如何测定？

12. 色度值是根据什么度量的？

第九章　农药分析

学习指南

知识目标：

1. 了解农药的含义、作用和分类，熟悉常见农药剂型和品种。

2. 了解农药标准，了解我国农药管理的现状、重要性及主要措施。

3. 了解农药引起的生态环境污染、破坏以及积极防治的艰巨任务。

4. 掌握商品农药采样规则和具体方法。

5. 重点掌握有机氯农药的基本知识，掌握其典型农药品种的特征和主要分析方法的控制指标、测定原理、试剂的作用、测定步骤、结果计算、操作要点和应用。选择掌握有机硫、有机磷、杂环及其他常见农药的基本知识，了解其典型农药品种的特征、主要分析方法、测定原理和应用。

能力目标：

1. 能正确表示常见农药的类型和组成。

2. 能正确进行商品农药各种剂型的采样和制样操作，正确选择采样方法及采样工具，按照操作规程独立进行制样实验。

3. 能运用磺原酸盐法测定代森锌原粉中代森锌的含量。

4. 能运用气相色谱法测定百菌清原药中百菌清的含量。

5. 能运用碘量法测定三乙膦酸铝原药中三乙膦酸铝的含量。

6. 能运用气相色谱法测定三唑酮原药中三唑酮的含量。

7. 能运用萃取定胺法和高效液相色谱法测定绿麦隆原药中绿麦隆的含量。

第一节　概　　述

一、农药的定义

农药，是农用药剂的简称。按照《中华人民共和国农药管理条例》，农药是指用于防治、消灭或者控制危害农业、林业的病、虫、草和其他有害生物以及有目的地调节植物、昆虫生长的化学合成的或者来源于生物、其他天然物质的一种物质或者几种物质的混合物及其制剂。随着近代农药毒理学、昆虫生态学和生物学研究的飞速发展，农药的含义已变得更加广泛，即一切用于防治、杀灭、驱避或减少任何有害生物的物质或混合物，都称之为农药。

二、农药的分类

按照农药的主要防治对象、作用方式、来源和化学结构可以将农药分为不同的类型，见图 9-1。

三、农药标准

农药标准是农药产品质量技术指标及其相应检测方法标准化的合理规定。它要经过标准行政管理部门批准并发布实施，具有合法性和普遍性。通常作为生产企业与用户之间购销合

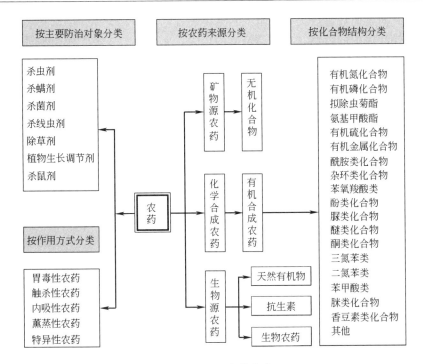

图 9-1　农药分类

同的组成部分，也是法定质量监督检验机构对市场上流通的农药产品进行质量抽检的依据，以及发生质量纠纷时仲裁机构进行质量仲裁的依据。

农药标准按其等级和适用范围分为国际标准和国家标准。国际标准又有联合国粮食与农业组织（FAO）标准和世界卫生组织（WHO）标准两种。国家标准由各国自行制定。

我国的农药标准分为三级：企业标准、行业标准（部颁标准）和国家标准。

（1）企业标准　由企业制定，经地方技术监督行政部门批准后发布实施。企业标准是农药新产品中试鉴定、登记、投产的必备条件之一。企业标准只适用于制定标准的那家企业，其他厂家不能套用。

（2）行业标准　也称部颁标准。农药部颁标准是由全国农药标准化技术委员会审查通过，由化学工业部（现在改为国家经济贸易委员会）批准并发布实施。当一种农药产品已有多家生产、产量增加、质量提高时，需制定行业标准。一个农药产品的行业标准一经批准颁布，国内各有关生产厂家必须遵照执行，原制定的企业标准即停止使用。例如化工行业标准HG/T 3293—2001《三唑酮原药》自实施之日起，同时代替 HG 3293—89。

（3）国家标准　由全国农药标准化技术委员会审查通过，由原国家技术监督局批准并发布实施。一个农药产品质量进一步提高并稳定后，应及时制定国家标准。国家标准为国内最高标准，其技术指标相当或接近于国际水平。

农药的每一个商品化原药或制剂都必须制定相应的农药标准。没有标准号的农药产品，不得进入市场。

四、农药与环境

毋庸讳言，由于农药是一类有毒化学物质，而且是人们主动投放到环境中，长期大量使用，对环境生物安全和人体健康都将产生不利影响。因此，在充分肯定农药的有利作用时，还应充分认识农药对生态环境和人体健康的危害。自从 1962 年 Carlson 著《寂静的春天》一书出版以后，人们普遍关注农药所引起的环境公害问题。目前，农药与环境已经成为农业可持续发展中要解决的重要问题之一。

农药污染及其产生的危害后果是严重的，主要表现在农药对大气、土壤和水体的污染和破坏；对生物多样性保护的影响；对人体健康的危害，尤其是"三致"作用和对生殖性能的影响等。

我国农药污染防治与生态环境保护的任务是：①继续开发高效、低毒、低残留农药新品种，积极开发生物农药；②加强管理，合理使用，减少污染负荷量，积极探讨植物病、虫、草害的综合防治途径与技术；③开发各种能消除环境中农药污染的技术和产品，将污染产生的危害和损失降到最低限度；④加强农药在环境中迁移、转化的规律及毒理学的研究，弄清农药对环境生态危害和人体中毒作用机制，为农药环境安全管理、农药科学合理使用、新农药品种开发等提供科学依据。

最后，需要指出的是：农药是有毒的，但并不可怕。可怕的是人类对它的无知和人类对它的滥用或不合理使用。只要人类通过适当的措施加以控制，农药对环境的残留危害将减少到环境可以允许的程度。

第二节　商品农药采样法

商品农药采样方法依据国家标准 GB/T 1605—2001，适用于商品农药原药及各种加工剂型。

一、总则

① 商品农药样品是代表售出或购入的商品农药平均质量的样品。商品农药样品的检验结果，作为供需双方验收的依据。

② 在供需双方同意下，允许将生产厂所采样品的检验结果，作为商品检验结果。

③ 所取商品样，仅能代表本批产品。所取样品均需注明：厂名、产品名称、批号、生产日期、取样日期及地点。

二、采样工具

① 一般用取样器长约 100cm，一端装有木柄或金属柄，用不锈钢管或铜管制成，钢管的外表面有小槽口。

② 采取容易变质或易潮解的样品时，可采用双管取样器，其大小与一般取样器相同，外边套一黄铜管。内管与外管需密合无空隙，两管都开有同样大小的槽口 3 节。当样品进入槽中后，将内管旋转，使其闭合，取出样品。

③ 在需开采件数较多和样品较坚硬的情况下，可以用较小的取样探子和实心尖形取样器，小探子柄长 9cm，槽长 40cm，直径 1cm。实心尖形取样器与一般取样器大小相同。

④ 对于液体样品，可用取样管采样。采样管为普通玻璃或塑料制成，其长短和直径随包装容器大小而定。

三、原粉采样

① 开采件数。农药原粉开采件数，取决于货物的批重或件数。一般每批在 200 件以下者，按 5% 采取；200 件以上者，按 3% 采取。

② 取样。从包装容器的上、中、下三部分取样品，倒入混样器或贮存瓶中。

③ 样品缩分。将所取得的样品预先破碎到一定程度，用四分法反复进行缩分，直至适用于检验所需的量为止。

④ 原粉样品，每件取样量不应少于 0.1kg。

四、乳剂和液体状态的采样

乳剂和液体状态的样品，取样时应尽量使产品混合均匀。然后用取样器取出所需质量或容积。每批产品取一个样品。取样量不少于 0.5kg，密封保存。

五、粉剂和可湿性粉剂的采样

粉剂和可湿性粉剂取样时，一次取够，不再缩分，取样量不得少于 200g，保存在磨口容器内。

六、其他

对于特殊形态的样品，应根据具体情况，采取适宜的方法取样。如溴甲烷，则自每批产品的任一钢瓶中取出。

第三节　有机硫农药分析

一、有机硫农药简介

有机硫农药主要是指有机硫杀菌剂，它是一类含硫原子的有机合成杀菌剂。杀菌剂是一类对真菌、细菌和其他病原生物具有毒杀作用或抑制生长作用的化合物，又分为保护性杀菌剂、铲除性杀菌剂和内吸性杀菌剂。代森锌曾是杀菌剂中的当家品种之一，我国于 1965 年投产。代森锌是一种高效、低毒、广谱、保护性的杀菌剂，多用于蔬菜、果树等作物多种病害的防治。但是由于代森锰锌用途的不断开发，以及其他高效杀菌剂品种的不断问世（例如代森铵、代森环、福美双、福美锌、硫菌灵、甲基硫菌灵等都在使用），代森锌的使用量有所下降。下面以代森锌为例，介绍有机硫农药的特征和主要分析方法。

二、有机硫农药特征

代森锌（zineb）是一种典型的有机硫农药，其特征如下。

① 化学结构式

$$CH_2-NH-C(=S)-S \diagdown_{Zn} \diagup S-C(=S)-NH-CH_2$$

② 分子式：$C_4H_6N_2S_4Zn$。

③ 相对分子质量：275.72。

④ 化学名称：亚乙基双-(二硫代氨基甲酸锌)。

⑤ 其他名称：Pithanez-78，parzate zineb。

⑥ 物化性质：纯品为白色粉末，工业品为灰白色或浅黄色粉末，有臭鸡蛋味。室温下在水中的溶解度仅为 $1 \times 10^{-3} g/100mL$，不溶于大多数有机溶剂，但能溶于吡啶中，对光、热、潮湿不稳定，易分解放出二硫化碳，在温度高于 100℃ 下能分解自燃，在酸、碱介质中易分解，在大气中缓慢地分解。

⑦ 制剂和应用：代森锌是以乙二胺、二硫化碳等为原料制成的亚乙基双-(二硫代氨基甲酸锌)，即代森锌原粉。再制成 80% 和 65% 的可湿性粉剂使用。

三、有机硫农药分析实例——代森锌原粉的分析

代森锌原粉产品质量应符合化学工业行业标准 HG/T 3288—2000 规定的要求，其技术条件如下所述。

（1）外观　灰白色或浅黄色粉状物。

（2）代森锌原粉应符合表 9-1 的指标要求。

表 9-1　代森锌原粉控制项目指标

指标名称		指　标	
		一级	二级
代森锌含量/%	≥	90.0	85.0
水分含量/%	≤	2.0	2.0
pH		5.0～9.0	5.0～9.0

（一）代森锌含量的测定

代森锌含量的分析采用磺原酸盐法。

1. 测定原理

二硫代氨基甲酸酯类农药遇酸能分解放出 CS_2。将试样置于煮沸的硫酸溶液中分解生成二硫化碳、乙二胺盐及干扰分析的硫化氢气体，先用乙酸铅溶液吸收硫化氢，继之以氢氧化钾乙醇溶液吸收二硫化碳，并生成乙基磺原酸钾，二硫化碳吸收溶液用乙酸中和后立即以碘标准溶液滴定。反应式如下：

$$\begin{matrix} CH_2-NH-\overset{\overset{S}{\parallel}}{C}-S \\ \quad\quad\quad\quad\quad\quad \end{matrix}Zn + H_2SO_4 \xrightarrow{100℃} 2CS_2 + H_2N-CH_2-CH_2-NH_2 + ZnSO_4$$
$$\begin{matrix} CH_2-NH-\underset{\underset{S}{\parallel}}{C}-S \end{matrix}$$

$$CS_2 + KOH + C_2H_5OH \longrightarrow C_2H_5OCSSK + H_2O$$

$$2CH_3OCSSK + I_2 \longrightarrow CH_3OC(S)SSC(S)OCH_3 + 2KI$$

2. 试剂和仪器

（1）试剂

① 硫酸溶液：0.55mol/L。

② 乙酸铅溶液：100g/L。

③ 冰醋酸溶液：体积分数 $\varphi = 30\%$。

④ 氢氧化钾乙醇溶液：2mol/L。

⑤ 可溶性淀粉溶液（5g/L）：取 0.5g 可溶性淀粉与 5mL 冷水调和均匀。将所得乳浊液在搅拌下徐徐注入 100mL 沸腾着的水中，再煮沸 2～3min，使溶液透明。加 0.1g 碘化汞作防腐剂。

⑥ 酚酞溶液（10g/L）：取 1.0g 溶于 60mL 乙醇中，用水稀释至 100mL。

⑦ 碘标准溶液：$c\left(\dfrac{1}{2}I_2\right) = 0.1\text{mol/L}$。

配制：称取 13g 碘及 35g 碘化钾，溶于 100mL 水中，稀释至 1000mL，摇匀，保存于棕色具塞瓶中。

标定（比较法）：用滴定管准确量取 30.00～35.00mL 配好的碘标准溶液，置于已装有 150mL 水的碘量瓶中，然后用硫代硫酸钠标准溶液（其配制和标定见第五节中"三乙膦酸铝原药的分析"）滴定，近终点时，加 3mL 淀粉指示液（5g/L），继续滴定至溶液蓝色消失。

碘标准溶液的浓度 $c\left(\dfrac{1}{2}I_2\right)$ 按下式计算：

$$c\left(\frac{1}{2}I_2\right) = \frac{c(Na_2S_2O_3)V(Na_2S_2O_3)}{V\left(\dfrac{1}{2}I_2\right)} \tag{9-1}$$

式中，$c(\text{Na}_2\text{S}_2\text{O}_3)$ 为硫代硫酸钠标准溶液的浓度，mol/L；$V(\text{Na}_2\text{S}_2\text{O}_3)$ 为滴定时消耗硫代硫酸钠标准溶液的体积，mL；$V\left(\dfrac{1}{2}\text{I}_2\right)$ 为量取碘标准溶液的体积，mL。

（2）仪器　滴定分析法常用仪器；代森锌测定器（其装配如图 9-2 所示）。

3. 测定步骤

称取样品 0.5g（准确至 0.0001g）于反应瓶中，在图 9-2 的第一吸收管内加入 100g/L 的乙酸铅溶液 50mL，第二吸收管内加入 2mol/L 氢氧化钾乙醇溶液 60mL。按图 9-2 连接仪器，打开分液漏斗活塞并调节排水速度为 150mL/min。经分液漏斗慢慢加入 0.55mol/L 硫酸溶液 50mL 于反应瓶中，加热使其沸腾 45min，使试样全部分解后停止加热。将第二吸收管中的溶液定量地移入 500mL 锥形瓶中，并用 100mL 水冲洗 3～5 次，洗液合并于 500mL 锥形瓶中，加酚酞指示液 2～3 滴，用乙酸溶液（体积分数 $\varphi=30\%$）中和并过量4～5 滴，然后用 0.1mol/L 碘标准溶液滴定至近终点时，加水 200mL 及淀粉指示液 10mL，继续滴定至刚呈现蓝色即为终点。同样条件下以不加样品做空白测定。

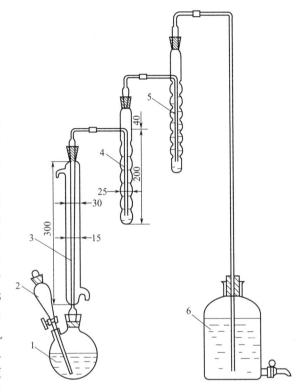

图 9-2　代森锌测定器（单位：mm）
1—反应瓶（容量 500mL）；2—分液漏斗（容量 50mL）；
3—直形冷凝器；4—第一吸收管；5—第二吸收管；
6—下口瓶（容量 10L）

4. 结果计算

代森锌的质量分数 w_1 按下式计算：

$$w_1 = \frac{(V_1-V_2)\times c\left(\dfrac{1}{2}\text{I}_2\right)\times 137.9}{m\times 1000}\times 100\% \tag{9-2}$$

式中，V_1 为滴定样品时消耗碘标准溶液的体积，mL；V_2 为滴定空白时消耗碘标准溶液的体积，mL；$c\left(\dfrac{1}{2}\text{I}_2\right)$ 为碘标准溶液的浓度，mol/L；m 为样品的质量，g；137.9 为 $\dfrac{1}{2}$ 代森锌分子的摩尔质量，g/mol。

5. 允许误差

两次平行测定结果之差应不大于 1.2%。取其算术平均值作为测定结果。

6. 方法讨论

本法具有代表性。对于代森锌可湿性粉剂以及其他有机硫类杀菌剂（如代森铵、代森环、代森锰锌、福美锌等）仍然适用，操作方法类似。

（二）水分的测定

1. 测定方法

按 GB/T 1600—2001 中“共沸蒸馏法”进行。

2. 允许误差

两次平行测定结果之相对偏差应不大于 ±15%。取其算术平均值作为测定结果。

（三）pH 的测定

按 GB/T 1601—1993 进行，用酸度计法测定。

第四节　有机氯农药分析

一、有机氯农药简介

有机氯农药主要是指有机氯杀虫剂，它是一类含氯原子的有机合成杀虫剂，也是发现和应用最早的人工合成杀虫剂。滴滴涕和六六六是这类杀虫剂的杰出代表，在 20 世纪 40～70 年代全世界广泛应用。但是由于大多数有机氯杀虫剂的化学性质很稳定，大量广泛应用后，造成在农产品、食品和环境中残留量过高，并能通过食物链浓缩，对人畜可能产生慢性毒害等问题，引起人们极大的关注。自 20 世纪 70 年代以来，滴滴涕、六六六、艾氏剂、狄氏剂等主要有机氯杀虫剂品种相继被禁用，我国也于 1983 年禁止使用滴滴涕和六六六，目前仅有少数品种，如甲氧滴滴涕、三氯杀虫酯、硫丹、林丹、百菌清等尚在应用。下面以百菌清为例，介绍有机氯农药的特征和主要分析方法。

二、有机氯农药特征

百菌清（chlorothalonil）是一种典型的有机氯农药，其特征如下。

① 化学结构式

② 化学式：$C_8Cl_4N_2$。

③ 相对分子质量：265.91。

④ 化学名称：2,4,5,6-四氯-1,3-二氰基苯。

⑤ 其他名称：四氯间苯二甲腈，打克尼尔，Daconil-2787，大克灵，桑瓦特，克劳优，Dacotech。

⑥ 物化性质：纯品为白色无味粉末，熔化温度为 250～251℃，沸点为 350℃；在 25℃ 时的蒸气压（40℃）≤1.33×10⁻³ Pa；挥发性小；原粉含有效成分 96%，外观为浅黄色粉末，稍有刺激臭味；在室温下，在水中的溶解度（25℃）为 6×10⁻⁴ g/L，二甲苯中为 80g/L，丙酮中为 20g/L，环己酮、二甲基甲酰胺中为 30g/L，煤油中≤10g/L。表现为微溶于水而易溶于有机溶剂。对弱酸、弱碱及光、热稳定，无腐蚀作用。在植物表面易黏着，耐雨水冲刷，残效期一般 7～10 天。

⑦ 制剂和应用：百菌清主要以间苯二腈、液氯、液氨、1,3-二甲苯、活性炭、二氧化碳为原料制成，主要生物活性为杀菌。属广谱、高效、低毒杀菌剂，用于农作物病害防治，以此为原料可制成多种其他同类型的农药如百清菌烟剂等。

三、有机氯农药分析实例——百菌清原药的分析

百菌清产品质量应符合国家标准 GB/T 9551—1999 规定的要求，其技术条件如下所述。

（1）外观　白色至灰色或微黄色粉末，无有色团块。

（2）百菌清原药应符合表 9-2 的指标要求。

（一）百菌清含量的测定

1. 测定原理

试样用二甲苯溶解，以邻二苯基苯为内标物，使用 5% OV-17＋1.1% OV-225/Chromosorb W AW-DMCS 为填充物的 φ4mm（i.d.）×2m 的玻璃柱（或不锈钢柱）和 FID 检测

器，对试样中的百菌清进行气相色谱分离和测定。

表 9-2　百菌清原药控制项目指标

项　目		指　标		
		优等品	一等品	合格品
百菌清含量/%	≥	98.5	96.0	90.0
六氯苯含量/%	≤	0.01	0.03	0.04
二甲苯不溶物/%	≤	0.35	0.35	0.35
pH		5.0～7.0	3.5～7.0	3.5～7.0

2. 试剂和仪器

（1）试剂

① 二甲苯：分析纯，经气相色谱分析无干扰物。

② 百菌清标准品：已知含量≥99.0%。

③ 内标物：邻二苯基苯，应不含有干扰分析的杂质。

④ 固定液：硅酮 OV-17；硅酮 OV-225。

⑤ 载体：Chromosorb W AW-DMCS（150～180μm）。

⑥ 内标溶液：称取 10.0g 邻二苯基苯于 1000mL 容量瓶中，用二甲苯溶解并稀释至刻度，摇匀。

（2）仪器

① 气相色谱仪：具有氢火焰离子化检测器（FID）。

② 色谱数据处理机。

③ 色谱柱：2m×4mm（i.d.）的不锈钢柱或玻璃柱。

柱填充物：5% OV-17＋1.1% OV-225 涂在 Chromosorb W AW-DMCS（150～180μm）上，OV-17、OV-225、载体的质量比为 5∶1.1∶93.9。

④ 微量注射器：5μL。

3. 色谱柱的制备

（1）固定液的涂渍　称取 1.25g OV-17 和 0.275g OV-225 于 100mL 烧杯中，加适量丙酮使其完全溶解。称取 23.5g Chromosorb W AW-DMCS（150～180μm）倒入烧杯中，摇动使溶液正好浸没载体。将烧杯置于 50℃ 的水浴中使溶剂挥发后，放在 110℃ 的烘箱中 1h。冷却至室温。

（2）色谱柱的填充　将一小漏斗接到经洗涤并干燥的色谱柱的出口，分次把制备好的填充物填入柱内，同时不断轻敲柱壁，直至填到离柱出口 1.5cm 处为止。将漏斗移至色谱柱的入口，在出口端塞一小团经硅烷化处理的玻璃棉，通过橡胶管接到真空泵上，开启真空泵，继续缓缓加入填充物，并不断轻敲柱壁，使其填充得均匀紧密。填充完毕，在入口端也塞一小团玻璃棉，并适当压紧，以保持柱填充物不被移动。

（3）色谱柱的老化　将色谱柱入口端与汽化室相连，出口端暂不接检测器，以 20mL/min 的流量通入载气（N$_2$），分阶段升温至 220℃，并在此温度下至少老化 48h。

4. 气相色谱操作条件

（1）温度　柱室 195℃，汽化室 280℃，检测器室 280℃。

（2）气体流量　载气（N$_2$）50mL/min，氢气 50mL/min，空气 800mL/min。

（3）进样量　2.0μL。

（4）相对保留值　百菌清 1.30，四氯对苯二甲腈 1.16，邻二苯基苯 1.00。

上述操作参数是典型的，可根据不同仪器特点，对给定操作参数作适当调整，以期获得

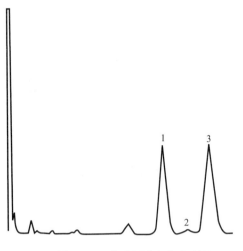

图9-3 百菌清原药气相色谱图
1—邻二苯基苯；2—四氯对苯二甲腈；3—百菌清

最佳效果。典型色谱图如图9-3所示。

5. 测定步骤

（1）标准溶液的配制 称取百菌清标准品0.10g（精确至0.0002g）于10mL容量瓶中，准确移入5mL内标溶液。再加入适量二甲苯使百菌清标样溶解并稀释至刻度，摇匀。

（2）试样溶液的配制 称取含百菌清约为0.1g的原药（精确至0.0002g）于10mL容量瓶中，用测定步骤（1）中同一支移液管移入5mL内标液。再加入适量二甲苯使样品溶解并用二甲苯稀释至刻度，摇匀。

（3）测定 在上述操作条件下，待仪器基线稳定后，连续注入数针标准溶液，计算各针相对响应值的重复性，使相邻两针的相对响应值变化小于1.0%，按照标准溶液、试样溶液、试样溶液、标准溶液的顺序进行测定。

6. 结果计算

将测得的两针试样溶液以及试样前后两针标准溶液中百菌清与内标物峰面积之比，分别进行平均。样品中百菌清的质量分数 w_1 按下式计算：

$$w_1 = \frac{r_2 m_1 w}{r_1 m_2} \tag{9-3}$$

式中，r_1 为标准溶液中，百菌清与内标物峰面积之比的平均值；r_2 为试样溶液中，百菌清与内标物峰面积之比的平均值；m_1 为百菌清标准品的质量，g；m_2 为试样的质量，g；w 为标准品中百菌清的质量分数。

7. 允许误差

两次平行测定结果之差，应不大于1.5%。

（二）六氯苯含量的测定

六氯苯含量的分析采用高效液相色谱法。

1. 测定原理

试样用乙腈溶解，以甲醇为流动相，用 $5\mu m$ ODS(C_{18}) 为填料的液相色谱柱和紫外检测器（254nm）对试样中的六氯苯进行反相高效液相色谱分离和测定，外标法定量。

2. 试剂仪器

（1）试剂

① 甲醇：分析纯。

② 乙腈：光谱纯。

③ 流动相：甲醇经 $0.45\mu m$ 孔径的滤膜过滤，并在超声波浴槽中脱气10min后于深色瓶中密封，低温保存。

④ 六氯苯标准品：已知含量≥99.0%。

（2）仪器

① 高效液相色谱仪：具有可变波长的紫外检测器。

② 色谱柱：150mm×4.6mm（i.d.）不锈钢柱，内装 ODS（C_{18}）填充物，粒径 $5\mu m$。

③ 色谱数据处理机。

④ 进样器：50μL。

⑤ 超声波清洗器。

⑥ 过滤器：滤膜孔径约为 0.45μm。

3. 高效液相色谱操作条件

（1）流动相 甲醇。

（2）流量 1.5mL/min。

（3）柱温 35℃（或室温，温差变化应小于±2℃）。

（4）检测波长 254nm。

（5）进样体积 10μL。

（6）保留时间 六氯苯约 7.4min。

上述操作条件是典型的，可根据不同仪器特点，对色谱柱（采用 C_{18} 类液相色谱柱）和给定操作条件作适当调整，以获最佳效果。上述操作条件下的典型色谱图如图 9-4 所示。

4. 测定步骤

（1）标准溶液的配制 称取六氯苯标准品 0.05g 精确至 0.0002g，置于 250mL 洁净、干燥的容量瓶中，用乙腈溶解并稀释至刻度，摇匀。用移液管准确移取 2mL 上述溶液，置于 50mL 容量瓶中，用乙腈稀释至刻度，摇匀，用 0.45μm 孔径滤膜过滤，密闭保存。

（2）试样溶液的配制 称取百菌清原药 0.1g（精确至 0.0002g），于 10mL 洁净、干燥的容量瓶中，用乙腈溶解并稀释至刻度，振摇 5min，用 0.45μm 孔径滤膜过滤。

（3）测定 在上述色谱操作条件下，待仪器基线稳定后，连续注入数针标准溶液，直至相邻两针的峰面积变化小于 1.5% 时，按照标准溶液、试样溶液、试样溶液、标准溶液的顺序进行测定。

5. 结果计算

将测得的两次试样溶液及试样前后两次标准溶液中六氯苯的峰面积进行平均。试样中六氯苯的质量分数 w_2 按下式计算：

$$w_2 = \frac{A_2 m_1 w}{A_1 m_2 \times 625} \tag{9-4}$$

式中，A_1 为标准溶液中六氯苯峰面积的平均值；A_2 为试样溶液中六氯苯峰面积的平均值；m_1 为六氯苯标准品的质量，g；m_2 为试样的质量，g；w 为标准品中六氯苯的质量分数；625 为换算因数。

6. 允许误差

两次平行测定结果之差应不大于 0.002%。

（三）二甲苯不溶物的测定

1. 测定原理

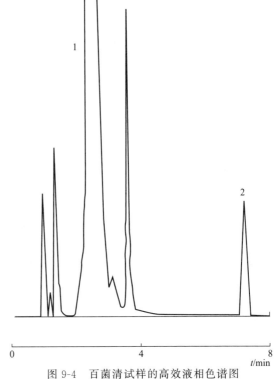

图 9-4 百菌清试样的高效液相色谱图
1—百菌清；2—六氯苯

试样用二甲苯溶解后，用玻璃砂芯坩埚抽滤，残余物用二甲苯洗涤，干燥，称量。

2. 试剂和仪器

① 二甲苯：分析纯。

② 玻璃砂芯坩埚：4 号（5～15μm）。

③ 烘箱：100℃±2℃。

3. 测定步骤

称取试样 10.0g（精确至 0.001g），用 150mL 二甲苯充分溶解后，用已在 100℃下干燥至恒重的玻璃砂芯坩埚抽滤，残余物用二甲苯充分洗涤至无可溶物，抽干。将坩埚放在通风橱内在通风条件下放置 10min，然后移入 100℃的烘箱中烘 20min。取出坩埚置干燥器中冷却至室温，称量（精确至 0.001g）。二甲苯不溶物的质量分数 w_3 按下式计算：

$$w_3 = \frac{m_1 - m_0}{m} \times 100 \tag{9-5}$$

式中，m_1 为坩埚与不溶物的质量，g；m_0 为坩埚的质量，g；m 为试样的质量，g。

4. 允许误差

两次平行测定结果之差应不大于 0.05%。

（四）pH 的测定

称取试样 5.0g，置于 50mL 容量瓶中以新煮沸的蒸馏水稀释至刻度，摇匀。按 GB/T 1601—1993 的方法进行。

第五节　有机磷农药分析

一、有机磷农药简介

有机磷农药主要是指有机磷杀虫剂和有机磷杀菌剂，它们都是含磷原子的有机合成农药。

有机磷杀虫剂的绝大多数品种兼有杀螨作用，故而也称为杀虫杀螨剂。目前有机磷杀虫剂的新品种不断涌现，已处于杀虫剂的领先地位，有 100 余种，常用的约 50 种。我国正在生产的约 30 种，且产量高于任何类型的杀虫剂，同时还生产有机磷杀菌剂、除草剂。总体上看，有机磷杀虫剂具有毒力强、杀虫谱多样、害虫抗药性发展较慢、易降解、对作物安全、价格低廉等特点，因此它在有机氯、有机磷、氨基甲酸酯和拟除虫菊酯等四大杀虫剂中占有重要的地位。

有机磷杀菌剂的品种不多，主要有三乙膦酸铝、稻瘟净、异稻瘟净、克瘟散等。其中，三乙膦酸铝是 20 世纪 70 年代后期开发的有机磷内吸杀菌剂。由于它的内吸传导作用是双向的，即向顶性和向基性，故具有保护和治疗的双重作用，而且杀菌谱广、对人畜毒性低、对环境污染小、价格低廉，因此深受用户欢迎。有机磷杀菌剂在使用时还可与其他杀菌剂、杀虫剂混用，以增加杀菌、杀虫效力。下面以三乙膦酸铝为例，介绍有机磷农药的特征和主要分析方法。

二、有机磷农药特征

三乙膦酸铝（fosetyl-Al）是一种典型的有机磷（膦）农药，其特征如下。

① 化学结构式

$$\left[\begin{array}{c} H_3C-H_2C \\ \\ \\ \\ \end{array} \begin{array}{c} \quad \overset{\displaystyle O}{\underset{\displaystyle H}{\underset{\|}{O-P-O}}} \quad \end{array} \right]_3 Al$$

② 分子式：$C_6H_{18}AlO_9P_3$。

③ 相对分子质量：354.11。

④ 化学名称：三(o-乙基膦酸)铝。

⑤ 其他名称：Epal、乙磷铝、疫霜灵、霉疫净。

⑥ 物化性质：纯品为白色无味结晶，工业品为白色粉末。200℃以上分解，熔点大于300℃。20℃时在水中的溶解度为120g/L，在乙腈或丙二醇中的溶解度均小于80mg/L。挥发性小，蒸气压在20℃时极小，可忽略不计。原药及加工品在通常贮存条件下均稳定。在酸碱性介质中不稳定，遇氧化剂则氧化。

⑦ 制剂和应用：三乙膦酸铝是以三氯化磷、硫酸铝、乙醇等为原料制成的三(o-乙基膦酸) 铝，即三乙膦酸铝原粉。再制成40％的可湿性粉剂、30％的水悬剂使用。

三、有机磷农药分析实例——三乙膦酸铝原药的分析

三乙膦酸铝原药产品质量应符合化学工业行业标准 HG/T 3296—2001 规定的要求，其技术条件如下所述。

（1）外观　白色晶状粉末。

（2）三乙膦酸铝原药应符合表 9-3 的指标要求。

表 9-3　三乙膦酸铝原药控制项目指标

指　标　名　称	指　　标	
	一　　级	合　　格
三乙膦酸铝含量/% ≥	95.0	87.0
干燥减量/% ≤	1.0	2.0
亚磷酸盐含量(以亚磷酸铝计)/% ≤	1.0	

三乙膦酸铝原药的分析采用碘量法。

1. 测定原理

三乙膦酸铝属亚磷酸酯类化合物，在氢氧化钠强碱性溶液中完全水解，生成亚磷酸钠盐。中和后，与碘发生氧化还原反应。过量的碘用硫代硫酸钠标准溶液回滴。反应式如下：

$$C_6H_{18}AlO_9P_3 + 3OH^- \xrightarrow{\triangle} 3HPO_3^{2-} + 3C_2H_5OH + Al^{3+}$$

$$HPO_3^{2-} + I_2 + OH^- \longrightarrow H_2PO_4^- + 2I^-$$

$$I_2 + 2S_2O_3^{2-} \longrightarrow S_4O_6^{2-} + 2I^-$$

2. 试剂和仪器

（1）试剂

① 乙酸。

② 碘化钾。

③ 磷酸溶液：80％。

④ 硫酸溶液：$c\left(\frac{1}{2}H_2SO_4\right) = 2mol/L$。

⑤ 氢氧化钠 A 溶液：$c(NaOH) = 1mol/L$。

⑥ 氢氧化钠 B 溶液：$c(NaOH) = 0.1mol/L$。

⑦ 酚酞指示剂：1g/L。

⑧ 淀粉指示剂：0.5g/L，新鲜配制。

⑨ 碘标准溶液：$c\left(\frac{1}{2}I_2\right) = 0.1mol/L$，见第三节中"代森锌原粉的分析"。

⑩ 硫代硫酸钠标准滴定溶液：$c(Na_2S_2O_3)=0.1mol/L$。

配制：称取 26g 硫代硫酸钠（$Na_2S_2O_3 \cdot 5H_2O$）及 0.2g 无水碳酸钠，溶于 1000mL 水中，缓慢煮沸 10min，冷却。保存在棕色具塞瓶中，放置两周后过滤备用。

标定（重铬酸钾法）：称取 0.15g 于 120℃烘干至恒重的基准重铬酸钾（准确至 0.0001g），置于碘量瓶中，溶于 25mL 煮沸并冷却的水中，加 2g 碘化钾及 20mL 硫酸溶液（20%），摇匀，于暗处放置 10min。加 150mL 水，用配好的硫代硫酸钠标准溶液滴定。近终点时，加 3mL 淀粉指示液（0.5g/L），继续滴定至溶液由蓝色变为亮绿色。同时做空白试验。

硫代硫酸钠标准滴定溶液的浓度 $c(Na_2S_2O_3)$ 按下式计算：

$$c(Na_2S_2O_3)=\frac{m}{(V_1-V_2)\times49.03}\times1000 \tag{9-6}$$

式中，m 为称取基准重铬酸钾（$K_2Cr_2O_7$）的质量，g；V_1 为滴定时消耗硫代硫酸钠标准滴定溶液的体积，mL；V_2 为空白试验时消耗硫代硫酸钠标准滴定溶液的体积，mL；49.03 为 $\frac{1}{6}K_2Cr_2O_7$ 的摩尔质量，g/mol。

⑪ pH＝7.3±0.2 的缓冲溶液：称量 100g 氢氧化钠（精确至 0.0002g），溶解了 1.8L 水中，加磷酸溶液中和至 pH＝8，冷却至室温后，在 pH 计控制下滴加磷酸溶液至 pH＝7.3±0.2，加入 30g 碘化钾和碘标准溶液 $\left[c\left(\frac{1}{2}I_2\right)=0.1mol/L\right]$ 20mL，溶解后用水稀释至 2L。于暗处室温保存，使用之前滴加硫代硫酸钠标准滴定溶液至无色。

（2）仪器

① 具有玻璃电极的电位滴定仪。

② 超声波水浴。

③ pH 计。

④ 恒温水浴。

⑤ 可调电热套：1200W。

⑥ 球形冷凝管。

⑦ 碘量瓶：250mL，具塞。

⑧ 滴定管：25mL，棕色。

3. 测定步骤

（1）试样溶液的制备　称量约含 3g 三乙膦酸铝试样（精确至 0.0002g），置于 500mL 容量瓶中，加入氢氧化钠 B 溶液 200mL，将容量瓶放在超声波水浴中超声 10min，冷却至室温后，用氢氧化钠 A 溶液定容混匀。用移液管移取该试液 10mL 于 250mL 碘量瓶中，加 40mL 氢氧化钠 A 溶液，与回流冷凝管连接，煮沸回流 1h。用少量水冲洗冷凝管，冷却至室温，用硫酸溶液中和，近终点时加 2 滴酚酞指示剂（1g/L），继续滴定至红色消失。

（2）试样测定　用移液管分别加入 pH＝7.3±0.2 的缓冲溶液 25mL 和碘标准溶液 $\left[c\left(\frac{1}{2}I_2\right)=0.1mol/L\right]$ 20mL，盖上瓶塞混匀，用水封口，置于暗处放置 30～45min。加乙酸溶液 3mL 酸化，用硫代硫酸钠标准滴定溶液 $\left[c(Na_2S_2O_3)=0.1mol/L\right]$ 滴定，近终点时加入 3mL 淀粉指示剂（0.5g/L），继续滴定至蓝色消失为终点（或用电位滴定仪确定终点）。

（3）空白测定　在相同条件下，用 10mL 氢氧化钠 A 溶液替换试样溶液，其他操作同试样测定。

4. 结果计算

试样中三乙膦酸铝的质量分数 w 按下式计算：

$$w = \frac{c(Na_2S_2O_3) \times (V_0 - V) \times 59.02}{m \times 1000 \times 10/500} \times 100\% \qquad (9-7)$$

式中，V_0 为滴定空白时消耗硫代硫酸钠标准滴定溶液的体积，mL；V 为滴定试样时消耗硫代硫酸钠标准滴定溶液的体积，mL；$c(Na_2S_2O_3)$ 为硫代硫酸钠标准滴定溶液的实际浓度，mol/L；m 为试样的质量，g；59.02 为 1/6 三乙膦酸铝的摩尔质量，g/mol。

5. 允许误差

两次平行测定结果之差应不大于 15%。取其算术平均值作为测定结果。

6. 方法讨论

（1）碘量法测定试样中三乙膦酸铝的含量，可完全排除正磷酸酯（盐）类的干扰。当产品中含有其他亚磷酸盐时，可利用各组分在乙腈-乙醇溶剂中的溶解度不同，而预先以抽提法除去。

（2）与其他方法相比，该法杂质干扰少，故能较准确地反映产品中有效成分的含量，同时该法可适用于各种合成工艺路线的产品分析。方法简便、可靠、重现性好，两次平行测定结果之差不大于 1.0%。该法对于三乙膦酸铝所含杂质亚磷酸盐、三乙膦酸铝可湿性粉剂仍然适用，操作方法类似。

第六节　杂环类农药分析

一、杂环类农药简介

有机杂环类农药主要是指有机杂环类杀菌剂和有机杂环类除草剂，都是含有杂环的有机合成农药。

有机杂环类杀菌剂的发展较快，品种不断增加。其中，三唑酮是一种三唑类内吸性杀菌剂，得到了广泛的应用，并已成为防治麦类和其他作物（如蔬菜、果树、花卉等）白粉病及锈病的主要品种。它的主要特点是高效、残留低，具有预防、治疗和铲除作用，内吸输导性能强，持效期长，抗菌谱广，不易引起病菌的抗药性等。将三唑酮应用于防治水稻病害是我国的一项创举，已明确了三唑酮对水稻病害的防治谱及其使用技术。下面以三唑酮为例，介绍杂环类农药的特征和主要分析方法。

有机杂环类除草剂的品种不多，常用的有灭草松（苯达松）、百草枯、快杀稗、吡氟乙草灵（盖草能）、氟草定（使它隆）、敌草快、喹禾灵和恶草酮等。

二、杂环类农药特征

三唑酮（triadimefon）是一种典型的杂环类农药，其特征如下。

① 化学结构式

② 分子式：$C_{14}H_{16}ClN_3O_2$。

③ 相对分子质量：293.75。

④ 化学名称：1-(4-氯苯氧基)-1,1-(1H-1,2,4-三唑-1-基)-3,3-二甲基丁-2-酮。

⑤ 其他名称：粉锈宁、百理通（Bayleton）、Amiral、Bay MEB 6447。

⑥ 物化性质：纯品为无色结晶固体，工业品为白色至浅黄色固体。熔点为 82.3℃。

20℃时蒸气压小于 0.1MPa。20℃时在水中的溶解度为 64mg/L，在有机溶剂中的溶解度（g/L，20℃）为：正己烷中，10～20；二氯甲烷中，大于 200；异丙醇中，100～200；环己酮中，600～1200；甲苯中，400～600。在 20℃时，于 $c\left(\frac{1}{2}H_2SO_4\right)=0.1mol/L$ 硫酸或 $c(NaOH)=0.1mol/L$ 氢氧化钠溶液中，一星期不分解。在通常贮存条件下稳定。

⑦ 制剂和应用：三唑酮是以异戊烯、甲醛、对氯苯酚等为原料制成的，即三乙膦酸铝原粉。再制成 20% 的三唑酮乳油、15% 及 25% 的三唑酮可湿性粉剂、15% 的三唑酮热雾剂使用。

三、杂环类农药分析实例——三唑酮原药的分析

三唑酮原药的产品质量应符合化工行业标准 HG/T 3293—2001 的规定，其技术条件如下所述。

（1）外观　白色或微黄色粉末，无可见外来杂质。

（2）三唑酮原药应符合表 9-4 的指标要求。

表 9-4　三唑酮原药控制项目指标

指　标　名　称		指　　标
三唑酮含量/%	≥	95.0
对氯苯酚含量/%	≤	0.5
水分含量/%	≤	0.4
酸度（以 H_2SO_4 计）/%	≤	0.3
丙酮不溶物含量/%	≤	0.5

注：丙酮不溶物含量，每三个月至少应检验一次。

（一）三唑酮含量的测定

1. 测定原理

试样用三氯甲烷溶解，以癸二酸二正丁酯或邻苯二甲酸二正丁酯为内标物，使用 3% OV-17/Chromosorb G AW DMCS 为填充物的不锈钢柱和氢火焰离子化检测器，对试样中的三唑酮进行气相色谱分离和测定。

2. 试剂和仪器

（1）试剂

① 三氯甲烷。

② 丙酮。

③ 三唑酮标样：已知含量≥99.0%。

④ 内标物：癸二酸二正丁酯或邻苯二甲酸二正丁酯，不应有干扰分析的杂质。

⑤ 固定液：OV-17（苯基甲基聚硅氧烷 OV-17）。

⑥ 载体：Chromosorb G AW DMCS（180～250μm）。

⑦ 内标溶液：称取 12.00g 癸二酸二正丁酯或 7.50g 邻苯二甲酸二正丁酯于 1000mL 容量瓶中，用三氯甲烷溶解并稀释至刻度，摇匀。

（2）仪器

① 气相色谱仪：具有氢火焰离子化检测器。

② 色谱数据处理机。

③ 色谱柱：1m×3mm（i.d.）不锈钢柱。

④ 柱填充物：OV-17 涂在 Chromosorb G AW DMCS（180～250μm）上。

⑤ 固定液：载体与固定液的质量比为 3∶100。

3. 色谱柱的制备

（1）固定液的涂渍　准确称取 0.240g OV-17 固定液于 250mL 烧杯中，加入适量（略大于加入载体体积）丙酮。用玻璃棒搅拌溶液，使 OV-17 完全溶解，倒入 8.0g 载体，轻轻振荡，使之混合均匀并使溶剂挥发至干，再将烧杯置于 110℃ 的烘箱中保持 1h，取出放在干燥器中冷却至室温。

（2）色谱柱的填充　将一小漏斗接到经洗涤干燥的色谱柱的出口，分次把制备好的填充物填入柱内，同时不断轻敲柱壁，直至填到离柱出口 1.5cm 处为止。将漏斗移至色谱柱的入口，在出口端塞一小团经硅烷化处理的玻璃棉，通过橡胶管接到真空泵上，开启真空泵，继续缓缓加入填充物，并不断轻敲柱壁，使其填充得均匀紧密。填充完毕，在入口端也塞一小团玻璃棉，并适当压紧，以保持柱填充物不被移动。

（3）色谱柱的老化　将色谱柱入口端与汽化室相连，出口端暂不接检测器，以 10mL/min 的流量通入载气（N$_2$），分阶段升温至 230℃，并在此温度下，至少老化 24h。

4. 气相色谱操作条件

（1）温度　柱室 200℃，汽化室 230℃，检测器室 250℃。

（2）气体流量　载气（N$_2$）30mL/min，氢气 30mL/min，空气 300mL/min。

（3）保留时间　三唑酮约 12min，癸二酸二正丁酯约 16.3min，邻苯二甲酸二正丁酯约 10min。

上述操作参数是典型的，可根据不同仪器特点，对给定操作参数作适当调整，以期获得最佳效果。典型的三唑酮原药气相色谱图见图 9-5。

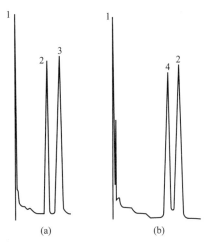

图 9-5　三唑酮原药气相色谱图
1—溶剂；2—三唑酮；3—癸二酸二正丁酯；4—邻苯二甲酸二正丁酯

5. 测定步骤

（1）标样溶液的配制　称取三唑酮标样 0.12g（精确至 0.0002g），置于 25mL 容量瓶中，用移液管加入 10mL 内标溶液溶解，摇匀。

（2）试样溶液的配制　称取含三唑酮 0.12g 的试样（精确至 0.0002g），置于 25mL 容量瓶中用测定步骤（1）中同一支移液管加入 10mL 内标溶液，摇匀。

（3）测定　在上述色谱操作条件下，待仪器稳定后，连续注入数针标样溶液，计算各针相对响应值的重复性，直至相邻两针的相对响应值变化小于 1.2% 后，按照标样溶液、试样溶液、试样溶液、标样溶液的顺序进样分析。

6. 结果计算

将测得的两针试样溶液以及试样前后两针标样溶液中三唑酮与内标物的峰面积之比，分别进行平均。

试样中三唑酮的质量分数 w_1 按下式计算：

$$w_1 = \frac{r_2 m_1 w}{r_1 m_2} \tag{9-8}$$

式中，r_1 为标准溶液中三唑酮与内标物峰面积之比的平均值；r_2 为试样溶液中三唑酮与内标物峰面积之比的平均值；m_1 为标样的质量，g；m_2 为试样的质量，g；w 为标样中三唑酮的质量分数，%。

7. 允许误差

两次平行测定结果之差不大于 1.2%。取算术平均值作为测定结果。

8. 方法讨论

（1）该法对于20％三唑酮乳油和三唑酮可湿性粉剂仍然适用，操作方法类似。

（2）对于三唑酮生产中产生的主要杂质（对氯苯酚）含量要加以控制，其测定方法如下所述。

（二）对氯苯酚含量的测定

1. 测定原理

试样用乙腈溶解，乙腈水溶液为流动相，用粒径5μm的Lichrospher-ODS为填料的液相色谱柱和紫外检测器（276nm）对试样中的对氯苯酚进行反相高效液相色谱分离和测定，外标法定量。

2. 试剂和仪器

（1）试剂

① 乙腈：色谱纯。

② 水：新蒸二次蒸馏水。

③ 流动相：乙腈与水的体积比为49：51。流动相经0.45μm孔径的滤膜过滤，并在超声波浴槽中脱气10min。

④ 对氯苯酚标样：已知含量≥99.0％。

（2）仪器

① 高效液相色谱仪：具有可变波长的紫外检测器。

② 色谱柱：250mm × 4mm（i.d.）不锈钢柱，内装Lichrospher-ODS填充物，粒径5μm。

③ 超声波浴槽。

④ 过滤器：滤膜孔径为0.45μm。

3. 高效液相色谱操作条件

（1）流动相 乙腈与水的体积比为49：51。

（2）流速 1.0mL/min。

（3）柱温 室温（温差变化应不大于2℃）。

（4）检测波长 276nm。

（5）进样体积 10μL。

（6）保留时间 对氯苯酚约5.6min。

上述操作参数是典型的，可根据不同仪器特点，对色谱柱和给定操作参数作适当调整，以期获得最佳效果。典型的三唑酮原药中对氯苯酚的液相色谱图见图9-6。

4. 测定步骤

（1）标样溶液的配制 称取对氯苯酚标样0.05g（精确至0.0002g），置于50mL容量瓶中，用乙腈溶解、定容、摇匀。用移液管移取10mL上述溶液，置于另一50mL容量瓶中，用乙腈稀释至刻度，摇匀。

（2）试样溶液的配制 称取试样2g（精确至0.0002g），置于50mL容量瓶中，用约40mL乙腈溶解试样，将容量瓶置于超声波浴槽中振荡10min，取出恢复至室温后补加乙腈至刻度，摇匀。用0.45μm孔径滤膜过滤。

图9-6 三唑酮原药中对氯苯酚液相色谱图
1—对氯苯酚；2—三唑酮

（3）测定 在上述色谱操作条件下，待仪器稳定后，连续注入数针标样溶液，直至相邻两针的峰面积变化小于1.5％时，按照标样溶液、试样溶液、试样溶液、标样溶液的顺序进样分析。

5. 结果计算

将测得的两针试样溶液以及试样前后两针标样溶液中对氯苯酚的峰面积，分别进行平均。

试样中对氯苯酚的质量分数 w_2 按下式计算：

$$w_2 = \frac{1}{5} \times \frac{A_2 m_1 w}{A_1 m_2} \tag{9-9}$$

式中，A_1 为标样溶液中对氯苯酚峰面积的平均值；A_2 为试样溶液中对氯苯酚峰面积的平均值；m_1 为标样的质量，g；m_2 为试样的质量，g；w 为标样中对氯苯酚的质量分数，%。

（三）水分的测定

按 GB/T 1600—2001 中的卡尔·费休法进行。允许使用精度相当的水分测定仪测定。

（四）丙酮不溶物的测定

1. 试剂和仪器

① 丙酮：经无水硫酸钠干燥。

② 锥形烧杯：具玻璃磨口接头，250mL。

③ 回流冷凝器：与锥形烧杯配套。

④ 玻璃砂芯坩埚：3 号。

⑤ 烘箱：（110±2）℃。

2. 测定步骤

称取 10g 试样（精确至 0.01g），放入锥形瓶中，加入 50mL 丙酮，加热回流至所有可溶物溶解。用已恒重的坩埚过滤溶液，再用 60mL 丙酮分三次洗涤锥形瓶，并抽滤。将坩埚置于 110℃烘箱中干燥 30min，取出冷却至室温，称量。

3. 结果计算

丙酮中固体不溶物的质量分数 w_3 按下式计算：

$$w_3 = \frac{m_1 - m_0}{m} \tag{9-10}$$

式中，m_1 为恒重后坩埚与不溶物的质量，g；m_0 为坩埚的质量，g；m 为试样的质量，g。

（五）酸度的测定

1. 试剂

① 丙酮。

② 氢氧化钠标准滴定溶液：$c(NaOH) = 0.02mol/L$，按 GB/T 601—2016 中 4.1 配制。

③ 甲基红乙醇溶液：2g/L 指示剂。

2. 测定步骤

称取试样 2g（精确至 0.0002g），置于 250mL 锥形瓶中，加入 100mL 丙酮，振摇使试样溶解，滴加 2 滴指示剂，用氢氧化钠标准滴定至由红色变为黄色为终点。

同时做空白测定。

3. 结果计算

以硫酸的质量分数表示的试样的酸度 w_4 按下式计算：

$$w_4 = \frac{c(V_1 - V_0) \times 0.049}{m} \tag{9-11}$$

式中，c 为氢氧化钠标准滴定溶液的实际浓度，mol/L；V_1 为滴定试样溶液所消耗氢氧化钠标准滴定溶液的体积，mL；V_0 为滴定空白溶液所消耗氢氧化钠标准滴定溶液的体积，mL；m 为试样的质量，g；0.049 为与 1.00mL 氢氧化钠标准滴定溶液 $[c(NaOH) = 1.000mol/L]$ 相当的以 g 表示的硫酸的质量。

第七节　其他类农药分析

一、其他类农药简介

在农药的化学结构分类法中，除前已述及的有机氯、有机硫、有机磷、杂环等类型外，还有氨基甲酸酯、拟除虫菊酯、酰胺、脲、醚、酚、苯氧羧酸、三氮苯、二氮苯、脒等类型农药。在农药的主要防治对象分类法中，除杀虫剂、杀螨剂、杀菌剂外，还有除草剂、植物生长调节剂、杀鼠剂等其他农药。由于除草剂的产量和销售额都最高，品种多，应用广，故此处侧重介绍除草剂的分析。

除草剂是用于防除农田、果园中的杂草的化学药剂，常见的有除草醚、杀草丹、扑草净、绿麦隆等。其中，取代脲类除草剂发展迅速，商品化品种达 20 余种，成为除草剂中品种多、使用广泛的重要一类。例如异丙隆、绿麦隆、敌草隆等，其主要特点是水溶性低、脂溶性差，加工剂型多为可湿性粉剂、悬浮剂；不抑制种子发芽；对杂草的主要作用部位在叶片，当叶片受害后自叶尖起发生褪绿，最后坏死；适用作物范围广；抗光解，不挥发。下面以绿麦隆为例，介绍除草剂的特征和主要分析方法。

二、其他类农药特征

绿麦隆（chlorotoluron）是一种典型的取代脲类除草剂，其特征如下。

① 化学结构式

② 分子式：$C_{10}H_{13}ClN_2O$。

③ 相对分子质量：212.68。

④ 化学名称：N-(3-氯-4-甲基苯基)-N',N'-二甲基脲。

⑤ 其他名称：Dicuran、Dicurane。

⑥ 物化性质：纯品为白色无味的结晶固体，熔点为 147～148℃；工业品的熔点为142～144℃。25℃时蒸气压为 0.017MPa。20℃时在水中的溶解度为 10mg/L，在丙酮中可溶 5%、苯中 2%～4%、氯仿中 4.3%（皆为质量分数）。

⑦ 制剂和应用：绿麦隆是以对硝基甲苯、液氯和二甲胺等为原料制成的，即绿麦隆原粉。再制成 50% 的可湿性粉剂使用。

三、其他类农药分析实例——绿麦隆原药的分析

（一）方法简介

绿麦隆原药的分析可采用萃取定胺法和高效液相色谱法，参照国家化学工业标准汇编（2009），其技术条件如下。

（1）外观　浅黄至棕色固体。

（2）绿麦隆原药应符合表 9-5 的指标要求。

表 9-5　绿麦隆原药控制项目指标

指标名称		指标		
		优级品	一级品	合格品
绿麦隆含量/%	≥	95.0	90.0	80.0
水分含量/%	≤	2.0	2.0	3.0

续表

指　标　名　称		指　　标		
		优级品	一级品	合格品
酸度(按 H_2SO_4 计)/%	≤	0.2	0.2	0.5
碱度(按 NaOH 计)/%	≤	0.1	0.1	0.2

(二) 萃取定胺法测定绿麦隆含量

1. 测定原理

试样用二氯甲烷溶解，以盐酸萃取游离的胺，蒸除二氯甲烷，残留物用氢氧化钾和1,2-丙二醇溶液水解，将释放出的胺用硼酸溶液吸收，以盐酸标准滴定溶液滴定后得到总胺量，再减去用薄层色谱法测定的副产物Ⅰ[3-(3-氯-4-甲苯基)-1-甲基脲]和副产物Ⅱ[3-(4-甲苯基)-1,1-二甲基脲]的含量，即可得到绿麦隆的含量。

2. 试剂和仪器

(1) 试剂

① 硼酸。

② 1,2-丙二醇。

③ 二氯甲烷。

④ 盐酸标准滴定溶液：$c(HCl)=1.000mol/L$。

⑤ 甲基红-亚甲基蓝混合指示液：称取 60mg 甲基红和 40mg 亚甲基蓝，溶于 100mL 95%的乙醇中。

(2) 仪器

① 电磁搅拌器。

② 旋转蒸发器。

③ 带玻璃塞和活塞的 250mL 分液漏斗。

④ 带磨口接头的蒸馏装置。

⑤ 滴定管：25mL，具 0.05mL 分度的酸式滴定管。

⑥ 蒸馏装置：如图 9-7 所示。

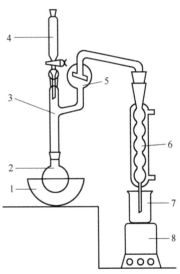

图 9-7　蒸馏装置

1—加热套；2—500mL 圆底烧瓶；
3—回流管；4—分液漏斗；
5—缓冲罩；6—冷凝器；
7—400mL 烧杯；
8—电磁搅拌器

3. 测定步骤

称取含绿麦隆约 3g 的试样（准确至 0.0001g），用 100mL 二氯甲烷溶解并转移至分液漏斗中，旋摇使试样完全溶解，加入 50mL 盐酸 [$c(HCl)=1.000mol/L$]。强烈摇动 1min，并将有机层溶液放入第二个分液漏斗中，加入 25mL 上述盐酸，摇动 30s，再将有机层放入 500mL 烧瓶中。用总体积为 200mL 的二氯甲烷连续洗上述两漏斗中的水层，将有机层溶液放入上述烧瓶中，弃去水溶液。在旋转蒸发器中蒸发二氯甲烷至干（水浴的最高温度为 40℃）。加 100mL 1,2-丙二醇、40g 氢氧化钾及一些沸石于残渣中，立即将烧瓶紧密地连接至蒸馏装置上。所有接头处都要涂一薄层硅润滑脂。加 150mL 蒸馏水、0.2g 硼酸和 1.0mL 混合指示液至烧杯中，导管的末端应放在液面之下，温热，使烧杯中的氢氧化钾和绿麦隆全部溶解，然后煮沸 10min，使 1,2-丙二醇在冷凝器中回流，并以每秒 1 滴的速度，从分液漏斗中加水到烧瓶内的沸腾物中，以此来完成胺的蒸馏，同时用盐酸标准滴定溶液滴定胺，连续滴定至指示液的颜色由绿色变为蓝色，并保持 2min 不变。同时在相同条件下做空白试验。

4. 结果计算

绿麦隆的质量分数 w（绿麦隆）按下式计算：

$$w(绿麦隆)=\frac{(V_1-V_2)c\times212.7}{m\times1000}\times100\%-x_4 \qquad (9\text{-}12)$$

式中，V_1 为试样消耗盐酸标准滴定溶液的体积，mL；V_2 为空白消耗盐酸标准滴定溶液的体积，mL；c 为盐酸标准滴定溶液的实际浓度，mol/L；m 为试样的质量，g；212.7 为绿麦隆的摩尔质量，g/mol；x_4 为副产物的质量分数，%。

附　副产物Ⅰ和Ⅱ的测定——薄层色谱法

1. 基本原理

将试样和副产物的标样溶液经薄层色谱分离，在紫外光照射下，比较试样及副产物Ⅰ和Ⅱ的标样溶液所产生的斑点，然后确定其含量。

2. 试剂和仪器

(1) 试剂

① 副产物Ⅰ[3-(3-氯-4-甲苯基)-1-甲基脲] 标样，已知含量。

② 副产物Ⅱ[3-(4-甲苯基)-1,1-二甲基脲] 标样，已知含量。

③ 三氯甲烷。

④ 乙酸乙酯。

⑤ 四氢呋喃。

⑥ 展开剂：三氯甲烷-乙酸乙酯（体积比为 80∶20）。

⑦ 硅胶 HF_{254}：色谱用。

(2) 仪器

① 展开缸。

② 移液管：5mL，0.05 分度。

③ 玻璃板：20cm×20cm。

④ 容量瓶：50mL，10mL。

⑤ 紫外灯：波长 254nm。

3. 测定步骤

(1) 薄层板的制备　称取 8g 硅胶 HF_{254}，研磨至均匀糊状，立即倒在一个预先洗净、干燥的色谱用玻璃板上，轻轻振动使硅胶分布均匀且无气泡。置板于水平处自然风干后移至烘箱中，在 140℃活化 2h，取出放入干燥器中备用。

(2) 试样溶液的配制　称取 0.5g（准确至 0.0001g）试样于 10mL 容量瓶中，用四氢呋喃溶解并稀释至刻度，摇匀。

(3) 副产物标样溶液的配制　称取副产物Ⅰ和Ⅱ各 (50±1)mg 置于 50mL 容量瓶中，用四氢呋喃溶解并稀释至刻度，摇匀，用移液管吸取上述溶液 2.00mL、4.00mL、6.00mL、8.00mL 和 10.00mL 分别放入 5 个 10mL 容量瓶中，用四氢呋喃稀释至刻度。相应的质量浓度分别为 0.2mg/mL、0.4mg/mL、0.6mg/mL、0.8mg/mL、1mg/mL。

(4) 色谱分离　在同一块薄层板上，距底边 2.5cm、两侧 1.5cm 处，用 5μL 注射器分别吸取 5μL 副产物标样溶液（按浓度由低至高的顺序）和试样溶液在板上并排点成圆点状。让溶剂挥发至干，置于在室温下充满展开饱和蒸气的展开缸中，当展开剂的前沿上升至距点样线约 13cm 时（约 70min）取出，待展开剂挥发后，于紫外灯下比较薄层板上 R_f 值约为 0.25（副产物Ⅰ）和 0.35（副产物Ⅱ）处由试样溶液和副产物标样溶液所产生的斑点。当试样溶液中副产物与相应的副产物标样某一含量的溶液斑点一致时，该含量即为试样中副产物的含量。

当试样溶液的副产物质量浓度超过 10mg/mL 时，应先将试样溶液定量稀释至副产物标样溶液的浓度范围以内，再按上述方法进行测定。

（三）高效液相色谱法测定绿麦隆含量

1. 测定原理

试样用甲醇溶解，用 C_{18} 反相液相色谱柱分离，紫外检测器测定，流动相为甲醇和水，采用外标法测定绿麦隆含量。

2. 试剂和仪器

（1）试剂

① 甲醇。

② 冰醋酸。

③ 绿麦隆标准样：已知含量。

（2）仪器

① 高效液相色谱仪：配紫外检测器。

② 数据处理机或记录仪。

③ 微量注射器：$10\mu L$。

④ 色谱柱：Bondapau^{mt} C_{18}，长 250mm、内径为 4.6mm 的不锈钢柱。

3. 液相色谱操作条件

（1）检测波长　243nm（或 245nm）。

（2）检测灵敏度　0.5AUFS。

（3）柱温　室温。

（4）流动相　甲醇-水-冰醋酸（体积比为 60∶40∶0.1）。

（5）流速　1mL/min。

（6）保留时间　绿麦隆约 10min。

4. 测定步骤

（1）标样溶液的配制　称取绿麦隆标样约 0.1g（准确至 0.0001g），置于 100mL 容量瓶中，用甲醇稀释至刻度，摇匀。

（2）试样溶液的配制　称取含有绿麦隆约 0.1g（准确至 0.0001g）的试样置于 100mL 容量瓶中，用甲醇溶解，再用甲醇稀释至刻度，摇匀。

（3）测定　在上述操作条件下，待仪器稳定后，先注入数针标样溶液，直至连续两次进样的峰面积（或峰高）的相对偏差小于 1%，再进行定量分析。试样溶液全部组分流出约需 30min，进样顺序如下：标样溶液、试样溶液、试样溶液、标样溶液。

5. 结果计算

根据两针标样溶液和两针试样溶液所得的绿麦隆峰面积（或峰高）的平均值，按下式计算试样中绿麦隆的质量分数 w（绿麦隆）：

$$w(绿麦隆)=\frac{A_1 m_2 x_0}{A_2 m_1} \tag{9-13}$$

式中，A_1 为试样溶液峰面积（或峰高）的平均值；A_2 为标样溶液峰面积（或峰高）的平均值；m_1 为绿麦隆试样的质量，g；m_2 为绿麦隆标准样的质量，g；x_0 为绿麦隆标准样的质量分数，%。

6. 方法讨论

① 该法规定平行测定结果相差不得大于 1.0%。

② 萃取定胺法测定绿麦隆的含量需要经过两次测定，步骤稍烦琐；高效液相色谱法与之相比较，具有较大优势。

农药对人体的慢性危害

农药对人体的急性危害往往容易引起人们的注意，而慢性危害则易被人们所忽视。因为慢性毒性产生生理变化（又称为细微效应）的情况常常没有明显症状，所以几乎不引起人们注意。但是最新研究表明，这类危害是值得注意的，尽管迄今为止并没有观察发现到慢性中毒死亡的事例。

农药慢性危害引起的细微效应有以下几方面。

1. 对酶系的影响

肝微粒体多功能氧化酶是哺乳动物体内一组具有多功能的代谢酶系。一般认为多功能氧化酶是一种解毒酶，它能把农药氧化或羟基化成极性更高的物质，易于排泄；但也可以增毒，如对涕灭威、对硫磷等。

有机氯农药滴滴涕、有机磷农药杀虫畏和氨基甲酸酯农药叶蝉散等都对肝微粒体酶具有诱导作用。这种结果有助于对有毒化合物的解毒作用，但同时由于诱导使肝细胞光滑内质网增生，哺乳动物肝脏质量增加，对肝功能带来不利影响。

有机磷农药对胆碱酯酶有抑制作用，从而对神经系统功能产生影响。滴滴涕作用于肾上腺皮质，减少血浆胆红素的含量，提高胆红素-葡萄糖醛酸转移酶的活性。有机磷、氨基甲酸酯杀虫剂对血清中葡萄糖酸苷酶有显著影响，在极低用量时，不影响胆碱酯酶，但可以引起葡萄糖酸苷酶活性的明显增加。杀虫脒等化合物抑制单胺氧化酶，造成神经胺的增加。另外，如滴滴涕对内分泌的影响，特别是对雌激素和皮质素的影响；西维因对甲状腺功能的影响；有机磷对维生素 E 的利用影响；滴滴涕对神经系统内氨基酸的影响等。

2. 组织病理改变

有机氯杀虫剂引起肝脏病变，γ-六六六引起血液反应不正常。有机磷农药引起神经中毒及运动失调。有些有机磷农药引起皮炎及皮肤刺激，有的也引起眼睛受损等。

3. "三致"作用

"三致"作用是指致癌、致畸和致突变。如果使用的农药对脱氧核糖核酸（DNA）能产生损害作用，就可能干扰遗传信息的传递，引起子细胞突变。当致突变物质作用于生殖细胞，使生殖细胞发生变化时，就会产生致畸；若引起体细胞突变便可能致癌。有些农药在动物体内已经被证实具有致癌作用，有机氯农药常被认为有"三致"作用。有机磷农药大部分是弱烷化剂，如敌敌畏的作用最强，敌百虫和乐果、甲基对硫磷、甲基内吸磷等都能与DNA 的鸟嘌呤起甲基化作用，因而有可能引起癌症，其中敌敌畏的作用最强。敌百虫和乐果对小白鼠体内骨髓细胞有致突变作用。一些氨基甲酸酯杀虫剂能产生亚硝胺类化合物，亚硝胺具有致癌作用。除草醚和杀虫脒被认为有"三致"作用，已停止使用。

当然，报道的"三致"作用试验大多是在高剂量情况下在动物（小白鼠）身上进行的，因此，不能机械、简单地类推到人体中，而只是一种可能性。然而，这是值得注意和研究的问题，因为一旦人体上发现其现象为时已晚。美国在越南战争期间，使用化学落叶剂造成战后出现许多畸形儿就是一例。

习　题

1. 农药的定义是什么？农业上的催熟剂、抑制作物生长的药剂是农药吗？为什么？
2. 农药分类的方式有哪些？常用的是哪一种？分为哪些种类？
3. 常见农药的剂型有哪些？
4. 农药标准分为几类？

5. 在农药生产和经营活动中必须实施的"四证"制度是什么？

6. 如何认识农药的作用与环境污染的关系？

7. 滴滴涕和六六六为何被禁用？

8. 测定百菌清原药中百菌清含量的原理是怎样的？内标物是什么？

9. 简述代森锌、三乙膦酸铝、三唑酮等农药的主要特点。

10. 取某厂的代森锌 0.4500g，以磺原酸盐法测定其代森锌的质量分数。用 0.0850mol/L 碘标准溶液滴定，空白消耗 0.25mL，滴定消耗 34.15mL，求代森锌的质量分数。

11. 简述碘量法测定三乙膦酸铝原药的原理。

12. 采用气相色谱内标法测定三唑酮的含量，其内标物是怎样的？出峰顺序是怎样的？结果计算公式的原理是怎样的？

13. 采用高效液相色谱外标法测定绿麦隆的含量，其流动相是什么？结果计算公式的原理是怎样的？

第十章　物理常数和物理性能的测定

学习指南

知识目标：

1. 了解粒径的定义和测定意义，掌握筛分法测定粒径的原理。

2. 了解熔点的定义和测定意义，掌握熔点的测定原理。

3. 了解沸点的定义和测定意义，掌握沸点的测定原理。

4. 了解密度的定义和测定意义，掌握密度瓶法、密度计法和韦氏天平法测定液态物质密度的原理，掌握密度瓶法和堆积法测定固态物质密度的原理。

5. 了解旋光度的定义和测定意义，掌握旋光度的测定原理。

6. 了解黏度的定义和测定意义，掌握动力黏度、运动黏度、条件黏度的测定原理。

7. 了解闪点的定义和测定意义，掌握开口杯法和闭口杯法测定闪点的原理。

能力目标：

1. 能采用筛分法准确测定固体物质的粒径分布；条件许可时学会激光粒度仪的使用。

2. 能熟练安装熔点测定装置，正确采用毛细管法或显微熔点法准确测定物质的熔点并对测定结果进行正确的校正；条件许可时学会用熔点测定仪测定物质的熔点。

3. 能熟练安装沸点测定装置，正确采用毛细管法或标准法准确测定物质的沸点并对测定结果进行正确的校正；正确采用蒸馏法准确测定物质的沸程；条件许可时学会使用沸程测定仪测定物质的沸程。

4. 能采用密度瓶法、密度计法和韦氏天平法准确测定液态物质的密度；能采用密度瓶法和堆积法测定固态物质的密度。

5. 能正确使用旋光仪，准确测定旋光度。

6. 能正确使用毛细管黏度计测定运动黏度，正确使用旋转黏度计测定动力黏度，正确使用恩氏黏度计测定条件黏度。

7. 能正确使用开口闪点测定仪和闭口闪点测定仪准确测定闪点。

  物理常数和物理性能是有机化合物的重要物理特性，与物质的本质、结构和纯度等有着密切的关系，主要包括粒径、熔点、沸点、沸程、密度、旋光度、黏度和闪点等，它们也是检验物质质量和等级的重要参数。所以在工业生产过程中，原料、中间体和产品是否符合质量要求，常以物理常数作为质量检验的重要控制指标之一。本章中以熔点、沸点、沸程、密度、旋光度、黏度和闪点作为主要的学习内容，其他则作为选学内容。

第一节　粒径的测定

  粒径是指固体物质颗粒的大小，不同的产品有不同的粒径要求，如用于涂料、化妆品等的原材料要求有很小的粒径，而化肥等产品为了提高其肥料的长久性和缓释性，常要求有稍大一些的粒径。作为原材料，固体物质的粒径大小对固体物质的利用及对生产产品的性能均有很大的影响。如现代高科技生产技术——纳米材料的研制是材料科学中的一次飞跃。由纳米级原材料生产的产品，将极大地提高和改善产品的性能。粒径的测定方法有多种，根据测定要求的不同，可选择不同的方法，一般有筛分法、微粒度测定法等。筛分法主要用于测定固体颗粒（一般测定较大颗粒）的大小及分布。微粒度测定仪是测定粒径的专用仪器，可测定固体粉末和乳液颗粒（如染料、涂料、磁性材料、药物、化妆品、食品、高分子聚合乳液和金属粉末等）的大小及分布，具有测定快速、精密度高的特点，可测定 $0.01 \sim 30 \mu m$ 的颗粒粒径。

一、筛分法

1. 测定原理

此法是利用一系列筛孔尺寸不同的筛网来测定颗粒粒度及其粒度分布，将筛网按孔径大小依次叠好，把被测试样从顶上倒入，盖好筛盖，置于振筛器上振荡（或人工振筛），使试样通过一系列的筛网，然后在各层筛网上收集，通过称量各筛网中留存的试样的质量，以粒度来表示一定粒径范围的颗粒质量占总试样质量的百分数。

2. 测定仪器和试样

（1）仪器 孔径分别为 1.0mm、2.0mm、2.8mm、4.0mm 的筛网一套，并附有筛盖和底盘，如图 10-1 所示；振筛器（没有振筛器则采用人工振筛）及托盘天平。

(a) 筛网　　　　　　　　　　　　　(b) 筛盖和底盘

图 10-1　筛网

（2）试样 颗粒复合（复混）磷肥或尿素。

3. 测定步骤

① 称取试样 200g，精确到 1g。

② 将筛网按孔径大小依次叠好（若仅测定规定的粒度范围，则只需用两个确定孔径的筛网），孔径大（4.0mm）的在上层，小的在下层。试样置于孔径最大的筛网上，盖好筛盖。

③ 将筛网置于振筛器上，夹紧，振荡 5min。

④ 称量未通过 4.0mm 孔径筛网的试样及底盘上的试样（通过所有筛网的小颗粒物），精确到 1g。

4. 计算

试样的粒度以 1~4mm 颗粒质量占试样的质量分数表示。

$$D = \frac{m - m'}{m} \times 100\% \tag{10-1}$$

式中，D 为试样的粒度；m 为试样的质量，g；m' 为未通过 4.0mm 孔径筛网的大颗粒试样和通过所有筛网的小颗粒试样之和，g。

5. 方法讨论

① 夹在筛孔中的颗粒应作为不通过该筛网的部分计算。

② 筛网法实际测定的是不同颗粒度的质量分布，而非真正意义上的粒径。

6. 新仪器新技术介绍

筛分实验仪器可配置微电脑装置，结合精密天平及打印机，作为筛分实验分析记录仪，不需要称量各组分的质量，由仪器直接称出各部分的质量后，快速地得到完整分析结果，获

图 10-2　STAR 2000 筛分
实验分析仪

得精确的粒径大小分布比例。如 STAR 2000 筛分实验分析仪，如图 10-2 所示。

二、微粒度仪法（离心沉降法）

此法主要利用离心沉降原理来测定固体粉末和乳液颗粒的粒径分布和平均粒径。

1. 测定原理

固体质点在液体介质中的沉降速度因质点直径大小不同而不同，通过离心力的作用，加速固体质点的沉降速度。首先将沉降液注入旋转的圆盘中，接着注入缓冲液，并通过使离心机转速突变的方法使之形成具有一定密度梯度的薄层，然后注入含有被测试样的悬浮液并在缓冲层上形成一很薄的试样层，这种技术称为离心铺层法。待测试样中各种粒径的颗粒在圆盘沉降液中受离心力场作用，沿圆盘离心径向运动。粒径相同的颗粒具有相同的运动速度，形成圆环状态逐渐分层向外扩散，其速度按照颗粒粒径大小分级，粒径最大的颗粒首先到达光束位置，粒径最小的颗粒最后到达光束位置。使在指定检测位置的光电二极管接收的光通量发生变化，光电二极管输出的电信号的强弱受颗粒浓度影响，检测器检测到各种粒径的颗粒所引起的光密度变化，可以计算出平均粒径和粒径分布。

（1）试样的分散　被测的试样中应含有分散液，使固体微粒在分散液中充分分散，成为不含微粒的聚集体。因此必须对试样进行适当的处理，以制成充分分散的分散剂（分散剂一般为乳化剂，如十二醇硫酸钠、非离子型乳化剂、阳离子型乳化剂及焦磷酸钠等），逐渐用水稀释至 1% 含量，静止后取悬浮液 1mm 深处的乳浊液，置超声波振荡器中处理 10～15min，以制取高分散乳浊液。

（2）沉降液的选择　根据被测固体颗粒的性质，选用适当的液体作为沉降液。沉降液的密度应低于固体的密度，并且不使固体颗粒产生溶胀作用。此外，沉降液还应具备以下条件：

① 对于有机玻璃圆盘无任何物理或化学作用；

② 对于所测试的微粒没有物理或化学作用；

③ 其密度和黏度为已知值；

④ 沉降液的密度和黏度数值应适当，以免测试过程中产生射流现象或测试时间过长。

常用的沉降液有蒸馏水、甘油水溶液及蔗糖水溶液等。

（3）缓冲液的选择　测试时加入缓冲液的目的是使沉降液产生适当的密度梯度，因此缓冲液必须具备以下条件：①可以与沉降液混溶；②其密度低于沉降液。

常用的缓冲液有适当浓度的甲醇水溶液、乙醇水溶液和蒸馏水。

2. 仪器和试剂

① 仪器：微粒度测定仪。

② 试样：白刚玉或其他高分子材料。

3. 测定步骤

① 准备试样。制备试样分散液；选择沉降液；选择缓冲液。

② 打开主机电源开关，把离心机转速波段开关调到所需的转速。

③ 向旋转着的圆盘中心注入 30mL 沉降液，缓慢地旋转微调旋钮，直至电流表指针稳定为止。

④ 设置测定参数，在计算机处理系统中输入试样的密码、沉降液的密码和黏度。

⑤ 向圆盘中心注入 1mL 缓冲液，同时按下增速键，再按减速键，使产生瞬时加速、减速运动，并迅速恢复原来转速，以使缓冲液与沉降液充分混合，产生适当的密度梯度。

⑥ 调节接口单元中的位移电位器，使电压表数字为 1.9000 左右。

⑦ 将 1mL 试样分散液快速注入旋转着的圆盘，同时按下微动启动开关，使计算机进入采样阶段。

⑧ 观察屏幕上的采样曲线的变化，当基本回到起始时可结束实验。

4. 结果计算

在计算机处理系统中查看或打印测定结果。

5. 新仪器新技术介绍——激光粒度分析仪

激光粒度分析仪是通过测量颗粒群的衍射光谱经计算机进行处理来分析其粒度分布的。它可用来测量各种固态颗粒、雾滴、气泡及任何两相悬浮颗粒状物质的粒度分布，以及运动颗粒群的粒度分布。它不受颗粒的物理、化学性质的限制。该类仪器因具有超声、搅拌、循环的样品分散系统，所以测量范围广（测量范围可达 0.02～2000μm，有的甚至更宽），自动化程度高，操作方便，测试速度快，测量结果准确、可靠、重复性好。可广泛用于石油化工品、陶瓷、染料、水泥、煤粉、研磨材料、金属粉末、泥沙、矿石、雾滴、乳浊液等粒度的测定。如国产 JL、WJL 系列激光粒度分析仪，英国产 Mastersizer 系列激光粒度分析仪，以及可用来测定纳米级的 PCS 纳米粒度分析仪等。图 10-3 所示为国产 JL-9100 型激光粒度分析仪。

图 10-3 JL-9100 型激光粒度分析仪

第二节 熔点的测定

一、基本概念

1. 熔点

在有机化学领域中，熔点测定是确定物质类型和物质本性的基本手段，也是纯度测定的重要方法之一。因此，熔点测定在化学工业、医药研究中占有重要地位，是生产药物、香料、染料及其他有机晶体物质中重要的测定项目。

物质受热时，从固态转变成液态的过程，称为熔化。在一定的压力下，物质的固体态与熔融态处于平衡状态时的温度称为熔点，常记作 t_{mp}。理论上纯净的物质都具有确定的熔点。但实际上，绝对纯净的物质是不存在的。对不纯净的物质而言，从固体状态受热变为液体状态时，其熔点将会发生改变。许多有机物的熔点也不一定是固定的值，而是有一定的温度区间。物质开始熔化至全部熔化的温度范围，叫做熔点范围（也称为熔程或熔距）。GB/T 617—2006 定义的熔点范围是指毛细管法测定的、从物质开始熔化到全部熔化时，校正到标准大气压下的温度范围。

物质中混有杂质时，通常导致熔点下降、熔点范围增大即熔距变宽。纯物质固、液两态之间的变化是非常敏感的，自初熔至全熔，温度变化不超过 0.5～1℃。因此，通过测定熔点可以初步判断该化合物的纯度。

2. 结晶点

结晶点是指在标准大气压下，物质在冷却过程中，由液态转变为固态时的相变温度。

纯物质具有固定的结晶点，如含有杂质，则结晶点降低。因此，测定结晶点也可以判断物质的纯度。结晶点可用 t_{cp} 表示。对于水，结晶点常称为冰点。

熔点和结晶点实际上是从不同方向描述物质由固态到液态的相转变现象的两个物理量。

二、熔点与有机物本质的关系

本节中讨论的熔点，主要是指有机化合物的熔点。大多数有机化合物都有一定的熔点，且多在 50～300℃ 之间，可用简单的仪器测出。有机化合物熔点的高低与有机物的结构和本质有关。

熔点在一定程度上反映了物料在固态时晶格之间晶格力的大小，晶格力越大，熔点越高。晶格力中以静电引力（离子键）最大，偶极分子间吸引力及氢键次之，而非极性分子间的色散力最小。因此，有机盐或形成内盐的氨基酸等都有较高的熔点。分子中引入极性基团时，偶极矩增大，熔点增高。所以极性化合物都比相对分子质量相近的非极性化合物有较高的熔点。熔点与分子结构的关系可以归纳为以下经验规律。

① 同系物中熔点随相对分子质量的增大而增高。如高级烷烃、烯烃、炔烃的熔点高于低级烃的熔点，所以在常温常压下，甲烷、乙烯、乙炔等呈气态。但是以下几种情况例外。

a. 在含多元极性官能团的同系列化合物中，—CH_2—增多，熔点反而相对降低。这是由于极性基团之间有较强的作用力，引入—CH_2—后，相对分子质量虽然增大，但却减弱了这种作用力。

b. 随着碳链的增长，特性官能团的影响效应逐渐减弱，所以在同系列中高级成员的熔点趋近于同一极限。

c. 有些同系列，例如二元脂肪族羧酸、二酰胺、二羟醇、烃基代丙二酸及酯等类化合物中，随着相对分子质量的增大熔点有交替上升的现象。一般含偶数碳原子的较高，含奇数碳原子的较低。

② 分子中引入能形成氢键的官能团后，熔点也会升高，形成氢键的机会越多，熔点越高。所以羧酸、醇和胺等总是比其母体烃的熔点高。

③ 分子结构越对称，越有利于排成规则的晶格，有更大的晶格力，所以熔点越高。一般来说，分子结构对称时熔点高，如直链烷烃的熔点高于同碳数的支链烷烃。立体异构体中，反式结构的化合物熔点高于顺式结构的化合物（如顺丁烯二酸的熔点是 130℃，低于反丁二烯二酸的熔点 287℃）。化合物的缔合度高时熔点也高，如羧酸的熔点高于相应酯的熔点。

另外，根据熔点判断有机化合物的纯度时有两点值得注意：

a. 对于同晶型的化合物，即使它们的化学性质彼此不同，但相互混合时，混合物的熔点并不下降；

b. 而有些化合物，即使纯度很高，却也有较大的熔点范围。

三、熔点测定的方法

GB/T 617—2006 规定了有机物的熔点或熔程测定的通用方法。

测定熔点常用的方法有毛细管法和显微熔点法等。毛细管法是最常用的基本方法。它具有操作方便、装置简单的特点，因此目前实验室中仍然广泛应用这种方法。

（一）毛细管法

1. 测定原理

将试样研细装入毛细管，置于热浴中逐渐加热，当毛细管中试样熔化时的温度即为熔点温度值（严格地说是经过相应的校正计算得到的温度值），称为熔点。当试样出现明显的局部液化现象时的温度称为初熔点，试样全部熔化时的温度称为终熔点。

2. 测定仪器和试剂

(1) 仪器 常用的毛细管熔点测定装置有双浴式和提勒管式两种，如图 10-4 所示。

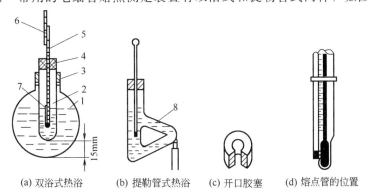

(a) 双浴式热浴　(b) 提勒管式热浴　(c) 开口胶塞　(d) 熔点管的位置

图 10-4 熔点测定装置

1—圆底烧瓶；2—试管；3,4—开口胶塞；5—温度计；6—辅助温度计；7—毛细管；8—提勒管

① 毛细管（熔点管）：用中性硬质玻璃制成的毛细管，一端熔封，内径 0.9～1.1mm，壁厚 0.10～0.15mm，长度约为 100mm。

② 温度计：测量温度计（主温度计）为单球内标式，分度值为 0.1℃，并具有适当的量程。

③ 辅助温度计：分度值为 1℃，并具有适当的量程。

④ 热浴

a. 提勒管热浴。提勒管的支管有利于载热体受热时在支管内产生对流循环，使整个管内的载热体能保持一定均匀的温度分布。

b. 双浴式热浴采用双载热体加热，具有加热均匀、容易控制加热速度的优点，是目前一般实验室测定熔点常用的装置。

(2) 试剂和样品

① 载热体。载热体应选用沸点高于被测物全熔温度，而且性能稳定、清澈透明、黏度小的液体作为载热体（传热体）。常用的载热体见表 10-1。

表 10-1 常用的载热体

载 热 体	使用温度范围/℃	载 热 体	使用温度范围/℃
浓硫酸	<220	液体石蜡	<230
磷酸	<300	固体石蜡	270～280
7 份浓硫酸和 3 份硫酸钾混合	220～320	聚有机硅油	<350
6 份浓硫酸和 4 份硫酸钾混合	<365	熔融氯化锌	360～600
甘油	<230		

有机硅油是无色透明、热稳定性好的液体，具有对一般化学试剂稳定、无腐蚀性、闪点高、不易着火以及黏度变化不大等优点，是广泛用于熔点测定的载热体。

② 样品。乙酰苯胺（或其他样品）。

3. 测定过程

(1) 安装测定装置 按图 10-4 所示安装熔点测定装置，将其固定于铁架台上，并加入载热体。

(2) 制备熔点管 取一支长约 75mm、内径约 1mm 的毛细管，将一端熔封。

(3) 装入样品 将样品研成尽可能细的粉末，放在清洁、干燥的表面皿上，将毛细管开口端插入粉末中，取一支长约 800mm 的干燥玻璃管，直立于玻璃板上，将装有试样的熔点管从上至下自由落下数次，直到熔点管内样品紧缩至 2～3mm 高。将装好样品的熔点管按图 10-4（d）所示附在内标式单球温度计上（使试样层面与内标式单球温度计的水银球中部在同一高度）。

（4）测定熔点或熔点范围　用酒精灯或电炉加热，控制升温速度不超过 5℃/min，观察毛细管中试样的熔化情况，记录试样完全熔化时的温度，作为试样的粗熔点。

另取一支毛细管，按上述方法填装好试样，待水浴冷却至粗熔点下 20℃ 时，放于测定装置中。将辅助温度计附于内标式温度计上，使其水银球位于内标式温度计水银柱外露段的中部（载热体液面与粗熔点示值间的一半高度）。

加热升温使温度缓缓上升至低于粗熔点 10℃，控制升温速度为（1.0±0.1）℃/min，当试样出现明显的局部液化现象时的温度即为初熔温度，当试样完全熔化时的温度即为终熔温度。记录初熔和终熔时的温度值。

4. 结果计算

根据下式对熔点测定值进行校正：

$$\Delta T_2 = 0.00016(T_1 - T_2)h \tag{10-2}$$
$$T = T_1 + \Delta T_1 + \Delta T_2$$

式中，T 为试样的准确熔点，℃；T_1 为熔点的测定值，℃；ΔT_1 为内标式温度计示值校正值，℃；ΔT_2 为内标式温度计水银柱外露段校正值，℃；h 为内标式温度计水银柱外露段的高度，以温度值为单位计量；T_2 为辅助温度计的读数，℃。

乙酰苯胺产品的质量指标如下：

产品质量指标	熔点范围/℃
优等品	113～116
一等品	112～116
合格品	112～116

5. 熔点温度的校正

熔点测定值是通过温度计直接读取的，温度读数的准确与否，是影响熔点测定准确度的关键因素。在测定熔点时，必须对熔点测定值进行温度校正。

（1）温度计示值校正　用于测定熔点的温度计，使用前必须用标准温度计进行示值误差的校正。方法是将测定温度计和标准温度计的水银球对齐，并列放入同一水浴中，缓慢升温，每隔一定读数同时记录两支温度计的数值，作出升温校正曲线；然后缓慢降温，制得降温校正曲线。若两条曲线重合，说明校正过程正确，此曲线即为温度计校正曲线，如图10-5所示。在此曲线上可以查得测定温度计的示值校正值 ΔT_1（标准温度计示值减测定温度计示值，$T_标 - T_测$），对温度计示值进行校正。

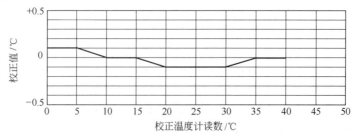

图 10-5　温度计校正曲线

（2）温度计水银柱外露段校正　在测定熔点时，若使用的是全浸式温度计，那么露在载热体表面上的一段水银柱，由于受空气冷却影响，所示出的数值一定比实际上应该具有的数值低。这种误差在测定 100℃ 以下的熔点时是不大的，但是在测定 200℃ 以上的熔点时可达到 3～6℃，对于这种由温度计水银柱外露段所引起的误差的校正值可用下式来计算：

$$\Delta T_2 = 0.00016(T_1 - T_2)h \tag{10-3}$$

式中，0.00016 为玻璃与水银膨胀系数的差值；T_1 为主温度计读数；T_2 为水银柱外露段的平均温度，由辅助温度计读出；h 为主温度计水银柱外露段的高度(用度数表示)。

校正后的熔点 T 应为：

$$T = T_1 + \Delta T_1 + \Delta T_2 \tag{10-4}$$

6. 方法讨论

① 测定用的毛细管内壁要清洁、干燥，否则测出的熔点会偏低，并使熔点范围变宽，在熔封毛细管时应注意密封，但不要将底部熔结太厚。

② 装样前试样一定要研细，装入的试样量不能过多，否则熔距会增大或结果偏高。试样一定要装紧，疏松会使测定结果偏低。

③ 在测定过程中要控制好升温速度，不宜过快或过慢。升温太快往往会使测出的熔点偏高。升温速度愈慢，温度计读数愈精确，但升温过慢，测定时间过长，对于易分解和易脱水的试样，升温速度太慢，会使熔点偏低。

(二) 显微熔点测定法

用显微熔点测定仪测定熔点的方法称为显微熔点测定法。

显微熔点测定仪 (如图 10-6 所示) 的外形尽管有多种，但其核心组件都包括：①放大
50～100 倍的显微镜；②载物台，有电加热装置，侧孔已插入校正过的温度计。

显微熔点测定法比毛细管法具有如下优点：操作简单、快速；样品用量极少 (μg 级)；能精确观察到物质受热时的变化过程，如脱水、升华、分解和多晶形物质的晶形转化等。

*(三) 新仪器新技术介绍

熔点测定装置的主要操作要领是控制升温速度、熔化时的观察和读取温度计读数。升温速度不易控制，读取温度计示值的读数与观察熔化状态之间也不能保证同步，存在一定的时间差，读取

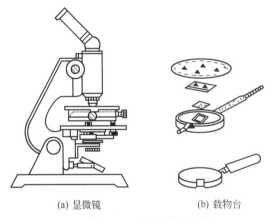

(a) 显微镜   (b) 载物台

图 10-6 显微熔点测定仪

的温度值就有误差。简易的熔点测定装置的测定操作技术要求较高，稍有不慎，便会产生误差。现代熔点测定仪器和测定技术的改进方面一般也遵循这一要求，采用程序化、自动化控制的加热升温装置，数字显示温度示值，可避免人工控制温度的不确定性带来的测定误差，

(a) RD-1 型熔点测定仪

(b) B-545 型熔点测定仪

(c) WRS-2A 型微机熔点仪

图 10-7 熔点测定仪

如 RD-1 型熔点测定仪。进一步可采用按钮式仪器读数技术或采用光控技术自动判断熔点的自动记录温度装置，可以减少人为读取温度计读数时的迟缓和误差，如 B-545 型熔点测定仪。图 10-7 所示为仪器化的熔点测定仪。

第三节　沸点和沸程的测定

一、基本概念

沸点是液态物质的一项重要物理常数，是检验液态有机物纯度的一项重要指标。

液态物质的分子由于热运动有从液体表面逸出的倾向，逸出的气态分子对液面产生一定压力，即蒸气压。当液体受热后温度升高，它的蒸气压也随之上升，当液体的蒸气压与大气压力相等时，称为沸腾。

液体的沸点是指在标准状态下，即大气压力为 101.325kPa 时液体沸腾时的温度。沸点用符号 T_{bp} 表示。纯物质在一定压力下有恒定的沸点，但应注意，有时几种化合物混合后也有恒定的沸点，俗称恒沸物，但并不是纯物质。例如，95.6%乙醇和 4.4%水混合，形成沸点为 78.2℃的恒沸物，可见这并非是纯物质。

液体的沸程是指挥发性有机液体样品，在标准规定的条件下（101.325kPa）蒸馏，第一滴馏出物从冷凝管末端落下的瞬间温度（初馏点）至蒸馏瓶底最后一滴液体蒸发的瞬间温度（终馏点或干点）之间的温度间隔。实际应用中不要求蒸干，而是规定从一个初馏点到终馏点的温度范围，在此范围内，馏出物的体积应不小于产品标准规定的体积。对于纯液体物质，其沸程一般不超过 1～2℃，若含有杂质则沸程会增大。有时几种化合物混合后由于形成共沸物而使沸程变小，但并不是纯物质。

在工业生产中，对于有机试剂、化工和石油产品，沸程是其质量控制的主要指标之一。

二、沸点（或沸程）与分子结构的关系

沸点的高低在一定程度上反映了有机化合物在液态时分子间作用力的大小。分子间作用力与化合物的偶极矩、极化度、氢键等有关。这些因素的影响，可以归纳为以下的经验规律：

① 在脂肪族化合物的异构体中，直链异构体比有侧链的异构体的沸点高，侧链越多，沸点越低；

② 在醇、卤代物、硝基化合物的异构体中，伯异构体沸点最高，仲异构体次之，叔异构体最低；

③ 在顺反异构体中，顺式异构体有较大的偶极矩，其沸点比反式高；

④ 在多双键的化合物中，有共轭双键的化合物有较高的沸点；

⑤ 卤代烃、醇、醛、酮、酸的沸点比相应的烃高；

⑥ 在同系列中，相对分子质量增大，沸点增高，但递增值逐渐减小。

三、沸点的测定

GB/T 616—2006、GB/T 615—2006 规定了液体有机物的沸点和沸程测定的通用方法。目前，对有机物测定要求较多的是沸程，沸点的测定相对较少。

（一）标准方法

1. 测定原理

在标准状态下（101.325kPa）液体的沸腾温度即为该液体的沸点。当液体温度升高时，其蒸气压随之增加，当液体的蒸气压与大气压力相等时，开始沸腾，温度不再上升，此时的温度即为沸点。实际测定时，不一定能在标准状况下进行，所以要对所测数据进行大气压力的校正。

2. 测定装置和试剂

（1）测定装置　如图 10-8 所示。

① 三口圆底烧瓶：容积为 500mL。

② 试管：长 190～200mm，距试管口约 15mm 处有一直径为 2mm 的侧孔。

③ 胶塞：外侧具有通气槽。

④ 主温度计：内标式单球温度计，分度值为 0.1℃，量程适合于所测样品的沸点温度。

⑤ 辅助温度计：分度值为 1℃。

（2）试剂

① 载热体。

② 试剂：四氯化碳或其他样品。

3. 测定过程

① 按图 10-9 所示安装沸点测定装置。将长约 200mm、具有侧管的试管用胶塞固定于 500mL 三口圆底烧瓶的中口。胶塞外侧应留有通气槽。测量用温度计采用单球内标式，分度值为 0.1℃，其量程应适于所测样品的沸点温度，安装时其下端水银球泡应距管内样品液面 20mm。辅助温度计（分度值为 1℃）附着于测量温度计上，且使其水银球泡位于测量温度计露于胶塞上面水银柱高度的中部。烧瓶中加入约为其体积 1/2 的恒温浴液。

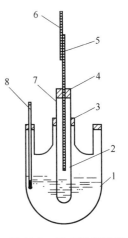

图 10-8　沸点测定装置
1—三口圆底烧瓶；
2—试管；3,4—胶塞；
5—测量温度计；6—辅助温度计；7—侧孔；
8—温度计

② 量取适量的试样，注入试管中，其液面略低于烧瓶中载热体的液面。缓慢加热，当温度上升到某一定数值并在相当时间内保持不变时，记录此时的温度计读数，此温度即为试样的沸点。同时记录辅助温度计读数。

③ 记录室温及大气压。

4. 结果计算

对测定结果进行压力、温度校正。

$$T = T_1 + \Delta T_1 + \Delta T_2 + \Delta T_p \qquad (10-5)$$

式中各符号见本节"五、沸点（或沸程）的校正"中的介绍。

（二）毛细管法

当样品量很少或样品很珍贵时，沸点可采用毛细管进行测定，其步骤如下。

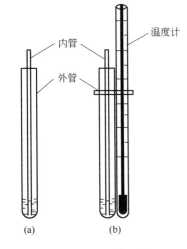

图 10-9　沸点管

（1）准备沸点管　用一支内径为 3～4mm、长度为 70～80mm 的毛细管，将其一端熔封，作为沸点管的外管；再取一支内径约 1mm、长约 90mm 的毛细管，在距底端约 10mm 处熔封，作为内管，如图 10-9(a) 所示。

（2）装入样品　把外管微热，迅速地把开口一端插入待测样品中，当有少量试样吸入管内后（液体高度约为 7mm），将外管正向直立，使液体流到管底（也可用洁净、干燥的细尖滴管将样品装入外管）。然后将内管封闭的一端向上插入外管中。

（3）沸点的测定　将装好样品的沸点管用细铜丝系在温度计上，使样品部位与温度计水银球泡等高，如图 10-9(b) 所示。

向测定仪中装入适宜的载热体，载热体的选择和装入量同熔点测定，温度计水银球泡距双浴式瓶底约 5mm。缓缓加热，先看到有气泡由内管逸出，当气泡从内管成串逸出时，移去热源，让温度下降 5～10℃。然后再以 1℃/min 的升温速度继续加热，当有连续不断的气泡从内管逸出时，记录温度计读数，并再次停止加热，直到气泡停止逸出而液体刚要进入内管时，立刻记录温度计读数。两次读数就是该样品的沸点范围观测值。经校正后可得到该物质的沸点范围。

对于纯净的有机化合物，此温度范围很窄，一般在 1～3℃ 之间。

四、沸程的测定

1. 测定原理

在规定条件下，对 100mL 试样进行蒸馏，观察初馏温度和终馏温度。也可规定一定的馏出体积，测定对应的温度范围或在规定的温度范围内测定馏出的体积。

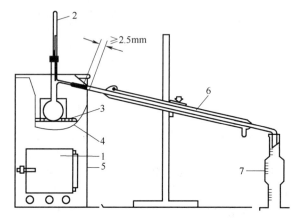

图 10-10 沸（馏）程测定装置

1—热源；2—温度计；3—隔热板；4—隔热板架；
5—蒸馏瓶外罩；6—冷凝器；7—接收器

2. 测定装置和样品

（1）测定装置 测定沸程的标准化蒸馏装置如图 10-10 所示。

① 支管蒸馏瓶：用硅硼酸盐玻璃制成，有效容积为 100mL。

② 测量温度计：水银单球内标式，分度值为 0.1℃，量程适合于所测样品的温度范围。

③ 辅助温度计：分度值为 1℃。

④ 冷凝管：直形水冷凝管，用硅硼酸盐玻璃制成。

⑤ 接收器：容积为 100mL，两端分度值为 0.5mL。

（2）样品 乙酸酐或其他样品。

3. 测定过程

乙酸酐的沸程测定按 GB/T 7534—2004 进行。

① 按图 10-10 所示安装蒸馏装置，使测量温度计水银球上端与蒸馏瓶和支管结合部的下沿保持水平。

② 用接收器量取（100±1）mL 的试样，将样品全部转移至蒸馏瓶中，加入几粒清洁、干燥的沸石，装好温度计。将接收器（不必经过干燥）置于冷凝管下端，使冷凝管口进入接收器部分不少于 25mm，也不低于 100mL 刻度线，接收器口塞以棉塞。向冷凝管稳定地提供冷却水。

③ 调节蒸馏速度。对于沸程温度低于 100℃ 的试样，应使自加热起至第一滴冷凝液滴入接收器的时间为 5～10min；对于沸程温度高于 100℃ 的试样，上述时间应控制在 10～15min，然后将蒸馏速度控制在 3～4mL/min。

④ 记录规定馏出物体积对应的沸程温度或规定沸程温度范围内馏出物的体积。

⑤ 记录室温及大气压。

4. 结果计算

$$T = T_1 + \Delta T_1 + \Delta T_2 + \Delta T_p \tag{10-6}$$

式中各符号见本节"五、沸点（或沸程）的校正"中的介绍。

乙酸酐产品的指标如下：

产品指标	熔点范围（压力 1.013×10⁵ Pa）/℃
优等品	138.0～141.0
一等品	137.5～141.0
合格品	136.5～141.5

5．方法讨论

① 若样品的沸程温度范围下限低于 80℃，则应在 5～10℃的温度下量取样品及测量馏出液体积（将接收器距顶端 25mm 处以下浸入 5～10℃的水浴中）；若样品的沸程温度范围下限高于 80℃，则在常温下量取样品及测量馏出液体积；若样品的沸程温度范围上限高于 150℃，则应采用空气冷凝，在常温下量取样品及测量馏出液体积。

② 蒸馏应在通风良好的通风橱内进行。

五、沸点（或沸程）的校正

沸点（或沸程）随外界大气压力的变化而发生很大的变化。不同的测定环境，大气压力的差异较大，如果不是在标准大气压力下测定的沸点（或沸程），必须将所得的测定结果加以校正。沸点（或沸程）的校正由以下几方面构成。

（1）气压计读数校正　标准大气压是指重力加速度为 $9.80665m/s^2$、温度为 0℃时，760mm 水银柱作用于海平面上的压力，其数值为 101.325kPa。

在观测大气压时，由于受地理位置和气象条件的影响，往往和标准大气压规定的条件不符，为了使所得结果具有可比性，由气压计测得的读数，除按仪器说明书的要求进行示值校正外，还必须进行温度校正和纬度重力校正。

表 10-2　气压计读数校正值

室温/℃	气压计读数/10^2Pa							
	925	950	975	1000	1025	1050	1075	1100
10	1.51	1.55	1.59	1.63	1.67	1.71	1.75	1.79
11	1.66	1.70	1.75	1.79	1.84	1.88	1.93	1.97
12	1.81	1.86	1.90	1.95	2.00	2.05	2.10	2.15
13	1.96	2.01	2.06	2.12	2.17	2.22	2.28	2.33
14	2.11	2.16	2.22	2.28	2.34	2.39	2.45	2.51
15	2.26	2.32	2.38	2.44	2.50	2.56	2.63	2.69
16	2.41	2.47	2.54	2.60	2.67	2.73	2.80	2.87
17	2.56	2.63	2.70	2.77	2.83	2.90	2.97	3.04
18	2.71	2.78	2.85	2.93	3.00	3.07	3.15	3.22
19	2.86	2.93	3.01	3.09	3.17	3.25	3.32	3.40
20	3.01	3.09	3.17	3.25	3.33	3.42	3.50	3.58
21	3.16	3.24	3.33	3.41	3.50	3.59	3.67	3.76
22	3.31	3.40	3.49	3.58	3.67	3.76	3.85	3.94
23	3.46	3.55	3.65	3.74	3.83	3.93	4.02	4.12
24	3.61	3.71	3.81	3.90	4.00	4.10	4.20	4.29
25	3.76	3.86	3.96	4.06	4.17	4.27	4.37	4.47
26	3.91	4.01	4.12	4.23	4.33	4.44	4.55	4.66
27	4.06	4.17	4.28	4.39	4.50	4.61	4.72	4.83
28	4.21	4.32	4.44	4.55	4.66	4.78	4.89	5.01
29	4.36	4.47	4.59	4.71	4.83	4.95	5.07	5.19
30	4.51	4.63	4.75	4.87	5.00	5.12	5.24	5.37
31	4.66	4.79	4.91	5.04	5.16	5.29	5.41	5.54
32	4.81	4.94	5.07	5.20	5.33	5.46	5.59	5.72
33	4.96	5.09	5.23	5.36	5.49	5.63	5.76	5.90
34	5.11	5.25	5.38	5.52	5.66	5.60	5.94	6.07
35	5.26	5.40	5.54	5.68	5.82	5.97	6.11	6.25

$$p = p_t - \Delta p_1 + \Delta p_2 \tag{10-7}$$

式中，p 为经校正后的气压，hPa（即 100Pa）；p_t 为室温时的气压（经气压计校正的测得值），hPa；Δp_1 为气压计读数校正值（即温度校正值），hPa；Δp_2 为纬度校正值，hPa。其中 Δp_1、Δp_2 分别由表 10-2 和表 10-3 查得。

表 10-3 纬度校正值

纬度	气压计读数/hPa							
	925	950	975	1000	1025	1050	1075	1100
0	−2.18	−2.55	−2.62	−2.69	−2.76	−2.83	−2.90	−2.97
5	−2.14	−2.51	−2.57	−2.64	−2.71	−2.77	−2.81	−2.91
10	−2.35	−2.41	−2.47	−2.53	−2.59	−2.65	−2.71	−2.77
15	−2.16	−2.22	−2.28	−2.34	−2.39	−2.45	−2.54	−2.57
20	−1.92	−1.97	−2.02	−2.07	−2.12	−2.17	−2.23	−2.28
25	−1.61	−1.66	−1.70	−1.75	−1.79	−1.84	−1.89	−1.94
30	−1.27	−1.30	−1.33	−1.37	−1.40	−1.44	−1.48	−1.52
35	−0.89	−0.91	−0.93	−0.95	−0.97	−0.99	−1.02	−1.05
40	−0.48	−0.49	−0.50	−0.51	−0.52	−0.53	−0.54	−0.55
45	−0.05	−0.05	−0.05	−0.05	−0.05	−0.05	−0.05	−0.05
50	+0.37	+0.39	+0.40	+0.41	+0.43	+0.44	+0.45	+0.46
55	+0.79	+0.81	+0.83	+0.86	+0.88	+0.91	+0.93	+0.95
60	+1.17	+1.20	+1.24	+1.27	+1.30	+1.33	+1.36	+1.39
65	+1.52	+1.56	+1.60	+1.65	+1.69	+1.73	+1.77	+1.81
70	+1.83	+1.87	+1.92	+1.97	+2.02	+2.07	+2.12	+2.17

（2）气压对沸点（沸程）的校正　沸点（沸程）随气压的变化值按下式计算：

$$\Delta T_p = C_v(1013.25 - p) \tag{10-8}$$

式中，ΔT_p 为沸点（沸程）随气压的变化值，℃；C_v 为沸点（沸程）温度随气压的校正值（由表 10-4 查得），℃/hPa；p 为经校正的气压值，hPa。

表 10-4 沸点（沸程）温度随气压变化的校正值

标准中规定的沸程温度/℃	气压相差 1hPa 的校正值/℃	标准中规定的沸程温度/℃	气压相差 1hPa 的校正值/℃
10～30	0.026	210～230	0.044
30～50	0.029	230～250	0.047
50～70	0.030	250～270	0.048
70～90	0.032	270～290	0.050
90～110	0.034	290～310	0.052
110～130	0.035	310～330	0.053
130～150	0.038	330～350	0.055
150～170	0.039	350～370	0.057
170～190	0.041	370～390	0.059
190～210	0.043	390～410	0.061

（3）温度计水银柱外露段的校正值　可按下式进行计算：

$$\Delta T_2 = 0.00016(T_1 - T_2)h \tag{10-9}$$

校正后的沸点（沸程）按下式计算：

$$T = T_1 + \Delta T_1 + \Delta T_2 + \Delta T_p$$

式中，T_1 为试样沸点（沸程）的测定值，℃；T_2 为辅助温度计读数，℃；ΔT_1 为温度计示值的校正值，℃；ΔT_2 为温度计水银柱外露段校正值，℃；ΔT_p 为沸点（沸程）随气压的变化值，℃。

【例 10-1】　以苯胺沸点的校正为例，已知如下数据：

观测的沸点/℃	184.0	辅助温度计读数/℃	45
室温/℃	20.0	测量温度计露出塞外处的刻度/℃	142.0
气压(室温下的气压)/kPa	102.035	温度计示值校正值/℃	−0.1
测量处的纬度/(°)	32		

试求试样的沸点。

解　（1）温度计外露段的校正

$$\Delta T_2 = 0.00016(T_1 - T_2)h$$
$$= 0.00016 \times (184.0 - 45) \times (184.0 - 142.0) = 0.93(℃)$$

（2）沸点随气压的变化值

$$p = p_t - \Delta p_1 + \Delta p_2$$
$$= 1020.35 - 3.33 + (-1.40) = 1015.62(\text{hPa})$$
$$\Delta T_p = C_v(1013.25 - 1015.62)$$
$$= 0.041 \times (1013.25 - 1015.62) = -0.10(℃)$$

（3）校正后苯胺的沸点

$$T = T_1 + \Delta T_1 + \Delta T_2 + \Delta T_p$$
$$= 184.0 + (-0.1) + 0.93 + (-0.10) = 184.7(℃)$$

在测定试样的沸点时，还可以用一些参比物（或基准物）的标准沸点数据作基准，对所测定的沸点进行校正。此种校正方法所得结果最可靠。其方法是测出试样的沸点（T_1）后，由表 10-5 中选出与它的结构、沸点相似的参比物，在相同条件下测定其沸点，并求出与表 10-5 中所列值的差值（ΔT），则可按下式求出试样的沸点 T：

$$T = T_1 + \Delta T$$

例如，测得试样 N-甲基苯胺的沸点为194.5℃，在相同条件下，测定标准试样苯胺的沸

图 10-11　SZ 型蒸馏仪

点为182.9℃。由表 10-5 中查得苯胺在标准大气压力下的沸点为 184.4℃，则试样在标准大气压力下的沸点应该是：

$$\Delta T = 184.4 - 182.9 = 1.5(℃)$$
$$T = 194.5 + 1.5 = 196.0(℃)$$

表 10-5　测定沸点用基准物的标准沸点

化合物	沸点/℃	化合物	沸点/℃	化合物	沸点/℃
溴代乙烷	38.4	甲苯	110.6	硝基苯	210.8
丙酮	56.1	氯代苯	131.8	水杨酸甲酯	223.0
三氯甲烷	61.3	溴代苯	156.2	对硝基甲苯	238.3
四氯化碳	76.8	环己醇	161.1	二苯甲烷	264.4
苯	80.1	苯胺	184.4	α-溴代萘	281.2
水	100.0	苯甲酸甲酯	199.5	二苯甲酮	306.1

六、新仪器新技术介绍

沸点和沸程测定装置，在测量上受加热速度的影响比较大，在仪器的改进方面主要表现在加热部件方面，采用程序化、自动化控制温度。如图 10-11 所示的 SZ 型蒸馏仪。

第四节　密度的测定

密度是物质的一个重要物理常数，不同种类的物质有不同的密度，每一种物质都有其确定的密度值。因此，通过测定化合物的密度，可以初步判断物质的纯度。

一、基本概念

物质的密度是指在规定的温度下，单位体积物质的质量，单位为 g/cm^3（或 g/mL），以符号 ρ_T 表示。

$$\rho_T = \frac{m}{V} \tag{10-10}$$

式中，m 为物质的质量，g；V 为物质的体积，cm^3 或 mL。

物质的体积随温度的变化而改变（热胀冷缩），物质的密度也随之改变。因此同一物质在不同的温度下测得的密度是不同的，密度的表示必须注明温度，国家标准规定化学试剂的密度系指在 20℃时单位体积物质的质量，用 ρ 表示。若在其他温度下，则必须在 ρ 的右下角注明温度，即用 ρ_T 表示。

密度是一个重要的物理常数。利用密度的测定可以区分化学组成相似而密度不同的液体化合物、鉴定液体化合物的纯度以及定量分析溶液的浓度。因此，在生产实际中，密度是液体有机产品的质量控制指标之一。

密度与分子结构的关系很大，有机液态化合物的密度大小由其分子组成、结构、分子间作用力所决定。一般有下列规律。

① 在同系列化合物中，相对分子质量增大，密度随之增大，但增量逐渐减小。

② 在烃类化合物中，当碳原子数相同时，不饱和度越大，密度越大。即炔烃大于烯烃，烯烃大于烷烃。

③ 分子中引入极性官能团后，其密度大于其母体烃。

④ 分子中引入能形成氢键的官能团后，密度增大。官能团形成氢键的能力越强，密度越大。当碳原子数相同时，密度按下列顺序改变：

$$RCOOH > RCH_2OH > RNH_2 > ROR > RH$$

二、密度的测定方法

一般在分析工作中只限于测定液体试样的密度，而很少测定固态试样的密度。通常测定液体试样的密度可用密度瓶法、韦氏天平法和密度计法。

（一）密度瓶法

密度瓶法是测定密度最常用的方法，但不适宜测定易挥发液体试样的密度。

1. 测定原理

在规定温度 20℃时，分别测定充满同一密度瓶的水及试样的质量，由水的质量和密度可以确定密度瓶的容积即试样的体积，根据密度的定义，由此可计算试样的密度。

$$\rho_{20}^Y = \frac{m_{20}^Y \rho_{20}^B}{m_{20}^B} \tag{10-11}$$

式中，m_{20}^Y 为 20℃时充满密度瓶的试样的质量，g；m_{20}^B 为 20℃时充满密度瓶的水的质量，g；ρ_{20}^{B} 为 20℃时水的密度，g/cm³。

由于在测定时，称量是在空气中进行的，因此受到空气浮力的影响，可按下式计算密度以校正空气的浮力：

$$\rho^{Y}=\left(\frac{m^{Y}+A}{m^{B}+A}\right)\times\rho^{B} \tag{10-12}$$

式中，A 为空气浮力校正值，即称量时试样和蒸馏水在空气中减轻的质量，g。

在通常情况下，A 值的影响很小，可忽略不计。

2. 测定仪器和样品

（1）仪器　测定密度的主要仪器是密度瓶。

密度瓶有各种形状和规格（如图 10-12 所示）。普通型的为球形，见图 10-12(a)；标准型的是附有特制温度计、带有磨口帽的小支管的密度瓶，见图 10-12(b)。其容积一般为 5mL、10mL、25mL和 50mL 等。

此外，在用密度瓶法测定密度时还需使用分析天平、恒温水浴等仪器。

（2）样品　环己酮或其他有机物样品。

3. 测定步骤

① 密度瓶洗净并干燥，连温度计及侧孔罩一起称重。

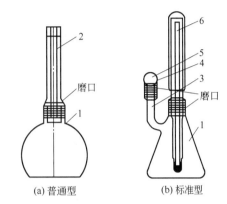

图 10-12　常用的密度瓶
1—密度瓶主体；2—毛细管；3—侧管；
4—侧孔；5—罩；6—温度计

② 取下温度计及侧孔罩，用新煮沸并冷却至约20℃的蒸馏水充满密度瓶，不得带入气泡，插入温度计，将密度瓶置于（20.0±0.1）℃的恒温水浴中，恒温约 20min，至密度瓶中样品温度达到 20℃，并使侧管中的液面与侧管管口对齐，立即盖上侧孔罩，取出密度瓶，用滤纸擦干其外壁的水，立即称其质量。

③ 将密度瓶中的水倒出，干燥后用同样的方法加入试样并称重。

4. 结果计算

计算公式见式(10-11)，由此评价出的产品质量指标如下：

产品质量指标	优等品	一等品	合格品
密度 $\rho_{20}/(g/cm^3)$	0.946～0.947	0.944～0.948	0.944～0.948

5. 方法讨论

① 操作必须迅速，因为水和试样都有一定的挥发性，否则会影响测定结果的准确度。

② 防止实验过程中沾污密度瓶。

③ 要将密度瓶外壁擦干后称量。

（二）韦氏天平法

此法适用于测定易挥发液体的密度。

1. 测定原理

韦氏天平法测定密度的基本依据是阿基米德定律，即当物体完全浸入液体时，它所受到的浮力或所减轻的重量，等于其排开的液体的重量。因此，在一定的温度下（20℃），分别测定同一物体（玻璃浮锤）在水及试样中的浮力。由于浮锤排开水和试样的体积相同，而浮锤排开水的体积为：

$$V=\frac{m^{S}}{\rho^{S}} \tag{10-13}$$

则试样的密度为:

$$\rho = \frac{m^Y \rho^S}{m^S} \tag{10-14}$$

式中,ρ 为试样在 20℃时的密度,g/cm^3;m^Y 为浮锤浸于试样中时的骑码读数,g;m^S 为浮锤浸于水中时的骑码读数,g;ρ^S 为水在 20℃时的密度,g/cm^3。

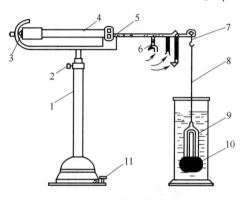

图 10-13 韦氏天平

1—支架;2—支柱固定螺丝;3—指针;4—横梁;
5—刀口;6—骑码;7—钩环;8—细白金丝;
9—浮锤;10—玻璃筒;11—水平调节螺钉

2. 测定仪器和样品

(1) 仪器 韦氏天平。

韦氏天平的构造如图 10-13 所示。它主要由支架、横梁、玻璃浮锤及骑码等组成。天平横梁用支架支持在刀座上,梁的两臂形状不同且不等长。长臂上刻有分度,末端有悬挂玻璃浮锤的钩环,短臂末端有指针,当两臂平衡时,指针应和固定指针水平对齐。旋松支柱固定螺丝,可使支柱上下移动。支柱的下部有一个水平调节螺钉,横梁的左侧有水平调节器,它们可用于调节韦氏天平在空气中的平衡。

韦氏天平附有两套骑码。最大的骑码的质量等于玻璃浮锤在 20℃的水中所排开水的质量(约 5g),其他骑码为最大骑码的 1/10、1/100 和 1/1000。各个骑码的读数见表 10-6。

例如 1 号骑码在第 8 位上,2 号骑码在第 7 位上,3 号骑码在第 6 位上,4 号骑码在第 3 位上,则读数为 0.8763,如图 10-14 所示。

表 10-6 不同骑码在各个位置的读数

骑码位置	1 号骑码	2 号骑码	3 号骑码	4 号骑码
放在第 10 位时	1	0.1	0.01	0.001
放在第 9 位时	0.9	0.09	0.009	0.0009
……	…	…	…	…
放在第 1 位时	0.1	0.01	0.001	0.0001

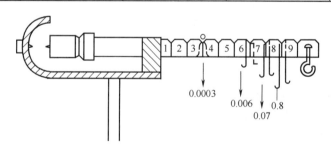

图 10-14 骑码读数法

(2) 样品 磷酸三甲苯酯或其他有机物。

3. 测定步骤

① 检查仪器各部件是否完整无损。用清洁的细布擦净金属部分,用乙醇擦净玻璃筒、温度计、玻璃浮锤,并干燥。

② 将仪器置于稳固的平台上,旋松支柱螺钉,使其调整至适当高度,旋紧螺钉。将天

平横梁置于玛瑙刀座上，钩环置于天平横梁右端刀口上，将等重砝码挂于钩环上，调整水平调节螺钉，使天平横梁左端指针与固定指针水平对齐，以示平衡。

注意在测定过程中不得再变动水平调节螺钉。若无法调节平衡，则可用螺丝刀将平衡调节器上的定位小螺钉松开，微微转动平衡调节器，使天平平衡，旋紧平衡调节器上的定位小螺钉，在测定中严防松动。

③ 取下等重砝码，换上玻璃浮锤，此时天平仍应保持平衡（允许有±0.0005的误差）。

④ 向玻璃筒内缓慢注入预先煮沸并冷却至约20℃的蒸馏水，将浮锤全部浸入水中，不得带入气泡，浮锤不得与筒壁或筒底接触，玻璃筒置于（20.0±0.1）℃的恒温浴中，恒温20min，然后由大到小把骑码加在横梁的V形槽上，使指针重新水平对齐，记录骑码的读数。

⑤ 将玻璃浮锤取出，倒出玻璃筒内的水，玻璃筒及浮锤用乙醇洗涤后，并干燥。

⑥ 以试样代替水重复④的操作。

4. 结果计算

结果计算公式见式(10-14)，由此评价产品的质量指标如下：

产品质量指标	一等品	合格品
密度 $\rho/(\text{g/cm}^3)$	≤1.18	≤1.19

5. 方法讨论

① 测定过程中必须注意严格控制温度。取用玻璃浮锤时必须十分小心，轻取轻放，一般最好是右手用镊子夹住吊钩，左手垫绸布或清洁滤纸托住玻璃浮锤，以防损坏。

② 当要移动天平位置时，应把易于分离的零件、部件及横梁等拆卸分离，以免损坏刀口。

③ 根据使用的频繁程度，要定期进行清洁工作和计量性能的检定。当发现天平失真或有疑问时，在未清除故障前，应停止使用，待检修合格后方可使用。

（三）密度计法

此法测定密度比较简单、快速，但准确度较低。常用于对测定精度要求不太高的工业生产中的日常控制测定。

1. 测定原理

密度计法测定密度是依据阿基米德定律。密度计上的刻度标尺越向上则表示密度越小，在测定密度较大的液体时，由于密度计排开的

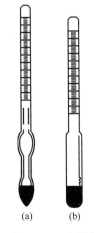

图 10-15 密度计

液体的质量较大，所受到的浮力也就越大，故密度计就越向上浮。反之，液体的密度越小，密度计就越往下沉。由此根据密度计浮于液体的位置，可直接读出所测液体试样的密度。

2. 测定仪器和样品

（1）**密度计** 密度计是一支封口的玻璃管，中间部分较粗，内有空气，所以放在液体中可以浮起，下部装有小铅粒形成重锤，能使密度计直立于液体中，上部较细，管内有刻度标尺，可以直接读出密度值，如图10-15所示。

密度计是成套的，每套有若干支，每支密度计只能测定一定范围的密度。使用时要根据待测液体的密度大小选用不同量程的密度计。

（2）**样品** 乙醚或其他有机物。

3. 测定步骤

① 根据试样的密度选择适当的密度计。

② 将待测定的试样小心倾入清洁、干燥的玻璃圆筒中，然后把密度计擦干净，用手拿

住其上端，轻轻地插入玻璃筒内，试样中不得有气泡，密度计不得接触筒壁及筒底，用手扶住使其缓缓上升。

③ 待密度计停止摆动后，水平观察，读取待测液弯月面上缘的读数，同时测量试样的温度。

4. 结果计算

从密度计直接读出密度值，由此评价样品（乙醚）的质量指标如下：

乙醚的质量指标	专用	一级	二级
相对密度 ρ_{20}	≤0.717	≤0.720	≤0.735

5. 方法讨论

① 所用的玻璃圆筒应较密度计高大些，装入的液体不要太满，但应能将密度计浮起。

② 密度计不可突然放入液体内，以防密度计与筒底相碰而受损。

③ 读数时，眼睛视线应与液面在同一个水平位置上，注意视线要与弯月面最低处相切。

④ 注意测定温度的控制，在测定过程中，温度控制要满足实验的要求，并在实验过程中保持恒定。

三、固体密度的测定

在分析检测工作中，有时也会遇到测定固体密度的问题。

固体密度的测定也有多种方法，GB/T 4472—2011 规定的密度瓶法是常用且简便的方法。

（一）密度瓶法

1. 测定原理

该法的原理是将试样置于已知体积的密度瓶中，加入测定介质，试样的体积即可由密度瓶的体积减去测定介质的体积求得，则试样质量与其体积之比就是试样的密度。试样可以是粉状、粒状或板、棒、管等制品形状。测定介质应纯净，并且不能使样品溶解、溶胀或反应；但必须能充分润湿试样表面。一般常用介质为蒸馏水，也可选用如二甲苯、煤油等其他介质。

测定用的密度瓶如图 10-12 所示，体积为 25mL，它适合在测定温度高于天平室温度时使用。

2. 测定步骤

① 先称量空密度瓶的质量（m_0），加入试样后再称质量（m_1），注入适量测定介质，轻轻振摇，待试样充分润湿后，继续加入测定介质至充满密度瓶。注意试样表面不得有气泡。

② 将装有试样并用测定介质充满的密度瓶盖严瓶盖，放入（20.0±0.5）℃的恒温水中［GB/T 4472—2011 规定为（23.0±0.5）℃］，恒温 30min 以上。取出，擦干瓶外壁，立即称量（m_2）。

③ 将密度瓶内容物倾去，清洗，干燥，注入测定介质并充满，在恒温水浴中恒温后，取出、擦干，再次称量（m_3）。

3. 结果计算

密度瓶的体积按下式计算：

$$V_0 = \frac{m_3 - m_0}{\rho_1} \tag{10-15}$$

式中，m_0 为空密度瓶的质量；m_3 为充满测定介质后的密度瓶的质量；ρ_1 为测定温度下测定介质的密度。

密度瓶中测定介质的体积按下式计算：

$$V_1 = \frac{m_2 - m_1}{\rho_1} \tag{10-16}$$

式中，m_2 为放入适量试样并充满测定介质时密度瓶的质量；m_1 为放入适量试样后的密度瓶的质量。

试样的密度则按下式计算：

$$\rho_{20} = \frac{m_1 - m_0}{V_0 - V_1} \tag{10-17}$$

4. 方法讨论

① 若以蒸馏水为测定介质，如发现有悬浮或润湿不好的现象，可加入 0.5～1 滴润湿剂，如磺化油等。

② 用这种方法测定固体样品的密度时，测定介质可进入固体粒子结构内部的裂纹、裂口、洞穴中，但不能进入粒子内封闭的洞穴中。故测得的试样体积包含了粒子内部封闭洞穴的体积。这样测得的密度称为粒子的密度。

（二）堆积密度的测定

堆积密度是指固体样品按规定条件自由下落后，其质量与体积之比。可想而知，这种测量中样品的体积与堆积方法有关。

堆积密度也称作计算密度。测定用的仪器如图 10-16 所示。

1. 测定步骤

① 按图 10-16 所示装配好测定装置，漏斗固定在支架上，玻璃筒置于漏斗中心线下方，其间距离约 30mm。玻璃筒应清洁、干燥，且已知质量和体积。

② 在 1min 内使试样由漏斗自落入玻璃筒中，并高出筒沿。用直尺刮掉高出筒沿的试样后，称量。

2. 结果计算

堆积密度测定结果按下式计算：

$$\rho = \frac{m_1 - m_0}{V} \tag{10-18}$$

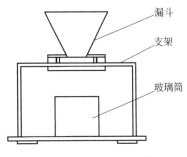

图 10-16　堆积密度测定装置

式中，m_0 为空玻璃筒的质量；m_1 为装满样品后玻璃筒的质量；V 为玻璃筒的体积（一般为 250mL 或 500mL）。

3. 说明

① 本方法是 HG/T 2959—2010 为用作填充剂的工业水合碱式碳酸镁规定的堆积密度测定方法。

② 从原理上讲，本法适合于粒状、粉状物料堆积密度的测定。但实际上多用于对粒度有要求的工业产品如树脂、色谱填料及其他粒状物，当然也完全适用于农业产品如米、豆及麦类密度的测定。

四、方法讨论

关于物质的密度和密度的测定，有如下一些问题尚需进一步明确。

① 物质的密度定义为质量除以体积。在一定条件（温度、压力）下物质的密度是个常数，这个常数是物质或物体属性的反映。

② 任何物质或物体（包括固体、液体和气体）密度的测定，都必须测定其质量和体积。质量的精确测定可以用相应的分析天平；但体积的测定就不那么容易，尤其是对体积的精确测定就更困难些。但如果把体积的测定也归结为质量的测定，则密度测定的精确度就可大大地提高。本节所涉及的测定密度的各种方法，其实质都是用质量测定代替了体积的测定。

③ 密度测定。如液体密度测定的几种方法，操作繁简不同，测定精度也不同。在实际

工作中，应根据对测定精度的要求和需要来选用。

用密度瓶法测定液体密度的精度最高，密度值最少可达 6 位有效数字（密度瓶体积一般用 15mL 或 25mL），只要用分析天平称量，即可得到 6 位有效数字。而按公式计算结果时，即使考虑到空气浮力修正因子的影响，也可保证 6 位有效数字。这在一般分析工作中足够了。但密度瓶测量操作麻烦。

密度计法操作最为简便，测量精度一般可到小数点后第 4 位。但密度计是按照被测液体的性质分类制作的。因不同性质的液体其毛细作用不同，弯月面形成有差异，因此用密度计去测量酸碱水溶液的密度，必然会带来误差。如对测定要求较高，则需加以修正。

由此可见，应该按照对测量精度的要求确定选用测定方法。实际工作中，如果对密度的精度要求不高，如实验室常用酸碱盐水溶液的密度、通用化学试剂的密度指标，一般只要求 4 位或 3 位有效数字，甚至只用吸量管（单标线）直接吸取一定体积的溶液，用分析天平称其质量，就可计算其密度。

第五节　闪点的测定

闪点是有机化合物特别是易燃性物质的一个重要物理常数，不同类型的物质有不同的闪点值。闪点是预示出现火灾和爆炸危险性程度的指标，是确定易燃性物质使用和贮存条件的重要依据。另外，闪点也是燃料类物质质量的一个重要指标。

一、基本概念

在规定条件下，易燃性物质受热后所产生的油蒸气与周围空气形成的混合气体，在遇到明火时发生瞬间着火（闪火现象）时的最低温度，称为该石油产品的闪点。能发生连续 5s 以上的燃烧现象的最低温度，称为燃点。闪点是着火燃烧的前奏。闪点是预示出现火灾和爆炸危险性程度的指标。闪点越低，越容易发生爆炸和火灾事故，应特别注意防护。在生产、运输和使用易燃物品时，应按闪点的高低确定其运送、贮存和使用的条件以及各种防火安全措施。

在生产和应用过程中，闪点也是控制产品质量的重要依据。对油品而言，闪点值还可能判断其馏分轻重和质量（即物质的组成），闪点越低，馏分越轻，一般表明是低分子量的组分；反之，则是高分子量的组分。因此，利用闪点的高低可以判断出物质的大致组分即质量。例如润滑油在精制过程中，可能由于混入沸点较低的溶剂或在使用中受热分解产生轻组分，使闪点明显降低。

闪点的测定有开口杯法和闭口杯法两种，开口杯法测定闪点时常常也要求测定燃点。开口杯法是将样品暴露在空气中进行，而闭口杯法则有杯盖将样品和空气分隔，处于封闭状态。因此，测定同一样品时，开口杯法的测定结果要高于闭口杯法 20～30℃。这是因为用开口杯法测定时，试样蒸气的一部分逸散到空气中了，在样品液面上方的蒸气密度相对较小所致。一般分子量越大，闪点越高。高沸点的样品中加入少量低沸点样品，会使闪点大为降低。

一般情况下，高闪点的物质采用开口杯法，低闪点的物质采用闭口杯法测定。但这并没有严格的限制，有的样品既可用闭口杯法，也可用开口杯法。

由于闪点的测定是条件试验，所用仪器规格及操作手续必须按照国家标准进行。

二、闪点的测定
（一）开口杯法
1. 测定原理

有机易燃性产品的闪点和燃点，与其于沸点蒸发后在空气中的聚集密度有关。沸点越低，越易挥发，在空气中的聚集密度也越大，越容易发生闪火现象，即闪点越低；沸点越高，则其闪点及燃点也越高。挥发性较强的有机易燃性产品（如乙醚、乙酸乙酯或二甲苯等）闪点较低，而油脂类等产品则闪点较高。

闪点的测定原理是试样在规定的仪器中，在规定条件下加热蒸发，其蒸气密度达到一定的值时，测定试样遇到火源后出现闪火现象时的温度。

闭口杯法和开口杯法的区别是仪器不同、加热和引火条件不同。闭口杯法中试样在密闭油杯中加热，只在点火的瞬时才打开杯盖；开口杯法中试样是在敞口杯中加热，蒸发的气体可以自由向空气中扩散，测得的闪点较闭口杯法为高。

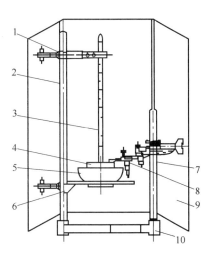

图 10-17　开口杯闪点测定器
1—温度计夹；2—支柱；3—温度计；
4—内坩埚；5—外坩埚；6—坩埚托；
7—点火器支柱；8—点火器；
9—防护罩；10—底座

2. 测定仪器

（1）仪器　开口杯闪点测定器，如图 10-17 所示。

① 内坩埚：用优质碳素结构钢制成，上口内径（64±1）mm，底部内径（38±1）mm，高（47±1）mm，厚度约为 1mm，内壁刻有两道环状标线，与坩埚上口边缘的距离分别为 12mm 和 18mm。

② 外坩埚：用优质碳素结构钢制成，上口内径（100±5）mm，底部内径（56±2）mm，高（50±5）mm，厚度约为 1mm。

③ 点火器喷嘴：直径 0.8～1.0mm，应能调节火焰长度，使成 3～4mm，近似球形，并能沿坩埚水平面任意移动。

④ 温度计。

⑤ 防护罩：用镀锌铁皮制成，高 550～650mm，屏身内壁涂成黑色，并能三面围着测定仪。

⑥ 铁支架、铁环、铁夹：铁支架高约 520mm，铁环直径为 70～80mm，铁夹能使温度计垂直地伸插在内坩埚中央。

（2）样品　磷酸三甲苯酯或其他样品。

3. 测定步骤

① 内坩埚用无铅汽油洗涤并干燥后，在外坩埚内铺一层经过煅烧的细砂，厚度为 5～8mm［对于闪点高于 300℃ 的试样，允许砂层稍薄些，但必须保持升温速度在到达闪点前 40℃ 时为（4±1）℃/min］。置内坩埚于外坩埚的中央，内外坩埚之间填充细砂至距内坩埚边缘约 12mm。

② 倾注试样于内坩埚中至标线。对于闪点在 210℃ 以下的试样至上标线；对于闪点在 210℃ 以上的试样至下标线。装入试样时注意不要溅出，也不要沾在液面以上的内壁上。

③ 置坩埚于铁环中，插入温度计，并使水银球至试样深度的一半。点燃点火器，调整火焰为球形（直径为 3～4mm）。

④ 将仪器放置在避风、阴暗处，围好防护罩。

⑤ 加热外坩埚，使试样在开始加热后能迅速地达到（10±2）℃/min 的升温速度。

⑥ 当达到预计闪点前 10℃ 左右时，移动点火器火焰于距试样液面 10～14mm 处，并沿着内坩埚上边缘水平方向从坩埚一边移到另一边，经过时间为 2～3s。试样温度每升高 2℃，重复点火试验一次。

⑦ 当试样表面上方最初出现蓝色火焰时，立即从温度计读出温度作为该试样的闪点，同时记录大气压力。

⑧ 若要测定燃点，继续加热，保持 (4±1)℃/min 的升温速度，每升高 2℃点火试验一次。当能继续燃烧 5s 时，立即从温度计读出并记录测定温度，即为试样的燃点。

4. 结果计算

用平行测定两个结果的算术平均值，作为试样的闪点。根据国家标准规定，平行测定的两次结果，闪点之差不应超过下列允许值。

闪点/℃	允许误差/℃
150℃ 以下	4
150℃ 以上	8

对所测得的闪点进行压力校正。

$$T = T_p + (0.001125 T_p + 0.21) \times (101.3 - p) \qquad (10\text{-}19)$$

式中，T 为标准压力下的闪点，℃；T_p 为实际测定的闪点，℃；p 为测定闪点时的大气压力，kPa。

根据前面所述的开口闪点的校正方法，评价产品的质量指标如下：

产品质量指标	一等品	合格品
闪点/℃	≥230	≥220

（二）闭口杯法

1. 测定仪器和样品

（1）闭口杯闪点测定器　如图 10-18 所示。

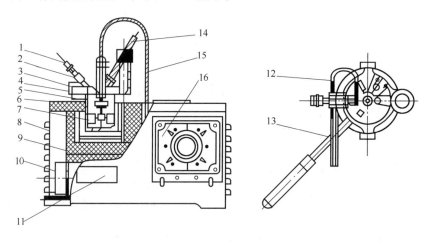

图 10-18　闭口杯闪点测定器

1—点火器调节螺丝；2—点火器；3—滑板；4—油杯盖；5—油杯；6—浴套；
7—搅拌器；8—壳体；9—电炉盘；10—电动机；11—铭牌；12—点火管；
13—油杯手柄；14—温度计；15—传动软轴；16—开关箱

① 浴套。为一铸铁容器，其内径为 260mm，底部距离油杯的空隙为 1.6～3.2mm，用电炉或煤气灯直接加热。

② 油杯。为黄铜制成的平底筒形容器，内壁刻有用来规定试样液面位置的标线，油杯盖也是由黄铜制成的，应与油杯配合密封良好。

③ 点火器。其喷孔直径为 0.8～1.0mm，应能将火焰调整使之接近球形（其直径为 3～

4mm）。

④ 防护罩用镀锌铁皮制成，其高度为 550～650mm，屏身内壁涂成黑色。

（2）样品　丁酸丁酯。

2. 测定步骤

① 油杯用无铅汽油洗涤后用空气吹干。将试样注入油杯中至标线处，盖上清洁干燥的杯盖，插入温度计，并将油杯放入浴套中。点燃点火器，调整火焰呈球形（直径为 3～4mm）。

② 开启加热器，调整加热速度：对于闪点低于 50℃的试样，升温速度应为 1℃/min，并不断地搅拌试样；对于闪点在 50～150℃的试样，开始加热的升温速度应为 5～8℃/min，并每分钟搅拌一次；对于闪点超过 150℃的试样，开始加热的升温速度应为 10～12℃/min，并定期搅拌。当温度达到预计闪点前 20℃时，加热升温的速度应控制在 2～3℃/min，并不断搅拌。

当达到预计闪点前 10℃左右时，开始点火试验：对于闪点低于 104℃的试样，每升高 1℃点火一次；对于闪点高于 104℃的试样，每升高 2℃点火一次（注意点火时停止搅拌，但点火后应继续搅拌）。点火时扭动滑板及点火器控制手柄，使滑板滑开，点火器伸入杯口，使火焰在 0.5s 内降到杯口，留在这一位置 1s 立即迅速回到原位。若无闪火现象，按上述方法每升高 1℃（闪点低于 104℃的试样）或 2℃（闪点高于 104℃的试样）重复进行点火试验。

④ 当第一次在试液面上方出现蓝色火焰时，记录温度。当出现第一次闪点时，应按上述要求继续试验，若在出现闪点温度后的下一个温度点能继续闪火，才能认为测定结果有效。若再次试验时，不出现闪火则应更换试样重新试验。

3. 结果计算

闪点的高低受外界大气压力的影响。大气压力降低时，油品易挥发，故闪点会随之降低；反之大气压力升高时，闪点会随之升高。压力每变化 0.133kPa，闪点平均变化 0.033～0.036℃，所以规定以 101.325kPa 压力下测定的闪点为标准。在不同大气压力条件下测得的闪点需进行压力校正，可用下列经验公式进行校正。闭口杯闪点的压力校正公式为：

$$T = T_p + 0.0259(101.3 - p) \qquad (10\text{-}20)$$

式中，T 为标准压力下的闪点，℃；T_p 为实际测定的闪点，℃；p 为测定闪点时的大气压力，kPa。

丁酸丁酯闪点的测定并非是产品质量指标的必测项目，而是该产品的一项物质特性项目。

4. 方法讨论

① 升温速度对闪点的测定影响较大，应加以注意。

② 火源的高度及在试样上方停留的时间长短也会影响闪点测定的结果。

③ 点火的频率也会影响闪点的测定结果。

④ 试样中含有水分时，必须脱水后才能进行实验。

⑤ 有些试样的蒸气或热分解产物是有害有毒的，应在通风橱内进行试验，但闪点测定时要求避风进行，故一般要求在闪点前 50～60℃时，调节通风，使试样的蒸气既能排出又能使试验杯上面无空气流通。

（三）新仪器新技术介绍

闪点测定的主要操作是控制升温速度、点火高度、点火时间、点火频率和读取温度计读数几个方面。现代化的闪点测定仪主要在这些性能方面进行改进，采用程序化、自动化的加热控温装置，机械化、自动化点火装置和温度自动读取装置。如国产 SD-2K 型开口闪点测定仪、SD-2 型闭口闪点测定仪、BSD-03 型自动闭口闪点测定仪，如

图 10-19 所示。

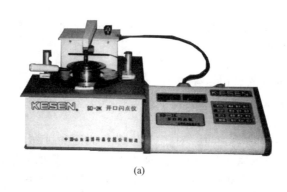

(a)

(b)   (c)

图 10-19　不同型号的闪点测定仪

第六节　旋光度的测定

旋光度是含有不对称碳原子的有机化合物的一个特征物理常数。不同结构的有不对称碳原子的有机化合物有不同的旋光能力。因此，通过测定有机物的旋光度、计算其比旋度，可以定性地检验化合物，也可以判断化合物的纯度或溶液的浓度。

一、基本概念

有些化合物，因其分子中有不对称结构，具有手性异构，就会表现出旋光性，例如蔗糖、葡萄糖等，多达几万种。如果将这类化合物溶解于适当的溶剂中，则偏振光通过这种溶液时能使偏振光的振动方向（振动面）发生旋转，这种特性称为物质的旋光性，此种化合物称为旋光性物质。偏振光通过旋光性物质后，振动方向旋转的角度称为旋光度（旋光角），用 α 表示。能使偏振光的振动方向向右旋转（顺时针旋转）的旋光性物质称为右旋体，以（＋）表示；能使偏振光的振动方向向左旋转（逆时针旋转）的旋光性物质称为左旋体，以（－）表示。通过测定旋光度和比旋度，可以检验具有旋光活性的物质的纯度，也可定量分析其含量及溶液的浓度。

二、旋光度测定的方法

1. 测定原理

当平面偏振光通过旋光介质时，偏振光的振动方向就会偏转，偏转角度的大小反映了该介质的旋光本领。

日常见到的日光、火光、灯光等都是自然光。根据光的波动学说，光是一种电磁波，且是横波。光波的振动是在和它前进的方向相互垂直的无限多个平面上。当自然光通过一种特制的玻璃片——偏振片或尼科尔棱镜时，则透过的光线只限制在一个平面内振动，这种光称为偏振光，偏振光的振动平面叫做偏振面。自然光和偏振光如图 10-20 所示。旋光仪中的起偏镜的作用就是使自然光变成偏振光。

图 10-20　自然光和偏振光

旋光仪的工作原理如图 10-21 所示。

从光源（a）发出的自然光通过起偏镜（b），变为在单一方向上振动的偏振光，当此偏振光通过盛有旋光性物质的旋光管（c）时，振动方向旋转了一定的角度，此时偏振光不再能全部通过检偏镜。调节附有刻度盘的检偏镜（d），使最大量的光线通过（相当于检偏镜和起偏镜平行时的光线通过量），检偏镜所旋转的度数和方向显示在刻度盘上，即为该物质实测的旋光度 α。

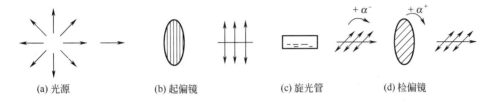

| (a) 光源 | (b) 起偏镜 | (c) 旋光管 | (d) 检偏镜 |

图 10-21　旋光仪的工作原理

旋光度的大小主要决定于旋光性物质的分子结构，也与溶液的浓度、液层厚度、入射偏振光的波长及测定时的温度等因素有关。同一旋光性物质，在不同的溶剂中有不同的旋光度和旋光方向。由于旋光度的大小受诸多因素的影响，缺乏可比性。一般规定：以黄色钠光 D 线为光源，在 20℃ 时，偏振光透过浓度为 1g/mL、液层厚度为 1dm（10cm）旋光性物质的溶液时的旋光度，叫做比旋度，用符号 $[\alpha]_D^{20}(s)$ 表示。它与上述各因素的关系为：

纯液体的比旋度

$$[\alpha]_D^{20}(s) = \frac{\alpha}{l\rho} \tag{10-21a}$$

溶液的比旋度

$$[\alpha]_D^{20}(s) = \frac{\alpha}{lc} \tag{10-21b}$$

式中，α 为测得的旋光度，(°)；ρ 为液体在 20℃ 时的密度，g/mL；c 为每毫升溶液含旋光性物质的质量，g/mL；l 为旋光管的长度（液层厚度），dm；20 为测定的温度，℃；s 为所用的溶剂。

由此可见，比旋度是旋光性物质在一定条件下的特征物理常数。按照一般方法测得旋光性物质的旋光度，根据上述公式计算实际的比旋度，与文献上的标准比旋度对照，以进行定性鉴定。也可用于测定旋光性物质的纯度或溶液的浓度。

浓度计算：

$$c = \frac{\alpha}{l \times [\alpha]_D^{20}(s)} \tag{10-22a}$$

纯度计算：

$$纯度 = \frac{\alpha}{l \times [\alpha]_D^{20}(s) \times m} \tag{10-22b}$$

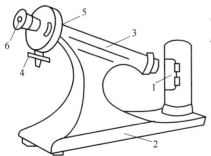

图 10-22　WXG-4 型旋光仪

1—钠光源；2—支座；3—旋光管；4—刻度盘转动手轮；5—刻度盘；6—目镜

式中，α 为测得的旋光度，(°)；$[\alpha]_D^{20}(s)$ 为旋光性物质的标准比旋度，(°)；l 为旋光管的长度（液层厚度），dm；m 为试样的质量，g。

2. 测定仪器和样品

旋光仪的型号很多，常见的有国产 WXG-4 型半荫式旋光仪，其外形和构造如图 10-22 和图 10-23 所示。

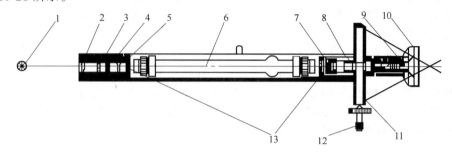

图 10-23　旋光仪的构造

1—光源（钠光）；2—聚光镜；3—滤色镜；4—起偏镜；5—半荫片；6—旋光管；
7—检偏镜；8—物镜；9—目镜；10—放大镜；11—刻度盘；
12—刻度盘转动手轮；13—保护片

光线从光源投射到聚光镜、滤色镜、起偏镜后，变成平面直线偏振光，再经半荫片，视

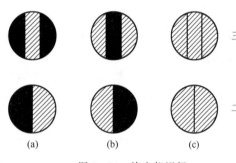

三分视场

二分视场

图 10-24　旋光仪视场

场中出现了三分视界。旋光物质盛入旋光管放入镜筒测定，由于溶液具有旋光性，故把平面偏振光旋转了一个角度，通过检偏镜起分解作用，从目镜中观察，就能看到中间亮（或暗）、左右暗（或亮）的照度不等的三分视场，如图 10-24 所示，转动刻度盘转动手轮，带动刻度盘和检偏镜觅得视场照度相一致，见图 10-24（c）时为止。然后从放大镜中读出刻度盘旋转的角度，即为试样的旋光度。

3. 测定步骤

（1）配制试样溶液　准确称取 10g（准确至小数点后四位）试样于 150mL 烧杯中，加 50mL 水溶解（若样品是葡萄糖，需加 0.2mL 浓氨水），放置 30min 后，将溶液转入 100mL 容量瓶中，置于（20.0±0.5）℃的恒温水浴中恒温 20min，用（20.0±0.5）℃的蒸馏水稀释至刻度，备用。

（2）旋光仪零点的校正

① 将旋光仪的电源接通，开启仪器的电源开关，约 10min 后待钠光灯正常发光，开始进行零点校正。

② 取一支长度适宜（一般为 2dm）的旋光管，洗净后注满（20.0±0.5）℃的蒸馏水，装上橡皮圈，旋紧两端的螺帽（以不漏水为准），把旋光管内的气泡排至旋光管的凸出部分，擦干管外的水。

③ 将旋光管放入镜筒内，调节目镜使视场明亮清晰，然后轻缓地转动刻度盘转动手轮至视场的三分视界消失，记下刻度盘读数，准确至 0.05。再旋转刻度盘转动手轮，使视场明暗分界后，再缓缓旋至视场的三分视界消失，如此重复操作记录三次，取平均值作为零点。

读数方法：旋光仪的读数系统包括刻度盘及放大镜。仪器采用双游标读数，以消除刻度盘偏心差。刻度盘和检偏镜连在一起，由调节手轮控制，一起转动。检偏镜旋转的角度可以在刻度盘上读出，刻度盘分 360 格，每格为 1°；游标分 20 格，等于刻度盘 19 格，用游标读数可以读到 0.05°。旋光度的整数读数从刻度盘上可直接读出，小数点后的读数从游标读数

盘中读出，读数方式为游标（0～10）的刻度线与刻度盘线对齐的数值。如图 10-25 所示读数为右旋 9.30°。

（3）试样测定　将旋光管中的水倾出，用试样溶液清洗旋光管，然后注满（20.0±0.5）℃的试样溶液，装上橡皮圈，旋紧两端的螺帽，将气泡赶至旋光管的凸出部分，擦干管外的试液。重复步骤（2）中的②、③操作。

4. 结果计算

根据下式计算试样的比旋度：

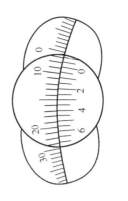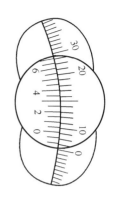

图 10-25　旋光仪刻度盘读数

$$[\alpha]_D^{20} = \frac{100\alpha}{lc} \qquad (10\text{-}23)$$

$$\alpha = \alpha_1 - \alpha_0$$

式中，$[\alpha]_D^{20}$ 为 20℃时试样的比旋度，（°）；α 为经零点校正后试样的旋光度，（°）；l 为旋光管的长度，dm；c 为 100mL 溶液含旋光性物质的质量，g/100mL；α_1 为试样的旋光度，（°）；α_0 为零点校正值，（°）。

也可根据测定的旋光度值，计算试样的纯度或溶液的浓度。

5. 方法讨论

① 不论是校正仪器零点还是测定试样，旋转刻度盘时必须极其缓慢，否则就观察不到视场亮度的变化，通常零点校正的绝对值在 1°以内。

② 若不知试样的旋光性，应先确定其旋光性方向后，再进行测定。此外，试液必须清晰透明，如出现浑浊或悬浮物时，必须处理成清液后测定。

③ 仪器应放在空气流通和温度适宜的地方，以免光学部件、偏振片受潮发霉而使性能衰退。

④ 钠光灯管使用时间不宜超过 4h，长时间使用应用电风扇吹风或关熄 10～15min，待冷却后再使用。

6. 新仪器新技术介绍

旋光仪的结构比较简单，仪器的改进主要是在精度和读数方面，如 WZZ 系列自动数显旋光仪在这方面有较大的提高，其主要特点是光学零位自动平衡、红外计数接收、微电脑信息处理、大平面背景光数码显示，具有读数清晰、视觉舒适等优点。主要技术参数是：测量范围±45°，示值误差≤0.02°。

美国鲁道夫旋光仪（Autopol 系列）在性能方面更加优越，光源采用高能量的碘钨灯结合窄带宽的多层滤色片来得到。精确的单色光避免了采用传统的旋光仪所用的高温原子灯来得到单波长及多波长。同时提供 200mm 的比色池，对于一些低旋光值的样品，提高了测试灵敏度。

国产的 WZZ-2B 型自动数显旋光仪也具有相类似的性能，如图 10-26 所示。

图 10-26　WZZ-2B 型自动数显旋光仪

第七节　黏度的测定

黏度是液体化合物的一个重要物理常数。通过对液态物质黏度的测定，可以确定该液体的输送条件和工艺，也是确定液体化合物的质量指标之一，它在石油、医药、食品、涂料工业中有广泛的应用。

一、基本概念

1. 黏度的定义

黏度是液体的内摩擦，是一层液体对另一层液体作相对运动时的阻力。或者说，当流体在外力作用下作层流运动时，相邻两层流体分子之间存在内摩擦力而阻滞流体的流动，这种特性称为流体的黏滞性。衡量黏滞性大小的物理常数称为黏度。黏度随流体的不同而不同，随温度的变化而变化，不注明温度条件的黏度是没有意义的。

2. 黏度的种类

黏度通常分为绝对黏度（动力黏度）、运动黏度、相对黏度和条件黏度。

（1）绝对黏度　绝对黏度（又称动力黏度）是指当两个面积为 $1m^2$、垂直距离为 $1m$ 的相邻液层，以 $1m/s$ 的速度作相对运动时所产生的内摩擦力，常用 η 表示。当内摩擦力为 $1N$ 时，则该液体的黏度为 1，其法定计量单位为 $Pa \cdot s$（即 $N \cdot s/m^2$）。曾用单位有"泊（P）"和"厘泊（cP）"，它们的相互关系是 $1Pa \cdot s = 10P = 1000cP$。在温度 T 时的绝对黏度用 η_T 表示。水在 20℃时的动力黏度是 $1.002 \times 10^{-3} Pa \cdot s$。

（2）运动黏度　某流体的绝对黏度与该流体在同一温度下的密度之比称为该流体的运动黏度，以 ν 表示。

$$\nu = \frac{\eta}{\rho} \tag{10-24}$$

其法定计量单位是 m^2/s，曾用单位有"沲（St）"和"厘沲（cSt）"，它们的关系是 $1m^2/s = 10^4 St = 10^6 cSt$。在温度 T 时的运动黏度以 ν_T 表示。水在 20℃时的运动黏度是 $1.0038 \times 10^{-6} m^2/s$。

（3）条件黏度　条件黏度是在规定温度下，在特定的黏度计中，一定量液体流出的时间（s）；或者是此流出时间与在同一仪器中，规定温度下的另一种标准液体（通常是水）流出的时间之比。根据所用仪器和条件的不同，条件黏度通常有下列几种。

① 恩氏黏度。试样在规定温度下从恩氏黏度计中流出 200mL 所需的时间与 20℃时从同一黏度计中流出 200mL 水所需的时间之比，用符号 E_T 表示。

② 赛氏黏度。试样在规定温度下，从赛氏黏度计中流出 60mL 所需的时间，单位为 s。

③ 雷氏黏度。试样在规定温度下，从雷氏黏度计中流出 50mL 所需的时间，单位为 s。

以条件性的实验数值来表示的黏度，可以相对地衡量液体的流动性，这些数值不具有任何物理意义，只是一个公称值。

二、黏度测定的方法

（一）运动黏度的测定

1. 测定原理（毛细管黏度计法）

在一定温度下，当液体在直立的毛细管中，以完全润湿管壁的状态流动时，其运动黏度 ν 与流动时间 t 成正比。测定时，用已知运动黏度的液体（常用 20℃时的蒸馏水）作标准，测量其从毛细管黏度计流出的时间，再测量试样自同一黏度计流出的时间，则可计算出试样的黏度。

$$\frac{\nu_T^y}{\nu_T^b} = \frac{\tau_T^y}{\tau_T^b} \tag{10-25}$$

即

$$\nu_T^y = \frac{\nu_T^b}{\tau_T^b} \times \tau_T^y$$

式中，ν_T^b 为标准液体在一定温度下的运动黏度；ν_T^y 为样品在一定温度下的运动黏度；τ_T^b 为标准液体在某一毛细管黏度计中的流出时间；τ_T^y 为样品在某一毛细管黏度计中的流出时间。

ν_T^b 是已知值，例如水的运动黏度 $\nu_{20}^b = 1.0038 \times 10^{-6}\,\mathrm{m^2/s}$（1.0038St），$\tau_T^b$ 为可测的确定值，故对某一毛细管黏度计来说 $\frac{\nu_T^b}{\tau_T^b}$ 是一常数，称为该毛细管黏度计的黏度计常数，一般以 K 表示，则上式可写为：

$$\nu_T^y = K\tau_T^y \tag{10-26}$$

由此可知，在测定某一试液的运动黏度时，只需测定毛细管黏度计的黏度计常数，再测出在指定温度下试液的流出时间，即可计算出试样的运动黏度值。

2. 测定仪器

使用运动黏度测定装置，主要由以下几部分组成。

（1）毛细管黏度计（平氏黏度计）　毛细管黏度计一组共有 13 支，毛细管内径分别为 0.4mm、0.6mm、0.8mm、1.0mm、1.2mm、1.5mm、2.0mm、2.5mm、3.0mm、3.5mm、4.0mm、5.0mm 和 6.0mm，其构造如图 10-27 所示。

选用原则：按试样运动黏度的大约值选用其中一支，使试样流出时间在 120~480s 内。在 0℃ 及更低温度测定高黏度试样时，流出时间可增加至 900s；在 20℃ 测定液体燃料时，流出时间可减少至 60s。

（2）恒温浴　容积不小于 2L，高度不小于 180mm。带有自动控温仪及自动搅拌器，并有透明壁或观察孔。

（3）温度计　测定运动黏度专用温度计，分度值为 0.1℃。

（4）恒温浴液　根据测定所需的规定温度不同，选用适当的恒温液体。

常用的恒温液体见表 10-7。

3. 测定步骤

① 取一支适当内径的毛细管黏度计，用轻质汽油或石油醚洗涤。如果黏度计沾有污垢，则用铬酸洗液、自来水、蒸馏水及乙醇依次洗净，然后使之干燥。

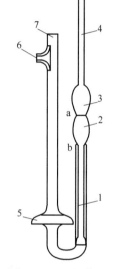

图 10-27　毛细管黏度计
1—毛细管；2,3,5—扩大部分；4,7—管身；6—支管；a,b—标线

② 在图 10-27 支管处接一橡皮管，用软木塞塞住管身的管口，倒转黏度计，将管身的管口插入盛有标准试样（20℃ 蒸馏水）的小烧杯中，通过连接支管的橡皮管用洗耳球将标准试样吸至标线"b"处（注意试样中不能出现气泡），然后捏紧橡皮管，取出黏度计，倒转过来，擦干管壁，并取下橡皮管。

表 10-7　不同温度下使用的恒温液体

温度/℃	恒温浴液用的液体
50~100	透明矿物油、甘油或 25% 硝酸铵水溶液（溶液的表面浮一层矿物油）
20~50	水
0~20	水与冰的混合物，或乙醇与干冰（固体二氧化碳）的混合物
-50~0	乙醇与干冰的混合物（可用无铅汽油代替乙醇）

③ 将橡皮管移至管身的管口，使黏度计直立于恒温浴中，使其管身下部浸入浴液。在黏度计旁边放一支温度计，使其水银泡与毛细管的中心在同一水平线上。恒温浴内温度调至 20℃，在此温度保持 10min 以上。

④ 用洗耳球将标准试样吸至标线 "a" 以上少许（勿使出现气泡），停止抽吸，使液体自由流下，注意观察液面。当液面至标线 "a" 时，启动秒表；液面流至标线 "b"，按停秒表。记下由 "a" 至 "b" 的时间。重复测定 4 次，各次流动时间与其算术平均值的差数不得超过算术平均值的 0.5%，取不少于三次的流动时间的算术平均值作为标准试样的流出时间。

⑤ 倾出黏度计中的标准试样，洗净并干燥黏度计，用同一黏度计按上述同样的操作测量并记录试样的流出时间。

必须调整恒温浴的温度为规定的测定温度。

4. 结果计算

根据下式计算试样的运动黏度：

$$\nu_T^y = K \tau_T^y \quad \left(K = \frac{\nu_T^b}{\tau_T^b} \right) \tag{10-27}$$

式中，K 为黏度计常数；ν_T^y 为样品的运动黏度；τ_T^y 为样品在毛细管黏度计中的流出时间。

5. 方法讨论

① 试样中含有水或机械杂质时，在测定前应经过脱水处理，并过滤除去机械杂质。

② 由于黏度随温度的变化而变化，所以测定前试液和毛细管黏度计应恒温至所测温度。

③ 试液中有气泡会影响装液体积，也会改变液体与毛细管壁的摩擦力。提起样品时，速度不能过快。

6. 新仪器新技术介绍

运动黏度测定仪在性能和功能方面可以改进的地方主要在恒温装置方面和测量方法，可以使用自动化程度高的恒温装置，恒温的精度也可提高一些。测量方法可以采用仪器自动记时的方法，特别是在观察液面下降时，可采用光控技术，结合自动读数装置进行测定。如 ZMN-1 光电自动计时毛细管黏度计等。黏度特别低的样品可采用低温黏度计进行测量，黏度特别大的样品可采用高温黏度计测量。

(1) ND-2 运动黏度测定仪使用方法

① 仪器使用前需详细阅读使用说明书及产品实验方法。

② 将随机所带连接线连接到主机和控制器上，旋紧螺钉。

③ 根据产品实验方法要求，在恒温浴内注入适当恒温用的恒温浴液。

④ 根据实验温度选用适当的毛细管黏度计。

⑤ 接通电源，打开电源开关，环形日光灯亮，打开搅拌电机开关，通过 "设定"、"增"、"减" 键选择控温点，再按 "设定" 键确认存储。

⑥ 当恒温浴达到规定温度时，若有温度偏差，可按 "微调"、"增"、"减" 键进行设定。当达到控温要求，再经过规定时间后，可进行测试。

⑦ 按 GB/T 265—1988 标准方法实验。

⑧ 设定操作。按 "设定" 键仪器显示当前设定控温点，可按 "增"、"减" 键，仪器循环显示 20℃、40℃、50℃、80℃、100℃。当显示出需要的控温点时，按 "设定" 键予以确认，仪器自动存储，设定完毕。

⑨ 微调操作。正常情况下按微调键，仪器显示 "1.0"，控温稳定后看显示和温度计偏差，若仪器显示高出某值则增加微调同样数值，相反则减少同样数值。

【例 10-2】 仪器温度显示 40.0℃，温度计为 40.2℃，按"微调"键，显示"1.0"，则按"减"键两次，仪器显示"0.8"，再按"微调"键确认存储，仪器自动调整控温。再次控温 40℃时则按"0.8"微调数值控温，不需再调整。同样，若温度计显示 39.7℃，按仪器"微调"键，仪器显示"1.0"，则按"增"键三次，仪器显示"1.3"，再按"微调"确认存储。

注意：⑧、⑨项误操作调整数值后，存储确认前想恢复以前数值，可以不按"设定"或"微调"，8s 后仪器自动退出，修改值无效。

⑩ 计时器的使用。黏度测定需要计时，计时器可以代替机械秒表使用，按"清零"键清除计时值，需要计时时按"计时/停止"键开始计时，再按"计时/停止"可停止计时，显示数即为计时数值。

⑪ 室内温度高于控温点或要尽快降温时可接通冷却水，促使恒温浴内水温降低。

⑫ 本仪器有 4 个毛细管黏度计安装孔，因此可以同时对两种以上的油样进行平行试验，并且装有电动搅拌导向装置，因此整个恒温浴温度相同。

（2）注意事项

① 仪器应放在平整的工作台上，可通过仪器底部调节螺钉进行水平调整。

② 毛细管黏度计必须处于垂直状态，可利用所提供的重锤并调整夹持器上 3 个调整螺钉进行调节。

③ 校正温度计安装，水银球位置接近毛细管黏度计中央点的水平面上，测温刻度应位于恒温浴液面以上至少 10mm 处。

④ 仪器 1000W 加热开关、搅拌电机开关应处于常开位置。

⑤ 毛细管黏度计必须按《工作毛细管黏度计检定规程》进行检定并确定常数。

⑥ 毛细管黏度计必须清洗干净，定期校验常数。

⑦ 仪器不得安装在超出规定电源波动的地方。

⑧ 1600W 同时加热时电流较大，请用适当电源插座。

（二）条件黏度的测定

1. 测定原理

条件黏度（恩氏黏度）的测定原理与运动黏度相似，也是遵循不同的液体流出同一黏度计的时间与黏度成正比。根据不同的条件黏度的规定，分别测量已知条件黏度的标准液体和试样在规定的黏度计中流出时间，计算试样的条件黏度。

如恩氏黏度的测定原理就是按恩氏黏度的规定，分别测定试样在一定温度（通常为 20℃、50℃、80℃、100℃，特殊要求时也用其他温度）下，由恩氏黏度计流出 200mL 所需的时间（s）和同样量的水在 20℃时由同一黏度计流出的时间即黏度计的水值（K_{20}），从而根据下式计算试液的恩氏黏度。

$$E_T = \frac{\tau_T}{K_{20}} \qquad (10-28)$$

式中，E_T 为试样在温度 T 时的恩氏黏度，°E；τ_T 为试液在温度 T 时从恩氏黏度计中流出 200mL 所需时间，s；K_{20} 为黏度计的水值，s。

2. 条件黏度（恩氏黏度）测定装置

（1）恩氏黏度计　如图 10-28 所示。其结构是将两个黄铜圆形容器套在一起，内筒装试样，外筒为热浴。内筒底部中央有流出孔，试液可经小孔流出，流入接收量瓶。筒上有盖，盖上有插堵塞棒的孔及插温度计的孔。内筒中有三个尖钉，作为控制液面高度和调节仪器水平的指示标志。外筒装在铁制的三脚架上，足底有调整仪器水平的螺旋。黏度计热浴一般用电加热器加热并能自动调整控制温度。

（2）接收量瓶　有一定尺寸规格的葫芦形玻璃瓶，见图 10-29，其中刻有 100mL、

200mL 两道标线。

（3）电加热控温器

（4）温度计　恩氏黏度计专用，分度值 0.1℃。

恩氏黏度计在性能和功能方面的改进与运动黏度测定装置相仿，但至今尚未见到完全自动化的测定仪器。

3．测定步骤

（1）测定水值

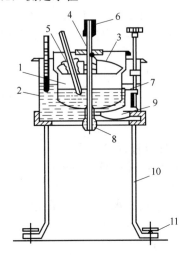

图 10-28　恩氏黏度计

1—内筒；2—外筒；3—内筒盖；4,5—孔；
6—堵塞棒；7—尖钉；8—流出孔；9—搅拌器；
10—三脚架；11—水平调节螺旋

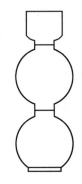

图 10-29　接收量瓶

① 用石油醚、乙醚、乙醇和蒸馏水依次洗涤黏度计的内筒，洗净并干燥。

② 将堵塞棒塞紧内筒的流出口，注入一定量的蒸馏水至将要淹没三个尖钉，调整水平调节螺旋至水平，再补充蒸馏水至刚好淹没三个尖钉。盖上内筒盖，插好温度计。

③ 向外筒中注入一定量的恒温浴液（一般情况下用蒸馏水）至内筒的扩大部分，打开电加热器，选择控制温度，边加热边搅拌内、外筒（外筒搅拌使用专用搅拌器，内筒搅拌通过转动内筒盖，带动温度计进行搅拌），至内筒试样温度为控制温度。

④ 将清洁干燥的接收量瓶放置于流出孔下，准备好秒表，轻轻转松并稍提堵塞棒，使流出孔下端悬挂一滴试样，迅速提起堵塞棒，同时按下秒表，开始计时，当试液至 200mL 刻度线（接收量瓶上刻度线）时，按停秒表，记录测定时间。平行测定 4 次，取最接近的数据计算平均值。测定值应该在 50～52s 之间，否则要检查原因并使测定值符合此要求。如若始终不能符合要求，需维修或报废该仪器。

⑤ 干燥内筒。

（2）测定试样　按测定水值相同的方法测定试样。

（3）结束工作　让试样全部流出，用有机溶剂洗净内筒，并干燥。倒出外筒的恒温浴液，擦干仪器。

4．结果计算

$$E_T = \frac{\tau_T}{K_{20}}$$

（10-29）

式中，E_T 为试样的恩氏黏度，°E；K_{20} 为恩氏黏度计的水值；τ_T 为试样从恩氏黏度计中流出的时间，s。

平行测定的允许误差如下：

测 定 结 果	允 许 误 差	测 定 结 果	允 许 误 差
在 250s 以下	1s	501～1000s	5s
251～500s	3s	1000s 以上	10s

5. 方法讨论

① 恩氏黏度计的各部件必须符合标准规定的要求，特别是流出孔的尺寸规定非常严格（见 GB 266—1988），管的内表面经过磨光，使用时要防止磨损及污染。

② 符合标准的黏度计，其水值应为（51±1）s，并应定期校正，水值不符合要求的不能使用。

③ 测定时温度应恒定到要求的测定温度的±0.2℃。试液必须呈线状流出，否则测定结果不准确。

（三）绝对黏度的测定

1. 测定原理（旋转法）

将特定的转子浸于被测液体中作恒速旋转运动，使液体接受转子与容器壁面之间发生的切应力，维持这种运动所需的扭力矩由指针显示读数，根据此读数 a 和系数 K 可求得试样的绝对黏度（动力黏度）。

$$\eta = Ka \tag{10-30}$$

2. 测定装置

① 旋转黏度计：如图 10-30 所示。

② 超级恒温槽：温度波动范围小于±0.5℃。

③ 容器：直径不小于 70mm，高度不低于 110mm 的容器或烧杯。

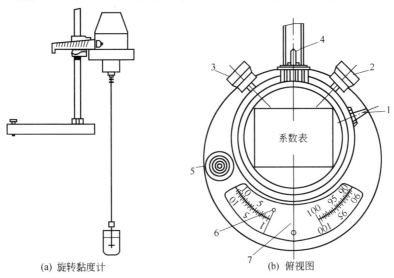

系数表

(a) 旋转黏度计　　(b) 俯视图

图 10-30 旋转黏度计

1—电源开关；2—旋钮 A；3—旋钮 B；4—指针控制杆；5—水准器；6—指针；7—刻度线

3. 测定步骤

① 先大约估计被测试样的黏度范围，然后根据仪器的量程表选择合适的转子和转速，使读数在刻度盘的 20％～80％ 范围内。

② 把保护架装在仪器上，将选好的转子旋入连接螺杆。旋转升降旋钮，使仪器缓慢放下，转子逐渐浸入被测试样中至转子标线处。

③ 将试样恒温至所测温度，并保持恒温。

④ 调整仪器水平，将转速拨至所选转速，放下指针控制杆，开启电源，待转速稳定后，按下指针控制杆，观察指针在读数窗口时，关闭电源（若指针不在读数窗口，则再打开电源，使指针在读数窗口）。读取读数，重复测定两次，取其平均值。

⑤ 测定完毕后，拆下转子和保护架，用无铅汽油洗净转子和保护架，并放入仪器箱中。

4. 结果计算

$$\eta = Ka \tag{10-31}$$

式中，η 为样品的动力黏度（绝对黏度），mPa·s；K 为旋转黏度计系数；a 为旋转黏度计指针的读数。

5. 方法讨论

① 装卸转子时应小心操作，将连接螺杆微微抬起进行操作，不要用力过大，不要使转子横向受力，以免转子弯曲。

② 不得在未按下指针控制杆时开动电机，不能在电机运转时变换转速。

③ 每次使用完毕应及时拆下转子并清洗干净，但不得在仪器上清洗转子。清洁后的转子妥善安放于转子架中。

6. 新仪器新技术简介

旋转法测定黏度在我国也是发展不久的测定方法，主要仪器一般有表盘式和数字显示式等种类，在性能方面的主要区别表现在数字化和程序化方面。如图 10-31 所示。

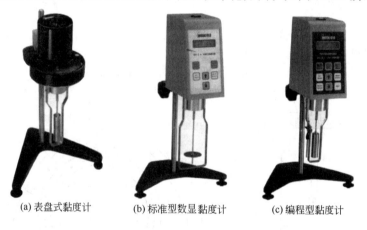

(a) 表盘式黏度计   (b) 标准型数显黏度计   (c) 编程型黏度计

图 10-31　旋转黏度计

第八节　光泽度的测定

光泽度是物体表面方向性选择反射的性质，这一性质决定了呈现在物体表面所能见到的强反射光或物体镜像的程度。一般常以镜面光泽度来表示材料的光泽度。镜面光泽度是指在规定的入射角下，试样的镜面反射率与同一条件下基准面的镜面反射率之比，用百分数表示，一般情况下省略百分号，以光泽度单位表示。根据入射光的角度不同，可分为 20°、45°、85°镜面光泽度。当入射角增加时，任何表面的光泽度值也增加。所以在测定镜面光泽度时，必须确定入射光角度，或者说在表示材料镜面光泽度时，必须指明角度。

光泽度仪的构造和工作原理如图 10-32 所示。

光泽度仪一般由光泽探测头和读数装置两部分组成。图 10-32 是它的构造示意，光源探测头内装一个白炽光源、一个聚光镜和一个投影仪或源镜头。这些器件产生的入射光束直接照射到试样上，一台灵敏的光电检测器汇集反射光并产生一个电信号，信号放大后激发一只模拟仪表或数字显示式仪表以示出光泽度值。

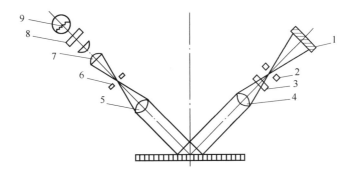

图 10-32　光泽度仪构造示意

1—接收器；2—接收器光栅；3—滤光片；4—接收滤镜；5—入射滤镜；
6—光源滤镜；7—聚光镜；8—光源光谱修正滤光片；9—光源

　　使用光泽度仪时，打开仪器开关并放置在黑玻璃基准标准板上。调节控制旋钮，使光泽度仪指示出基准对应值。再用工作标准板检查仪器的线性情况，然后把传感器放在试样表面，从显示器可直接读取光泽度值。

一、仪器和试剂

1. 仪器

（1）光泽度仪

（2）基准标准板　折射率为 1.567 的光滑黑玻璃，基准标准板的镜面光泽度为 100 光泽度单位。

（3）工作标准板　以陶瓷、玻璃或搪瓷等材料制成，其镜面光泽度由基准标准板和标准光泽仪标定。

2. 试样

塑料、陶瓷、搪瓷、地砖、墙砖等材料。表面应光滑平整、无脏物或划伤等缺陷，尺寸为 100mm×100mm。

二、测定步骤

① 接通仪器电源，并使之稳定 30min 左右。

② 将光泽探测头的测量窗口置于基准标准板上，调节读数装置使读数显示为基准板的标称值。

③ 将光泽探测头的测量窗口置于工作标准板上，仪器的读数显示应符合工作标准板的标称光泽度值（显示值与标称值不能超过 ±1.5 光泽度单位）。

④ 充分清洁样品的测试部位，必要时用清洁软纱布蘸上镜头清洁剂后，擦去表面的油污杂质。

⑤ 以样品中心为圆心，半径为 25mm 的圆周上的四个平分点为测试点。将光泽探测头的测量窗口置于测试点上，逐个读出各点的光泽度显示值。取其平均值为测定结果。

三、结果计算

由仪器直接读出。

四、方法讨论

① 标准板必须保持清洁，不得损伤其表面。使用时应拿其边缘，切勿触摸表面。清洗时，切忌用硬毛刷或纸等擦抹，应采用一般光学镜片清洗液清洗表面。不用时应放在密封干燥的容器内。此外，标准板需定期检验和重新标定。

② 若测定透明样品，应选用乌黑的底板作背衬，放在透明样品的背后。

五、WGG 微机光泽度仪的使用

① 将仪器开关置于"OFF"位置，取出电池盖板，按照极性装上四节镍镉电池，然后压上电池盖板。

② 将仪器侧面拨盘拨到黑色标准板数值，拨盘共有三位，第一位代表十位，第二位代表个位，第三位代表小数点后一位。例如，若标准板数值为 93.3，则拨盘拨到"933"。

③ 打开电源开关，置于"ON"位置，此时液晶显示屏上显示小数点"·"。

④ 将仪器测量窗口置于标准盒凹坑上（或黑丝绒上），按"校零"按钮后放开，待几秒钟后，仪器显示"0"，再按一次"校零"按钮。

⑤ 将仪器测量窗口置于黑色标准板上，按一次"校标"按钮后放开，仪器将显示拨盘数值，表示校正功能已完成。

⑥ 将仪器置于白色陶瓷板上，按"测量"按钮，仪器将显示一数值（仪器固定的一个数值），记下这个数值，作为以后校验仪器用。

⑦ 测量样品，将测量窗口置于样品的测点上，按"测量"按钮，显示器显示测定值。

⑧ 测定完毕后，关闭仪器，放置并保存好黑白两块标准板（不能有划痕和污物）。

第九节　白度的测定

白度是表示物质光学性能的物理指标，在一些高分子材料（如塑料、树脂）、建筑材料和食品等生产中经常需要测定白度。

白度是一种颜色属性，其特点是具有较高的光反射，而颜色纯度较低，是材料颜色接近纯白的程度。目前理想的纯白还没发现，接近于完全反射漫射体的氧化镁和硫酸钡被认为是理想的白。

一、白度的定义

白度是一种相对指标，是指物料表面对规定蓝光漫反射的辐射能，与同样条件下理想的全反射漫射的辐射能的比值，用百分数表示。

二、测定原理

测定白度是在规定仪器上进行的，首先在仪器上测定基准白度板在规定的蓝光下的漫反射强度白度值，然后测定试样在同样条件下的漫反射强度。一般标准白度板的漫反射强度定为 100，则试样的读数值即为白度。

三、测定仪器

（1）蓝光白度测定仪　GB 2913—1982 推荐使用国产 ZBD 型白度测定仪为试验仪器。白度仪应符合下列条件。

① 蓝光光谱特性曲线的峰值在 457nm 处，半高宽度在 40～60nm 之间。

② 试样受光面积为直径大于或等于 20mm 的圆面积。

③ 仪器读数精度为 0.2%，稳定性为 0.5%。

（2）标准白度板

① 基准白度板。用经中国计量科学研究院以绝对标准的漫反射体压制（推荐使用硫酸钡作为传递标准的漫反射体）。

② 校验白度板。在试验仪器上，用基准白度板进行标定。

③ 工作白度板。在试验仪器上，用校验白度板进行标定。

四、测定步骤

（1）仪器的调节　按照仪器使用说明书规定的使用条件，将仪器调节至工作状态。

（2）粉状样品的测定

① 将试样粉末均匀地置于深度大于或等于 6mm 的样品池中，使试样面超过池框表面约 2mm，用光洁的玻璃板覆盖在试样的表面上，压紧试样，并稍加旋转，然后小心地移去玻璃板。用一支光滑的金属尺沿样品池框从一头向另一头移动，将超过样品池表面多余的试样刮去，使试样表面平滑。

② 将装有试样的样品池放在仪器的样品台上，测定白度值，读至 0.1%。

③ 将试样在样品台上水平旋转 90°，再测定白度值，读至 0.1%。

④ 另取两个试样，按以上步骤重复操作，并测定白度值。

（3）板材样品的测定

① 直接由板材截取面积为大于或等于 50mm×50mm 的试样，试样应色泽均匀。

② 重叠试样至适当的厚度，以其达到测得的白度值不变时作为测试试样的厚度。

③ 将板材试样放入仪器的样品台上，测定白度值，读至 0.1%。

④ 将试样取出并翻转，重新放入仪器样品台上，再测定白度值，读至 0.1%。

⑤ 另取两个试样，按以上步骤重复操作，并测定白度值。

五、结果计算

由仪器直接得到读数，取测定结果的算术平均值为试样的白度，或由仪器直接打印出结果。

六、方法讨论

① 粉末状试样应通过 100 目筛网后取样。板材试样需两表面平整且互相平行，无凹凸、沾污和擦伤，内部无气泡。

② 每组试样不少于 3 个。

七、WSD-Ⅲ型白度仪的操作

打开电源开关，显示器出现 Preheating（正在预热）字样，并有一时钟在进行逆计数，预热使机器进入稳定状态。预热完成后会发出蜂鸣声，显示器出现指示进行调零操作（Adjust zero）的提示字样，此时显示器右侧的符号闪烁且调零指示灯亮，将调零用的黑筒放在测试台上，对准光孔压住，按动执行键（Enter），仪器开始调零。当仪器发出蜂鸣声时，指示调零结束，显示器上出现 Standard（标准）字样、显示器右侧的符号闪烁且调白指示灯亮时，进入调白操作。将黑筒取下，放上标准白板，对准光孔压住，按动执行键（Enter），仪器开始调白，当仪器发出蜂鸣声响时，仪器调白结束，显示器上出现 Sample（样品）字样、显示器右侧的符号闪烁且测量指示灯亮时，进入测量操作状态。将准备好的样品放在测试台上，对准光孔压住，按动执行键（Enter），仪器开始测量，显示器右侧的符号消失，并出现一个"1"，表示仪器正在作第一次测试。当蜂鸣器响时，指示测试结束，显示器又恢复到等待测试状态。如果再次按动执行键（Enter），仪器再次开始测量，显示的测量次数加一，并自动将测试结果进行算术平均值运算，直到按下显示键或打印键为止，测量结束。

第十节　硬度的测定

硬度是高分子材料的一个重要物理性能。在高分子材料的制造和加工中，经常要测试材料的硬度来确定加工方法，了解材料的用途等。

硬度是高分子材料、金属材料和无机非金属材料的重要力学性能之一，是指材料抵抗其他较硬物体压入其表面的能力。各种材料的硬度是根据标准的球形体压入时所呈现的阻力的大小来判定的。各种不同的材料，根据试验方法的不同，可用不同的量值来表示硬度。如橡胶材料的硬度有邵氏硬度、国际硬度等。塑料最普遍应用的硬度试验是洛氏硬度和硬度计示硬度（邵氏硬度），比较硬的塑料如聚甲醛类、尼龙、丙烯酸和聚苯乙烯采用洛氏硬度。对较软的塑料如软聚氯乙烯、热塑橡胶和聚乙烯常采用硬度计示硬度。

一、洛氏硬度

用规定的压头，对试样先施加初试验力（辅助小载荷），再施加主试验力（主载荷），然后返回到初试验力。用前后两次初试验力作用下的压头压入深度差求得的值，即为洛氏硬度。

洛氏硬度值总是用一刻度符号代表压头尺寸、载荷和所用的刻度盘标度，其硬度标度有 R、L、M、E 标度之分。在每一标度下，数值越高，材料越硬，它们之间的硬度稍有重叠。因此，同一种材料在不同的标度上很可能得到两个不同的刻度盘读数。

洛氏硬度值用前缀字母标度及数字表示。例如，HRM70 表示用 M 标度测定的洛氏硬度值为 70.0。

二、邵氏硬度

（一）邵氏硬度的定义

将规定形状的压针，在标准的弹簧压力下压入试样，用压针压入试样的深度（穿透力）来表示试样的硬度。邵氏硬度分为邵氏 A 和邵氏 D。它们的区别是所采用的压针尺寸不同，邵氏 A 适用于较软的塑料，邵氏 D 适用于稍硬的塑料。

（二）邵氏硬度计的测定原理

邵氏硬度计主要由读数盘、压针、下压板及对压针施加力的弹簧组成。邵氏硬度针分为 A 型和 D 型，两者的差别是压头的形状和大小不同。

邵氏硬度针的结构简单，试验时用外力把硬度针的压针压在试样表面上，压针压入试样的深度可用下式表示：

$$T = 2.5 - 0.025H \tag{10-32}$$

式中，T 为压针压入试样的深度，mm；H 为所测硬度值；2.5 为压针露出部分的长度，mm；0.025 为硬度针指针每度压针缩短长度，mm。

从式(10-32)中可以看出，压针压入深度越深，硬度值越小。在测定时，邵氏硬度针锥形压针靠弹簧压力作用于被测试样上，压针行程为 2.5mm 时，硬度指针应指于刻度盘 100 度的位置。刻度盘上的硬度值是根据相似三角形运动原理及弦等分定理设计的。每个刻度值相当于压针压入试样 0.025mm 的深度。

（三）邵氏硬度的测定

1. 仪器与试样

（1）仪器　邵氏硬度计。

（2）试样　厚度应不小于 6mm，大小应保证能在试样的同一表面进行 5 个点的测量。每个测点中心距离以及到试样边缘距离均不得小于 10mm。一般试样尺寸为 50mm×50mm×6mm。

试样厚度均匀，表面光滑、平整、无气泡、无机械损伤及杂质。

2. 测定步骤

① 标度的选用。根据材料的软硬程度选择适宜的标度，尽可能使邵氏硬度值处于 50～115 之间。如果一种材料用两种标度进行试验，且测得值都处于限值内，则选用较小值的标度。相同材料应选用同一标度。

② 把试样置于工作台上，旋转丝杆手轮，使试样慢慢地无冲击地与压头接触，直至硬度指示器短指针指于零点，长指针垂直向上指向 B30 处，此时已施加 98.07N 的初试验力（长指针偏移不得超过±5 个分度值，若超过此范围不得倒转，应改换测点位置重做）。

③ 调节硬度指示器，使长指针对准 B30，再于 10s 内平稳地施加主试验力并保持 15s，然后再平稳地卸除主试验力，经 15s 时读取长指针所指的 B 标尺数据，准确到标尺的分度值。此读数即为试样的硬度测定值。

④ 反向旋转升降丝杆手轮，使工作台下降，更换测试点，重复上述操作，每一试样测试 5 点。

3. 结果计算

测定结果以 5 个单个测定值的算术平均值表示，取三位有效数字。

4. 方法讨论

① 若试样无法得到所规定的最小厚度值，允许由同种材料的试样叠合组成，但各块试样表面间都应紧密接触，不得被任何形式的缺陷分开。

② 试验中如试样出现压痕裂纹或试样背面有痕迹时，数据无效，应另取试样试验。

习 题

1. 粒径和粒度分布有何区别？

2. 筛分法的测定原理是什么？筛分法能否测定固体物质的粒径？为什么？

3. 熔点与物质的本质有何关系？

4. 熔点的测定方法有哪些？其测定原理是什么？

5. 测定熔点时对温度计要进行哪些方面的校正？如何校正？

6. 测定熔点时对载热体的选择有何要求？选择载热体的原则是什么？

7. 显微熔点测定法有何特点？与毛细管法有何区别？

8. 测定熔点时为何要控制升温速度？

9. 沸点的测定原理是什么？沸点和物质的本质有何关系？如何测定沸点？

10. 对沸点的测定值应进行哪些方面的校正？如何校正？

11. 什么是沸程？什么是初馏温度和终馏温度？如何测定沸程？

12. 液体密度的测定方法有哪些？其测定原理是什么？

13. 固体密度的测定方法有哪些？其测定原理是什么？

14. 闪点的定义是什么？闪点的测定中为什么要控制升温速度？为什么要控制点火的频率？

15. 开口闪点与闭口闪点有何区别？若分别用开口杯法和闭口杯法测定同一样品，其结果有何不同？为什么？

16. 普通闪点测定仪和智能化的闪点测定仪在性能上有何区别？

17. 为什么要对闪点的测定温度值进行大气压力的校正？

18. 自然光和偏振光有何不同？旋光仪的工作原理是什么？

19. 什么叫旋光度？旋光度的测定原理什么？

20. 比旋度和旋光度有何区别和联系？

21. 什么是黏度？黏度有几种类型？

22. 运动黏度和动力黏度有何关系？

23. 动力黏度的测定原理是什么？运动黏度的测定原理是什么？恩氏黏度的测定原理是什么？

24. 测定黏度时为什么要控制温度？温度对黏度值有什么影响？

25. 能不能将一支毛细管黏度计测水值，另一支毛细管黏度计测定样品后的数据计算运动黏度？为什么？

附　　录

附录一　实验室常用酸碱的相对密度、质量分数和物质的量浓度

试剂名称	相对密度	质量分数/%	物质的量浓度/(mol/L)
盐酸	1.18~1.19	36~38	11.1~12.4
硝酸	1.39~1.40	65.0~68.0	14.4~15.2
硫酸	1.83~1.84	95~98	17.8~18.4
磷酸	1.69	85	14.6
高氯酸	1.68	70.0~72.0	11.7~12.0
冰醋酸	1.05	99.8(优级纯) 99.0(分析纯、化学纯)	17.4
氢氟酸	1.13	40	22.5
氢溴酸	1.49	47.0	8.6
氨水	0.88~0.90	25.0~28.0	13.3~14.8

附录二　实验室常用基准物质的干燥温度和干燥时间

基准物质 名称	基准物质 分子式	干燥后组成	干燥温度和干燥时间
无水碳酸钠	Na_2CO_3	Na_2CO_3	270~300℃灼烧 1h
硼砂	$Na_2B_4O_7 \cdot 10H_2O$	$Na_2B_4O_7 \cdot 10H_2O$	室温(保存在装有氯化钠和蔗糖饱和溶液的干燥器内)
草酸	$H_2C_2O_4 \cdot 2H_2O$	$H_2C_2O_4 \cdot 2H_2O$	室温(空气干燥)
邻苯二甲酸氢钾	$KHC_8H_4O_4$	$KHC_8H_4O_4$	110~120℃烘至恒重
锌	Zn	Zn	室温(干燥器中保存)
氧化锌	ZnO	ZnO	900~1000℃灼烧 1h
氯化钠	NaCl	NaCl	400~450℃灼烧至无爆裂声
硝酸银	$AgNO_3$	$AgNO_3$	220~250℃灼烧 1h
碳酸钙	$CaCO_3$	$CaCO_3$	110℃烘至恒重
草酸钠	$Na_2C_2O_4$	$Na_2C_2O_4$	105~110℃烘至恒重
重铬酸钾	$K_2Cr_2O_7$	$K_2Cr_2O_7$	140~150℃烘至恒重
溴酸钾	$KBrO_3$	$KBrO_3$	130℃烘至恒重
碘酸钾	KIO_3	KIO_3	130℃烘至恒重
三氧化二砷	As_2O_3	As_2O_3	室温(干燥器中保存)

附录三　实验室常用物质的分子式及摩尔质量

分子式	摩尔质量/(g/mol)	分子式	摩尔质量/(g/mol)
Ag_3AsO_4	462.52	AgCN	133.89
AgBr	187.77	AgSCN	165.95
AgCl	143.32	Ag_2CrO_4	331.73

分 子 式	摩尔质量/(g/mol)	分 子 式	摩尔质量/(g/mol)
AgI	234.77	$CuCl$	99.00
$AgNO_3$	169.87	$CuCl_2$	134.45
$AlCl_3$	133.34	$CuCl_2 \cdot 2H_2O$	170.48
$AlCl_3 \cdot 6H_2O$	241.43	$CuSCN$	121.62
$Al(NO_3)_3$	213.00	CuI	190.45
$Al(NO_3)_3 \cdot 9H_2O$	375.13	$Cu(NO_3)_2$	187.56
Al_2O_3	101.96	$Cu(NO_3)_2 \cdot 3H_2O$	241.60
$Al(OH)_3$	78.00	CuO	79.55
$Al_2(SO_4)_3$	342.14	Cu_2O	143.09
$Al_2(SO_4)_3 \cdot 18H_2O$	666.41	CuS	95.61
As_2O_3	197.84	$CuSO_4$	159.60
As_2O_5	229.84	$CuSO_4 \cdot 5H_2O$	249.68
As_2S_3	246.02	$FeCl_2$	126.75
$BaCO_3$	197.34	$FeCl_2 \cdot 4H_2O$	198.81
BaC_2O_4	225.35	$FeCl_3$	162.21
$BaCl_2$	208.24	$FeCl_3 \cdot 6H_2O$	270.30
$BaCl_2 \cdot 2H_2O$	244.27	$FeNH_4(SO_4)_2 \cdot 12H_2O$	482.18
$BaCrO_4$	253.32	$Fe(NO_3)_3$	241.86
BaO	153.33	$Fe(NO_3)_3 \cdot 9H_2O$	404.00
$Ba(OH)_2$	171.34	FeO	71.85
$BaSO_4$	233.39	Fe_2O_3	159.69
$BiCl_3$	315.34	Fe_3O_4	231.54
$BiOCl$	260.43	$Fe(OH)_3$	106.87
CO_2	44.01	FeS	87.91
CaO	56.08	Fe_2S_3	207.87
$CaCO_3$	100.09	$FeSO_4$	151.91
CaC_2O_4	128.10	$FeSO_4 \cdot 7H_2O$	278.01
$CaCl_2$	110.99	$FeSO_4 \cdot (NH_4)_2SO_4 \cdot 6H_2O$	392.13
$CaCl_2 \cdot 6H_2O$	219.08	H_3AsO_3	125.94
$Ca(NO_3)_2 \cdot 4H_2O$	236.15	H_3AsO_4	141.94
$Ca(OH)_2$	74.10	H_3BO_3	61.83
$Ca_3(PO_4)_2$	310.18	HBr	80.91
$CaSO_4$	136.14	HCN	27.03
$CdCO_3$	172.42	$HCOOH$	46.03
$CdCl_2$	183.32	CH_3COOH	60.05
CdS	144.47	H_2CO_3	62.03
$Ce(SO_4)_2$	332.24	$H_2C_2O_4$	90.04
$Ce(SO_4)_2 \cdot 4H_2O$	404.30	$H_2C_2O_4 \cdot 2H_2O$	126.07
$CoCl_2$	129.84	HCl	36.46
$CoCl_2 \cdot 6H_2O$	237.93	HF	20.01
$Co(NO_3)_2$	182.94	HI	127.91
$Co(NO_3)_2 \cdot 6H_2O$	291.03	HIO_3	175.91
CoS	90.99	HNO_3	63.01
$CoSO_4$	154.99	HNO_2	47.01
$CoSO_4 \cdot 7H_2O$	281.10	H_2O	18.015
$CO(NH_2)_2$	60.06	H_2O_2	34.02
$CrCl_3$	158.36	H_3PO_4	98.00
$CrCl_3 \cdot 6H_2O$	266.45	H_2S	34.08
$Cr(NO_3)_3$	238.10	H_2SO_3	82.07
Cr_2O_3	151.99	H_2SO_4	98.07

分　子　式	摩尔质量/(g/mol)	分　子　式	摩尔质量/(g/mol)
$Hg(CN)_2$	252.63	$MnCl_2 \cdot 4H_2O$	197.91
$HgCl_2$	271.50	$Mn(NO_3)_2 \cdot 6H_2O$	287.04
Hg_2Cl_2	472.09	MnO	70.94
HgI_2	454.40	MnO_2	86.94
$Hg_2(NO_3)_2$	525.19	MnS	87.00
$Hg_2(NO_3)_2 \cdot 2H_2O$	561.22	$MnSO_4$	151.00
$Hg(NO_3)_2$	324.60	$MnSO_4 \cdot 4H_2O$	223.06
HgO	216.59	NO	30.01
HgS	232.65	NO_2	46.01
$HgSO_4$	296.65	NH_3	17.03
Hg_2SO_4	497.24	CH_3COONH_4	77.08
$KAl(SO_4)_2 \cdot 12H_2O$	474.38	NH_4Cl	53.49
KBr	119.00	$(NH_4)_2CO_3$	96.06
$KBrO_3$	167.00	$(NH_4)_2C_2O_4$	124.10
KCl	74.55	$(NH_4)_2C_2O_4 \cdot H_2O$	142.11
$KClO_3$	122.55	NH_4SCN	76.12
$KClO_4$	138.55	NH_4HCO_3	79.06
KCN	65.12	$(NH_4)_2MoO_4$	196.01
$KSCN$	97.18	NH_4NO_3	80.04
K_2CO_3	138.21	$(NH_4)_2HPO_4$	132.06
K_2CrO_4	194.19	$(NH_4)_2S$	68.14
$K_2Cr_2O_7$	294.18	$(NH_4)_2SO_4$	132.013
$K_3[Fe(CN)_6]$	329.25	NH_4VO_3	116.98
$K_4[Fe(CN)_6]$	368.35	Na_3AsO_3	191.89
$KFe(SO_4)_2 \cdot 12H_2O$	503.24	$Na_2B_4O_7$	201.22
$KHC_2O_4 \cdot H_2O$	146.24	$Na_2B_4O_7 \cdot 10H_2O$	381.37
$KHC_2O_4 \cdot H_2C_2O_4 \cdot 2H_2O$	254.19	$NaBiO_3$	279.97
$KHC_4H_4O_4$	188.18	$NaCN$	49.01
$KHSO_4$	136.16	$NaSCN$	81.07
HI	166.00	Na_2CO_3	105.99
KIO_3	214.00	$Na_2CO_3 \cdot 10H_2O$	286.14
$KIO_3 \cdot HIO_3$	389.91	$Na_2C_2O_4$	134.00
$KMnO_4$	158.03	CH_3COONa	82.03
$KNaC_4H_4O_6 \cdot 4H_2O$	282.22	$CH_3COONa \cdot 3H_2O$	136.08
KNO_3	101.10	$NaCl$	58.44
KNO_2	85.10	$NaClO$	74.44
K_2O	94.20	$NaHCO_3$	84.01
KOH	56.11	$Na_2HPO_4 \cdot 12H_2O$	358.14
K_2SO_4	174.25	$Na_2H_2Y_2 \cdot 2H_2O$	372.24
$MgCO_3$	84.31	$NaNO_2$	69.00
$MgCl_2$	95.21	$NaNO_3$	85.00
$MgCl_2 \cdot 6H_2O$	203.30	Na_2O	61.98
MgC_2O_4	112.33	Na_2O_2	77.98
$Mg(NO_3)_2 \cdot 6H_2O$	256.41	$NaOH$	40.00
$MgNH_4PO_4$	137.32	Na_3PO_4	163.94
MgO	40.30	Na_2S	78.04
$Mg(OH)_2$	58.32	$Na_2S \cdot 9H_2O$	240.18
$Mg_2P_2O_7$	222.55	Na_2SO_3	126.04
$MgSO_4 \cdot 7H_2O$	246.67	Na_2SO_4	142.04
$MnCO_3$	114.95	$Na_2S_2O_3$	158.10

分　子　式	摩尔质量/(g/mol)	分　子　式	摩尔质量/(g/mol)
$Na_2S_2O_3 \cdot 5H_2O$	248.17	SiF_4	104.08
$NiCl_2 \cdot 6H_2O$	237.70	SiO_2	60.08
NiO	74.70	$SnCl_2$	189.60
$Ni(NO_3)_2 \cdot 6H_2O$	290.80	$SnCl_2 \cdot 2H_2O$	225.63
NiS	90.76	$SnCl_4$	260.50
$NiSO_4 \cdot 7H_2O$	280.86	$SnCl_4 \cdot 5H_2O$	350.58
$NiC_8H_{14}N_4O_4$	288.92	SnO_2	150.69
P_2O_5	141.95	SnS_2	150.75
$PbCO_3$	267.21	$SrCO_3$	147.63
PbC_2O_4	295.22	SrC_2O_4	175.61
$PbCl_2$	278.11	$SrCrO_4$	203.61
$PbCrO_4$	323.19	$Sr(NO_3)_2$	211.63
$Pb(CH_3COO)_2$	325.29	$Sr(NO_3)_2 \cdot 4H_2O$	283.69
$Pb(CH_3COO)_2 \cdot 3H_2O$	379.34	$SrSO_4$	183.68
PbI_2	461.01	$UO_2(CH_3COO)_2 \cdot 2H_2O$	424.15
$Pb(NO_3)_2$	331.21	$ZnCO_3$	125.39
PbO	223.20	ZnC_2O_4	153.40
PbO_2	239.20	$ZnCl_2$	136.29
$Pb_3(PO_4)_2$	811.54	$Zn(CH_3COO)_2$	183.47
PbS	239.26	$Zn(CH_3COO)_2 \cdot 2H_2O$	219.50
$PbSO_4$	303.26	$Zn(NO_3)_2$	189.39
SO_3	80.06	$Zn(NO_3)_2 \cdot 6H_2O$	297.48
SO_2	64.06	ZnO	81.38
$SbCl_3$	228.11	ZnS	97.44
$SbCl_5$	299.02	$ZnSO_4$	161.44
Sb_2O_3	291.50	$ZnSO_4 \cdot 7H_2O$	287.55
Sb_2S_3	339.68		

附录四　实验室常用坩埚及其使用注意事项

一、铂坩埚

铂又称白金，价格比黄金贵，因其具有许多优良的性质，故经常使用。铂的熔点高达1774℃，化学性质稳定，在空气中灼烧后不发生化学变化，也不吸收水分，大多数化学试剂对它无侵蚀作用。能耐氢氟酸和熔融的碱金属碳酸盐的腐蚀是铂有别于玻璃、瓷等的重要性质，因而常将其用于沉淀灼烧称重、氢氟酸熔样以及碳酸盐的熔融处理。铂坩埚适用于灼烧沉淀。

铂在高温下略有一些挥发性，灼烧时间久后要加以校正。100cm² 面积的铂在1200℃灼烧 1h 约损失 1mg。铂在 900℃ 以下基本不挥发。

铂器皿的使用应遵守下列规则。

（1）对铂的领取、使用、消耗和回收都要制定严格的制度。

（2）铂质地软，即使含有少量铱、铑的合金也较软，所以拿取铂器皿时勿太用力，以免其变形。在脱熔块时，不能用玻璃棒等尖锐物体从铂器皿中刮取，以免损伤内壁；也不能将热的铂器皿骤然放入冷水中冷却，以免产生裂纹。已变形的铂坩埚或器皿可用与其形状相吻合的木模进行校正（但已变脆的碳化铂部分要均匀用力校正）。

（3）铂器皿在加热时，不能与其他任何金属接触，因为在高温下铂易与其他金属生成合金。所以，铂坩埚必须放在铂三脚架上或陶瓷、黏土、石英等材料的支持物上灼烧，也可放在垫有石棉板的电热板或电炉上加热，但不能直接与铁板或电炉丝接触。所用的坩埚钳子应该包有铂头，镍或不锈钢的钳子只有在低温时才能使用。

（4）下列物质能直接侵蚀或在与其他物质共存下侵蚀铂，在使用铂器皿时应避免与这些物质接触。

① 易被还原的金属、非金属及其化合物，如银、汞、铅、铋、锑、锡和铜的盐类在高温下易被还原成金属，可与铂形成低熔点合金；硫化物和砷、磷的化合物可被滤纸、有机物或还原性气体还原，生成脆性磷化铂及硫化铂等。

② 固体碱金属的氧化物和氢氧化物、氧化钡、碱金属的硝酸盐、亚硝酸盐和氰化物等，在加热或熔融时对铂有腐蚀性。碳酸钠、碳酸钾和硼酸钠可以在铂器皿中熔融，但碳酸锂不能。

③ 卤素及可能产生卤素的混合溶液，如王水、溴水、盐酸与氧化剂（高锰酸盐、铬酸盐和二氧化锰等）的混合物、氯化铁溶液能与铂发生作用。

④ 碳在高温时，能与铂作用形成碳化铂。铂器皿若放在碳硅棒电炉内，应有必要的通气装置；若用火焰加热，只能用不发光的氧化焰，不能与带烟或发黄光的还原火焰接触，亦不准接触蓝色火焰，以免形成碳化铂而变脆。在铂器皿中灰化滤纸时，不可使滤纸着火。

（5）成分和性质不明的物质不能在铂器皿中加热或处理。

（6）铂器皿应保持内外清洁和光亮。经长久灼烧后，由于结晶的关系，外表可能变灰，必须及时注意清洗，否则日久后杂质会深入内部使铂器皿变脆而破裂。

（7）铂器皿的清洗方法。若铂器皿有了斑点，可先用盐酸或硝酸单独处理。如果无效，可用焦硫酸钾于铂器皿中在较低温度下熔融 5～10min，把熔融物倒掉后，再将铂器皿在盐酸溶液中浸煮。若仍无效，可再试用碳酸钠熔融处理，也可用潮湿的细砂（通过 100 目筛即 0.14mm 筛孔）轻轻摩擦处理。

二、金坩埚

金的价格较铂便宜，且不受碱金属氢氧化物和氢氟酸的侵蚀，故常用来代替铂器皿。但其熔点较低（1063℃），故不能耐高温灼烧，一般须低于 700℃ 使用。硝酸铵对金有明显的侵蚀作用，王水也不能与金器皿接触。金器皿的使用注意事项，与铂器皿基本相同。

三、银坩埚

银器皿价廉，也不受氢氧化钾（钠）的侵蚀，在熔融此类物质时仅在接近空气的边缘处略有腐蚀。银的熔点为 960℃，使用温度一般以不超过 750℃ 为宜，不能在火上直接加热。加热后其表面会生成一层氧化银，在高温下不稳定，但在 200℃ 以下稳定。刚从高温中取出的银坩埚不许立即用冷水冷却，以防产生裂纹。

银易与硫作用，生成硫化银，故不能在银坩埚中分解和灼烧含硫的物质，不许使用碱性硫化试剂。熔融状态的铝、锌、锡、铅、汞等的金属盐都能使银坩埚变脆。银坩埚不可用于熔融硼砂。应用过氧化钠熔剂时，只宜烧结，不宜熔融。浸取熔融物时不可使用酸，特别不能使用浓酸。清洗银器皿时，可用微沸的稀盐酸（1+5），但不宜将器皿放在酸内长时间加热。银坩埚的质量经灼烧会变化，故不适于沉淀的称量。

四、镍坩埚

镍的熔点为 1450℃，在空气中灼烧易被氧化，所以镍坩埚不能用于灼烧和称量沉淀。它具有良好的抗碱性物质侵蚀的性能，故在化验室中主要用于碱性熔剂的熔融处理。

氢氧化钠、碳酸钠等碱性熔剂可在镍坩埚中熔融，其熔融温度一般不超过 700℃。氧化钠也可在镍坩埚中熔融，但温度要低于 500℃，时间要短，否则侵蚀严重，使带入溶液中的镍盐含量增加，成为测定中的杂质。焦硫酸钾、硫酸氢钾等酸性熔剂和含硫化物的熔剂不能用于镍坩埚。若要熔融含硫化合物，应在有过量过氧化钠的氧化环境下进行。熔融状态的铝、锌、锡、铅等的金属盐能使镍坩埚变脆。银、汞、钒的化合物和硼砂等也不能在镍坩埚中灼烧。镍易溶于酸，浸取熔块时不可用酸。

新的镍坩埚在使用前应在 700℃灼烧数分钟，以除去油污并使其表面生成氧化膜，延长使用寿命，处理后的坩埚应呈暗绿色或灰黑色。以后，每次使用前用水煮沸洗涤，必要时可滴加少量盐酸稍煮片刻，然后用蒸馏水洗涤，烘干使用。

五、铁坩埚

铁坩埚的使用与镍坩埚相似，它没有镍坩埚耐用，但价格便宜，较适于过氧化钠熔融，可代替镍坩埚。铁坩埚中常含有硅及其他杂质，可用低硅钢坩埚代替。铁坩埚或低硅钢坩埚在使用前应进行钝化处理，先用稀盐酸浸泡，然后用细砂纸轻擦，并用热水冲洗，接着放入 5%硫酸+1%硝酸混合溶液中浸泡数分钟，再用水洗净，干燥，于 300～400℃灼烧 10min。

六、聚四氟乙烯坩埚

聚四氟乙烯是热塑性塑料，色泽白，有蜡状感，化学性能稳定，耐热性好，机械强度好，最高工作温度可达 250℃。其一般在 200℃以下使用，可以代替铂器皿用于处理氢氟酸。除熔融钠和液态氟外，能耐一切浓酸、浓碱及强氧化剂的腐蚀，在王水中煮沸也不起变化，在耐腐蚀性上可称为"塑料王"。有不锈钢外罩的聚四氟乙烯坩埚在加压加热处理矿样和消解生物材料方面得到应用。聚四氟乙烯的电绝缘性能好，并能切削加工。聚四氟乙烯在 415℃以上急剧分解，并放出有毒的全氟异丁烯气体。

七、瓷坩埚

化验室所用瓷器皿，实际上是上釉的陶器，它的熔点较高（1410℃），可耐高温灼烧，如瓷坩埚可以加热至 1200℃，灼烧后其质量变化很小，故常用于灼烧与称量沉淀。高型瓷坩埚可于隔绝空气的条件下处理样品。

它的热膨胀系数为 $(3～4)×10^{-6}$。厚壁瓷器皿在高温蒸发和灼烧操作中，应避免温度的突然变化和加热不均匀的现象，以防破裂。瓷器皿对酸碱等化学试剂的稳定性比玻璃器皿好，但同样不能和氢氟酸接触。瓷器皿均不耐苛性碱和碳酸钠的腐蚀，尤其不能进行它们的熔融操作。用一些不与瓷作用的物质如 MgO、C 粉等作为填垫剂，在瓷坩埚中用定量滤纸包住碱性熔剂熔融处理硅酸盐试样，可部分代替铂制品。瓷器皿的力学性能较强，且价格便宜，故应用较广。

八、刚玉坩埚

天然的刚玉几乎是纯的氧化铝。人造刚玉是由纯的氧化铝经高温烧结而成，它耐高温，熔点为 2045℃，硬度大，对酸碱有相当的抗腐蚀能力。刚玉坩埚可用于某些碱性熔剂的熔融和烧结，但温度不宜过高，且时间要尽量短，在某些情况下可代替镍、铂坩埚，但在测定铝和铝对测定有干扰的情况下不能使用。

九、石英坩埚

石英玻璃的化学成分是二氧化硅，由于原料不同可分为透明、半透明和不透明的熔融石英玻璃。透明石英玻璃是用天然无色透明的水晶高温熔炼制成的。半透明石英是由天然纯净的脉石英或石英砂制成的，因其含有许多熔炼时未排净的气泡而呈半透明状。透明石英玻璃的理化性能优于半透明石英，主要用于制造实验室玻璃仪器及光学仪器等。

石英玻璃的热膨胀系数很小（$5.5×10^{-7}$），只为特硬玻璃的五分之一。因此它能耐急冷急热,将透明石英玻璃烧至红热后,放到冷水中也不会炸裂。石英玻璃的软化温度为 1650℃,具有耐高温性能。石英坩埚常用于酸性熔剂及硫代硫酸钠的熔融,使用温度不得超过1100℃。它的耐酸性能非常好,除氢氟酸和磷酸外,任何浓度的酸即使在高温下都极少和石英玻璃作用。但石英玻璃不耐氢氟酸的腐蚀,磷酸在150℃以上也能与其作用,强碱溶液包括碱金属碳酸盐也能腐蚀石英,但在常温时腐蚀较慢,而温度升高时腐蚀加快。石英玻璃仪器外表上与玻璃仪器相似,无色透明,但比玻璃仪器价格贵、更脆、易破碎,使用时须特别小心,通常与玻璃仪器分别存放,妥善保管。

附录五　无机盐试样分解方法一览表

样品,质量	待 测 元 素	分解试剂[①]及条件
KAg(CN)$_2$,1g	Ag	20mL H$_2$SO$_4$,加热至冒烟
各种银合金,1g	Ag 及其他金属	10mL HNO$_3$(1+1)
铝土矿,2g	Al、Ca、Cr、Fe、Mn、P、Si、Ti、V	7g NaOH(细颗粒),约 700℃,镍坩埚
铝土矿,1g	Ca、Cr、Fe、Mn、Si、Ti、V、Zn	1.2g H$_3$BO$_3$+2.2g Li$_2$CO$_3$,1100℃,铂坩埚,AAS 测定
含砷矿石及残渣,2g	As	20mL HNO$_3$,溶解后,同 20mL H$_2$SO$_4$(1+1)加热至剧烈冒烟,铁或镍坩埚
KAu(CN)$_2$,约 0.3g	Au	30mL H$_2$SO$_4$,加热至剧烈冒烟
粗硼砂,5g	B	50mL H$_2$O,煮沸 5min,然后在蒸汽浴上加热 15min
重晶石(BaSO$_4$),1g	Al、Fe、S、Si、Sr	与 2g Na$_2$CO$_3$ 混合,再覆盖 7~9g Na$_2$CO$_3$,烧结,在加盖铂坩埚内于 1200℃加热 20min,用 20mL 热水溶解,用 5mL H$_2$SO$_4$ 加热至冒烟
绿柱石,0.5g	Be	3g KF
铋矿石,1g	Bi、Mo、Pb、Sb、Sn、W	20g Na$_2$O$_2$,镍坩埚
焦炭、焦炭灰,0.25g	Al、Ca、Si	2.5g Na$_2$CO$_3$,20min,1000~1100℃,铂坩埚
焦炭、焦炭灰,1g	S	3g [MgO+Na$_2$CO$_3$(2+1)],750~800℃,铂坩埚
石灰石,0.25g	Mg	10mL HCl(1+1)
石膏,0.5g	Al、Ca、Fe、Mg	溶于 40mL 约 2mol/L 的热 HCl,并加 150mL 水,煮沸 5~10min
铬铁矿,0.5g	Cr	10g Na$_2$O$_2$,刚玉坩埚
铬铁矿,1g	Fe、P	30mL 浓 HClO$_4$,煮沸 3~5h
铜矿石、黄铜矿、冰铜,2~5g	Bi、Sb	50mL HNO$_3$(2+1)
铜合金,2g	Cu、Al、Bi、Be、Cd、Co、Cr、Fe、Mg、Mn、P、Ni、Pb、Zn	25mL HNO$_3$(1+1)溶解,然后用 20mL H$_2$SO$_4$(1+1)加热至剧烈冒烟
萤石精矿,0.7g	F	70mL HClO$_4$+约 50mL H$_2$O$_2$,蒸馏氟化氢
AlF$_3$、Na$_3$AlF$_6$,0.5g	Al、Ca、Fe	5g K$_2$S$_2$O$_7$,700℃,铂坩埚
铁矿石,0.5g	Fe	0.3g Na$_2$CO$_3$,800~1000℃烧结 10min,然后溶于 30mL HCl(1+1)
铁矿石,0.25~1g	Al	10~20mL HCl + 5~10mL HNO$_3$
锂矿石,0.2g	Li	5mL H$_2$SO$_4$+10mL HF
镁合金,1g	Al、Cd、Cr、Fe、Pb、Zn	50mL H$_2$O$_2$+10mL H$_2$SO$_4$(1+1)
锰矿石,1g	Fe、Mn、P	50mL HCl
镍矿石和矿渣,2~5g	Ni、Co、Cu	10mL H$_2$O$_2$+25mL HNO$_3$,用 40mL H$_2$SO$_4$(1+1)加热至冒烟
磷酸盐矿石,0.1g	Fe、P、Si	4g 混合熔剂(100g NaKCO$_3$ + 30g Na$_2$B$_4$O$_7$ + 0.5g KNO$_3$),5min,加热至亮红色,铂坩埚
铅矿石,2g	Pb、Sb、Sn、Bi	与 10g Na$_2$O$_2$ 混合,再用 Na$_2$O$_2$+1g NaOH 混合物覆盖,铁坩埚
锑矿石、矿渣、飘尘,2g	Sb、Sn	20g Na$_2$O$_2$,700℃,铁坩埚
石英、砂子,1~2g	主要杂质	在 1mL H$_2$O$_2$+10mL HF+1mL H$_2$SO$_4$(1+1)混合溶液中放置 12h,然后用 5mL HF+0.5mL H$_2$SO$_4$ 加热至冒烟,金皿,溶于 HCl(1+1)

样品，质量	待 测 元 素	分解试剂①及条件
硅酸盐(普通)	主要成分	样品与 8 倍样品量的 $Na_2CO_3+Na_2B_4O_7$ 混合，开足喷灯熔融 30min，适于所有的硅酸盐，包括锆矿石 0.5g 样品＋2g Na_2O_2＋1.5g NaOH，于 440℃烧结 30～60min，适于难熔硅酸盐，不适于锆矿石
硅酸盐(普通)，0.25g	Al、Ca、Fe、K、Mg、Na、Si、Ti	0.5mL HCl＋3mL HF＋1mL HNO_3，15h，140℃，聚四氟乙烯内衬增压器，用 AAS 测定
硅酸盐(普通)，0.1g	Al、Ca、Fe、Mg、Na	3mL $HClO_4$＋5mL HF(重复加)，水浴，铂皿，用 AAS 测定
硅酸盐(普通)，0.5g	主要成分(除 Si、B、F 外)	1mL H_2O_2＋10mL HF＋2mL $HClO_4$，加 1mL 高氯酸重复冒烟，用 5mL HCl(1＋1)溶解
铝硅酸盐(锂云母、长石、高岭土)，1g	主要成分(除 Si、B、F 外)	1mL H_2O_2＋10mL HF＋1mL H_2SO_4(1＋1)，放置 30min～12h，然后加热至冒 H_2SO_4 烟，加 5mL HF 和 1mL H_2SO_4 再冒烟，在 500℃加热 5min，然后加 7.5g Na_2CO_3＋2.5g $Na_2B_4O_7$ 并在 1000℃熔融
铝硅酸盐(黏土、长石、陶瓷等)，Al_2O_3 少于 45%)，1g	Si	2g Na_2CO_3
水泥(波特兰水泥、波特兰矿渣水泥、火山灰水泥)，1g	Al、Ca、Fe、Mg、Si	2.5g NH_4Cl＋10mL HCl
富铝红柱石，1g 钠-钙玻璃，1g	Al、Ca、Fe、Mg、Si、Ti Si	2g Na_2CO_3，1100℃，60min，铂坩埚 与 2g Na_2CO_3 混合，再覆盖 1g Na_2CO_3，1000℃，15～20min，铂坩埚
钠-钙玻璃，2.5g	Al、Ca、Fe、K、Mg、Na、Ti	3mL H_2O_2＋20mL HF＋2mL H_2SO_4(1＋1)，加热至冒烟，再加 5mL HF 蒸发至干，550℃加热残渣 15～20min，于铂皿中将残渣溶于 10mL HCl(1＋1)
锡矿石、灰分、矿渣，2～5g	Sn、Sb、W	10～20g Na_2O_2＋5～10g NaOH，慢慢加热至暗红色，铁坩埚
钛矿石，1g	Al、Cr、Ti、V	3g Na_2O_2＋7g NaOH，镍坩埚
钒矿石、矿渣、残渣，2g	V	15g Na_2O_2＋5g Na_2CO_3，铁坩埚

① 分解试样用的试剂，未注明浓度者均为未经稀释的市售浓溶液。

参 考 文 献

[1]   中华人民共和国国家标准《化工产品采样总则》GB/T 6678—2003.
[2]   中华人民共和国国家标准《固体化工产品采样通则》GB/T 6679—2003.
[3]   中华人民共和国国家标准《液体化工产品采样通则》GB/T 6680—2003.
[4]   中华人民共和国国家标准《气体化工产品采样通则》GB/T 6681—2003.
[5]   中华人民共和国国家标准《工业用化学产品采样安全通则》GB/T 3723—1999.
[6]   中华人民共和国国家标准《工业硝酸》GB/T 337.1~337.2—2014.
[7]   中华人民共和国国家标准《工业过氧化氢》GB/T 1616—2014.
[8]   中华人民共和国国家标准《工业碳酸钠及其试验方法》GB/T 210.1~201.2—2004.
[9]   中华人民共和国标准《百菌清原药及其试验方法》GB/T 9551—1999.
[10] 中华人民共和国标准化工行业标准《三唑酮原药》HG/T 3293—2001.
[11] 中华人民共和国标准化工行业标准《代森锌原粉》HG/T 3288—2000.
[12] 中华人民共和国标准化工行业标准《三乙膦酸铝原药》HG/T 3296—2001.
[13] 中华人民共和国化学试剂基础标准（1988）.
[14] 吉分平. 工业分析. 第2版. 北京：化学工业出版社，2008.
[15] 刘世纯，戴文凤，张德胜. 分析化验工. 北京：化学工业出版社，2004.
[16] 王小宝. 无机化学工艺学. 北京：化学工业出版社，2000.
[17] 郑永铭. 硫酸与硝酸. 北京：化学工业出版社，1997.
[18] 武汉大学. 分析化学实验. 北京：高等教育出版社，1984.
[19] 天津轻工业学院. 工业发酵分析. 北京：中国轻工业出版社，1991.
[20] 大连轻工业学院. 白酒工艺学. 北京：中国轻工业出版社，1990.
[21] 张燮. 工业分析化学. 北京：化学工业出版社，2003.
[22] 王瑞海. 水泥化验室实用手册. 北京：中国建材工业出版社，2001.
[23] 杭州大学化学系分析化学教研室. 分析化学手册：第一分册. 第2版. 北京：化学工业出版社，1997.
[24] 夏玉宇. 化验员实用手册. 第2版. 北京：化学工业出版社，2005.
[25] 中国农业科学院植物保护研究所等. 农药分析. 第3版. 北京：化学工业出版社，1988.
[26] 王光明. 化工产品质量检验. 北京：中国计量出版社，1999.
[27] 费有春等. 农药问答. 第3版. 北京：化学工业出版社，1997.
[28] 林玉锁等. 农药与生态环境保护. 北京：化学工业出版社，2000.
[29] 张大弟等. 农药污染与防治. 北京：化学工业出版社，2001.
[30] 周庆余. 工业分析综合实验. 北京：化学工业出版社，1998.
[31] 通用化工产品分析方法手册编写组. 通用化工产品分析方法手册. 北京：化学工业出版社，1999.
[32] 张铁垣主编. 化验工作实用手册. 北京：化学工业出版社，2003.
[33] 中国标准出版社第二编辑室编. 有色金属工业标准汇编. 北京：中国标准出版社，2000.
[34] 中国标准出版社第二编辑室编. 钢铁及其合金标准汇编. 北京：中国标准出版社，2000.
[35] 中国标准出版社编. 化学工业标准汇编. 无机化工. 北京：中国标准出版社，1996.
[36] 中国标准出版社编. 化学工业标准汇编. 有机化工. 北京：中国标准出版社，1996.